高等学校机械类专业应用型本科“十四五”规划教材

机械设计课程设计

主　编　王　娜　王晓凤
副主编　冉　迪　商　丽
　　　　范　磊　高晓巍

武汉理工大学出版社
·武　汉·

内容简介

本书依据机械类教学质量国家标准，结合应用型工科高校的相关课程教学要求编写而成。本书以减速器为例，详细阐述了机械设计课程设计的内容和设计方法。

本书共分为三个部分，第一部分主要介绍减速器总体设计、结构设计、零件设计的方法和步骤。第二部分介绍相关设计标准和技术规范，包括机械制图、材料、一般标准、螺纹及螺纹连接、轴系零件的紧固件、常用的滚动轴承、润滑和密封、联轴器、公差与配合、电动机等。第三部分给出各类型减速器的参考图例。

本书可作为高等工科院校机械类专业及相关专业的教材，也可供从事机械设计的工程技术人员参考使用。

图书在版编目(CIP)数据

机械设计课程设计 / 王娜，王晓凤主编. -- 武汉 ：武汉理工大学出版社，2024. 12.
ISBN 978-7-5629-7163-4

Ⅰ. TH122-41

中国国家版本馆 CIP 数据核字第 2024K0S334 号

项目负责人：王利永(027-87290908)
责任编辑：黄玲玲
责任校对：王　威
版式设计：正风图文
出版发行：武汉理工大学出版社
地　　址：武汉市洪山区珞狮路 122 号
邮　　编：430070
网　　址：http：//www.wutp.com.cn
经　　销：各地新华书店
印　　刷：武汉乐生印刷有限公司
开　　本：787mm×1092mm　1/16
印　　张：18.5
插　　页：3
字　　数：480 千字
版　　次：2024 年 12 月第 1 版
印　　次：2024 年 12 月第 1 次印刷
定　　价：49.00 元

凡购本书，如有缺页、倒页、脱页等印装质量问题，请向出版社发行部调换。
本社购书热线电话：027-87523148　027-87391631　027-87165708(传真)

前　言

本书依据机械类教学质量国家标准，结合应用型工科院校的相关课程教学要求编写而成。本书以减速器为例，详细阐述了机械设计课程设计的内容和设计方法。本书体系完整，内容精简，宜教易学，将机械设计方法、设计资料、参考图册有机地编排在一起，方便学生设计时查阅。本书提供多种类型的减速器整机设计的原始数据，根据课程设计的主要步骤进行编写，内容涉及减速器设计的基本原则和方法，同时还具有一定的灵活性，有利于培养机械工程类专业学生的独立工作能力和创造性思维能力。

本书采用了最新的标准和规范，全书的插图和参考图例均采用了机械制图国家标准中业已规定并在工程实践中行之有效的简化画法与规定画法，目的是使学生在设计中把主要精力用在最基本和最重要的结构设计上。同时，本书配有规范完整的设计例题和减速器参考图例，供不同专业的学生选择使用。

本书可作为高等工科院校机械类专业及相关专业的教材，也可供从事机械设计的工程技术人员参考使用。

在本书编写过程中，编者参考和引用了有关教材的内容和插图，在此对这些教材的编者表示衷心的感谢。

本书由沈阳城市建设学院王娜、王晓凤任主编，冉迪、商丽、范磊、高晓巍任副主编，邢智慧、丛丽娜、刘蕾、李燕、贾超、夏冰新参编，贾维维、韩志、卞思文参与了校对。

由于编者水平有限，书中错误与不当之处在所难免，希望广大读者批评指正。

编　者

2024 年 3 月

前　言

目　录

第一部分

第二部分

第三部分

第一部分

1 概　　述

1.1 机械设计课程设计的目的

机械设计课程设计是机械类专业及相关专业设置的实践教学环节，是学生修完机械设计及相关课程后，第一次全面、规范地进行的专业能力训练，在对学生的培养目标中占有重要地位，其主要目的如下：

① 培养学生灵活运用机械设计及相关专业课程的理论知识，分析并解决实际生产实践中的具体问题的能力，使学生所学知识得到进一步巩固和深化。

② 学习机械设计的一般方法和过程，培养总体设计和零部件设计的正确思维。

③ 通过具体设计计算、绘图（包括计算机辅助设计）等，锻炼学生查阅相关设计资料并能够正确运用标准、规范、设计手册、图册等，培养学生机械设计的基本技能。

④ 通过具体设计过程和专业技能的训练，为相关专业课的课程设计以及毕业设计奠定基础。

1.2 机械设计课程设计的内容

机械设计课程设计一般选择通用机械传动装置作为设计题目，如图 1.1 所示。设计内容包括机械设计课程所涉及的大部分通用机械零件。工程实践中，通用机械传动装置一般包括外传动和内传动，外传动主要是带传动、链传动或者是开式齿轮传动。内传动主要是齿轮传动，也就是减速器（包含齿轮、齿轮轴、轴、轴承、键、联轴器及箱体等零件）。通过通用机械传动装置设计，学生得到较全面的基本训练，达到了课程设计的目的要求。

机械设计课程设计具体设计内容如下：

① 机械系统传动方案的拟定；

② 机械系统运动学、动力学参数计算；

③ 传动零件设计，如带、链传动设计，齿轮传动及蜗杆传动设计等；

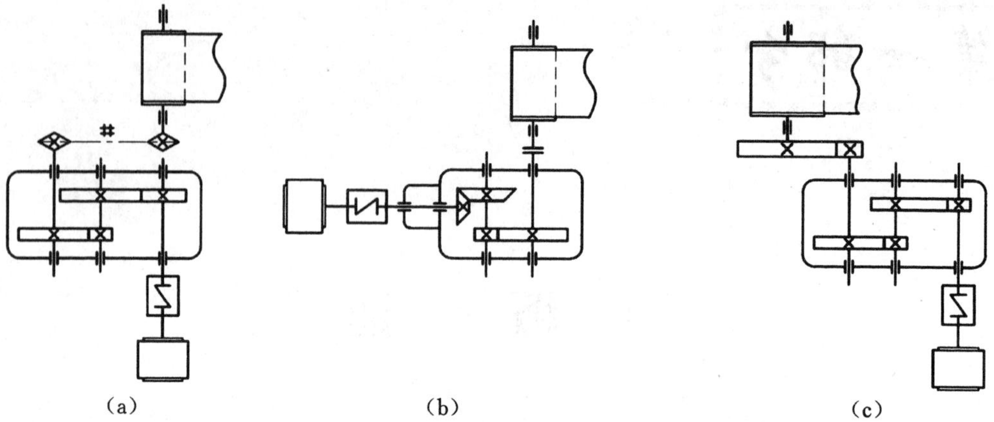

图 1.1　通用机械传动装置

④ 减速器装配草图设计，包括轴的结构设计，滚动轴承的选择，键和联轴器的选择及校核，箱体、润滑及附件设计；

⑤ 减速器装配图设计；

⑥ 编写设计计算说明书。

课程设计一般要求每个学生完成以下工作：

① 绘制减速器装配图 1 张；

② 绘制零件工作图 2～3 张，可选轴、齿轮和箱体等主要零件；

③ 编写设计计算说明书 1 份。

完成上述全部工作后，方可进行课程设计答辩。

1.3　机械设计课程设计的步骤和进度

1.3.1　课程设计的步骤

课程设计遵循机械设计过程中的一般规律，大体上按以下步骤进行：

(1) 设计准备

仔细研读设计任务书，明确设计任务和要求；认真阅读相关参考资料(包括设计资料和图纸资料)，观看实物、模型，对设计工作做到心中有数；制订课程设计的总体计划。

(2) 传动装置的总体设计

根据设计要求拟订总体布置方案，选择原动机，计算传动装置的运动和动力参数(确定传动装置的总传动比和各级传动比，计算各传动轴的转速、功率和转矩等)。

(3) 传动件的设计计算

设计计算外传动零件(带传动、链传动或者开式齿轮传动等)和内传动零件(齿轮传动、蜗杆传动等)的主要参数。

(4) 减速器装配草图设计

装配草图设计要完成工作包括:联轴器的选型;轴的结构设计和强度校核;轴承选型和配置以及寿命计算;键的选型及强度计算;箱体及附件的结构设计;紧固件的选择及强度计算等。

(5) 图纸设计

绘制减速器装配图和零件图纸。

(6) 编写设计计算说明书

按说明书格式要求,整理编写设计计算说明书。

(7) 设计总结和答辩

回顾设计全过程,总结设计的收获,吸取经验教训,完成答辩准备工作。

1.3.2 课程设计的进度

由于不同专业的培养目标有所不同,所以不同专业学生课程设计的内容和工作量以及完成时间也应有所不同。教师应根据学生的能力制订具体课程计划及各阶段完成节点。表1.1 给出了各阶段工作量的占比,仅作参考。

表 1.1　各阶段工作量占比

序号	内容	占总工作量的比重/%
1	拟订和分析传动方案	5
2	传动方案的总体设计	5
3	传动件的设计	10
4	轴的设计及键的选择校核	10
5	轴承及组合部件的设计、联轴器的选择	10
6	箱体及附件的设计、润滑和密封的设计	10
7	装配图和零件图的设计与绘制	40
8	设计说明书的编写	5
9	答辩	5

1.4　机械设计课程设计的方法和要求

1.4.1 课程设计的方法

机械设计课程设计与机械设计的一般过程类似,从方案设计开始,进行必要的计算和结构设计，最后以图纸表示设计结果，以计算说明书表示设计的依据。

由于影响设计的因素很多，机械零件的结构尺寸不可能完全由计算决定，还需要借助画图、初选参数或初估尺寸等手段，通过边画图、边计算、边修改的过程逐步完成设计。这种设计方法即通常所说的“三边”设计法。因此，企图完全用理论计算的方法来确定零件的所有尺寸和结构，迟迟不敢动手画图，和一旦画出草图便不愿再做必要修改的做法，都是不对的。

1.4.2 课程设计的要求

课程设计应注意以下几点：

① 认真、仔细。设计工作需要认真仔细，一点也马虎不得。无论是在数字计算上还是在结构设计中，一点细小的差错都会导致产品的报废。因此，要通过课程设计培养出认真、细致、严谨的工作作风。

② 理论联系实际，综合考虑问题，力求设计合理、实用、经济、工艺性好。

③ 正确处理继承与创新的关系，正确使用标准和规范。正确继承以往的设计经验和利用已有的资料，既可减少设计的重复工作量，加快设计的进程，又有利于提高设计质量。但是，继承不是盲目地机械地抄袭，设计中正确地运用标准规范，有利于零件的互换性和加工工艺性，从而收获良好的经济效益，同时也可减少设计工作量。对于国家标准和本部门的规范，一般都要严格遵守，设计中是否尽量采用标准和规范也是评价设计质量的一项指标。但是，标准和规范是为了便于设计、制造和使用而制定的，不是用来限制其创新和发展的。因此，当遇到设计需求与标准规范有矛盾时，也可以突破标准和规范的规定自行设计。

④ 学会正确处理设计计算和结构设计之间的关系，要统筹兼顾。确定零件尺寸有几种不同的情况。

a. 由几何关系导出的公式计算出的尺寸是严格的等式关系。若改变其中的某一参数，则必须改变其他相应参数，一般是不能随意圆整或变动的。例如齿轮传动的中心距 $a=m(z_1+z_2)/2$，如欲将 a 圆整，则必须相应地改动 z_1、z_2 或 m，以保证其恒等式关系。

b. 由强度、刚度、磨损等条件导出的计算公式通常是不等式关系。有的是表示机械零件必须满足的最小尺寸，却不一定就是最终采用的结构尺寸。例如根据强度计算，轴的某段直径至少需要 32 mm，但考虑到与其相配合的零件（如联轴器、齿轮、滚动轴承等）的结构、安装、拆卸和加工制造等要求，最终采用的尺寸可能为 50 mm，这个尺寸不仅满足了强度要求，也满足了其他要求。

c. 由实践总结出来的经验公式，常用于确定那些外形复杂、强度情况不明结构的尺寸，例如箱体的结构尺寸。这些经验公式是经过生产实践考验的，但这些尺寸关系都是近似的，一般应圆整取用。

d. 另外，还有一些次要尺寸可由设计者根据需要自行确定，根本不必进行计算。这些零件的强度往往不是主要问题，又无经验公式可循，故可由设计者考虑加工、使用等条件，参照类似结构，用类比的方法确定，例如轴上的定位轴套、挡油盘等。

⑤ 要求图纸表达正确、清晰，符合机械制图标准；说明书计算准确，并遵守要求的格式。

1.5 机械设计课程设计参考题目

为了方便教学工作,本书给出了常用课程设计题目和原始设计参数。

题目一:设计胶带输送机的传动装置(单级圆柱齿轮减速器和一级V带传动),示意图见图1.2,技术数据见表1.2。

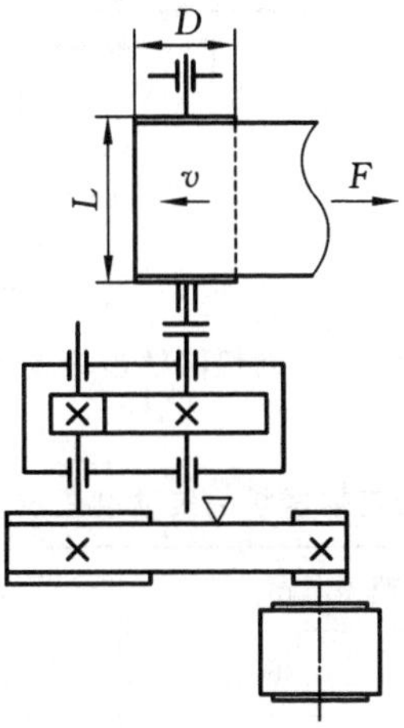

图1.2 胶带输送机的传动装置(单级圆柱齿轮减速器和一级V带传动)

表1.2 胶带输送机的传动装置技术数据(1)

题号	滚筒圆周力 F/N	带速 v/(m·s^{-1})	滚筒直径 D/mm	滚筒长度/mm
1	900	2.3	400	500
2	900	2.5	400	600
3	1000	2.0	500	500
4	1000	2.2	500	600
5	1100	2.2	320	500
6	1100	2.0	320	600
7	1200	2.0	400	500
8	1200	2.1	400	600
9	1400	1.8	320	500
10	1500	1.6	250	600

题目二:设计胶带输送机的传动装置(两级圆柱齿轮减速器和一级开式齿轮传动),示意

图见图 1.3，技术数据见表 1.3，工作条件见表 1.4。

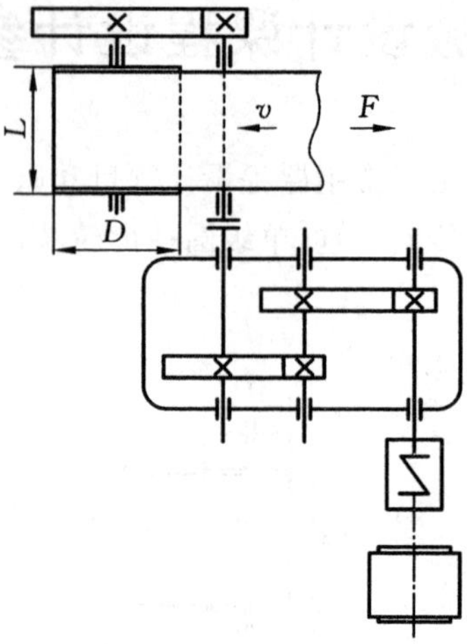

图 1.3 胶带输送机的传动装置(两级圆柱齿轮减速器和一级开式齿轮传动)

表 1.3 胶带输送机的传动装置技术数据(2)

题号	滚筒圆周力 F/N	带速 v/($m \cdot s^{-1}$)	滚筒直径 D/mm	滚筒长度/mm
1	12000	0.26	450	800
2	12000	0.28	450	850
3	13000	0.26	450	800
4	13000	0.28	500	850
5	14000	0.26	450	900
6	14000	0.28	500	900
7	15000	0.24	450	900
8	15000	0.25	450	900
9	15000	0.26	450	800
10	16000	0.24	400	850
11	16000	0.25	400	850
12	17000	0.24	450	900
13	17000	0.25	450	800
14	18000	0.24	400	900
15	18000	0.25	400	1000
16①	40000	0.25	450	1000

续表1.3

题号	滚筒圆周力 F/N	带速 v/(m·s^{-1})	滚筒直径 D/mm	滚筒长度/mm
17①	42000	0.25	450	1000
18①	44000	0.26	450	1000
19①	46000	0.26	450	1000
20①	48000	0.24	400	1000

注：带①的题号数据为硬齿面齿轮数据。

表 1.4　胶带输送机的传动装置工作条件

类型	A	B	C
工作年限	8	10	15
工作班制	2	2	1
工作环境	清洁	多灰尘	灰尘较少
载荷性质	平稳	稍有波动	轻微冲击
生产批量	小批	小批	单件

2 传动装置的总体设计

工程机械一般由原动机、传动装置、工作机三部分组成。传动装置在原动机和工作机之间用于传递运动，把原动机的运动形式转变为工作机需要的运动形式，改变运动方向和动力参数，以适应工作机的要求。在带式输送机中，原动机为电动机，工作机为皮带运输机，课程设计要完成的任务是选择电动机、设计电动机和皮带运输机之间的传动装置。

2.1 拟定传动方案

合理的传动方案除了必须满足工作机的性能要求（如运动规律、传递的功率和转速等）和工作环境要求外，还应尽量使传动装置结构简单，结构紧凑，传动效率高，成本低，加工、装配和维护方便，甚至还要考虑吊装的可行性和运输的经济性。在课程设计中，要依据课本上介绍的基本原则，广泛收集资料，通过分析对比多种方案，选择并确定最终方案。

传动方案拟定阶段的任务是：要确定传动装置的形式、布置方式、机构组成、传递的功率和速度大小、总传动比、原动件及主要传动零件的数量和类型等；初步确定各级传动比，计算各轴的功率、速度和转矩。这些设计变量之间的关系往往较复杂，有些是互为前提，互相依赖的关系。

传动方案拟定阶段的设计流程如图 2.1 所示，图中方框表示设计任务，箭头表示设计顺

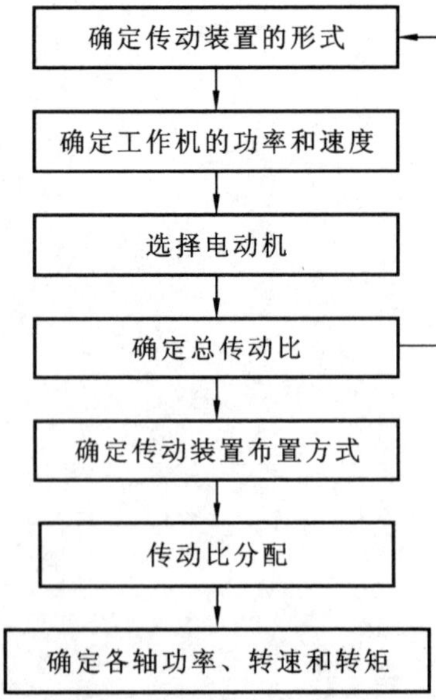

图 2.1 传动方案拟定阶段设计流程

序，即箭头指向的任务依赖箭头始端的任务提供的信息。要确定传动装置的类型，需要知道传递的功率和总传动比，确定传动装置的布置方式等。其中，传递的功率可以从滚筒消耗的功率以及传动装置的效率计算得到，但总传动比要在选定电动机后才能确定，而电动机的选择又依赖传递功率的确定，其中包括传动链各环节的传递效率，因此必须在确定传动装置的类型后才能估算。这种互相依存的关系在各设计阶段普遍存在，因此，机械设计是一个由粗到精、反复修改的过程。

2.1.1 确定传动装置的类型

表 2.1 列举了一些常用传动机构在传动性能方面的特点。选择传动机构类型时应综合考虑有关要求和工作条件，如工作机实现的功能，对尺寸、质量的限制，环境条件，制造能力，工作寿命与经济性要求等。选择类型的基本原则为：

① 传递大功率时，应充分考虑提高传动装置的效率，以减少能耗、降低运行费用。这时应选用传动效率高的传动机构，如齿轮传动。而对于小功率传动，在满足功能条件下，可选用结构简单、制造方便的传动形式，以降低初始费用(制造费用)。

② 在载荷多变和可能发生过载时，应考虑缓冲吸振及过载保护问题。如选用带传动、有弹性元件的挠性联轴器或其他过载保护装置等。

③ 传动比要求严格、尺寸要求紧凑的场合，可选用齿轮传动或蜗杆传动。但应注意，蜗杆传动效率低，故常用于中、小功率和间歇工作的场合。

④ 在多粉尘、潮湿、易燃、易爆场合，宜选用链传动、闭式齿轮传动或蜗杆传动而不采用带传动或摩擦传动。

表 2.1 常用传动机构的特点

机构名称	常用传动比推荐值	单级传动比最大值	功率最大值/kW	速度最大值/(m/s)
渐开线圆柱齿轮	3～6	10	3000	210
渐开线直齿圆锥齿轮	2～3	6	370	5
普通圆柱蜗杆	10～40	80	200	15
普通平带	2～4	5	500	30
普通 V 带	2～4	7	700	30
滚子链	2～5	7	100	15

2.1.2 多级传动的合理布置

当采用多级传动时，应合理地选择传动零件和它们之间的传动次序，扬长避短，力求方案合理，经常需要考虑以下几点：

① 带传动为摩擦传动，传动平稳，能缓冲吸振，噪声小，但传动比不准确，传递相同转矩时，结构尺寸较其他传动形式大。因此，应布置在高速级。因为传递相同功率，转速愈高，转矩愈小，可使带传动的结构紧凑。

② 链传动靠链轮齿啮合工作，平均传动比恒定，并能适应恶劣的工作条件，但运动不均匀，有冲击，不适于高速传动，故应布置在多级传动的低速级。

③ 蜗杆传动平稳，传动比大，当和齿轮传动同时应用时，应布置在高速级，使其工作齿面间有较高的相对滑动速度，利于形成流体动力润滑油膜，提高效率，延长寿命。

④ 圆锥齿轮传动用于传递相交轴间的运动。由于圆锥齿轮(特别是当尺寸较大时)加工比较困难，应放在传动的高速级，并限制其传动比，以减小其直径和模数。

⑤ 开式齿轮传动的工作环境一般较差，润滑不良，磨损严重，应布置在低速级。

⑥ 斜齿轮传动的平稳性较直齿轮传动好，当采用双级齿轮传动时，高速级常用斜齿轮。

课程设计过程中如受学时限制，传动方案可在设计任务书中给出，不需学生选择确定。但学生应对设计任务书给出的传动装置简图进行分析，了解传动方案的组成和特点，以提高对传动方案的选择能力。

在机械传动装置中，各种减速器应用很多，为便于选择，表 2.2 列出了常用减速器的类型及特点。

表 2.2 常用减速器的类型及特点

名称	运动简图	推荐传动比范围	特点及应用
单级圆柱齿轮减速器	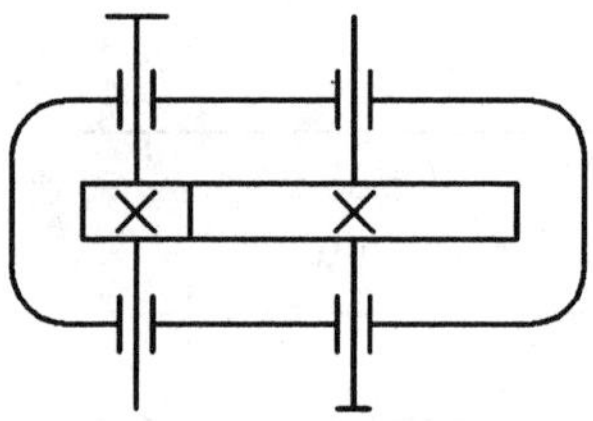	$i\leqslant 8\sim 10$	轮齿可做成直齿、斜齿或人字齿。直齿用于速度较低($v\leqslant 8$ m/s)或负荷较小的传动；斜齿或人字齿用于速度较高或负荷较大的传动。箱体通常用铸铁做成，有时也采用焊接结构或铸钢件。轴承通常采用滚动轴承，只在重型或特高速时，才采用滑动轴承。其他形式的减速器也与此类同
两级圆柱齿轮减速器 展开式	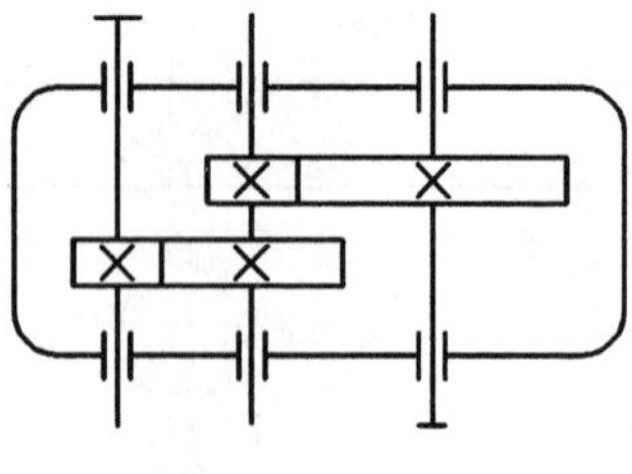	$i\leqslant 8\sim 60$	两级展开式圆柱齿轮减速器的结构简单，但齿轮相对轴承的位置不对称，因此轴应具有较大的刚度。高速级齿轮应布置在远离转矩输入端，这样可使轴在转矩作用下产生的扭转变形和轴在弯矩作用下产生的弯曲变形部分地抵消，以减缓载荷沿齿宽分布不均匀的现象。建议用于载荷比较平稳的场合。高速级做成斜齿，低速级可做成直齿或斜齿

续表2.2

名称	运动简图	推荐传动比范围	特点及应用
两级圆柱齿轮减速器 同轴式	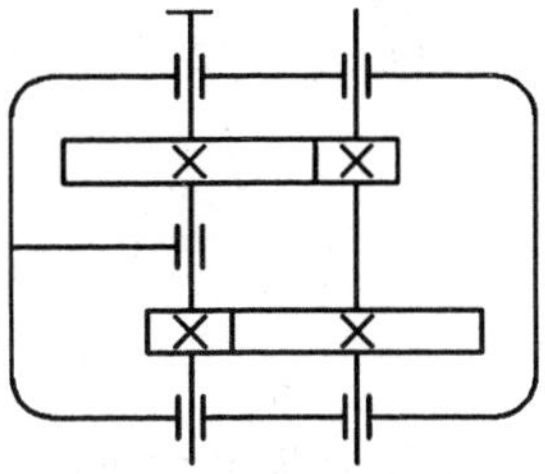	$i \leqslant 8 \sim 60$	减速器长度较短，两对齿轮浸入油中深度大致相等。但减速器的轴向尺寸及质量较大；高速级齿轮的承载能力难以充分利用；中间轴较长，刚性差，载荷沿齿宽分布不均匀；仅能有一个输入和输出轴端，限制了传动布置的灵活性
单级锥齿轮减速器	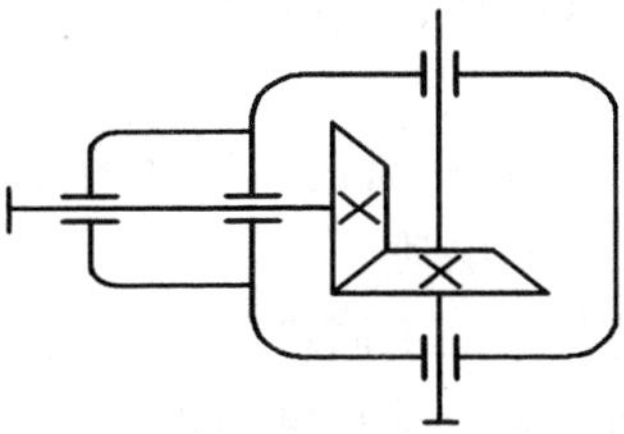	$i \leqslant 8$	用于输入轴和输出轴两轴线垂直相交的传动，可做成卧式或立式。由于锥齿轮制造较复杂，仅在传动布置需要时才采用
圆锥-圆柱齿轮减速器	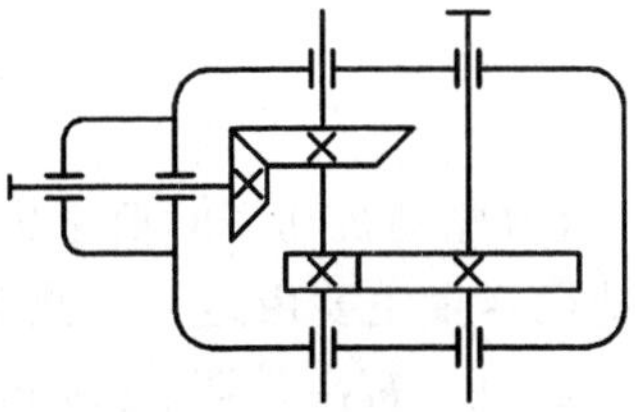	$i \leqslant 8 \sim 22$	特点同单级锥齿轮减速器。锥齿轮应布置在高速级，以使锥齿轮的尺寸不致过大，否则加工困难。锥齿轮可做成直齿、斜齿或曲线齿，圆柱齿轮可做成直齿或斜齿
蜗杆减速器 蜗杆下置式	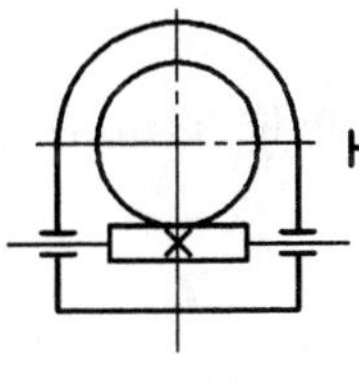	$i = 10 \sim 80$	蜗杆布置在蜗轮的下边，啮合处的冷却和润滑都较好，同时蜗杆轴承的润滑也较方便。但当蜗杆圆周速度太大时，油的搅动损失较大，一般用于蜗杆圆周速度 $v < 10$ m/s 的情况
蜗杆减速器 蜗杆上置式	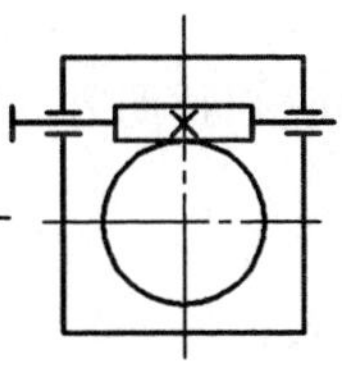	$i = 10 \sim 80$	蜗杆布置在蜗轮的上边，装拆方便，蜗杆的许用圆周速度高一些，但蜗杆轴承的润滑不太方便，需采取特殊的结构措施

2.2 选择电动机

应根据工作负荷的大小、性质，工作机的特性和工作环境等，选择电动机的类型、结构、容量(功率)和转速，并确定型号。

2.2.1 选择电动机的类型和结构

工业上一般用三相交流电源，无特殊要求一般应选三相交流异步电动机，最常用的电动机是Y系列笼型三相异步交流电动机。该电动机效率高、工作可靠、结构简单、维护方便、价格低，适用于不易燃、不易爆、无腐蚀性气体和无特殊要求的场合。由于该电动机的启动性能较好，也适用于某些要求较高启动转矩的机械。

需要经常启动、制动和反转的机械，要求电动机有较小转动惯量和较强的过载能力，应选用起重及冶金用的YZ(笼型)系列或YZR(线型)系列异步电动机。

电动机按照结构不同，可分为卧式和立式两类；按防护方式不同可分开启式、防护式(防滴式)、封闭式及防爆式等。使用时可根据安装需要和防护要求选择电动机的结构。常用的为卧式封闭型电动机。

2.2.2 选择电动机的容量

选择电动机容量就是合理确定电动机的额定功率。选取电动机功率时要考虑电机的发热、过载能力和启动能力三方面因素，但一般情况下电动机容量主要由运行发热条件确定。电动机发热与其工作情况有关。对于载荷不变或变化不大，且在常温长期、连续运转的电动机(即课程设计中通常涉及的电动机，其他运行状况下电动机容量的选择方法可参阅相关资料)，只要其所需输出功率不超过其额定功率，工作时不会过热，可不进行发热计算。这类电动机的容量按下述步骤确定。

(1) 工作机所需功率 P_w

工作机所需功率 P_w 应由机器工作阻力和运动参数计算确定。课程设计时可按设计任务书给定的工作机参数计算求得。

如果已知工作机主动轴的输出转矩 T(单位：N·m)和转速 n_w(单位：r/min)，则工作机主动轴所需功率 P_w(单位：kW)为

$$P_w=\frac{T\cdot n_w}{9550} \tag{2.1}$$

如果给出带式输送机驱动卷筒的圆周力(即卷筒牵引力)F(单位：N)和输送带速度 v(单位：m/s)，则卷筒轴所需功率 P_w(单位：kW)为

$$P_w=\frac{F\cdot v}{1000} \tag{2.2}$$

输送带速度 v 与卷筒直径 D(单位:mm)、卷筒轴转速 n_w 的关系为

$$v=\frac{\pi \cdot D \cdot n_w}{60 \times 1000} \tag{2.3}$$

(2) 电动机的输出功率 P_d

考虑传动装置的功率损耗,电动机输出功率为

$$P_d=\frac{P_w}{\eta} \tag{2.4}$$

式中 η——从电动机至工作机主动轴之间的总效率,即

$$\eta=\eta_1\eta_2\eta_3\cdots\eta_n \tag{2.5}$$

式中 $\eta_1,\eta_2,\eta_3,\cdots,\eta_n$——传动系统中各传动副、联轴器及各对轴承的效率,其具体数值见表 2.3。

表 2.3 机械传动的效率

类别		传动效率 η
齿轮传动	圆柱齿轮	闭式:0.96~0.98 (7~9 级精度)
		开式:0.94~0.96
	圆锥齿轮	闭式:0.94~0.97 (7~8 级精度)
		开式:0.92~0.95
蜗杆传动	自锁	0.40~0.45
	单头	0.70~0.75
	双头	0.75~0.82
	三头和四头	0.80~0.92

类别		传动效率 η
带传动	平带	0.95~0.98
	普通 V 带	0.94~0.97
滚子链传动		闭式:0.94~0.97 开式:0.90~0.93
轴承	滑动轴承	润滑不良 0.94~0.97 润滑良好 0.97~0.99
	滚动轴承	0.98~0.995
联轴器	弹性联轴器	0.99~0.995
	齿式联轴器	0.99
	十字沟槽联轴器	0.97~0.99

(3) 确定电动机额定功率 P_{ed}

根据计算出的输出功率 P_d 可选定电动机的额定功率 P_{ed},P_{ed}应等于 P_d 或稍大于 P_d。

2.2.3 选择电动机的转速

同一类型、功率相同的电动机具有多种转速。如选用转速高的电动机,其尺寸小且质量轻,价格较低,但会使传动装置的总传动比、结构尺寸和质量增加。选用转速低的电动机则情况相反。因此,应综合考虑电动机及传动装置的尺寸、质量、价格分析比较,权衡利弊,选

出合适的电动机转速。

选择电动机转速时，可先根据工作机主动轴转速 n_w 和传动系统中各级传动的常用传动比范围，推算出电动机转速的可选范围，以供参照比较，即

$$n_d' = (i_1' i_2' \cdots i_n') n_w \tag{2.6}$$

式中 n_d'——电动机转速可选范围，r/min；

$i_1', i_2', i_3', \cdots, i_n'$——各级传动的传动比范围，见表 2.2。

一般常选用同步转速为 1500 r/min 或 1000 r/min 的电动机。

2.2.4 确定电动机的型号

根据选定的电动机类型、结构、功率和转速，由表 14.1 和表 14.3 查出电动机型号及其额定功率、满载转速、外形和安装尺寸(如中心高、轴伸及键连接尺寸、机座尺寸)等各参数的数据，并列表记录备用。

2.3 确定总传动比并合理分配各级传动比

2.3.1 确定总传动比

由电动机的满载转速 n_m 和工作机主动轴的转速 n_w 可确定传动装置应有的总传动比，即

$$i_{总} = \frac{n_m}{n_w} \tag{2.7}$$

传动装置总传动比是各级传动比的连乘积，即

$$i_{总} = i_1 i_2 \cdots i_n \tag{2.8}$$

设计多级传动装置时，需将总传动比分配到各级传动机构。

2.3.2 合理分配各级传动比

各级传动比如何取值是设计中的一个重要问题。分配传动比时通常应考虑以下几方面：

① 各级传动机构的传动比应在推荐值的范围内(见表 2.1)，不应超过最大值，以便于发挥其性能，并使结构紧凑。

② 应使各级传动的结构尺寸协调、匀称。例如，由 V 带传动和齿轮传动组成的传动装置，V 带传动的传动比不能过大，否则会使大带轮半径超过减速器的中心高，造成尺寸不协

调，并给机座设计和安装带来困难，如图 2.2 所示。

③ 应使传动装置外廓尺寸紧凑，质量轻。

④ 在减速器设计中常使各级大齿轮直径相近，从而使大齿轮有相接近的浸油深度，有利于浸油润滑。

⑤ 应避免传动零件之间发生干涉。高速级大齿轮与低速轴发生干涉。当高速级传动比过大时，就可能产生这种情况，如图 2.3 所示。

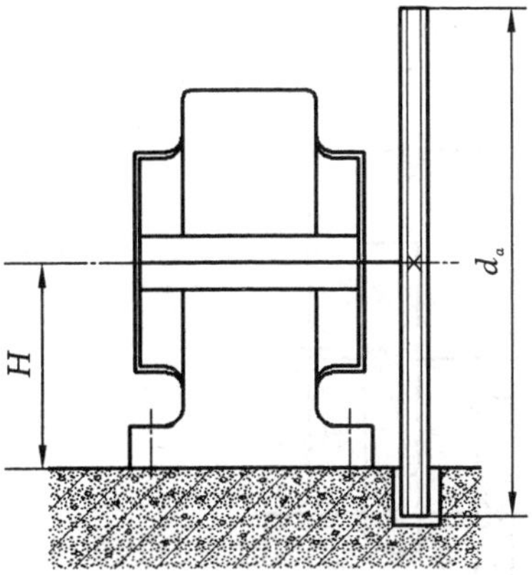

图 2.2　大齿轮过大与地基相碰

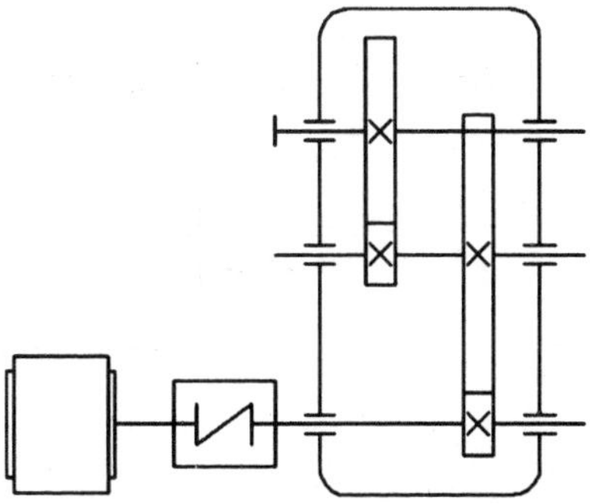

图 2.3　高速级大齿轮与低速轴相碰

⑥ 常用二级齿轮减速器传动比的分配。设计两级以上的减速器时，合理分配各级传动比是很重要的。各类标准减速器的传动比皆有规定。下面推荐一些传动比的分配方法，供设计非标准减速器时参考。

a. 对于两级卧式圆柱齿轮减速器，为使两级的大齿轮有相近的浸油深度，高速级传动比 i_1 和低速级传动比 i_2 可按下列方法分配：

展开式和分流式 $i_1=(1.1\sim1.5)i_2$；

同轴式 $i_1=i_2$。

b. 对于圆锥-圆柱齿轮减速器，为使大圆锥齿轮直径不致过大，高速级圆锥齿轮传动比可取 $i_1\approx0.25i_{总}$，且 $i_1\leqslant3$。

c. 对于齿轮-蜗杆减速器，常取低速级圆柱齿轮传动比 $i_2=(0.3\sim0.6)i_{总}$。

分配传动比时要考虑各方面的要求和限制条件，传动比的分配方法有很多，常需拟定多种分配方案进行比较。

以上分配的各级传动比只是初始值，待有关传动零件参数确定后，再验算传动装置实际传动比是否符合设计任务书的要求。如果设计要求中没有特别规定工作机转速或速度的误差范围，则一般传动装置的传动比允差可按±(3%～5%)考虑。

2.4　计算传动装置的运动参数和动力参数

为了进行传动零件的设计计算，需计算传动装置各轴的转速、功率和转矩。各轴的功率和转矩均按输入处数据计算，有两种计算方法，其一是按工作机的需要功率计算；其二是按电动机的额定功率计算。前一种方法的优点是，设计出的传动装置结构尺寸较为紧凑；而后一种方法，由于一般所选定的电动机额定功率 P_{ed} 略大于所需电动机功率 P_d，故根据额定功率 P_{ed} 计算出的各轴功率和转矩较实际需要的大一些，设计出的传动零件的结构尺寸也较实际需要的大一些。

计算时可先将各轴从高速轴至低速轴依次编号，再按顺序逐步计算。以图 2.4 所示两级减速传动装置为例，当已知电动机额定功率 P_{ed}、满载转速 n_m、各级传动比及传动效率后，即可计算各轴的转速、功率和转矩。

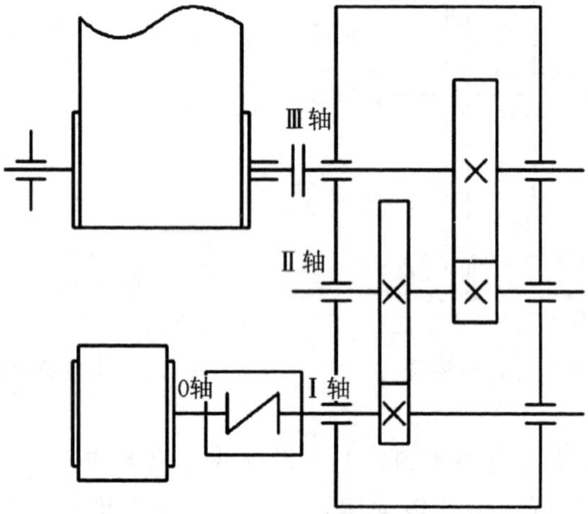

图 2.4　两级减速器传动装置(带式输送机)

2.4.1　各轴转速 n(单位:r/min)

图 2.4 所示传动装置中各轴转速为

$$\left.\begin{aligned} n_0 &= n_m \\ n_{\mathrm{I}} &= \frac{n_0}{i_1} = \frac{n_m}{i_1} \\ n_{\mathrm{II}} &= \frac{n_{\mathrm{I}}}{i_2} = \frac{n_m}{i_1 i_2} \\ n_{\mathrm{III}} &= \frac{n_{\mathrm{II}}}{i_3} = \frac{n_m}{i_1 i_2 i_3} \end{aligned}\right\} \tag{2.9}$$

式中　i_1, i_2, i_3——相邻两轴的传动比，i_1 是 0 轴和 Ⅰ 轴的传动比，$i_1=1$。

2.4.2　各轴输入功率 P(单位:kW)

各轴输入功率分别为

$$\left.\begin{aligned} P_0 &= P_{ed} \\ P_{\mathrm{I}} &= P_{ed}\eta_{01} \\ P_{\mathrm{II}} &= P_{\mathrm{I}}\eta_{12} = P_{ed}\eta_{01}\eta_{12} \\ P_{\mathrm{III}} &= P_{\mathrm{II}}\eta_{23} = P_{ed}\eta_{01}\eta_{12}\eta_{23} \end{aligned}\right\} \tag{2.10}$$

式中 η_{01}——电动机与轴Ⅰ之间的效率；

η_{12}——轴Ⅰ和轴Ⅱ之间的效率；

η_{23}——轴Ⅱ和轴Ⅲ之间的效率。

2.4.3 各轴输入转矩 T(单位:N·m)

各轴输入转矩分别为

$$\left.\begin{aligned} T_0 &= 9550\frac{P_0}{n_0} \\ T_{\mathrm{I}} &= 9550\frac{P_{\mathrm{I}}}{n_{\mathrm{I}}} \\ T_{\mathrm{II}} &= 9550\frac{P_{\mathrm{II}}}{n_{\mathrm{II}}} \\ T_{\mathrm{III}} &= 9550\frac{P_{\mathrm{III}}}{n_{\mathrm{III}}} \end{aligned}\right\} \tag{2.11}$$

将以上计算结果整理后列于表 2.4 中,供以后设计计算时使用。

表 2.4 各轴运动及动力参数计算结果

项目	电动机轴	高速轴Ⅰ	中间轴Ⅱ	低速轴Ⅲ
转速/(r/min)	$n_m=$	$n_{\mathrm{I}}=$	$n_{\mathrm{II}}=$	$n_{\mathrm{III}}=$
功率/kW	$P_{ed}=$	$P_{\mathrm{I}}=$	$P_{\mathrm{II}}=$	$P_{\mathrm{III}}=$
转矩/(N·m)	$T_0=$	$T_{\mathrm{I}}=$	$T_{\mathrm{II}}=$	$T_{\mathrm{III}}=$
传动比	$i_1=$		$i_2=$	$i_3=$
效率	$\eta_{01}=$		$\eta_{12}=$	$\eta_{23}=$

2.5 设计计算示例

设计题目:如图 2.5 所示胶带输送机,其驱动卷筒的圆周力(牵引力)$F=6000$ N,带速 $v=0.5$ m/s,卷筒直径 $D=300$ mm。输送机在常温下连续、单向工作,载荷较平稳,环境有轻度粉尘,结构尺寸无特殊限制,工作现场有三相交流电源。请对该胶带输送机传动装置进行总体设计。

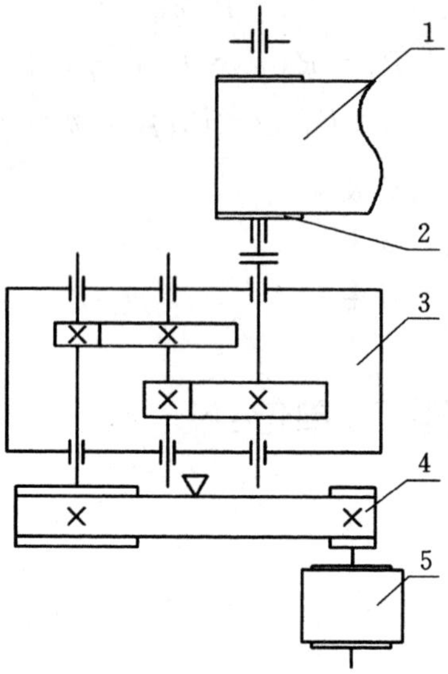

图 2.5　胶带输送机的传动装置

1—输送胶带；2—传动滚筒；3—两级圆柱齿轮减速器；4—V 带传动；5—电动机

1. 选择电动机

(1) 确定电动机类型和结构

按工作要求和工作条件，选用一般用途的 Y 系列三相异步电动机，卧式封闭结构。

(2) 确定电动机容量

① 卷筒轴的输出功率 P_w 为

$$P_w=\frac{Fv}{1000}=\frac{6000\times0.5}{1000}=3.0\ \text{kW}$$

② 电动机输出功率 P_d 为

$$P_d=\frac{P_w}{\eta} \tag{2.12}$$

式中　η——从电动机至工作机主动轴之间的总效率，即

$$\eta=\eta_1\eta_2^3\eta_3^2\eta_4\eta_5$$

由表 2.3 查得，η_1——V 带传动效率，取 0.96；η_2——滚动轴承效率，取 0.99；η_3——圆柱齿轮效率，取 0.97；η_4——联轴器效率，取 0.99；η_5——卷筒轴滑动轴承效率 0.96。

计算得

$$\eta=\eta_1\eta_2^3\eta_3^2\eta_4\eta_5=0.96\times0.99^3\times0.97^2\times0.99\times0.96\approx0.83$$

$$P_d=\frac{P_w}{\eta}=\frac{3}{0.83}\approx3.61\ \text{kW}$$

③ 电动机额定功率 P_{ed}。由表 14.1 选取电动机额定功率 $P_{ed}=3$ kW，可选 Y 系列三相

异步电动机 Y112M-4 型，或选 Y 系列三相异步电动机 Y132M1-6 型。

(3) 确定电动机的转速

由已知条件计算带式输送机驱动卷筒的转速 n_w，即

$$n_w=\frac{60\times1000v}{\pi D}=\frac{60\times1000\times0.5}{\pi\times300}\approx31.8\ \text{r/min}$$

初选同步转速分别为 1500 r/min 和 1000 r/min 的两种电动机进行比较，由表 14.1 查得电动机数据，计算出总的传动比列于表 2.5。

表 2.5 电动机数据及总传动比

方案	电动机型号	额定功率/kW	电动机转速/(r/min)		电动机质量/kg	总传动比
			同步	满载		
1	Y112M-4	4	1500	1440	51	45.28
2	Y132M1-6	4	1000	960	73	30.19

比较两方案可见，方案 1 选用的电动机虽然质量和价格较低，但总传动比大，为使传动装置结构紧凑，决定选用方案 2。

(4) 电动机选用结果

选用电动机型号为 Y132M1-6，额定功率为 4 kW，由表 14.1 查得：中心高 $H=132$ mm，外伸轴段 $D\times E=38\times80$ mm。

2. 分配传动比

由表 2.1 查得，V 带传动常用传动比范围为 2～5，初步取 $i_{带}=2.5$ ，则二级传动减速器的传动比为

$$i_{减}=\frac{i_{总}}{i_{带}}=\frac{30.19}{2.5}=12.076$$

设高速级传动比 i_1 和低速级传动比 i_2，按 $i_1=1.35i_2$ 计算得

$$i_1=\sqrt{1.35i_{减}}=4.038$$

$$i_2=\frac{i_{减}}{i_1}=\frac{12.076}{4.038}=2.989$$

以上传动比的分配只是初步的，传动装置实际传动比的准确数值须在各传动零件的参数(如带轮直径、齿轮齿数等)确定后才能计算出来，故实际传动比应在各传动零件的参数确定后进行核算。允许总传动比的实际值与设计任务书的要求有±(3%～5%)的误差。

3. 计算各轴运动及动力参数

电动机轴(0 轴)

$$P_0=P_{ed}=4\ \text{kW}$$

$$n_0=960\ \text{r/min}$$

$$T_0=9550\frac{P_0}{n_0}=9550\times\frac{4}{960}=39.79\ \mathrm{N\cdot m}$$

高速轴(Ⅰ轴)

$$i_{带}=2.5$$

$$\eta_{01}=\eta_1=0.96$$

$$P_{\mathrm{I}}=P_{ed}\eta_{01}=4\times0.96=3.84\ \mathrm{kW}$$

$$n_{\mathrm{I}}=\frac{n_0}{i_{带}}=\frac{960}{2.5}=384\ \mathrm{r/min}$$

$$T_{\mathrm{I}}=9550\frac{P_{\mathrm{I}}}{n_{\mathrm{I}}}=9550\times\frac{3.84}{384}=95.5\ \mathrm{N\cdot m}$$

中间轴(Ⅱ轴)

$$i_1=4.038$$

$$\eta_{12}=\eta_2\eta_3=0.99\times0.97=0.96$$

$$n_{\mathrm{II}}=\frac{n_{\mathrm{I}}}{i_1}=\frac{384}{4.038}=95.10\ \mathrm{r/min}$$

$$P_{\mathrm{II}}=P_{\mathrm{I}}\eta_{12}=3.84\times0.96=3.78\ \mathrm{kW}$$

$$T_{\mathrm{II}}=9550\frac{P_{\mathrm{II}}}{n_{\mathrm{II}}}=9550\times\frac{3.78}{95.10}=379.59\ \mathrm{N\cdot m}$$

低速轴(Ⅲ轴)

$$i_2=2.989$$

$$\eta_{23}=\eta_2\eta_3=0.99\times0.97=0.96$$

$$n_{\mathrm{III}}=\frac{n_{\mathrm{II}}}{i_2}=\frac{95.10}{2.989}=31.82\ \mathrm{r/min}$$

$$P_{\mathrm{III}}=P_{\mathrm{II}}\eta_{23}=3.78\times0.96=3.63\ \mathrm{kW}$$

$$T_{\mathrm{III}}=9550\frac{P_{\mathrm{III}}}{n_{\mathrm{III}}}=9550\times\frac{3.63}{31.82}=1089.46\ \mathrm{N\cdot m}$$

将上述计算结果汇总于表2.6,以便后续查用。

表2.6 计算结果

<table>
<tr><td>项目</td><td>电动机轴</td><td colspan="2">高速轴Ⅰ</td><td colspan="2">中间轴Ⅱ</td><td>低速轴Ⅲ</td></tr>
<tr><td>转速/(r/min)</td><td>960</td><td colspan="2">384</td><td colspan="2">95.10</td><td>31.82</td></tr>
<tr><td>功率/kW</td><td>4</td><td colspan="2">3.84</td><td colspan="2">3.78</td><td>3.63</td></tr>
<tr><td>转矩/(N·m)</td><td>39.79</td><td colspan="2">95.5</td><td colspan="2">379.59</td><td>1089.46</td></tr>
<tr><td>传动比</td><td colspan="2">2.5</td><td colspan="3">4.038</td><td colspan="2">2.989</td></tr>
<tr><td>效率</td><td colspan="2">0.96</td><td colspan="3">0.96</td><td colspan="2">0.96</td></tr>
</table>

3　传动零件的设计计算

传动零件的设计计算包括确定传动零件的材料、热处理方法、参数、尺寸和主要结构，为装配草图的设计做准备。各传动零件的设计计算方法，可参看机械设计教材有关内容。

传动装置的运动和动力参数及设计任务书给定的工作条件，即为传动零件设计计算的原始数据。

下面仅就传动零件设计计算的要求和应注意的问题作说明。

3.1　减速器外传动零件的设计计算

减速器的外传动，一般常用带传动、链传动或开式齿轮传动，通常首先设计这些传动零件，设计时需要注意传动零件与其他部件的协调问题。

外传动零件的参数(如带轮的基准直径、链轮齿数、开式齿轮齿数等)确定后，外部传动的实际传动比便可确定，然后修正减速器的传动比，进行减速器内传动零件的设计，整个传动装置的传动比累积误差减小。

由于学时的限制，减速器以外的传动零件只需确定主要参数和尺寸即可，不进行详细的结构设计。装配图只画减速器部分，一般不画外部传动零件。

3.1.1　普通 V 带传动设计

带传动是最常用的减速器外传动，本书以带传动为例说明减速器外传动零件设计计算的原则和方法。

普通 V 带传动设计须确定带的型号、带轮基准直径和宽度，计算出带的长度、根数和中心距及对轴的作用力的大小和方向。

设计带传动时，应注意检查带轮尺寸与传动装置外廓尺寸的相互关系，例如，小带轮外圆半径是否大于电动机中心高而与地基发生干涉(见图 3.1，设计须满足 $D_d/2<H$)；大带轮外圆半径是否过大造成带轮与机器底座或地基相干涉(见图 2.2)等。另外，还要注意带轮轴孔尺寸与电动机轴或减速器输入轴尺寸是否相适应。

带轮直径确定后，应验算带传动实际传动比和大带轮转速，并以此修正减速器传动比和输入转矩。

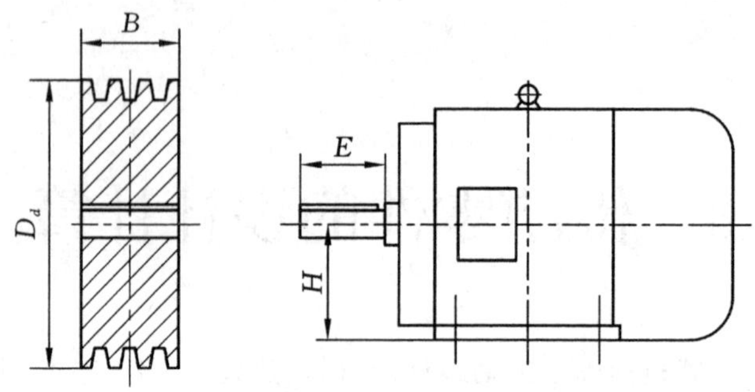

图 3.1 带轮尺寸与电动机尺寸不协调

3.1.2 链传动

链传动设计需确定出链节距、齿数、链轮直径、轮毂宽度、中心距及对轴的作用力的大小和方向。

大、小链轮的齿数最好为奇数或不能整除链节数的数。为不使大链轮尺寸过大，应控制传动的外廓尺寸，速度较低的链传动齿数不宜取得过多。当采用单排链传动计算出的链节距过大时，可改用双排链。为避免使用过渡链节，链节数最好取为偶数。

3.1.3 开式齿轮传动

开式齿轮传动设计须确定出模数、齿数、分度圆直径、齿顶圆直径、齿宽以及作用在轴上力的大小和方向。

在选择和计算开式齿轮传动的参数时，首先按弯曲疲劳强度计算所需模数，并圆整为标准值，再选择计算其他参数。针对开式齿轮传动的工作特点，考虑磨损对弯曲疲劳强度的影响，应将材料的许用弯曲应力降低 20%～35%，或将计算所得的模数加大 10%～15%。

一般开式齿轮用于低速级，通常采用直齿。由于工作环境一般较差，灰尘大、润滑不良，故应注意材料的配对选择，使之具有较好的减摩和耐磨性。

开式齿轮轴的支承刚度较小，为减轻齿轮轮齿偏载的程度，齿宽系数宜取小些，一般取 $\varphi_a=0.1\sim0.3$，常取 $\varphi_a=0.2$。

尺寸参数确定之后，应检查传动的外廓尺寸，如与其他零件发生干涉或碰撞，则应修改参数重新计算。

3.1.4 联轴器

联轴器按计算转矩进行选择，要求所选联轴器允许的最大转矩大于计算转矩 T_c，且孔径应与被连接的两轴轴径一致。

联轴器的类型应根据工作要求选择，一般多采用可移式联轴器，它可以补偿由于制造、安装产生的径向位移和角位移。在启动频繁、变载荷、高速及正反转的场合，应采用弹性联轴器。

在确定联轴器的类型后，可进行具体尺寸选择。对已标准化的联轴器，可根据被连接轴的直径 d，计算转矩 T_c 和工作转速 n，选出适合的型号尺寸，计算公式如下：

$$T_c = KT \leqslant T_n \tag{3.1}$$

$$n \leqslant [n] \tag{3.2}$$

式中 T——名义工作转矩，N·m；

K——工作情况系数，见表 3.1；

T_n——联轴器的公称转矩，N·m；

$[n]$——联轴器的许用转速，r/min。

表 3.1 工作情况系数

原动机	工作机	K
电动机	胶带运输机、鼓风机、连续运转的金属切削机床	1.25～1.5
	链式运输机、刮板运输机、螺旋运输机、离心式泵、木工机床	1.5～2.0
	往复运动的金属切削机床	1.5～2.5
	往复式泵、往复式压缩机、球磨机、破碎机、冲剪机、锤	2.0～3.0
	起重机、升降机、轧钢机、压延机	3.0～4.0
涡轮机	发电机、离心泵、鼓风机	1.2～1.5
往复式发动机	发电机	1.5～2.0
	离心泵	3～4
	往复式工作机，如压缩机、泵	4～5

注：固定式、刚性可移式联轴器选用较大 K 值；弹性联轴器选用较小 K 值；嵌合式离合器 $K=2$～3；摩擦式离合器 $K=1.2$～1.5；安全联轴器取 $K=1.25$。被带动的转动惯量小，载荷平稳，K 取较小值。

联轴器所连接的两轴直径可不同，但需与选定的联轴器孔径、长度及结构形式相一致。

【例 3.1】某车间起重机根据工作要求选用一电动机，其功率 $P=15$ kW，转速 $n=970$ r/min，电动机轴伸的直径 $d=48$ mm，长度 $L=110$ mm，试选择所需的联轴器（只要求与电动机轴伸连接的半联轴器满足要求）。

解：

(1) 类型选择

为了隔离振动与冲击，选用弹性套柱销联轴器。

(2) 载荷计算

名义工作转矩：

$$T = 9550\frac{P}{n} = 9550 \times \frac{15}{970} = 147.68\ \text{N}\cdot\text{m}$$

由表 3.1 查得 $K=3.0$～4.0，取中间值 3.5，故由公式(3.1)得出计算转矩 T_c 为：

$$T_c = KT = 3.5 \times 147.68 = 516.88\ \text{N}\cdot\text{m}$$

(3) 型号选择

从国家标准 GB/T 4323—2017(见表 10.56)中查得 LT8 型弹性套柱销联轴器公称转矩为 710 N·m,许用转速为 3000 r/min,满足计算转矩和转速要求。

选择 Y 型半联轴器,可选轴孔直径范围为 45～56 mm,轴孔长度为 112 mm,满足电动机轴伸尺寸要求。

3.2 减速器内传动零件的设计计算

3.2.1 减速器内传动零件设计的参数选择

减速器内传动零件设计计算方法与结构设计应注意下面几点:

(1) 材料的选择

齿轮材料应考虑毛坯制造方法和齿轮尺寸。齿轮直径较大时,多用铸造毛坯,应选铸钢、铸铁材料;小齿轮分度圆直径 d 与轴的直径 d_s 相差很小($d<1.8d_s$)时,可将齿轮与轴做成一体,称为齿轮轴,选择材料时应兼顾轴的要求;同一减速器中各级传动的小齿轮(或大齿轮)的材料,没有特殊情况应选用相同牌号,以减少材料品种和工艺要求。

(2) 齿面硬度的选择

锻钢齿轮分软齿面(硬度不大于 350HBW)和硬齿面(硬度大于 350HBW)两种,应按工作条件和尺寸要求来选择齿面硬度。通常,软齿面齿轮:$HBW_1-HBW_2=30\sim50HBW$;硬齿面齿轮:$HRC_1\approx HRC_2$。脚注 1 为小齿轮,脚注 2 为大齿轮。

(3) 齿数 z 的选择

设计压力角为 20°的标准渐开线直齿圆柱齿轮时,保证不发生根切的最少齿数 $z_{min}=17$;而对于标准斜齿圆柱齿轮不发生根切的最少齿数 $z_{min}=17\cos^3\beta$,选择齿数时应避免根切。

在以传递动力为主的闭式齿轮传动中,一般转速较高,为了提高传动的平稳性并减小切削量,在齿根弯曲强度满足要求的前提下,齿数越多越好,一般可取 $z_1=18\sim30$;开式齿轮传动一般转速较低,齿面磨损会使轮齿的抗弯能力降低,为使轮齿不至于过小,小齿轮齿数不宜选用过多,一般可取 $z_1=17\sim20$;而对于以传递运动为主的精密齿轮传动,最少齿数可以为 14,以获得紧凑的结构,但齿数过少,传动平稳性和啮合精度降低。因此,在一般情况下,最少齿数不得小于 12。为了使磨损均匀,两齿轮的齿数最好互为质数。

(4) 传动比误差的计算

传动比误差计算公式如下:

$$\Delta i=\left|\frac{i-i_{实际}}{i}\right| \tag{3.3}$$

式中 i——理论传动比;

$i_{实际}$——实际传动比。

课程设计任务要求的传动比误差是针对整个传动装置而言的，即为 $i_{带}$ 与 $i_{减速器}$ 的乘积。为满足上述条件，常需要作多次的试凑计算，才能得到满意的结果。

(5) 模数

模数 m(或 m_n)必须符合标准，对于传递动力的齿轮，m(或 m_n)不小于 1.5 mm。

(6) 螺旋角 β

螺旋角 β 一般为 8°～20°，常用 8°～15°。

(7) 齿宽系数

齿宽系数的选择取决于齿轮在轴上的位置。齿轮在轴上相对于轴承对称布置时，取大值；悬臂时取小值。

闭式齿轮传动常取 $\varphi_a = 0.3 \sim 0.6$，最常用 0.35 或 0.4。

3.2.2 齿轮传动几何尺寸计算

(1) 正确配凑中心距 a

中心距 a 的最后计算值精确到小数点后两位，且需要圆整，个位数字最好为“0”或“5”。中心距一般标有公差，其公差多为小数点后 2～4 位，例如 $a = 140 \pm 0.0315$ mm，为此，相关分度圆的取值也应精确到小数点后两位。

(2) 齿轮理论计算所得参数及几何尺寸的圆整

齿轮传动理论计算所得值一般常为非整数，且小数点后位数较多，甚至是无限循环或无限不循环小数，这将给设计、计算、制造等带来很大不便，必须圆整。例如，为保证配凑中心距的精度，其分度圆直径 d、齿顶圆直径 d_a(齿顶圆也有公差，例如 $d_a = 60.96^{0}_{-0.19}$)、齿根圆直径 d_f 均应保留小数点后两位，端面模数 m_t 则至少应保留小数点后 5 位，以保证螺旋角的计算更精确。螺旋角 β 和全齿高 h 应保留小数点后 3 位。直齿锥齿轮的节锥距 R 不要求圆整，按模数和齿数精确计算到“微米”，节锥角 δ 应精确到“秒”。

齿轮结构其他尺寸见表 13.1(圆柱齿轮的结构)，表 13.1 中轮辐式齿轮的轮毂长 L、轮毂外径 D_1、轮缘内径 D_2 及腹板厚 c 等尺寸，一般根据经验公式进行设计计算，所得计算结果一般为非整数，也应进行圆整，尽量采用优先数系中的数或个位数为“0”或“5”的数值，以便于设计、制造、装配与检验等。

减速器内传动零件的设计计算常需反复试算才能得到满意的结果。除齿轮传动中心距需要配凑外，蜗杆传动的相对滑动速度也要粗略估算，并且在传动尺寸确定后进行校验或修正。

【例 3.2】 某传动装置如图 2.5 所示，每日两班制工作，每年工作 250 d，工作期限为 8 年，单向运行，载荷平稳。已知输送带滚筒直径 $D = 300$ mm，输送带运行速度 $v = 0.63$ m/s，输送带所需转矩 $T = 700$ N·m，电动机型号为 Y112M-4，额定转速 1440 r/min。初始分配传动比为：带传动传动比 $i_{带} = 2.5$，减速器高速级传动比 $i_1 = 4.4$，低速级传动比 $i_2 = 3.26$。对减速器的外传动件和内传动件进行设计，要求总传动比实际值与理论值的误差不大于 5%。

解：

(1) 减速器的外传动件的设计计算

减速器的外传动件的设计计算即为带传动的设计计算。

① 确定带传动设计功率 P_d

动力参数计算：

输送带所需拉力：$F=\dfrac{2T}{D}=\dfrac{2\times 700}{0.3}\approx 4667\ \text{N}$

输送带所需功率：$P_w=\dfrac{Fv}{1000}=\dfrac{4667\times 0.63}{1000}=2.94\ \text{kW}$

查表2.3，取传动效率如下：

V带传动效率 $\eta_{带}=0.96$

一对轴承效率 $\eta_{轴承}=0.99$

斜齿轮圆柱齿轮效率 $\eta_{齿轮}=0.97$

联轴器效率 $\eta_{联}=0.99$

电动机到工作机间的总效率：

$$\eta_{总}=\eta_{带}\eta_{轴承}^4\eta_{齿轮}^2\eta_{联}=0.96\times 0.99^4\times 0.97^2\times 0.99=0.859$$

电动机提供的工作功率：

$$P_0=\frac{P_w}{\eta_{总}}=\frac{2.94}{0.859}=3.42\ \text{kW}$$

查表3.2，得工作系数 $K_A=1.2$，则

$$P_d=K_AP_0=1.2\times 3.42=4.1\ \text{kW}$$

表3.2　工作情况系数 K_A

载荷性质	工作机	原动机					
		空、轻载起动			重载起动		
		每天工作时间/h					
		<10	10～16	>16	<10	10～16	>16
载荷变动微小	液体搅拌机、通风机和鼓风机(≤7.5 kW)、离心式水泵和压缩机、轻型输送机	1.0	1.1	1.2	1.1	1.2	1.3
载荷变动小	带式输送机(不均匀载荷)、通风机(>7.5 kW)、旋转式水泵和压缩机(非离心式)、发电机、金属切削机床、旋转筛、锯木机和木工机械	1.1	1.2	1.3	1.2	1.3	1.4
载荷变动较大	制砖机、斗式提升机、往复式水泵和压缩机、起重机、磨粉机、冲剪机床、橡胶机械、振动筛、纺织机械、重载输送机	1.2	1.3	1.4	1.4	1.5	1.6
载荷变动很大	破碎机(旋转式、颚式等)、磨碎机(球磨、棒磨、管磨)	1.3	1.4	1.5	1.5	1.6	1.8

② 选择带型

小带轮转速即为电机转速 $n_0 = 1440$ r/min，$P_d = 4.1$ kW，由图 3.2 选择 A 型 V 带。

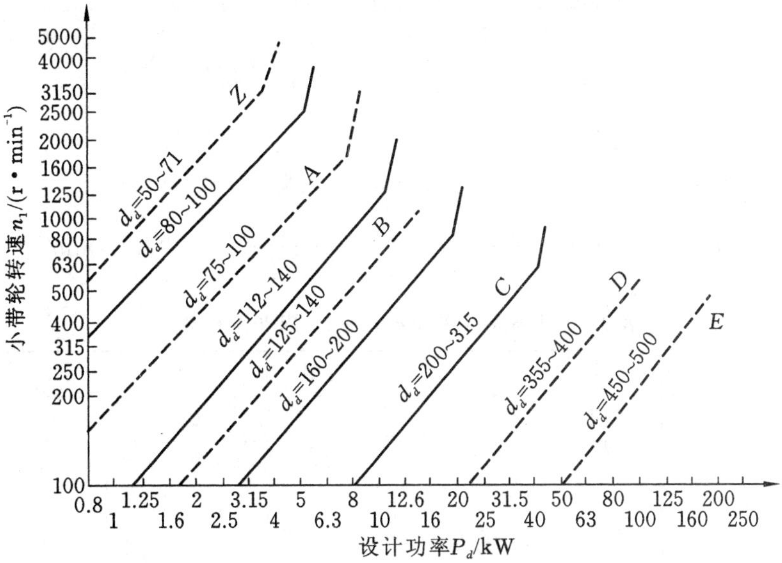

图 3.2　普通 V 带选型图

③ 确定带轮基准直径

根据表 3.3，选小带轮直径 $d_{d1} = 100$ mm，则大带轮直径为

$$d_{d2} = i_{带} d_{d1} = 2.5 \times 100 = 250 \text{ mm}$$

表 3.3　V 带带轮最小基准直径

型号	Y	Z	SPZ	A	SPA	B	SPB	C	SPC	D	SPD
d_{min}/mm	20	50	63	75	90	125	140	200	224	355	500

注：V 带轮的基准直径系列为 20、22.4、25、28、31.5、40、45、50、56、63、71、75、80、85、90、95、100、106、112、118、125、132、140、150、160、170、180、200、212、224、236、250、265、280、300、315、355、375、400、425、450、475、500、530、560、600、630、670、710、750、800、900、1000 等。

根据表 3.3，选大带轮直径 $d_{d2} = 250$ mm。

$$i_{带实际} = \frac{d_{d2}}{d_{d1}} = \frac{250}{100} = 2.5$$

④ 验算带的速度

$$v_{带} = \frac{\pi d_{d1} n_0}{60 \times 1000} = \frac{\pi \times 100 \times 1440}{60 \times 1000} = 7.54 \text{ m/s} < v_{max} = 25 \text{ m/s}$$

带速符合要求。

⑤ 确定中心距和 V 带长度

根据 $0.7(d_{d1} + d_{d2}) < a_0 < 2(d_{d1} + d_{d2})$，初步确定中心距，即

$$0.7 \times (100 + 250) = 245 \text{ mm} < a_0 < 2 \times (100 + 250) = 700 \text{ mm}$$

为使结构紧凑，取较小值，$a_0=350$ mm。

V 带计算基准长度为

$$L_d' \approx 2a_0+\frac{\pi}{2}(d_{d1}+d_{d2})+\frac{(d_{d1}-d_{d2})^2}{4a_0}$$

$$=2\times 350+\frac{\pi}{2}(100+250)+\frac{(250-100)^2}{4\times 350}$$

$$=1265.57\ \text{mm}$$

由表 3.4 选 V 带基准长度为 $L_d=1250$ mm，则实际中心距为

$$a_{带实际}=a_0+\frac{L_d-L_d'}{2}=350+\frac{1250-1265.57}{2}=342.21\ \text{mm}$$

表 3.4　普通 V 带的基准长度 L_d 及长度系数 K_L

基准长度 L_d/mm	带型						
	Y	Z	A	B	C	D	E
	K_L						
200	0.81						
224	0.82						
250	0.84						
280	0.87						
315	0.90						
355	0.92						
400	0.96	0.87					
450	1.00	0.89					
500	1.02	0.91					
560		0.94					
630		0.96	0.81				
710		0.99	0.83				
800		1.00	0.85				
900		1.03	0.87	0.82			
1000		1.06	0.89	0.84			
1120		1.08	0.91	0.86			
1250		1.10	0.93	0.88			
1400		1.14	0.96	0.90			
1600		1.16	0.99	0.92	0.83		
1800		1.18	1.01	0.95	0.86		
2000			1.03	0.98	0.88		
2240			1.06	1.00	0.91		
2500			1.09	1.03	0.93		
2800			1.11	1.05	0.95	0.83	
3150			1.13	1.07	0.97	0.86	
3550			1.17	1.09	0.99	0.89	
4000			1.19	1.13	1.02	0.91	
4500				1.15	1.04	0.93	0.90
5000				1.18	1.07	0.96	0.92

续表3.4

基准长度 L_d/mm	带型						
	Y	Z	A	B	C	D	E
	K_L						
5600					1.09	0.98	0.95
6300					1.12	1.00	0.97
7100					1.15	1.03	1.00
8000					1.18	1.06	1.02
9000					1.21	1.08	1.05
10000					1.23	1.11	1.07
11200						1.14	1.10
12500						1.17	1.12
14000						1.20	1.15
16000						1.22	1.18

⑥ 计算小带轮包角

$$\alpha_1=180°-\frac{d_{d2}-d_{d1}}{a}\times 60°=180°-\frac{250-100}{342.21}\times 57.3°=154.88°>120°$$

小带轮包角合格。

⑦ 确定V带根数

V带根数 z 计算公式：

$$z=\frac{P_d}{(P_0+\Delta P_0)K_\alpha K_L} \tag{3.4}$$

查表3.5，单根V带所能传递的功率 P_0= 1.3 kW。

表3.5　普通V带基本额定功率 P_0　　单位：kW

型号	小带轮基准直径 d_{d1}/mm	小带轮转速 n_1/(r/min)										
		200	400	700	800	950	1200	1450	1600	2000	2400	2800
Z	50	0.04	0.06	0.09	0.10	0.12	0.14	0.16	0.17	0.20	0.22	0.26
	56	0.04	0.06	0.11	0.12	0.14	0.17	0.19	0.20	0.25	0.30	0.33
	63	0.05	0.08	0.13	0.15	0.18	0.22	0.25	0.27	0.32	0.37	0.41
	71	0.06	0.09	0.17	0.20	0.23	0.27	0.30	0.33	0.39	0.46	0.50
	80	0.10	0.14	0.20	0.22	0.26	0.30	0.35	0.39	0.44	0.50	0.56
	90	0.10	0.14	0.22	0.24	0.28	0.33	0.36	0.40	0.48	0.54	0.60
A	75	0.15	0.26	0.40	0.45	0.51	0.60	0.68	0.73	0.84	0.92	1.00
	90	0.22	0.39	0.61	0.68	0.77	0.93	1.07	1.15	1.34	1.50	1.64
	100	0.26	0.47	0.74	0.83	0.95	1.14	1.32	1.42	1.66	1.87	2.05
	112	0.31	0.56	0.90	1.00	1.15	1.39	1.61	1.74	2.04	2.30	2.51
	125	0.37	0.67	1.07	1.19	1.37	1.66	1.92	2.07	2.44	2.74	2.98
	140	0.43	0.78	1.26	1.41	1.62	1.96	2.28	2.45	2.87	3.22	3.48
	160	0.51	0.94	1.51	1.69	1.95	2.36	2.73	2.94	3.42	3.80	4.06
	180	0.59	1.09	1.76	1.97	2.27	2.74	3.16	3.40	3.93	4.32	4.54

续表3.5

型号	小带轮基准直径 d_{d1}/mm	小带轮转速 n_1/(r/min)										
		200	400	700	800	950	1200	1450	1600	2000	2400	2800
B	125	0.48	0.84	1.30	1.44	1.64	1.93	2.19	2.33	2.64	2.85	2.96
	140	0.59	1.05	1.64	1.82	2.08	2.47	2.82	3.00	3.42	3.70	3.85
	160	0.74	1.32	2.09	2.32	2.66	3.17	3.62	3.86	4.40	4.75	4.89
	180	0.88	1.59	2.53	2.81	3.22	3.85	4.39	4.68	5.30	5.67	5.76
	200	1.02	1.85	2.96	3.30	3.87	4.50	5.13	5.46	6.13	6.47	6.43
	224	1.19	2.17	3.47	3.86	4.42	5.26	5.97	6.33	7.02	7.25	6.95
	250	1.37	2.50	4.00	4.46	5.10	6.04	6.82	7.20	7.87	7.89	7.14
	280	1.58	2.89	4.61	5.13	5.85	6.90	7.76	8.13	8.60	8.22	6.80
C	200	1.39	2.41	3.69	4.07	4.58	5.29	5.84	6.07	6.34	6.02	5.01
	224	1.70	2.99	4.64	5.12	5.78	6.71	7.45	7.75	8.06	7.57	6.08
	250	2.03	3.62	5.64	6.23	7.04	8.21	9.04	9.38	9.62	8.75	6.56
	280	2.42	4.32	6.76	7.52	8.49	9.81	10.72	11.06	11.04	9.50	6.13
	315	2.84	5.14	8.09	8.92	10.05	11.53	12.46	12.72	12.14	9.43	4.16
	355	3.36	6.05	9.50	10.46	11.73	13.31	14.12	14.19	12.59	7.98	
	400	3.91	7.06	11.02	12.10	13.48	15.04	15.53	15.24	11.95	4.34	
	450	4.51	8.20	12.63	13.80	15.23	16.59	16.47	15.57	9.64		

查表 3.6，功率增量 $\Delta P_0 \approx 0.17$。

表 3.6　单根普通 V 带基本额定功率的增量 ΔP_0

带型	传动比 i	小带轮转速 n_1/(r/min)										
		200	400	700	800	950	1200	1450	1600	2000	2400	2800
Z	1.00～1.01	0.00	0.00	0.00	0.00	0.00	0.00	0.00	0.00	0.00	0.00	0.00
	1.02～1.04	0.00	0.00	0.00	0.00	0.00	0.00	0.00	0.01	0.01	0.01	0.01
	1.05～1.08	0.00	0.00	0.00	0.00	0.00	0.01	0.01	0.01	0.01	0.02	0.02
	1.09～1.12	0.00	0.00	0.00	0.00	0.01	0.01	0.01	0.01	0.02	0.02	0.02
	1.13～1.18	0.00	0.00	0.00	0.01	0.01	0.01	0.01	0.01	0.02	0.02	0.03
	1.19～1.24	0.00	0.00	0.00	0.01	0.01	0.01	0.02	0.02	0.02	0.03	0.03
	1.25～1.34	0.00	0.00	0.00	0.01	0.01	0.02	0.02	0.02	0.02	0.03	0.03
	1.35～1.50	0.00	0.00	0.00	0.01	0.02	0.02	0.02	0.02	0.03	0.03	0.04
	1.51～1.99	0.00	0.00	0.00	0.02	0.02	0.02	0.02	0.03	0.03	0.04	0.04
	≥2.00	0.00	0.00	0.00	0.02	0.02	0.03	0.03	0.03	0.04	0.04	0.04
A	1.00～1.01	0.00	0.00	0.00	0.00	0.00	0.00	0.00	0.00	0.00	0.00	0.00
	1.02～1.04	0.00	0.01	0.01	0.01	0.01	0.02	0.02	0.02	0.03	0.03	0.04
	1.05～1.08	0.01	0.01	0.02	0.02	0.03	0.03	0.04	0.04	0.06	0.07	0.08
	1.09～1.12	0.01	0.02	0.03	0.03	0.04	0.05	0.06	0.06	0.08	0.10	0.11
	1.13～1.18	0.01	0.02	0.04	0.04	0.05	0.07	0.08	0.09	0.11	0.13	0.15
	1.19～1.24	0.01	0.03	0.05	0.05	0.06	0.08	0.09	0.11	0.13	0.16	0.19

续表3.6

带型	传动比 i	小带轮转速 n_1/(r/min)										
		200	400	700	800	950	1200	1450	1600	2000	2400	2800
A	1.25～1.34	0.02	0.03	0.06	0.06	0.07	0.10	0.11	0.13	0.16	0.19	0.23
	1.35～1.51	0.02	0.04	0.07	0.08	0.08	0.11	0.13	0.15	0.19	0.23	0.26
	1.52～1.99	0.02	0.04	0.08	0.09	0.10	0.13	0.15	0.17	0.22	0.26	0.30
	≥2.00	0.03	0.05	0.09	0.10	0.11	0.15	0.17	0.19	0.24	0.29	0.34
B	1.00～1.01	0.00	0.00	0.00	0.00	0.00	0.00	0.00	0.00	0.00	0.00	0.00
	1.02～1.04	0.01	0.01	0.02	0.03	0.03	0.04	0.05	0.06	0.07	0.08	0.10
	1.05～1.08	0.01	0.03	0.05	0.06	0.07	0.08	0.10	0.11	0.14	0.17	0.20
	1.09～1.12	0.02	0.04	0.07	0.08	0.10	0.13	0.15	0.17	0.21	0.25	0.29
	1.13～1.18	0.03	0.06	0.10	0.11	0.13	0.17	0.20	0.23	0.28	0.34	0.39
	1.19～1.24	0.04	0.07	0.12	0.14	0.17	0.21	0.25	0.28	0.35	0.42	0.49
	1.25～1.34	0.04	0.08	0.15	0.17	0.20	0.25	0.31	0.34	0.42	0.51	0.59
	1.35～1.51	0.05	0.10	0.17	0.20	0.23	0.30	0.36	0.39	0.49	0.59	0.69
	1.52～1.99	0.06	0.11	0.20	0.23	0.26	0.34	0.40	0.45	0.56	0.68	0.79
	≥2.00	0.06	0.13	0.22	0.25	0.30	0.38	0.46	0.51	0.63	0.76	0.89
C	1.00～1.01	0.00	0.00	0.00	0.00	0.00	0.00	0.00	0.00	0.00	0.00	0.00
	1.02～1.04	0.02	0.04	0.07	0.08	0.09	0.12	0.14	0.16	0.20	0.23	0.27
	1.05～1.08	0.04	0.08	0.14	0.16	0.19	0.24	0.28	0.31	0.39	0.47	0.55
	1.09～1.12	0.06	0.12	0.21	0.23	0.27	0.35	0.42	0.47	0.59	0.70	0.82
	1.13～1.18	0.08	0.16	0.27	0.31	0.37	0.47	0.58	0.63	0.78	0.94	1.10
	1.19～1.24	0.10	0.20	0.34	0.39	0.47	0.59	0.71	0.78	0.98	1.18	1.37
	1.25～1.34	0.12	0.23	0.41	0.47	0.56	0.70	0.85	0.94	1.17	1.41	1.64
	1.35～1.51	0.14	0.27	0.48	0.55	0.65	0.82	0.99	1.10	1.37	1.65	1.92
	1.52～1.99	0.16	0.31	0.55	0.63	0.74	0.94	1.14	1.25	1.57	1.88	2.19
	≥2.00	0.18	0.35	0.62	0.71	0.83	1.06	1.27	1.41	1.76	2.12	2.47

由表 3.7 查得 $K_\alpha \approx 0.93$，由表 3.4 查得 $K_L = 0.93$，则带的根数：

$$z = \frac{P_d}{(P_0 + \Delta P_0)K_\alpha K_L} = \frac{4.1}{(1.3+0.17)\times 0.93 \times 0.93} = 3.22$$

取 4 根，满足表 3.8 要求。

表 3.7 包角系数 K_α

α_1/(°)	180	175	170	165	160	155	150	145	140	135
K_α	1.00	0.99	0.98	0.96	0.95	0.93	0.92	0.91	0.89	0.88
α_1/(°)	130	125	120	115	110	105	100	95	90	
K_α	0.86	0.84	0.82	0.80	0.78	0.76	0.74	0.72	0.69	

表 3.8 V 带传动允许的最多使用根数

V 带型号	Y	Z	A	B	C	D	E
Z_{max}	1	2	5	6	8	8	9

⑧ 计算初拉力

由表 3.9 查得 V 带质量 $m=0.1$ kg/m,初拉力为

$$F_0=500\frac{P_d}{zv_{带}}\left(\frac{2.5-K_\alpha}{K_\alpha}\right)+mv_{带}^2$$
$$=500\times\frac{4.1}{4\times7.54}\times\left(\frac{2.5-0.93}{0.93}\right)+0.1\times7.54^2$$
$$=120.43\ \text{N}$$

表 3.9　V 带单位长度质量

型号	Y	Z	A	B	C	D	E
每米长度质量 /(kg·m^{-1})	0.02	0.06	0.10	0.17	0.30	0.62	0.90

⑨ 计算作用在轴上的压力

$$Q=2zF_0\sin\frac{\alpha_1}{2}=2\times4\times119.45\times\sin\frac{154.88°}{2}=932.72\ \text{N}$$

⑩ 带轮结构设计

A. 小带轮结构

小带轮结构采用实心式(见图 3.1),由表 14.4[机座带地脚、端盖无凸缘(B3,B6,B7,B8,V5,V6 型)电动机的安装与外形尺寸]查得,电动机轴径 $D=28$ mm,带轮内径为 28 mm。由表 13.5(普通 V 带带轮轮槽尺寸)查得

$$e=15\pm0.3\ \text{mm},f=10_{-1}^{+2}\ \text{mm}$$

注:

a.实际应用中,槽间距 e 可能被加大。

b.同一带轮所有轮槽相对槽间距 e 基本值的累计偏差不应超过表 13.5 中规定值。

c.表 13.5 中规定 f_{min} 的取值,保证 $f\geqslant f_{min}$,f 值的偏差应考虑带轮的找正。

轮毂宽:$L_{带轮}=(1.5\sim2)D_0=(1.5\sim2)\times28=42\sim56$ mm

最终轮毂宽结合安装带轮的轴段确定。

轮缘宽:$B_{带轮}=(z-1)e+2f=(4-1)\times15+2\times10=65$ mm

B. 大带轮结构

大带轮采用孔板式结构,轮缘宽可与小带轮相同,轮毂宽可与轴的结构设计同步进行。

(2) 减速器的内传动的设计计算

减速器的内传动包括高速级和低速级两部分的设计计算。

① 高速级斜齿圆柱齿轮

A. 选择材料、热处理方式和公差等级

带式输送机为一般机械,故大、小齿轮均采用 45 钢,小齿轮调质处理,大齿轮正火处理,由表 9.17(齿轮常用材料及其机械性能)查得

齿面硬度:$HBW_1=217\sim255HBW$,$HBW_2=162\sim217HBW$。

平均硬度：$\overline{HBW_1}=236HBW$，$\overline{HBW_2}=190HBW$。

硬度差值：$\overline{HBW_1}-\overline{HBW_2}=46HBW$，满足设计要求。选用 8 级精度。

B. 设计传动的主要尺寸

因为软齿面闭式齿轮传动，所以按齿面接触疲劳强度进行设计。中心距设计公式为

$$a \geqslant 476(u+1)\sqrt[3]{\frac{KT_1}{\varphi_a u \ [\sigma]_H^2}} \tag{3.5}$$

a. 动力参数计算：小齿轮传递扭矩为 $T_1=54.380\ \mathrm{N \cdot m}$，小齿轮转速 $n_1=576\ \mathrm{r/min}$。

b. 载荷系数 $K=1.2\sim 2$，初选 $K=1.5$。

c. 齿宽系数 $\varphi_a=0.4$。

d. 齿数比 $u=i_1=4.4$。

e. 许用接触应力计算

$$[\sigma]_H=\frac{Z_{NT}\sigma_{H\lim}}{S_H} \tag{3.6}$$

由图 3.3(a)、(f)和图 3.4(a)、(f)查得接触疲劳极限应力和弯曲疲劳极限应力：

$$\sigma_{H\lim 1}=580\ \mathrm{MPa}$$

$$\sigma_{H\lim 2}=390\ \mathrm{MPa}$$

$$\sigma_{F\lim 1}=215\ \mathrm{MPa}$$

$$\sigma_{F\lim 2}=170\ \mathrm{MPa}$$

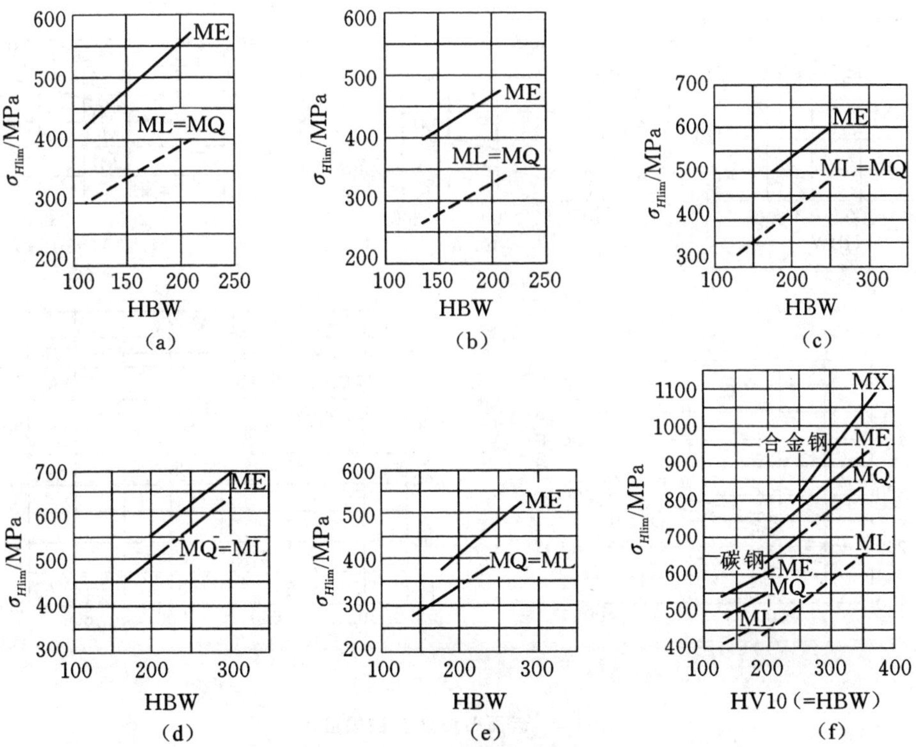

图 3.3 齿面接触疲劳极限应力

(a)正火处理结构钢；(b)铸钢；(c)可锻铸铁；(d)球墨铸铁；(e)灰铸铁；(f)调质钢；(g)铸钢；(h)渗透淬火钢

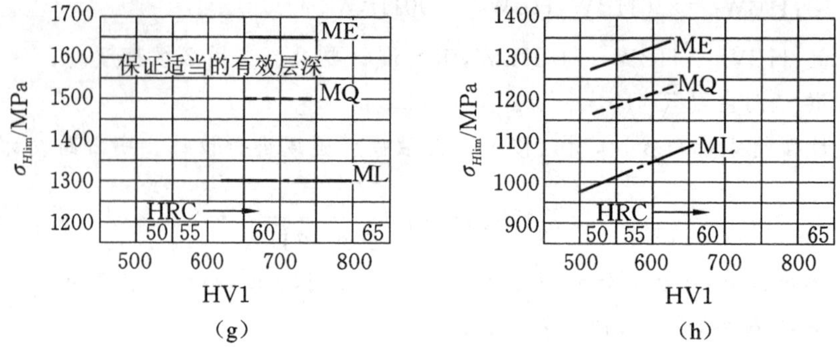

续图 3.3

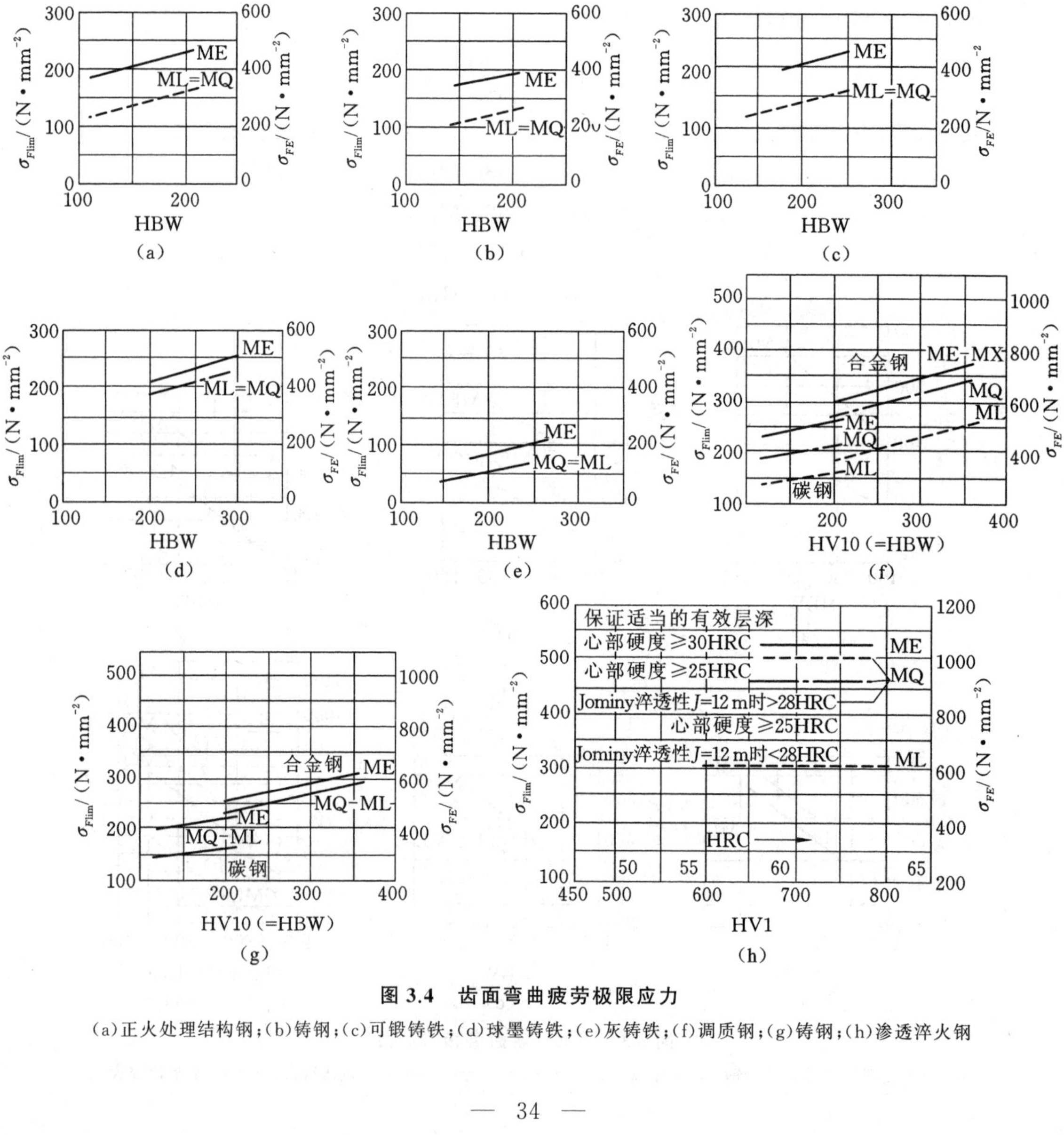

图 3.4 齿面弯曲疲劳极限应力

(a)正火处理结构钢;(b)铸钢;(c)可锻铸铁;(d)球墨铸铁;(e)灰铸铁;(f)调质钢;(g)铸钢;(h)渗透淬火钢

小齿轮与大齿轮的应力循环次数分别为

$$N_1 = 60n_1jL_h = 60\times576\times1\times2\times8\times250\times8 = 1.016\times10^9$$

$$N_2 = \frac{N_1}{i_1} = \frac{1.016\times10^9}{4.4} = 2.51\times10^8$$

式中 N_1——小齿轮应力循环次数；

N_2——大齿轮应力循环次数；

n_1——小齿轮的输入转速，$n_1 = \frac{n_{电机}}{i_{带实际}} = \frac{1440}{2.5} = 576\ \text{r/min}$；

j——齿轮每转一圈，同一齿面啮合的次数，大、小齿轮 $j=1$；

L_h——齿轮的工作寿命，2 班制，每班 8 h，每年 250 d，工作期限 8 年。

由图 3.5 查得寿命系数 $Z_{NT1}=1.0$，$Z_{NT2}=1.14$，由表 3.10 取安全系数 $S_{H\min}=1.0$，则小齿轮的许用接触应力为

$$[\sigma]_{H1} = \frac{Z_{NT1}\sigma_{H\lim1}}{S_{H\min}} = \frac{1.0\times580}{1.0} = 580\ \text{MPa}$$

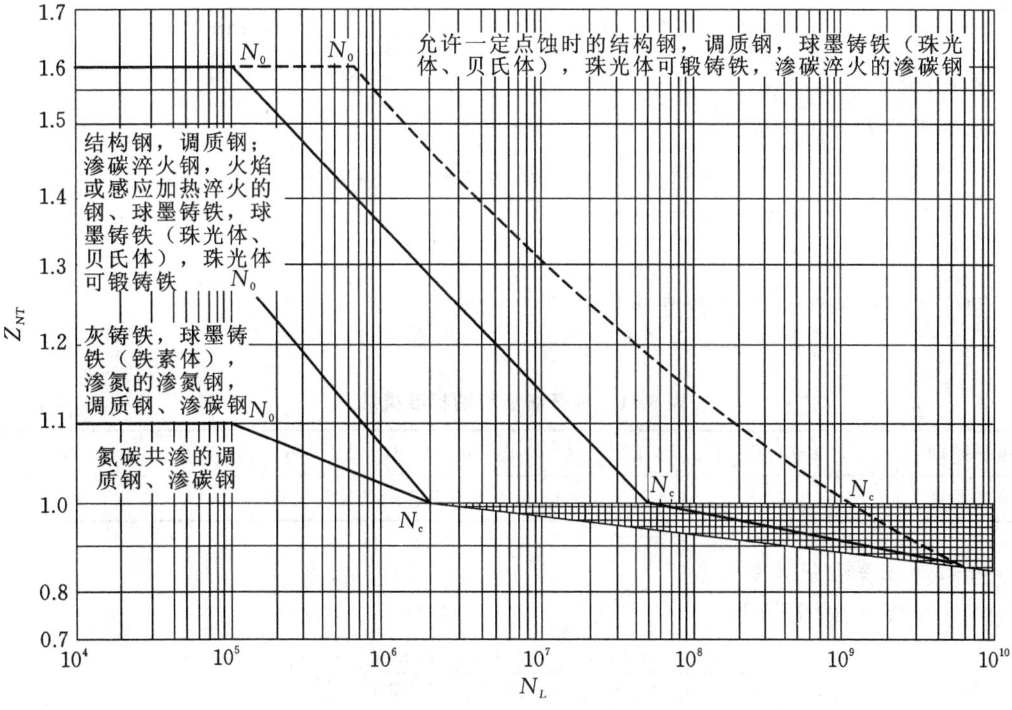

图 3.5 接触强度疲劳寿命系数 Z_{NT}

表 3.10 最小安全系数参考值

使用要求	$S_{F\min}$	$S_{H\min}$
高可靠度(失效率不大于 1/10000)	2.00	1.50～1.60
较高可靠度(失效率不大于 1/1000)	1.60	1.25～1.30

续表3.10

使用要求	$S_{F\min}$	$S_{H\min}$
一般可靠度(失效率不大于1/100)	1.25	1.00～1.10
低可靠度(失效率不大于1/10)	1.00	0.85

注:①在经过使用验证或材料强度、载荷工况及制造精度拥有较准确的数据时,$S_{H\min}$可取下限。
②建议对一般齿轮传动不采用低可靠度。

大齿轮的许用接触应力为

$$[\sigma]_{H2}=\frac{Z_{NT2}\sigma_{H\lim2}}{S_{H\min}}=\frac{1.14\times390}{1.0}=445\ \text{MPa}$$

取两者最小值:

$$[\sigma]_H=445\ \text{MPa}$$

中心距计算如下:

$$a\geqslant476\times(4.4+1)\times\sqrt[3]{\frac{1.5\times54.38}{0.4\times4.4\times445^2}}=158.40\ \text{mm}$$

圆整,取 $a=160$ mm。

f. 按照经验公式选取模数

$$m_n=(0.01\sim0.02)a=1.6\sim3.2\ \text{mm}$$

查表 3.11,取标准模数 $m_n=2.5$ mm。

注:

(a) 模数的选取,优先考虑表 3.11 中的第一系列。

(b) 当齿轮强度和加工条件皆允许的情况下,尽量选择小模数。

表 3.11　渐开线齿轮的标准模数 m　　单位:mm

第一系列	1　1.25　1.5　2　2.5　3　4　5　6　8　10　12　16　20　25　32　40　50
第二系列	1.75 2.25 2.75 (3.25) 3.5 (3.75) 4.5 5.5 (6.5) 7 9 (11) 14 18 22 28 36 45

g. 计算主要几何参数

初选螺旋角 $\beta=12°$,则

$$z_1=\frac{2a\cos\beta}{m_n(u+1)}=\frac{2\times160\times\cos12°}{2.5\times(4.4+1)}=23.19$$

取 $z_1=23$,则 $z_2=uz_1=4.4\times23=101.2$,取 $z_2=101$。

实际传动比:

$$i_{1实际}=\frac{101}{23}\approx4.39$$

精确计算螺旋角:

$$\beta=\arccos\frac{m_n(z_1+z_2)}{2a}=\arccos\frac{2.5\times(23+101)}{2\times160}=14.362°=14°21'43''$$

齿轮的分度圆计算:

$$d_1=\frac{m_n z_1}{\cos\beta}=\frac{2.5\times 23}{\cos 14.362^\circ}=59.355\ \text{mm}$$

$$d_2=\frac{m_n z_2}{\cos\beta}=\frac{2.5\times 101}{\cos 14.362^\circ}=260.545\ \text{mm}$$

齿轮的齿顶圆计算：

$$d_{a1}=d_1+2h_a^* m_n=59.355+2\times 1\times 2.5=61.355\ \text{mm}$$

$$d_{a2}=d_2+2h_a^* m_n=260.645+2\times 1\times 2.5=265.645\ \text{mm}$$

齿轮的齿根圆计算：

$$d_{f1}=d_1-2(h_a^*+c^*)m_n=59.355-2\times(1+0.25)\times 2.5=53.105\ \text{mm}$$

$$d_{f2}=d_2-2(h_a^*+c^*)m_n=260.645-2\times(1+0.25)\times 2.5=254.395\ \text{mm}$$

式中 h_a^*——齿顶高系数，齿轮为标准齿，$h_a^*=1$；

c^*——顶隙系数，齿轮为标准齿，$c^*=0.25$。

h. 计算齿宽

有效齿宽：$b=\varphi_a a=0.4\times 160=64$ mm

取大齿轮齿宽：$b_2=65$ mm

小齿轮齿宽：$b_1=b_2+(5\sim 10)=70\sim 75$ mm，取 $b_1=75$ mm

i. 计算当量齿数

$$z_{v1}=\frac{z_1}{\cos^3\beta}=\frac{23}{\cos^3 14.362^\circ}=25.3$$

$$z_{v2}=\frac{z_2}{\cos^3\beta}=\frac{101}{\cos^3 14.362^\circ}=111.1$$

j. 计算重合度

端面压力角：

$$\alpha_t=\arctan\left(\frac{\tan\alpha_n}{\cos\beta}\right)=\arctan\left(\frac{\tan 20^\circ}{\cos 14.362^\circ}\right)=20.5918^\circ$$

式中 α_n——齿轮压力角，齿轮为标准齿，取 $\alpha_n=20^\circ$。

齿轮基圆：

$$d_{b1}=d_1\cos\alpha_t=59.355\times\cos 20.5918^\circ=55.5628\ \text{mm}$$

$$d_{b2}=d_2\cos\alpha_t=260.545\times\cos 20.5918^\circ=243.899\ \text{mm}$$

端面齿顶压力角：

$$\alpha_{at1}=\arccos\frac{d_{b1}}{d_{a1}}=\arccos\frac{55.5628}{61.355}=25.0964^\circ$$

$$\alpha_{at2}=\arccos\frac{d_{b2}}{d_{a2}}=\arccos\frac{243.899}{265.645}=23.3445^\circ$$

端面重合度：

$$\begin{aligned}\varepsilon_\alpha&=\frac{1}{2\pi}[z_1(\tan\alpha_{at1}-\tan\alpha_t)+z_2(\tan\alpha_{at2}-\tan\alpha_t)]\\&=\frac{1}{2\pi}\times[23\times(\tan 25.0965^\circ-\tan 20.5918^\circ)+101\times(\tan 23.3445^\circ-\tan 20.5918^\circ)]\\&=1.237\end{aligned}$$

轴向重合度：

$$\varepsilon_\beta=\frac{b\sin\beta}{\pi m_n}=\frac{64\times\sin 14.362°}{2.5\pi}=2.021$$

总重合度：

$$\varepsilon_\gamma=\varepsilon_\alpha+\varepsilon_\beta=1.237+2.021=3.258$$

满足要求。

注：为实现齿轮的正常传动，重合度必须大于等于1，即在最后一对齿没有脱离啮合的情况下，下一对齿已经进入啮合。斜齿轮的总接触度越大，均匀分布在单个齿上的载荷越小。

k. 计算圆周速度

$$v=\frac{\pi d_1 n_1}{60\times 1000}=\frac{\pi\times 59.355\times 576}{60000}=1.79\ \text{m/s}$$

C. 校核齿面接触疲劳强度

a. 齿面接触疲劳应力

切向力：$F_t=\dfrac{2000T_1}{d_1}=\dfrac{2000\times 54.380}{59.355}=1832.365\ \text{N}$

查表3.12，使用系数 $K_A=1.0$。

表 3.12　使用系数 K_A

原动机工作特性	工作机工作特性			
	均匀平稳	轻微冲击	中等冲击	严重冲击
均匀平稳	1.00	1.25	1.50	1.75
轻微冲击	1.10	1.35	1.60	1.85
中等冲击	1.25	1.50	1.75	2.0
严重冲击	1.50	1.75	2.0	2.25 或更大

注：①对于增速传动，根据经验建议取表中值的1.1倍。

②当外部机械与齿轮装置之间挠性连接时，通常 K 值可适当减小。

查图3.6，动载系数 $K_V=1.12$。

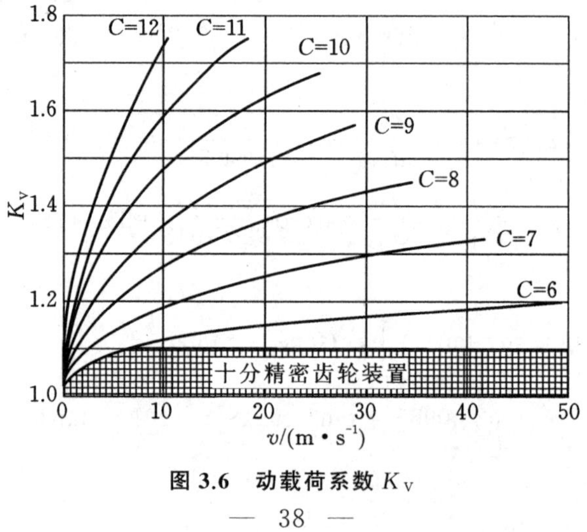

图 3.6　动载荷系数 K_V

查表 3.13，齿间载荷分配系数 $K_\alpha=1.2$。

表 3.13 齿向载荷分配系数 K_α

<table>
<tr><td colspan="2">公差等级(Ⅱ组)</td><td>5</td><td>6</td><td>7</td><td>8</td><td colspan="2">9</td></tr>
<tr><td rowspan="3">直齿轮</td><td>未经表面硬化</td><td>1.0</td><td>1.0</td><td>1.0</td><td>1.1</td><td colspan="2">1.2</td></tr>
<tr><td rowspan="2">经表面硬化</td><td rowspan="2">1.0</td><td rowspan="2">1.0</td><td rowspan="2">1.1</td><td rowspan="2">1.2</td><td>接触</td><td>$1/Z_\varepsilon^2\geqslant1.2$</td></tr>
<tr><td>弯曲</td><td>$1/Y_\varepsilon\geqslant1.2$</td></tr>
<tr><td rowspan="2">斜齿轮</td><td>未经表面硬化</td><td>1.0</td><td>1.0</td><td>1.1</td><td>1.2</td><td colspan="2">1.4</td></tr>
<tr><td>经表面硬化</td><td>1.0</td><td>1.1</td><td>1.2</td><td>1.4</td><td colspan="2">$\frac{\varepsilon_\gamma}{\varepsilon_\alpha Y_\varepsilon}\geqslant\frac{\varepsilon_\alpha}{\cos^3\beta_b}\geqslant1.4$</td></tr>
</table>

$\varphi_d=\frac{b}{d_1}=\frac{64}{59.355}=1.08$，按非对称分布，查图 3.7，齿向载荷分配系数 $K_\beta=1.21$。

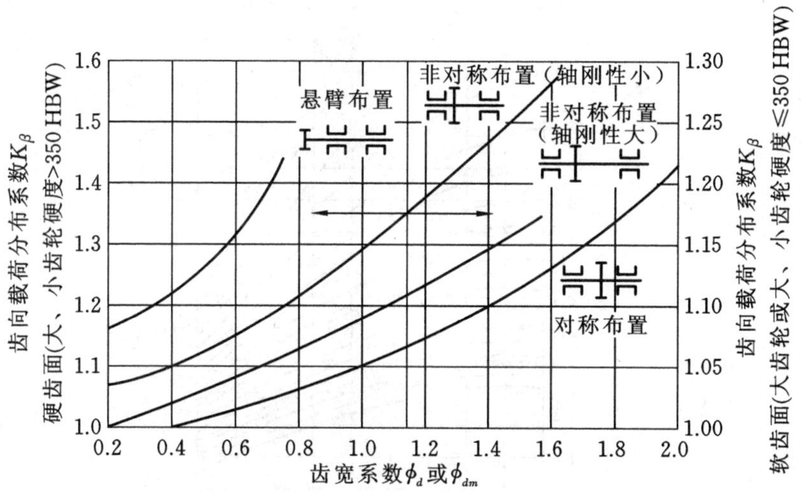

图 3.7 动载荷系数 K_β

$\phi_d=\frac{b}{d_1}$—圆柱齿轮 $\phi_{dm}=\frac{b}{d_{m1}}=\frac{\varphi_R\sqrt{u^2+1}}{2-\varphi_R}$—锥齿轮

查表 3.14，弹性系数 $Z_E=189.8$。

表 3.14 齿向载荷分配系数 Z_E 单位：$\sqrt{\text{MPa}}$

小齿轮			配对大齿轮			
材料	E/MPa	μ	钢	铸钢	铸铁	球墨铸铁
钢	206000	0.3	189.8	188.9	165.4	181.4
铸钢	202000	0.3	188.9	188.0	161.4	180.5
铸铁	126000	0.3	165.4	161.4	146.0	156.6
球墨铸铁	173000	0.3	181.4	180.5	156.6	173.9

查图 3.8，节点区域系数 $Z_H=2.46$。

查图 3.9，螺旋角系数 $Z_\varepsilon Z_\beta=0.88$。

齿面接触应力：

$$\sigma_H=Z_E Z_H Z_\varepsilon Z_\beta\sqrt{\frac{F_t}{bd_1}\cdot\frac{u+1}{u}K_A K_V K_\alpha K_\beta}$$

$$=189.8\times2.46\times0.88\times\sqrt{\frac{1832.365}{64\times59.355}\times\frac{4.4+1}{4.4}\times1.0\times1.12\times1.2\times1.21}$$

$$\approx400\ \text{MPa}$$

b. 强度校核

$$\sigma_H<[\sigma]_{H1}$$

$$\sigma_H<[\sigma]_{H2}$$

齿面接触疲劳强度满足要求。

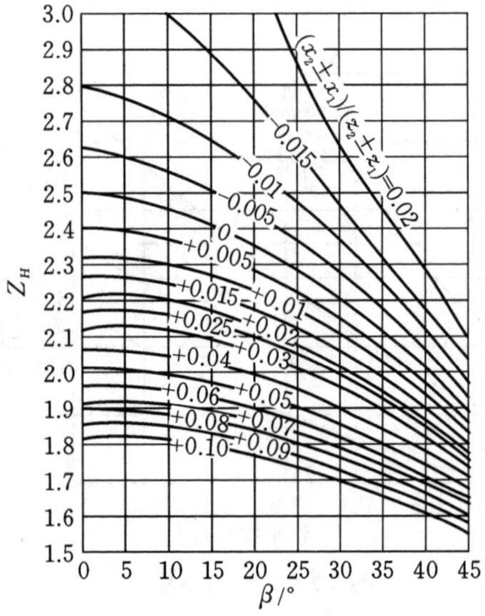

图 3.8　节点区域系数 Z_H

D. 校核齿根弯曲疲劳强度

a. 齿根弯曲疲劳许用应力计算公式：

$$[\sigma]_F=\frac{\sigma_{F\lim}Y_{NT}Y_{ST}}{S_{F\min}} \tag{3.7}$$

通常，取 $Y_{ST}=2$。

由图 3.10，$Y_{NT1}=Y_{NT2}=1.0$，由表 3.10，$S_{F\min}=1.25$。

许用应力：

$$[\sigma]_{F1}=\frac{\sigma_{F\lim1}Y_{NT1}Y_{ST1}}{S_{F\min}}=\frac{215\times1\times2}{1.25}=344\ \text{MPa}$$

$$[\sigma]_{F2}=\frac{\sigma_{F\lim2}Y_{NT2}Y_{ST2}}{S_{F\min}}=\frac{170\times1\times2}{1.25}=272\ \text{MPa}$$

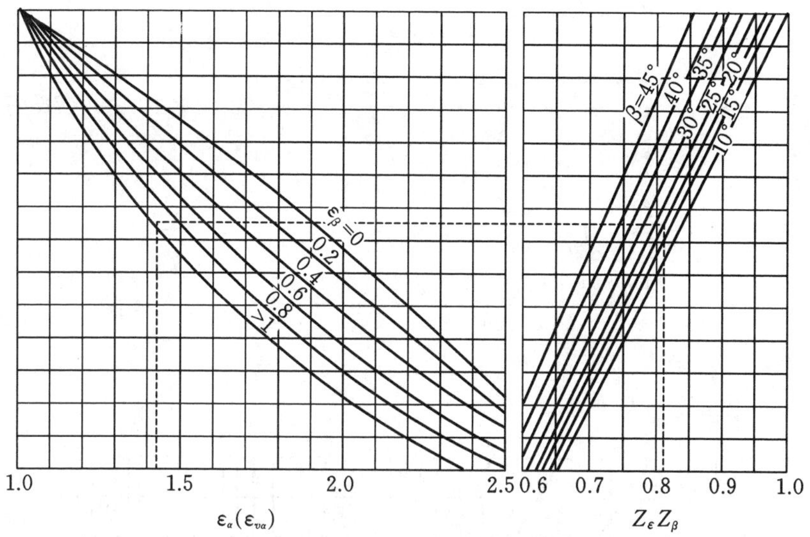

图 3.9　重合度系数 ε_α 和螺旋角系数 $Z_\varepsilon Z_\beta$

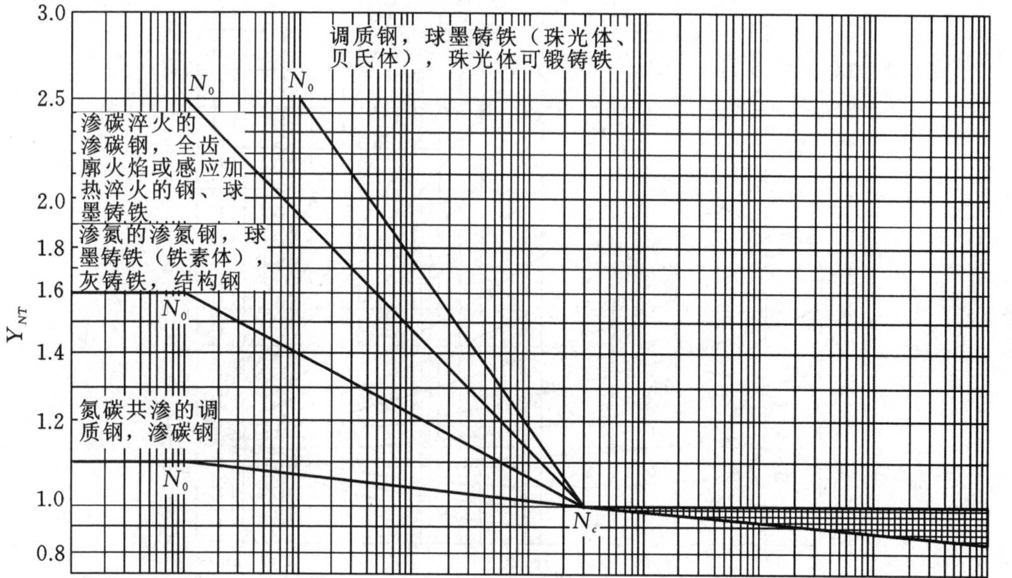

图 3.10　弯曲强度寿命系数 Y_{NT}

b. 齿根弯曲疲劳应力

由图 3.11，$Y_{F1}=2.61$，$Y_{F2}=2.22$。

由图 3.12，$Y_{S1}=1.59$，$Y_{S2}=1.81$。

由图 3.13，$Y_{\varepsilon\beta}=Y_\varepsilon Y_\beta=0.76$。

$$\sigma_{F1}=\frac{K_A K_V K_\alpha K_\beta F_t}{bm_n}Y_{F1}Y_{S1}Y_\varepsilon Y_\beta$$

$$=\frac{1.0\times1.12\times1.2\times1.21\times1832.365}{64\times2.5}\times2.61\times1.59\times0.76$$

$$\approx 59\ \text{MPa}<[\sigma]_{F1}$$

$$\sigma_{F2}=\frac{K_A K_V K_\alpha K_\beta F_t}{bm_n}Y_{Fa2}Y_{Sa2}Y_\varepsilon Y_\beta$$

$$=\frac{1.0\times1.12\times1.2\times1.21\times1832.365}{64\times2.5}\times2.22\times1.81\times0.76$$

$$\approx 57\ \text{MPa}<[\sigma]_{F2}$$

齿根弯曲疲劳强度满足要求。

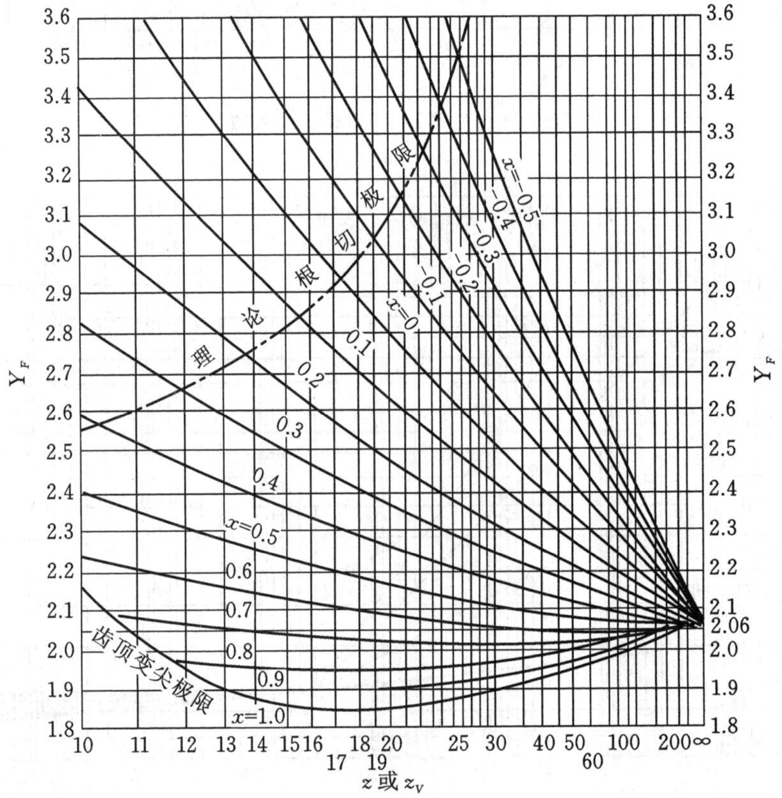

图 3.11　齿形系数 Y_F

② 低速级斜齿圆柱齿轮(设计计算过程略)

设计得

$$a=190\ \text{mm}$$

$$z_1=25, z_2=82$$

$$m_n=3.5$$

$$\beta=9.76^\circ$$

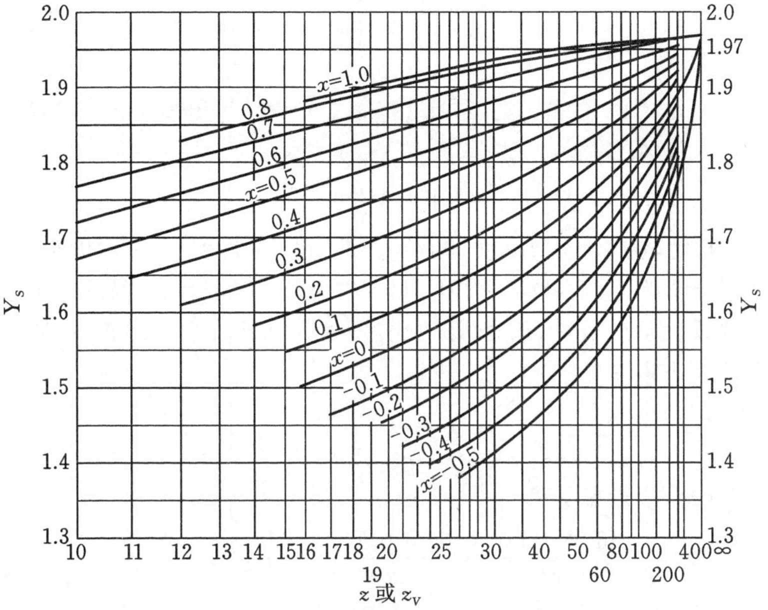

图 3.12　齿根应力修正系数 Y_S

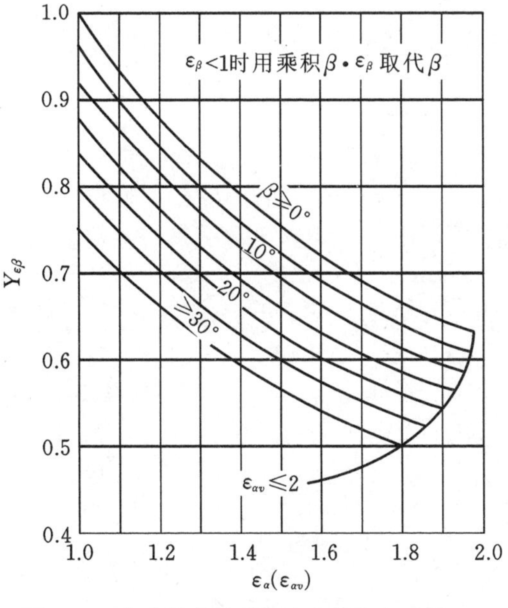

图 3.13　弯曲强度的重合度和螺旋角系数 $Y_{\varepsilon\beta}$

$$b_1=90\ \text{mm},b_2=80\ \text{mm}$$

实际传动比：$i_{2实际}=\dfrac{82}{25}=3.28$

计算几何尺寸：

$$d_1=\frac{m_n z_1}{\cos\beta}=\frac{3.5\times 25}{\cos 9.76^\circ}=88.785\ \text{mm}$$

$$d_2=\frac{m_n z_2}{\cos\beta}=\frac{3.5\times 82}{\cos 9.76^\circ}=291.215\ \text{mm}$$

$$d_{a1}=d_1+2h_a^* m_n=88.785+2\times 1\times 3.5=95.785\ \text{mm}$$

$$d_{a2}=d_2+2h_a^* m_n=291.215+2\times 1\times 3.5=298.215\ \text{mm}$$

$$d_{f1}=d_1-2(h_a^*+c^*)m_n=88.785-2\times(1+0.25)\times 3.5=80.035\ \text{mm}$$

$$d_{f2}=d_2-2(h_a^*+c^*)m_n=291.215-2\times(1+0.25)\times 3.5=282.465\ \text{mm}$$

注：编写课程设计说明书时，低速级齿轮传动设计计算过程不能省略。

③ 传动比误差计算

整个装置的传动比：

$$i_{总实际}=i_{带实际}i_{1实际}i_{2实际}=2.5\times 4.39\times 3.28=35.998$$

输送带滚筒转速(参考第 2 章)：

$$n_w=\frac{60\times 1000v}{\pi D}=\frac{60\times 1000\times 0.63}{\pi\times 300}\approx 40.13\ \text{r/min}$$

经计算所得 $i_{总理论}=\dfrac{n_{电机}}{n_w}=\dfrac{1440}{40.13}\approx 35.88$

传动比误差：

$$\Delta i=\left|\frac{i_{总理论}-i_{总实际}}{i_{总理论}}\right|=\left|\frac{35.88-35.998}{35.88}\right|=0.33\%<5\%$$

满足要求。

4 减速器的结构设计

减速器的结构主要包括传动零件(齿轮、齿轮轴、蜗轮、蜗杆等)、轴承、箱体及附件等。图 4.1 所示为两级圆柱齿轮减速器的装配结构示意图。本章结合该图对减速器的结构设计进行简要说明。

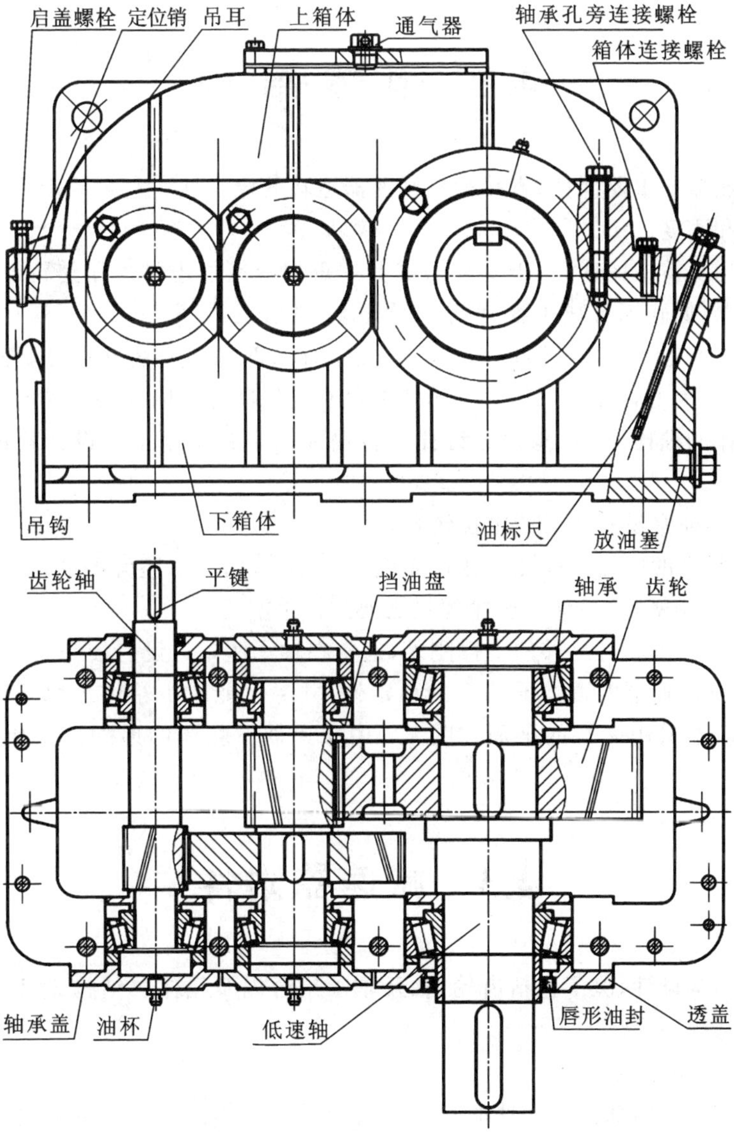

图 4.1 两级圆柱齿轮减速器

4.1 齿轮、轴及轴承组合

传动零件包括轴、齿轮、蜗杆、蜗轮等，其中，齿轮、蜗轮安装在轴上，而轴则穿过滚动轴承由箱体上的轴承孔、轴承盖加以支撑、固定和调整。轴承盖是固定和调整轴承的零件，其具体尺寸依轴承和轴承孔的结构尺寸而定，可以参考表 12.5～表 12.6 相关的推荐尺寸确定。

图 4.1 中，传动零件小齿轮与轴制成一体，即采用齿轮轴结构；大齿轮利用平键固定在轴上。轴上零件利用轴肩、定距环（或挡油盘）和轴承盖作轴向定位。

4.2 箱体结构

箱体是减速器的重要部件，直接影响减速器运转的稳定性。它是传动零件的基础，应具有足够的强度和刚度。

箱体通常用灰铸铁铸造，对于受冲击载荷的重型减速器也可采用铸钢箱体。单件小批量生产的减速器，如轧钢机减速器，为了简化工艺，降低成本，可采用钢板焊接箱体。

图 4.1 中箱体是由灰铸铁铸造而成。为便于轴系部件的安装和拆卸，箱体铸成沿轴心线水平剖分式，分为上箱体和下箱体。箱体上设有定位销孔用以安装定位；设有螺栓孔以安装连接上下箱体的螺栓；设有地脚螺钉孔以将箱体固定在地基上。设计箱体时，注意以下几点：

① 上下箱体通常设有成对的定位销孔。

② 箱体轴承旁的联结螺栓孔应尽量靠近轴承座孔，而轴承座旁的凸台应具有足够的承托面，以便安装联结螺栓，并保证旋紧螺栓需要的扳手空间。

③ 为了保证箱体具有足够的支撑刚度，通常在轴承座附近设有加强肋。

④ 为了保证减速器安置在地基上的稳定性，并尽可能减少箱体地脚平面的加工面积，箱体地脚面一般不采用完整的平面。图 4.1 中减速器下箱体的地脚面采用三块矩形加工基面。

4.3 减速器附件

减速器的结构设计，除了包括齿轮、轴及轴承组合以及箱体的结构设计外，还包括辅助零部件的合理选择和设计。

（1）检查孔及视孔盖

为方便检查箱体内部传动零件的啮合情况以及向箱体内注入润滑油，应在箱体能直接观察到齿轮啮合部位的位置设置检查孔，以便检查齿轮啮合情况。检查孔设在上箱体顶部，为长方形。检查孔加设视孔盖，平时用螺栓将其固定在箱体上。具体结构可参考表 12.1。

（2）通气器

减速器运转时，箱内温度升高，气体膨胀、压力增大，为随时排出箱内受热膨胀的空气，以保证箱体内压力与外界大气压力平衡，防止润滑油沿分箱面和轴伸或其他缝隙渗漏，通常在箱体顶部装设有通气器，具体选型可参考表 12.2～表 12.4。图 4.1 中通气器旋紧在视孔盖上。

（3）轴承盖和密封件

轴承座孔两端用轴承盖封闭，其目的是固定内部轴系部件的轴向位置并承受齿轮传动的轴承载荷。轴承盖有凸缘式和嵌入式两种型式（参见表 12.5、表 12.6）。图 4.1 中采用的是凸缘式轴承盖，利用六角头螺栓固定在箱体上。轴伸处的轴承盖是透盖，透盖中装有密封件，其作用是防止箱体内润滑油从轴伸与轴承透盖接合处的缝隙中泄漏，同时也避免外界灰尘、异物进入箱内。凸缘式轴承盖的优点是拆装、调整轴承比较方便，与嵌入式轴承盖相比，其零件数量较多，尺寸较大，外观不够平整。

（4）轴承挡油盘

轴承干油（润滑脂）润滑时和稀油（润滑油）润滑时的挡油盘的功能和结构都是不同的。轴承采用润滑脂润滑时，为防止箱体中的油进入轴承，在轴承和齿轮之间，位于轴承座孔的箱体内壁处设挡油盘，如图 4.1 所示。轴承稀油润滑时，挡油盘只安装在高速齿轮轴上，以防止齿轮齿侧喷出的热油进入轴承，影响轴承寿命，有时也可以根据结构不必安装挡油盘，如当齿根圆直径大于轴承座孔径时，就可以不设挡油盘。挡油盘的结构参见表 12.8。

（5）定位销

为了保证箱体轴承座孔的同轴度，同时也考虑每次拆装后箱体的相对位置保持不变，应在精加工轴承座孔前，在箱体的联结凸缘上配钻定位销孔。图 4.1 中采用的是在箱体纵向两侧联结凸缘上设置两个定位圆锥销，并呈非对称分布以加强定位效果。

（6）启盖螺栓

为了加强密封效果，在装配时通常于箱体剖分面上涂以水玻璃或密封胶，但是，这却给拆卸带来困难。为此常在上箱体联结凸缘的适当位置，加工出 1～2 个螺孔，旋入启盖螺栓。旋动启盖螺栓便可将上箱体顶起。

（7）油面指示器

为了检查减速器内油池油面的高度，以保证油池内有适当的油量，一般在箱体便于观察油面较稳定的部位，装设油面指示器。图 4.1 中采用的油面指示器是油标尺。

（8）放油螺塞

换油时，为了排出污油和清洗剂，应在箱体底部、油池的最低位置处开设放油孔，平时放油孔用带有细牙螺纹的螺塞堵住。放油螺塞和箱体接合面间应加防漏用的垫圈。

（9）油杯

滚动轴承采用润滑脂润滑时，应经常或定期补充润滑脂。为了补充润滑脂方便，可在轴承座或者轴承盖上安装油杯，用于补充润滑脂。

(10) 起吊装置

为了便于搬运和装卸上箱体,在上箱体上装有吊耳螺钉,或铸出吊耳。为了搬运下箱体和整个减速器,在下箱体两侧凸缘处铸出吊耳或吊钩。图 4.1 中上箱体设有两个吊耳,下箱座铸出四个吊钩。具体结构设计参考图 12.1。

5 装配草图的设计

装配图是表达各零件相互关系、结构形状以及尺寸的图样，也是机器进行组装、调试、维护等环节的技术依据。因此，机械设计一般总是从装配图的设计开始。而装配草图设计又是整个设计工作中的重要阶段。大部分零件的结构和尺寸都是在这个阶段决定的，因此在装配草图设计阶段应综合地考虑零件的强度、刚度、制造工艺、装配、调整和润滑等各方面的要求。

装配草图设计目的：第一，观察初步确定的运动参数（主要是传动比）、各传动件的结构和尺寸是否协调；第二，确定所有零部件的结构和尺寸，为工作图（零件工作图、减速器装配工作图等）设计打下基础；第三，在绘图过程中定出轴的结构、跨距和受力点的位置，以便验算轴的强度和滚动轴承寿命。

5.1 初绘装配草图的准备工作

初绘装配草图的准备工作如下：

(1) 确定齿轮传动的主要尺寸

确定中心距、分度圆和齿顶圆的直径、齿轮宽度、轮毂长度等。

(2) 查出所选电动机的安装尺寸

按已选定的电动机型号查出其安装尺寸，如电动机轴伸直径 D 和轴伸长度 E 以及中心高 H 等。

(3) 选择联轴器类型

联轴器的类型应根据它在本传动系统中所要完成的功能来选择。当原动机和减速器安装在公共底座上时，两轴的同心度容易保证，因此用于此处的联轴器无须很高的补偿能力。

如果这个联轴器联结高速轴，为了减小启动时的动载荷，它应具有较小的转动惯量和良好的减振性能。这里多采用带弹性元件的联轴器，如弹性套柱销联轴器、弹性柱销联轴器和梅花形弹性联轴器（见表 10.56、表 10.57、表 10.58）等。

由于联结减速器和工作机的联轴器处于低速轴，不必对这个联轴器提出具有较小转动惯量的要求。如果减速器和工作机安装在同一底座上时，可采用上述几种结构的联轴器；若工作机构和减速器不是安置在公共底座上，则要求这个联轴器有较高的补偿能力，十字滑块联轴器等就能满足这一要求。

(4) 初选滚动轴承类型

根据轴承所受载荷大小、性质、转速及工作要求，初选轴承类型。首先应考虑是否能采用结构最简单而价格最便宜的深沟球轴承；当支座上作用径向力 R 和较大的轴向力 A（$A>$

0.25R)时,或者需要调整传动件(圆锥齿轮、蜗轮等)的轴向位置时,应选择角接触轴承;最常用的是圆锥滚子轴承,因为圆锥滚子轴承的外圈是可拆的,这样在装拆调整时就很方便。此外,从轴承的相对价格(轴承价格与其基本额定动载荷之比)来看,圆锥滚子轴承是最便宜的。

(5) 确定滚动轴承的润滑和密封方式

当浸浴在油池中的传动零件(齿轮或蜗杆等)的圆周速度 $v>2\sim3$ m/s 时,可采用传动件转动时溅起的油来润滑轴承(简称稀油润滑),润滑油被溅起甩到箱体内壁上后,沿上箱盖分箱面处的坡口流进下箱座分箱面上的输油沟内,再经轴承端盖上的导油槽流进轴承。

当传动零件的圆周速度 $v\leqslant2$ m/s 时,应采用润滑脂来润滑轴承。采用脂润滑方式比较简单,一般可在装配时将脂装入轴承空间的 1/3～1/2,以后定期更换或补充,工作繁重的轴承也可采用旋盖式油杯或压注式油杯等给脂装置,其结构及尺寸参见表 11.5～表 11.8。

根据润滑方式和工作环境条件(清洁或多尘)选定轴承端盖的密封型式。

(6) 确定减速器箱体的结构尺寸

减速器的箱体是支承和安装齿轮等传动零件的基座,它本身必须具有很好的刚性,以免产生过大的变形而引起齿轮上载荷分布不均。因此,在轴承座凸缘的下部设有肋板。箱体多制成剖分式,剖分面一般设在水平位置并与齿轮轴面重合。

批量或大量生产时,箱体一般是用铸铁(如 HT150、HT200 等)铸成。单件生产时,有时也采用钢板焊接,其质量约为铸造箱体的 1/2～3/4。

由于箱体的结构形状比较复杂,对箱体的强度和刚度进行计算极为困难,故箱体的各部分尺寸借助于经验公式确定。按经验公式计算出尺寸后应将其圆整,有些尺寸应根据结构要求适当修改。与标准件有关的尺寸(如螺栓、螺钉、销的直径)应取相应的标准值。

图 5.1 为目前常见的铸造箱体结构图,其各部分尺寸按表 5.1 中公式确定。

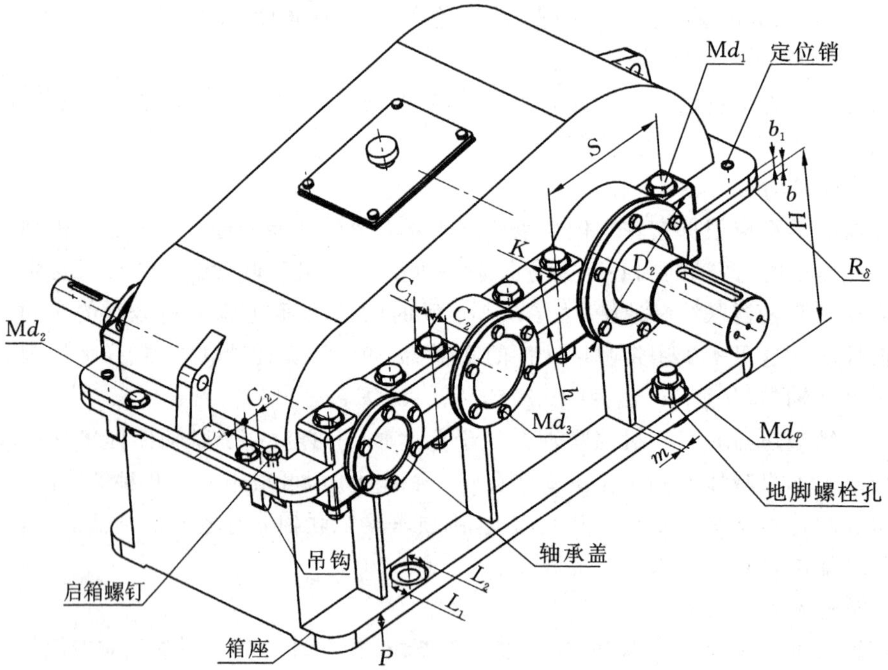

图 5.1　铸造箱体结构示意图

表 5.1 减速器铸造箱体的结构尺寸

<table>
<tr><th>名称</th><th>代号</th><th colspan="4">推荐尺寸关系</th></tr>
<tr><td rowspan="2">下箱座壁厚</td><td rowspan="2">δ</td><td colspan="2">两级齿轮减速器</td><td colspan="2">蜗杆减速器</td></tr>
<tr><td colspan="2">$\delta=0.025a^{*}+3\geqslant8$</td><td colspan="2">$\delta=0.04a^{*}+3\geqslant8$</td></tr>
<tr><td>上箱盖壁厚</td><td>δ_1</td><td colspan="2">$\delta_1=0.9\delta\geqslant8$</td><td colspan="2">蜗杆在下：
$\delta_1=0.85\delta\geqslant8$
蜗杆在上：
$\delta_1=\delta\geqslant8$</td></tr>
<tr><td>下箱座剖分面处凸缘厚度</td><td>b</td><td colspan="4">1.5δ</td></tr>
<tr><td>上箱盖剖分面处凸缘厚度</td><td>b_1</td><td colspan="4">$1.5\delta_1$</td></tr>
<tr><td>地脚螺栓底脚厚度</td><td>p</td><td colspan="4">2.5δ</td></tr>
<tr><td>箱座上的肋厚</td><td>m</td><td colspan="4">$>0.85\delta$</td></tr>
<tr><td>箱盖上的肋厚</td><td>m_1</td><td colspan="4">$>0.85\delta_1$</td></tr>
<tr><td rowspan="2">两级圆柱齿轮减速器中心距之和；
圆锥-圆柱齿轮减速器锥距与中心距之和；
蜗杆减速器中心距</td><td>a_1+a_2
$R+a$</td><td>$\leqslant300$</td><td colspan="2">$\leqslant400$</td><td>$\leqslant600$</td></tr>
<tr><td>a</td><td>$\leqslant200$</td><td colspan="2">250</td><td>350</td></tr>
<tr><td>轴承旁连接螺栓(螺钉)直径</td><td>d_1</td><td>M12</td><td colspan="2">M16</td><td>M20</td></tr>
<tr><td>轴承旁连接螺栓通孔直径</td><td>d_1'</td><td>13.5</td><td colspan="2">17.5</td><td>22</td></tr>
<tr><td>轴承旁连接螺栓沉头座直径</td><td>D_0</td><td>26</td><td colspan="2">32</td><td>40</td></tr>
<tr><td rowspan="2">轴承旁凸台的凸缘尺寸(扳手空间)</td><td>C_1</td><td>20</td><td colspan="2">24</td><td>28</td></tr>
<tr><td>C_2</td><td>16</td><td colspan="2">20</td><td>24</td></tr>
<tr><td>上下箱连接螺栓(螺钉)直径</td><td>d_2</td><td>M10</td><td colspan="2">M12</td><td>M16</td></tr>
<tr><td>上下箱连接螺栓通孔直径</td><td>d_2'</td><td>11</td><td colspan="2">13.5</td><td>17.5</td></tr>
<tr><td>上下箱连接螺栓沉头座直径</td><td>D_3</td><td>24</td><td colspan="2">26</td><td>32</td></tr>
<tr><td rowspan="2">箱缘尺寸(扳手空间)</td><td>C_1</td><td>18</td><td colspan="2">20</td><td>24</td></tr>
<tr><td>C_2</td><td>14</td><td colspan="2">16</td><td>20</td></tr>
<tr><td>地脚螺栓直径</td><td>d_φ</td><td>M16</td><td colspan="2">M20</td><td>M24</td></tr>
<tr><td>地脚螺栓孔直径</td><td>d_φ'</td><td>20</td><td colspan="2">25</td><td>30</td></tr>
<tr><td>地脚螺栓沉头座直径</td><td>D_φ</td><td>45</td><td colspan="2">48</td><td>60</td></tr>
<tr><td rowspan="2">地脚凸缘尺寸(扳手空间)</td><td>L_1</td><td>27</td><td colspan="2">32</td><td>38</td></tr>
<tr><td>L_2</td><td>25</td><td colspan="2">30</td><td>35</td></tr>
</table>

续表5.1

名称	代号	推荐尺寸关系		
地脚螺栓数目	n	两级齿轮	6	
		蜗杆	4	
轴承盖螺钉直径	d_3	见表 12.5		
检查孔盖连接螺钉直径	d_4	M6	M8	
圆锥定位销直径	d_5	10	12	16
减速器中心高	H	$H \approx (1 \sim 1.12)\ a^*$		
轴承旁凸台高度	h	根据低速轴轴承座外径 D_2 和 M_d 扳手空间 C_1 的要求，由结构确定		
轴承旁凸台半径	R_δ	$\approx C_2$		
轴承端盖(即轴承座)外径	D_2	见表 12.5		
轴承旁连接螺栓距离	S	取 $S = D_2$		
箱体外壁至轴承座端面的距离	K	$K = C_1 + C_2 + (5 \sim 8)$		
轴承座孔长度(即箱体内壁至轴承座端面的距离)		$K + \delta$		
大齿轮齿顶圆与箱体内壁间距离	Δ_1	$\geqslant 1.2\delta$		
齿轮端面与箱体内壁间距离	Δ_2	$\geqslant \delta$		

注：a^*——多级传动时，取低速级中心距的值。

5.2 初绘减速器装配草图

现以两级圆柱齿轮减速器为例，说明初绘减速器装配草图的基本步骤，初绘草图如图 5.2 和图 5.3 所示。

(1) 选择比例，合理布置图面

装配图应该选用 A0 或者 A1 号图纸，采用适合的比例尺绘制，并且应符合机械制图的国家标准，一般情况下选择 1∶1 为宜。

在绘制开始时，可根据减速器内部传动零件的特性尺寸(如中心距 a)估计减速器的轮廓尺寸，并考虑标题栏、零件明细表、零件序号、尺寸标注及技术要求等所需空间、位置，做好图面的合理布局。减速器装配图一般多用主视图、俯视图、侧视图三个视图来表达，必要时另加剖视图或局部剖视图。布置好图面后，先绘制中心线(基准线)。

(2) 确定传动零件位置及轮廓

以两级圆柱齿轮传动为例，在俯视图上画出中间轴上两齿轮的轮廓尺寸，即齿顶圆直径和齿轮宽度。为保证全齿宽啮合并降低安装要求，通常取小齿轮比大齿轮宽 5～10 mm。且保证两个传动件之间有足够大的距离,用 Δ_3 表示,Δ_3 一般可取 8～15 mm。

单级齿轮传动的减速器,则先从高速级小齿轮画起。

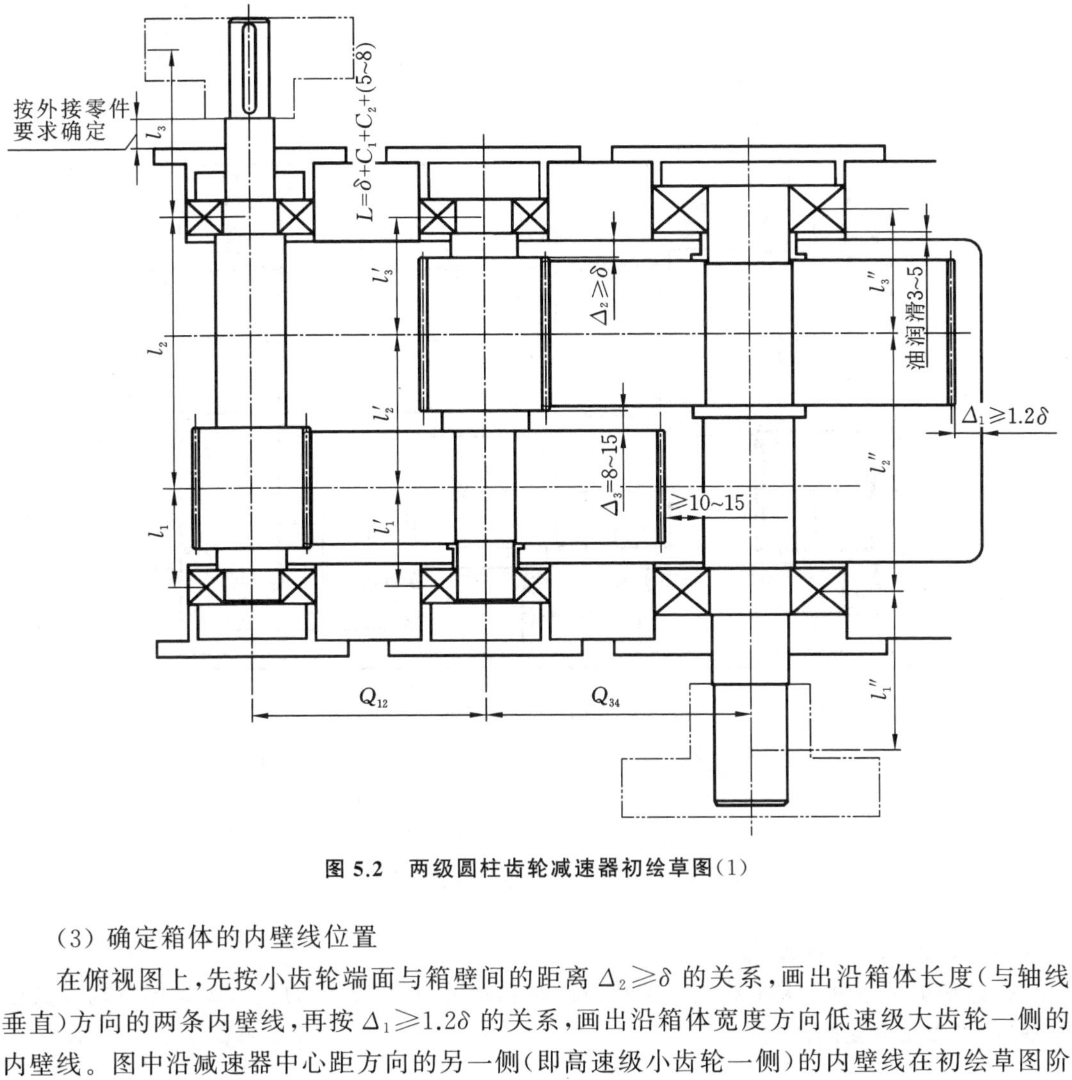

图 5.2 两级圆柱齿轮减速器初绘草图(1)

(3) 确定箱体的内壁线位置

在俯视图上,先按小齿轮端面与箱壁间的距离 $\Delta_2\geqslant\delta$ 的关系,画出沿箱体长度(与轴线垂直)方向的两条内壁线,再按 $\Delta_1\geqslant1.2\delta$ 的关系,画出沿箱体宽度方向低速级大齿轮一侧的内壁线。图中沿减速器中心距方向的另一侧(即高速级小齿轮一侧)的内壁线在初绘草图阶段的俯视图中不能直接确定,暂不画出,待完成草图阶段在主视图上结合俯视图用作图法确定。

(4) 确定轴承端面位置

初步选定(试选)轴承型号,同一根轴上的两轴承的型号一般应相同,以保证两轴承座孔尺寸相同,加工时应在镗床上一次加工完成,保证两轴孔有较高的同轴度。然后再根据轴承润滑方式定出轴承在轴承座孔内的轴向位置。轴承端面至箱体内壁线距离与轴承的润滑方式有关,轴承用脂润滑时,轴承端面至箱体内壁线距离取 10～15 mm,轴承用油润滑时,轴承端面至箱体内壁线距离取 3～5 mm。

(5) 确定轴承座孔宽度(轴向尺寸)

轴承座孔的宽度取决于轴承旁螺栓所要求的扳手空间尺寸,扳手空间尺寸即为安装螺栓所需要的凸台宽度。由于轴承座孔外端面要进行切削加工，应有再向外凸出 5～10 mm 的凸台，则轴承座孔轴向总长度为：$L=\delta+C_1+C_2+(5\sim10)$ mm。

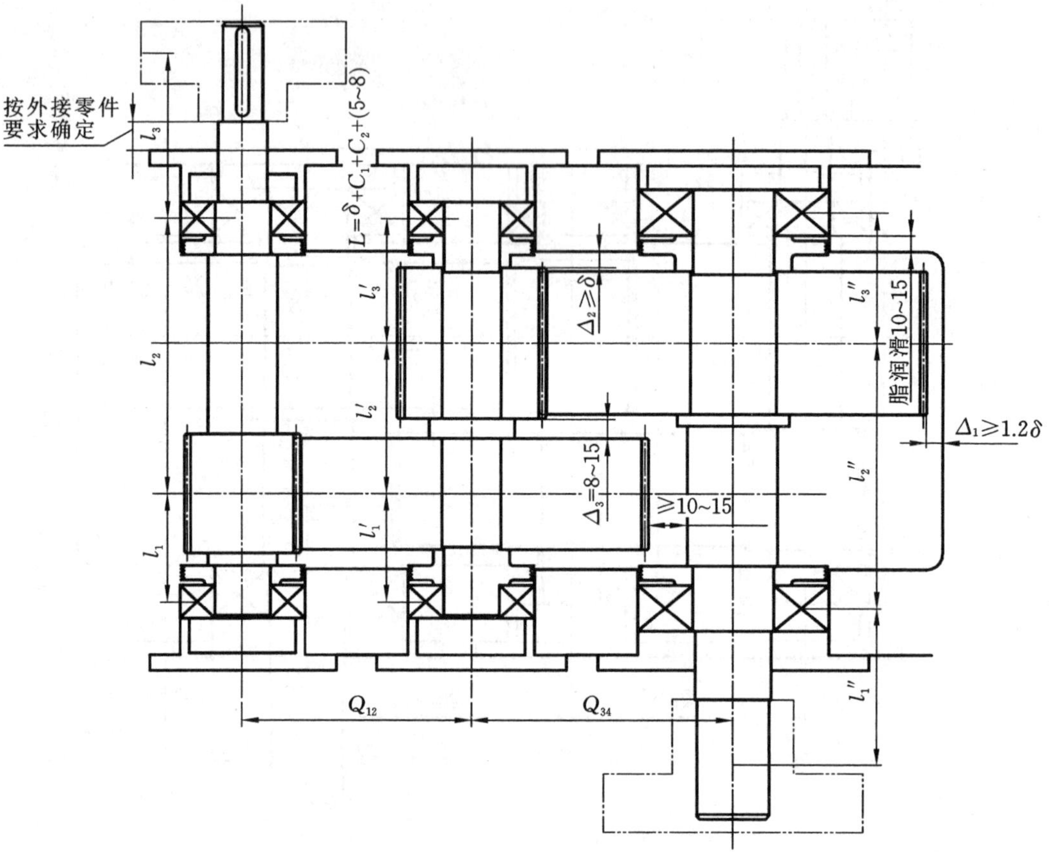

图 5.3　两级圆柱齿轮减速器初绘草图(2)

(6) 轴承盖尺寸的确定

根据轴承尺寸由相关手册查得轴承盖的结构尺寸，画出相应的轴承盖具体结构及其联结螺钉(可以用简化画法)。

5.3　轴的设计及校核

5.3.1　初步确定轴的直径

初步确定高速轴外伸段直径时，按照下式计算：

$$d_{\min}\geqslant A_0\sqrt[3]{\frac{P}{n}}$$

式中　A_0——与轴材料有关的系数，详见表 5.2；

P——轴传递的功率，kW；

n——轴的转速，r/min。

表 5.2　轴常用几种材料的[τ_T]及 A_0 值

轴的材料	Q235A、20	Q275、35 (1Cr18Ni9Ti)	45	40Cr、35SiMn、38SiMnMo、3Cr13
[τ_T]/MPa	15～25	20～35	25～45	35～55
A_0	149～126	135～112	126～103	112～97

注：①表中[τ_T]值是考虑了弯矩影响而降低了的许用扭转切应力。

②在下述情况时，[τ_T]取较大值，A_0 取较小值：弯矩较小或只受扭矩作用、载荷平稳、无轴向载荷或只有小的轴向载荷，减速器的低速轴、轴只作单向旋转；反之，[τ_T]取较小值，A_0 取较大值。

当轴上有键时，应适当增加轴径，单键增大 3%～5%，双键增大 7%～10%，并圆整成标准直径，然后进行该轴的结构设计。

低速轴外伸段轴径初步确定后，并按上述方法加以圆整并取标准值。其长度应结合该段轴上需要安装的轴上零件的轴向尺寸确定。若在该外伸段上安装联轴器，则根据计算转矩及初定的直径选出合适的联轴器型号，然后进行该轴的结构设计。

中间轴轴径的设计方法同上，一般情况下，中间轴轴承内径不应小于高速轴轴承的内径。

5.3.2　轴的结构设计

轴的结构设计是在初定轴的最细处直径的基础上进行的，主要取决于轴上所装零件的尺寸、轴承的布置和轴承的密封种类。根据轴的结构设计原则，齿轮减速器轴多做成阶梯轴。轴肩可用于轴上零件的定位并传递轴向力，在设计阶梯轴时应力求台阶数量最少，以减少刀具调整次数，使之具有良好的加工工艺性。

(1) 轴的径向尺寸的确定

确定各轴段的直径，应考虑对轴肩大小的尺寸要求及轴上零件、密封件的尺寸匹配。对用于固定轴上零件或传递轴向力的定位轴肩，其直径变化值要大些，如图 5.4 和图 5.5 中直径 d 和 d_1、d_3 和 d_4、d_4 和 d_5 的变化。但轴肩的尺寸大小有标准规定，不能任意选取。齿轮、带轮、链轮、联轴器等的定位轴肩高度 h 一般取(2～3)C 或者(2～3)R，其中零件倒角 C 与圆角半径 R 的推荐值在表 8.10 中查找；滚动轴承内圈的定位轴肩直径见表 10.36～表 10.41 中的安装尺寸。

对于仅是为了轴上零件装拆方便或区别不同的加工表面时，其直径变化值应较小，甚至采用同一公称直径而取不同的偏差值。例如直径 d_1 和 d_2、d_2 和 d_3 的变化，相邻轴径差取 1～3 mm 即可。在确定装有滚动轴承、毡圈密封、橡胶密封等标准件的轴段的直径时，除了满足轴肩大小的要求外，其轴径应根据标准件的尺寸查取相应的标准值。

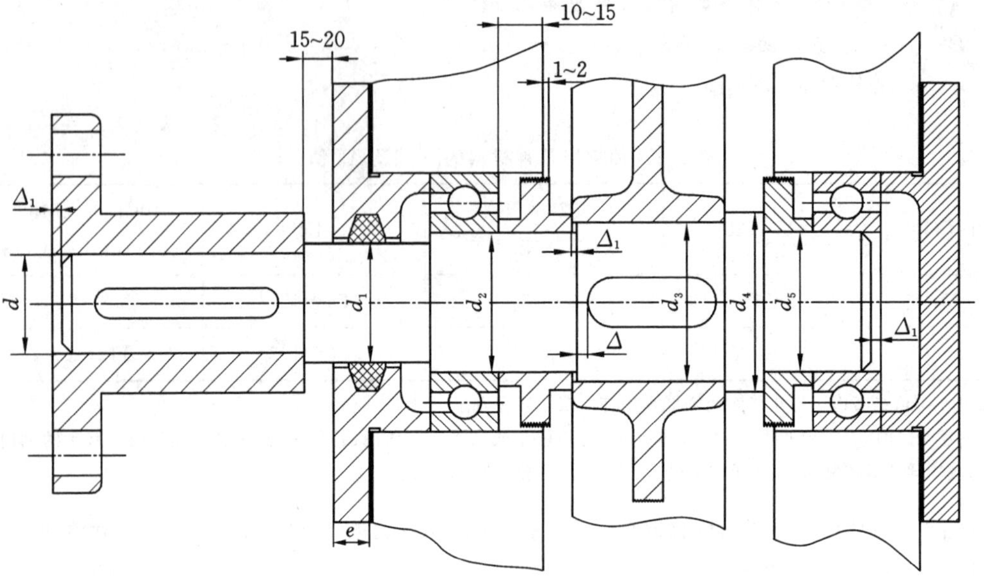

图 5.4　阶梯轴的结构(1)

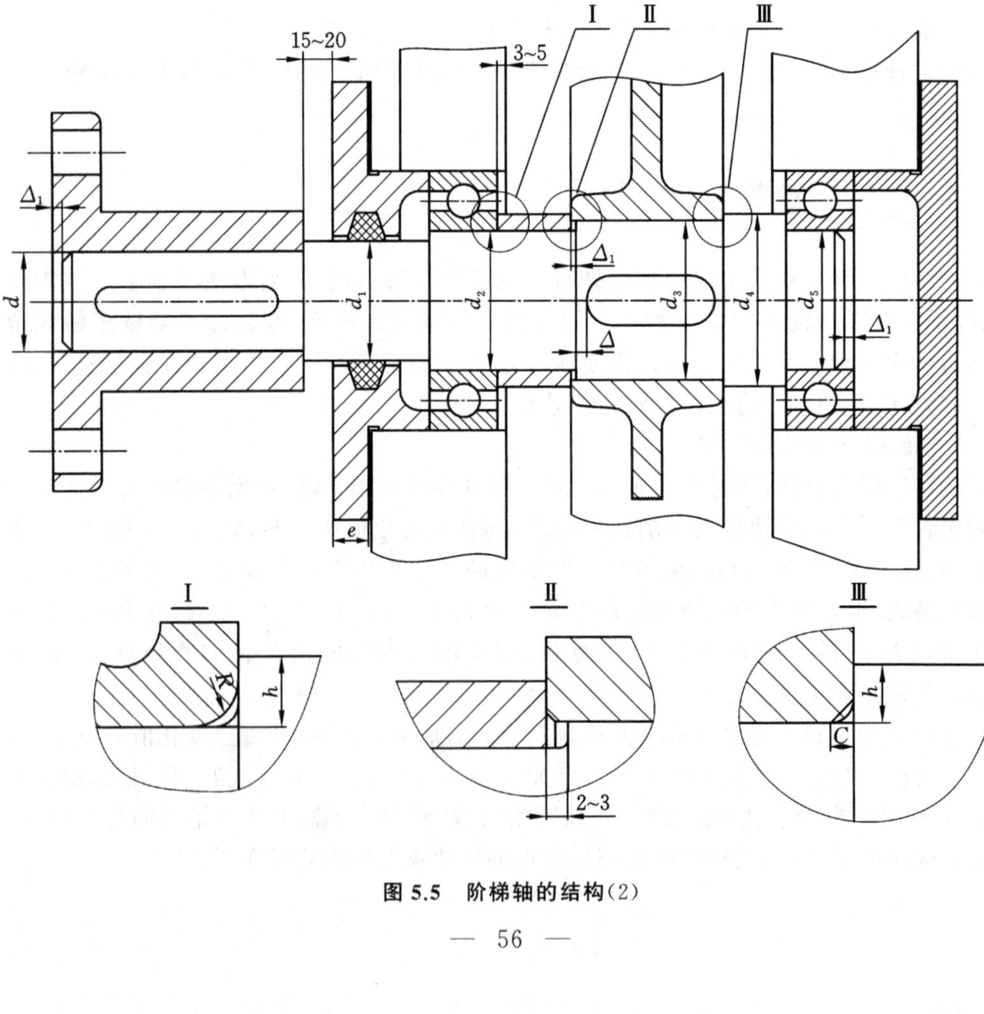

图 5.5　阶梯轴的结构(2)

当轴上装有滚动轴承、联轴器、毡圈密封、橡胶密封等标准件时，轴径应取相应的标准值(如直径 d、d_2、d_5 的尺寸)。

(2) 轴的轴向尺寸的确定

轴上装有轴上零件时，轴上零件对应的轴的长度由轴上零件宽度及其他结构要求确定。当轴上零件需要用套筒等零件轴向固定时，该段轴的长度应略小于其轮毂宽度(1～3 mm)，以保证不至于由于加工误差造成轴上零件固定不可靠。

轴上装有平键时，键的长度应略小于轴上零件(齿轮、蜗轮、带轮、链轮、联轴器等)对应的轴段长度，一般平键长度比该段轴的长度短 5～10 mm，放在该段轴的中间，并圆整为标准值。

轴伸出箱体外的轴伸长度、与密封装置相接触的轴段长度，需要在轴承、轴承座孔宽度以及轴承透盖、轴伸处所装零件的位置确定之后定出。

(3) 轴外伸长度的确定

轴的外伸段长度与伸出段外接零件及轴承端盖的结构有关，如果轴端装有联轴器，则必须留有足够的装配尺寸，以保证外伸段轴上零件的装拆。例如弹性套柱销联轴器就要求有装配尺寸。采用不同的轴承端盖结构，将影响轴外伸的长度。当用凸缘式端盖时，轴外伸段长度还必须考虑拆卸端盖螺钉所需的足够空间，以便在不拆卸联轴器的情况下可以打开减速器箱盖。如果外接零件的轮毂不影响螺钉的拆卸或采用嵌入式端盖，则值可取得小些，满足相对运动表面间的距离要求即可。

5.3.3 轴上传动零件受力点及轴承支点的确定

按以上步骤初步绘制出草图后，即可从草图上确定出轴上传动零件受力点位置和轴承支点间的距离 l_1、l_2、l_3，l_1'、l_2'、l_3'及 l_1''、l_2''、l_3''(见图 5.2 和图 5.3)。传动零件的受力点一般取为齿轮、蜗轮、带轮、链轮等宽度的中点；柱销联轴器的受力点取为柱销受力宽度的中点；齿轮联轴器的受力点取为结合齿宽的中点；各类轴承的支点按轴承标准确定。

5.3.4 轴的校核计算

根据初绘装配草图阶段定出的结构和支点及轴上零件的力作用点，便可进行轴的受力分析，绘制弯矩图、转矩图及当量弯矩图，然后确定危险截面进行强度校核。

如果强度不足，应加大轴径；如强度足够且计算应力或安全系数与许用值相差不大，则以轴的结构设计时确定的轴径为准，除有特殊要求外，一般不再修改。

5.3.5 滚动轴承寿命的校核计算

滚动轴承的寿命最好与减速器的寿命或减速器的检修期(一般为 2～3 年)大致相符，如果算得的寿命不能满足规定的要求(寿命太短或过长)，一般先考虑选用另一种宽度系列或者直径系列的轴承，再考虑改变轴承类型。

5.3.6 键连接强度的校核计算

键连接强度的校核计算主要是验证它的挤压应力，使计算应力小于材料的许用应力。许用挤压应力按键、轴、轮毂三者材料强度最弱的选取，一般是轮毂材料最弱。

如果计算应力超过许用应力，可通过改变键长、改用双键、采用花键、加大轴径、改选较大剖面的键等途径来满足强度要求。

5.4 轴设计计算示例

设计题目：已知某化工设备中的带式输送装置运转平稳，工作转矩变化小，以两级直齿圆柱齿轮减速器作为减速装置，试设计该减速器的输出轴（低速轴）。已知低速轴上的功率 $P_2=2.83$ kW、转速 $n_2=137.93$ r/min 和转矩 $T_2=195.94$ N·m，齿轮的分度圆直径 $d_2=202$ mm，轮毂宽 60 mm。

1. 选择材料

因传递的功率不大，并对质量及结构尺寸无特殊要求，所以常用的材料为 45 钢，调质处理。

2. 初步确定轴的最小直径

先初步估算轴的最小直径，45 钢（调质），硬度为 240HBW，取 $A_0=120$，得

$$d_{\min}\geqslant A_0\sqrt[3]{\frac{P}{n}}=120\times\sqrt[3]{\frac{2.83}{137.93}}=32.85\ \text{mm}$$

低速轴的最小直径是安装联轴器的轴径，由于安装键将使轴径增大 3%～5%。

$$d_{\min}=(1+0.05)\times 32.85=34.5\ \text{mm}$$

故选取：$d_{\min}=35$ mm。

3. 结构设计

（1）轴承部件的结构设计

轴的初步结构设计如图 5.6 所示，该减速器发热小，轴不长，故轴承采用两端固定方式。

（2）轴段①的设计

轴段①上安装联轴器，此段设计应与联轴器的选择设计同步进行。为补偿联轴器所连接两轴的安装误差、隔离振动，选用弹性柱销联轴器。由表 3.2，取 $K_A=1.5$，则计算转矩：

$$T_{ca}=K_A T_2=293910\ \text{N}\cdot\text{mm}$$

由表 10.57 查得 LX2 型联轴器符合要求，其公称转矩为 560 N·m，许用转速 6300 r/min，轴孔范围为 20～35 mm。结合伸出段直径，取联轴器毂孔直径为 35 mm，轴孔长度 60 mm，J 型轴孔，A 型键，相应的轴段①的直径 $d=35$ mm，其长度略小于毂孔宽度，取 $L=58$ mm。

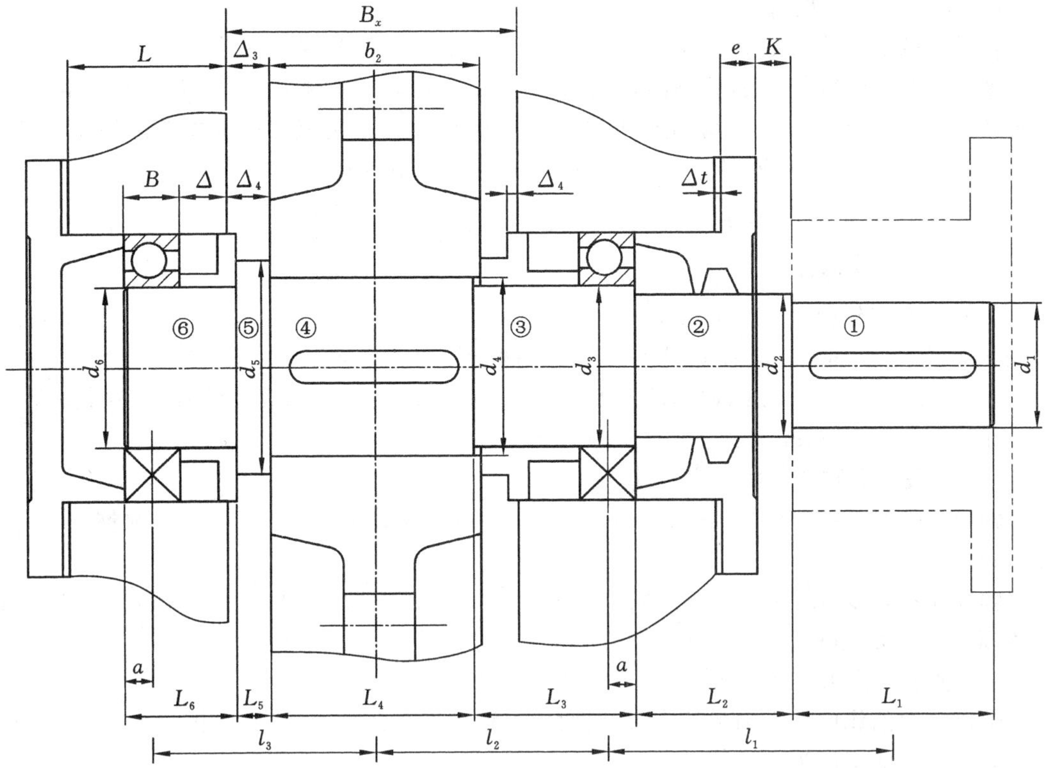

图 5.6 低速轴的初步结构设计图

(3) 轴段②轴径设计

在确定轴段②的轴径时,应考虑联轴器的轴向固定及密封圈的尺寸两个方面问题。联轴器用轴肩定位,轴肩高度 $h=(0.07\sim0.1)d_1=(0.07\sim0.1)\times35\ \text{mm}=2.45\sim3.5\ \text{mm}$。轴段②的轴径 $d_2=d_1+2\times h=39.9\sim42\ \text{mm}$。最终由密封圈确定,该处轴的圆周速度小于 3 m/s,可选用毡圈油封,查表 11.12,选用毡圈直径为 40,即 40 JB/ZQ 4606-1997,则 $d_2=40\ \text{mm}$。

(4) 轴段③和轴段⑥轴径设计

轴段③及轴段⑥上安装轴承,考虑选用直齿圆柱齿轮,没有轴向力存在,因此选用深沟球轴承。轴段③和轴段⑥直径应既便于轴承安装,又符合轴承内径系列。现暂取轴承为 6009,由表 10.36 查得轴承内径 $d=45\ \text{mm}$,外径 $D=75\ \text{mm}$,宽度 $B=16\ \text{mm}$,内圈定位轴肩直径 $d_a=51\ \text{mm}$,外圈定位凸肩内径 $D_a=69\ \text{mm}$,故选 $d_3=45\ \text{mm}$,通常一根轴上的两个轴承取相同的型号则 $d_6=d_3=45\ \text{mm}$。

(5) 轴段④的设计

轴段④上安装齿轮,为便于齿轮的安装,d_4 必须略大于 d_3,可初定 $d_4=50\ \text{mm}$,齿轮 2 轮毂的宽度范围为$(1.2\sim1.5)d_4=60\sim75\ \text{mm}$,取其轮毂宽度等于齿轮宽度,其左端采用轴肩定位,右端采用套筒固定。为使套筒端面能够顶到齿轮端面,轴段④长度应比轮毂略短,由于 $b_2=60\ \text{mm}$,故取 $L_4=58\ \text{mm}$。

(6) 轴段②的长度设计

轴段②的长度除与轴上的零件有关外，还与轴承座宽度及轴承端盖等零件有关。轴承座宽度 L、轴承端盖厚 e、轴承盖连接螺栓、轴承靠近箱体内壁的端面距箱体内壁距离 Δ 等参数详见表 5.1。取端盖与轴承座间的调整垫片厚度 $\Delta t=2$，为避免联轴器轮毂外径与端盖螺栓的拆装发生干涉，联轴器轮毂端面与端盖外端面的距离取 $K=13$ mm，则有

$$L_2=L+\Delta t+e+K-B-\Delta=(50+2+10+13-16-14)\ \text{mm}=45\ \text{mm}$$

(7) 轴段⑤的设计

该轴段为齿轮提供定位作用，定位轴肩的高度为 $h=(0.07\sim0.1)d_5=3.5\sim5$ mm，取 $h=5$ mm，则 $d_5=60$ mm，齿轮端面距箱体内壁距离为 $\Delta_3=\Delta_1+(b_1-b_2)/2=10\ \text{mm}+(65-60)\ \text{mm}/2=12.5$ mm，取挡油环面到内壁距离为 $\Delta_4=2.5$ mm，则轴段⑤的长度为：$L_5=\Delta_3-\Delta_4=12.5\ \text{mm}-2.5\ \text{mm}=10$ mm。

(8) 轴段③和轴段⑥的长度设计

轴段⑥的长度 $L_6=B+\Delta+\Delta_4=16\ \text{mm}+14\ \text{mm}+2.5\ \text{mm}=32.5$ mm。圆整，取 $L_6=32$ mm。

轴段③的长度：$L_3=b_2-L_4+\Delta_3+\Delta+B=(60-48+12.5+14+16)\ \text{mm}=44.5$ mm。圆整，取 $L_3=44$ mm。

(9) 轴上力作用点间距离

轴承反力的作用点距轴承外圈大端面的距离 $a=B/2=8$ mm，则由图 5.6 可得轴的支点及受力点间的距离为

$$l_1=a+L_2+b_2/2=(8+45+30)\ \text{mm}=83\ \text{mm}$$

$$l_2=l_3$$

$$l_3=l_6+l_5+b_2/2-a=(32+10+60/2-8)\ \text{mm}=64\ \text{mm}$$

面出轴的结构及相应尺寸，如图 5.7 所示。

4. 键连接

联轴器与轴段①及齿轮与轴段④间采用 A 型普通平键连接，查表 10.29 可得，其型号分别为键 10×8 GB/T 1096—2003 和键 14×9 GB/T 1096—2003。

5. 受力分析

(1) 画轴的受力简图

轴的受力简图如图 5.8(a)所示。

(2) 支承反力

在水平面上为

$$F_{AH}=F_{BH}=-\frac{F_{r2}l_2}{l_2+l_3}=-\frac{736.60\times64}{64+64}=-368.30\ \text{N}$$

垂直平面上为

$$F_{AV}=\frac{F_{t2}l_2}{l_2+l_3}=\frac{2023.79\times64}{64+64}=1011.90\ \text{N}$$

轴承 A 和 B 的总支承反力为

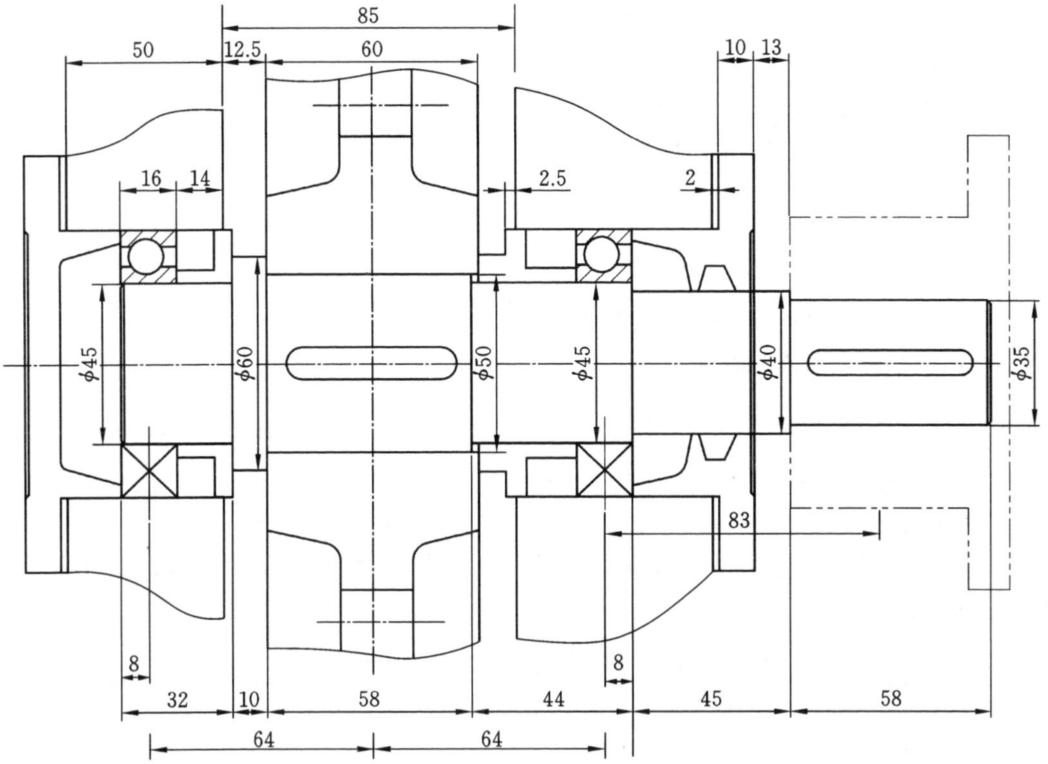

图 5.7 低速轴的结构设计图

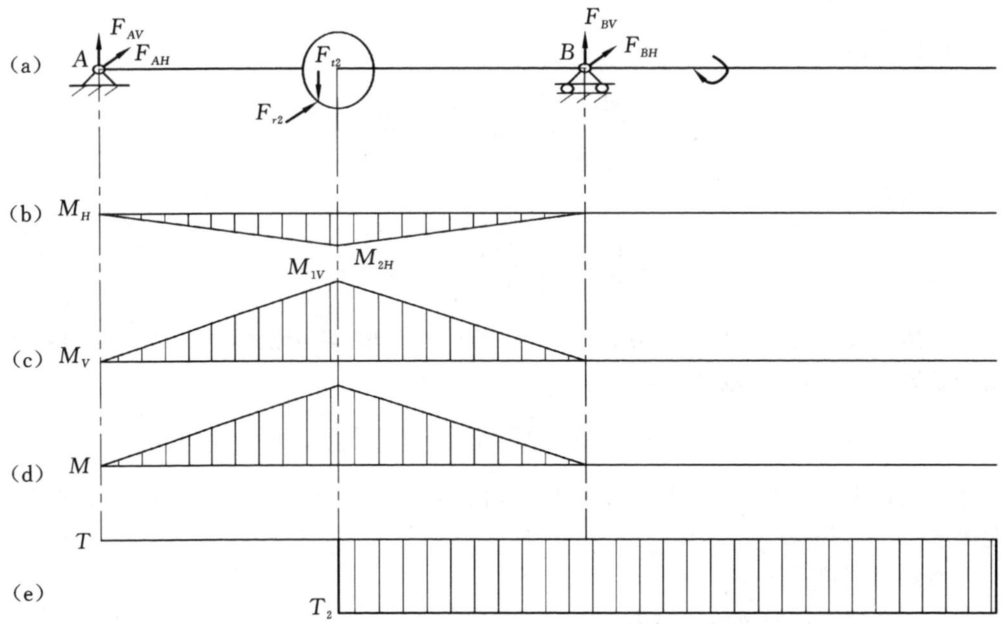

图 5.8 低速轴受力及弯矩图

$$F_A=F_B=\sqrt{F_{AH}^2+F_{AV}^2}=\sqrt{368.30^2+1011.90^2}\ \text{N}=1076.84\ \text{N}$$

(3) 弯矩、弯矩图

弯矩图如图 5.8(b)、(c)、(d)所示。

在水平面上,齿轮所在轴截面为

$$M_{2H}=F_{AH}l_3=-368.30\times64=-23571.20\ \text{N}\cdot\text{mm}$$

在垂直平面上,齿轮所在轴截面为

$$M_{2V}=F_{AV}l_3=1011.90\times64=64761.60\ \text{N}\cdot\text{mm}$$

合成弯矩,齿轮所在轴截面为

$$M_2=\sqrt{M_{2H}^2+M_{2V}^2}=\sqrt{23571.20^2+64761.60^2}\ \text{N}\cdot\text{mm}=68917.82\ \text{N}\cdot\text{mm}$$

转矩图如图 5.8(e)所示,$T_2=-195940\ \text{N}\cdot\text{mm}$

6. 校核轴强度

因齿轮所在轴截面弯矩大,同时截面还作用有转矩,因此此截面为危险截面。其抗弯截面系数为

$$W=\pi\frac{d_4{}^3}{32}-\frac{bt\ (d_4-t)^2}{2d_4}=\pi\frac{50^3}{32}-\frac{14\times5.5\times(50-5.5)^2}{2\times50}=10740.83\ \text{mm}^3$$

抗扭截面系数为

$$W_\tau=\pi\frac{d_4{}^3}{16}-\frac{bt\ (d_4-t)^2}{2d_4}=\pi\frac{50^3}{16}-\frac{14\times5.5\times(50-5.5)^2}{2\times50}=23006.46\ \text{mm}^3$$

弯曲应力为

$$\sigma_b=\frac{M_2}{W}=\frac{68917.82}{10740.83}=6.42\ \text{MPa}$$

扭剪应力为

$$\tau=\frac{T_2}{W_\tau}=\frac{195940}{23006.46}=8.52\ \text{MPa}$$

按弯扭合成强度进行校核计算,对于单向转动的转轴,转矩按脉动循环变应力处理,故取折合系数 $\alpha=0.6$,则当量应力为

$$\sigma_{ca}=\sqrt{\sigma_b{}^2+4\ (\alpha\tau)^2}=\sqrt{6.42^2+4\times(0.6\times8.52)^2}=12.07\ \text{MPa}$$

查表 9.18 得 45(调质)处理,轴的许用弯曲应力$[\sigma_{-1}]=60\ \text{MPa}$,$\sigma_{ca}<[\sigma_{-1}]$,所以强度满足要求。

7. 校核键强度

齿轮 2 处键连接的挤压应力为

$$\sigma_{bs}=\frac{4T_2}{d_4hl}=\frac{4\times195940}{50\times9\times(50-14)}=48.38\ \text{MPa}$$

取键、轴及齿轮的材料都为钢，由表 5.3 查得$[\sigma_{bs}]=120\sim150$ MPa，$\sigma_{bs}<[\sigma_{bs}]$，强度足够。

表 5.3 键连接的许用挤压应力、许用压力

许用挤压应力、许用压力	连接工作方式	键或毂、轴的材料	载荷性质		
			静载荷	轻微冲击	冲击
$[\sigma_{bs}]$/MPa	静连接	钢	120～150	100～120	60～90
$[\sigma_{bs}]$/MPa	静连接	铸铁	70～80	50～60	30～45
$[p]$/MPa	动连接	钢	50	40	30

注：如与键有相对滑动的被连接表面经过淬火，则动连接的许用压力$[p]$可提高 2～3 倍。

联轴器处的键的挤压应力为

$$\sigma_{bs}=\frac{4T_2}{d_1hl}=\frac{4\times195940}{35\times8\times(50-10)}=69.98\ \text{MPa}$$

其强度也足够。

8. 校核轴承寿命

(1) 当量动载荷

由表 10.36 查得，6009 轴承 $C_r=21000$ N，$C_{0r}=14800$ N。因轴承不受轴向力，则

$$P_A=P_B=F_A=1076.84\ \text{N}$$

(2) 轴承寿命

轴承在 100 ℃以下工作，$f_t=1$，由表 10.49 查得，取 $f_p=1.5$，则

$$L_h=\frac{10^6}{60n_2}\left(\frac{f_tC_r}{f_pP_A}\right)^3=\frac{10^6}{60\times137.93}\times\left(\frac{1\times21000}{1.5\times1076.84}\right)^3=265534\ \text{h}$$

假设滚动轴承要求工作 8 年(设每年 250 个工作日)，2 班制(设每班 10 h)，因此预期寿命为

$$L_h'=2\times8\times250\times10=40000\ \text{h}$$

因 $L_h>L_h'$，轴承寿命足够。

5.5 完成装配草图设计

这一阶段的主要工作内容是设计轴系部件、箱体及减速器附件的具体结构。其设计步骤大致如下：

(1) 轴系部件的结构设计

① 画出箱内齿轮的具体结构。

② 画出滚动轴承的具体结构。

③ 画出轴承盖的具体结构。

④ 在轴承透盖处画出轴承密封件的具体结构。

⑤ 画出挡油盘。

(2) 减速器箱体的结构设计

在进行草图阶段的箱体结构设计时，有些尺寸(如轴承旁螺栓凸台、箱座高度和箱缘连接螺栓的布置等)常需根据结构和润滑要求确定。下面分别阐述确定这些结构尺寸的原则和方法，如图 5.1 所示。

① 轴承旁连接螺栓凸台高度 h 的确定

为尽量增大剖分式箱体轴承座的刚度，轴承旁连接螺栓的位置在与轴承盖连接螺钉及轴承孔不相干涉(距离为一个壁厚左右)的前提下，两螺栓距离 S 越小越好，通常取 $S\approx D_2$，即可满足要求，其中 D_2 为轴承盖的外径。在轴承尺寸最大的那个轴承旁螺栓中心线确定后，随着轴承旁螺栓凸台高度的增加，C_1 值也在增加，当满足扳手空间的 C_1 值时，凸台的高度 h 就随之确定。扳手空间 C_1 和 C_2 值由螺栓直径确定。为制造方便，一般凸台高度均与由最大的 D_2 值所确定的高度一致。

② 大、小齿轮端盖外表面圆弧 R 的确定

大齿轮所在一侧箱盖的外表面圆弧半径等于齿顶圆加齿顶圆到内壁距离再加上箱体壁厚，即：$R=(d_a/2)+\Delta_1+\delta$。一般情况下，轴承旁螺栓凸台均在上箱盖外表面圆弧之内，设计时按有关尺寸画出即可；而小齿轮所在一侧的箱盖外表面圆弧半径往往不能用公式计算，需根据结构作图确定，最好使小齿轮轴承旁螺栓凸台位于外表面圆弧之内。在主视图上小齿轮一侧箱盖结构确定之后，将有关部分再投影到俯视图上，便可画出俯视图箱体内壁、外壁和箱缘等结构。

③ 箱缘连接螺栓的布置

为保证上、下箱体连接的紧密性，箱缘连接螺栓的间距不宜过大。由于中小型减速器连接螺栓数目较少，间距一般不大于 150 mm；大型减速器可取 150～200 mm。在布置上尽量做到均匀对称，满足螺栓连接的结构要求，注意不要与吊耳、吊钩和定位销等干涉。

④ 油面及箱座高度 H 的确定

箱座高度 H 通常先按结构需要确定。为避免传动件回转时将油池底部沉积的污物搅起，大齿轮的齿顶圆到油池底面的距离应大于 30 mm，一般为 30～50 mm(见图 5.9)。

大齿轮在油池中的浸油深度为一个齿高，但不应小于 10 mm，这样确定出的油面可作为最低油面。考虑到使用中油不断蒸发、损耗以及搅油损失等因素，还应确定最高油面，最高油面一般不大于传动件半径的 1/3(中小型减速器最高油面比最低油面高出 5～10 mm)。当旋转件外缘线速度大于 12 m/s 时，应考虑采用喷油润滑。

根据以上原则确定油面的位置后，可以算出实际装油量 V，V 应大于或等于传动的需油量 V_0。若 $V<V_0$，则应将箱底面向下移，以增大油池深度，直至 $V>V_0$。一般按每级每千瓦 0.35～0.70 dm^3 设计，其中小值用于低黏度油，大值用于高黏度油。然后再验算油池容积是否满足按传递功率所确定的需油量，如不满足则应适当加高箱座的高度。油池的容积越大，则油的性能维持得越久，润滑越好。

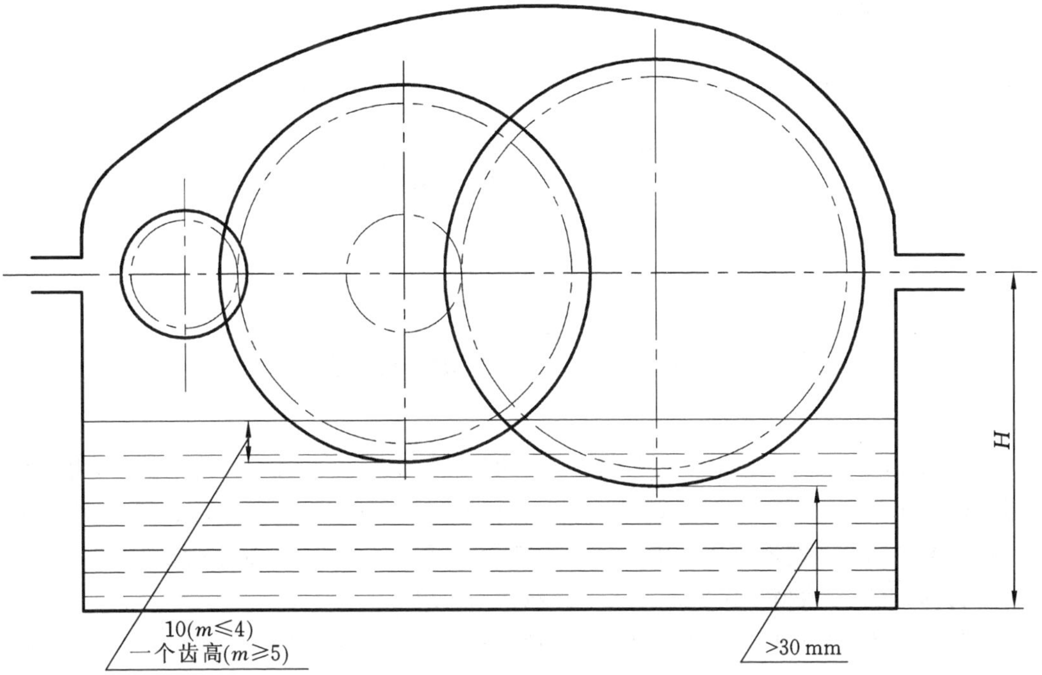

图 5.9 减速器油面高度及油池深度

⑤ 箱缘输油沟的结构形式和尺寸

当轴承利用齿轮飞溅起来的润滑油润滑时，应在箱座的箱缘上开设输油沟，使溅起来的油沿箱盖内壁经斜面流入输油沟里，再经轴承盖上的导油槽流入轴承室润滑轴承。

输油沟分为机械加工油沟和铸造油沟两种。机械加工油沟容易制造、工艺性好，应用较多；铸造油沟由于工艺性不好，用得较少。机械加工油沟的宽度最好与刀具的尺寸相吻合，以保证在宽度上一次加工就可以达到要求的尺寸。

⑥ 箱体结构的工艺性

箱体结构的工艺性分为铸造工艺性和机械加工工艺性。设计铸造箱体时，应注意铸造生产中的工艺要求，力求外形简单、壁厚均匀、过渡平缓，避免出现大量的金属局部积聚等情况。设计铸件结构时，箱体上铸造表面相交处应设计成圆角过渡，以便于液态金属的流动和减小铸件应力集中；还应注意拔模方向和拔模斜度，以便于拔模。相关数值可查阅有关标准。

在考虑铸造工艺的同时，应尽可能减少机械加工面，以提高生产率和降低加工成本。同一轴线上的轴承座孔的直径、精度和表面粗糙度尽可能一致，以便一次镗出，这样既可缩短工时，又能保证精度。箱体上各轴承座的端面应位于同一平面内，且箱体两侧轴承座端面应与箱体中心平面对称，以便加工和检验。

箱体上任何一处加工表面与非加工表面必须严格分开，不要使它们处于同一表面上，凸出或凹入应根据加工方法而定。

6　零件工作图设计

6.1　零件工作图的设计要求

零件工作图(简称零件图)是零件加工、检验和制订工艺规程的主要技术文件,由装配草图拆绘设计而成。它既要反映设计意图,又要考虑到加工和装拆的可能性、合理性和经济性。零件图应完整清楚地表达加工和检验该零件所需的全部信息,如零件的形状、尺寸、加工精度、表面粗糙度、材料、热处理方式及其他技术要求等。

机器的零件分为标准件和非标准件,一般情况下,标准件不需要绘制零件图进行加工,直接采购即可,非标准件需要绘制图纸然后进行加工。

绘制零件图有如下基本要求。

(1) 视图的选择及布置

每个零件图应单独绘制在一张标准图幅内,制图比例优先采用1∶1,这样绘制的图样与实物大小相同,真实感强,必要时也允许选取符合标准的其他比例。应以较少的视图将零件的结构形状和几何尺寸清晰且准确地表达出来,对于细部结构可另行放大绘制。零件图表达的结构和尺寸应与装配图一致,必须更改时,对应的装配图也要做更改。

布置图面时要根据视图尺寸标注、技术要求以及标题栏等占据的位置合理安排。

(2) 尺寸的标注

零件图中的尺寸和公差是加工和检验零件的依据,必须准确标注。标注尺寸前,要根据零件的加工工艺,正确选定基准面和基准线,以便加工和检验。

尺寸标注要符合机械制图的规定,应做到尺寸正确完整,不能出现数值差错、重复、遗漏以及封闭尺寸链。大部分尺寸尽量集中标注在最能反映该零件结构特征的视图上。尺寸线用细实线绘制,不能用其他图线代替,一般也不得与其他图线重合,所有尺寸应尽量标注在视图的轮廓之外。

零件图上所有的配合部位和精度要求较高的部位都应标注公称尺寸和极限偏差数值,如配合的孔、中心距等,极限偏差可根据配合性质和精度等级查取。

对装配图中未标明的细小结构,如退刀槽、圆角、倒角等,在零件图中都应绘制并标明,不标注时可在技术要求中说明。

(3) 几何公差的标注

几何公差是评价零件加工质量的重要指标之一,零件图上要标注必要的几何公差。几何公差可用类比法或计算法确定,但要注意各公差数值的协调,应使形状公差小于位置公差,位置公差小于尺寸公差。

(4) 表面粗糙度的标注

零件的所有表面都要注明表面粗糙度,表面粗糙度的选择可根据零件的工作要求、精度等级和加工方法等综合考虑选定。在不影响零件正常工作的前提下,尽量选择 Ra 值较大的粗糙度等级,以利于加工和降低成本。

如果许多表面具有相同的粗糙度,则可集中标注在图样的右下角,即标题栏的上方,并在粗糙度符号后面给出未指定工艺方法表面的基本图形符号"$\surd$",但只允许就一个表面粗糙度进行这样的标注,如$\surd Ra\,3.2$($\surd$)。

(5) 技术要求的编写

技术要求是机械制图中对零件加工提出的技术性加工内容与要求。根据机械制图标准,不能在图形中表达清楚的其他制造要求,应在技术要求中用文字描述完全。不同的零件技术要求也不同,通常需要注明以下内容:

① 对毛坯件的要求,如时效处理、去毛刺等要求。

② 对表面的要求,如渗碳,涂漆前去除铁锈、氧化皮等。

③ 对材料的力学性能和化学成分的要求,如热处理方式及应达到的硬度要求等。

④ 对加工的要求,如轴端是否保留中心孔、是否要与其他零件一起配合加工(如定位销孔的加工要求配钻、配铰等)。

⑤ 对图中未注圆角、倒角的要求。

⑥ 其他特殊要求,如涂色、实验、包装、搬运等要求。

(6) 标题栏的绘制

零件图样的右下角应绘制标题栏,标题栏中注明图号、零件名称、材料及数量、绘图比例及责任人等。

本章将以减速器中的轴、齿轮与箱体为对象,说明零件图的内容、要求和绘制方法。

6.2 轴零件工作图设计

6.2.1 视图的安排

轴类零件一般只需绘制一个主视图即可将其结构基本表达清楚。视图上表达不清的键槽和孔等,可用剖视图辅助表达;对于细部结构,如螺纹退刀槽、砂轮越程槽、中心孔等,可用局部放大图表达。

6.2.2 尺寸的标注

轴类零件一般都是回转体，应标注各轴段的径向尺寸、轴向尺寸、键槽尺寸和位置、其他细部结构（如螺纹退刀槽、砂轮越程槽、倒角、圆角）尺寸等。

（1）径向尺寸的标注

在各段轴的直径处标注径向尺寸，同一尺寸的各段直径应分别标出，不得省略。需要注意的是，有配合要求的轴径（如轴颈、轴头、密封处），都应标注尺寸的配合精度及偏差值。极限偏差值按装配图上的配合性质查取。

（2）轴向尺寸的标注

以工艺基准面作为主要基准面，使标注的尺寸既符合轴的加工工艺及测量要求，又满足尺寸链的精度要求，不允许出现封闭的尺寸链。对于精度要求较高的轴段，其长度尺寸应直接标注，精度要求较低的轴段其长度尺寸不标注。

（3）键槽尺寸的标注

键槽的剖面尺寸及公差可按表 10.29 选取，不在列表之内的尺寸可按（GB/T 1095—2003）《平键 键槽的剖面尺寸》的规定选取。标注时，不仅要标注键槽的长度尺寸，还要标注其轴向位置尺寸。

（4）其他细部结构尺寸的标注

轴上的所有圆角、倒角、槽等，都应标注或在技术要求中说明。

图 6.1 所示为减速器输出轴径向与轴向尺寸标注示例，由于基准面①是齿轮轮毂与轴接触的定位面，因此选取基准面①为主要基准面，其他轴段尺寸，如 250 mm、67 mm、95 mm、8 mm、38 mm 都是根据基准面①为基准标出的，以便减少加工误差。

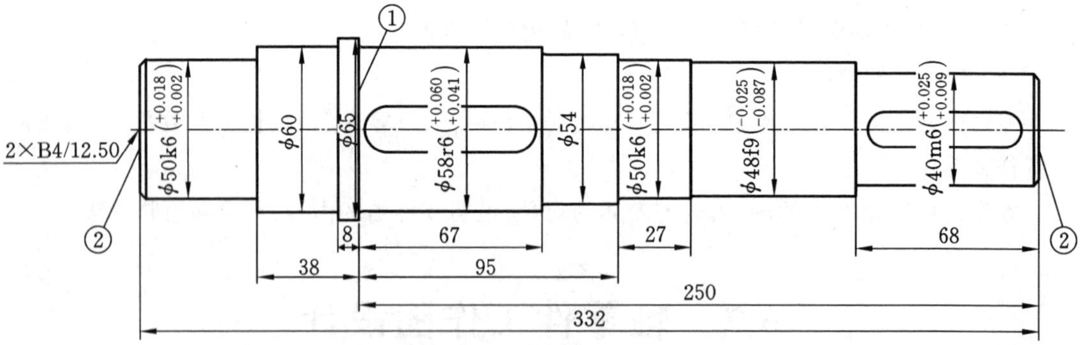

图 6.1 轴类零件图的尺寸标注示例

ϕ58 mm 轴段长度 67 mm 与保证齿轮轴向定位的可靠性有关，长度 95 mm 与控制轴承安装位置有关，ϕ50 mm 轴段与轴承配合，选取基准面②作为辅助基准面，ϕ40 mm 轴段长度 68 mm 根据联轴器安装要求确定。ϕ48 mm 轴段与端部 ϕ50 mm 轴段这两个轴段的长度误差不影响轴的装配和使用，不标注。

表 6.1 列出了该轴的车削主要加工工序，其他工序未在表中列出。

表 6.1 轴的车削加工工序

序号	工序名称	工序草图	加工尺寸/mm	
			轴向	径向
1	下料,车外圆, 车端面,钻中心孔	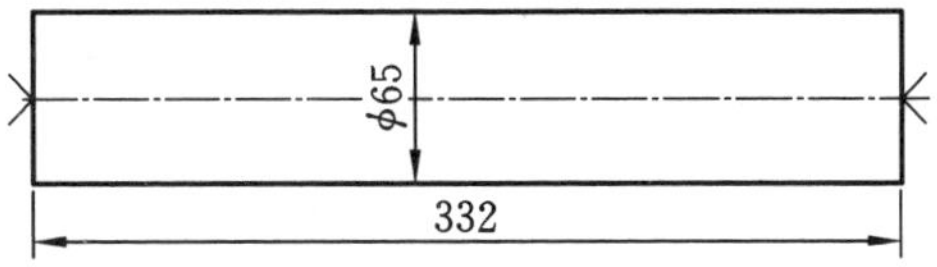	332	$\phi 65$
2	夹住一头,量 250 mm, 车 $\phi 58$ mm	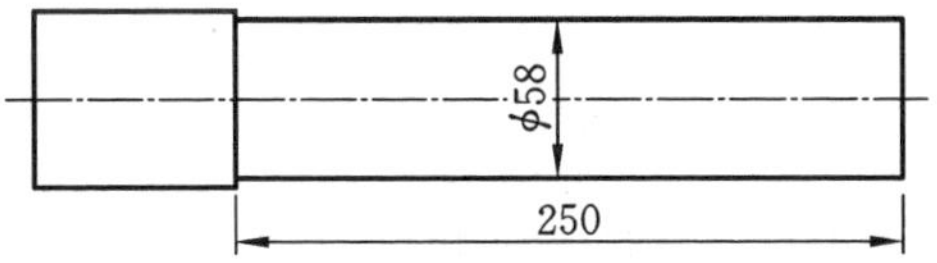	250	$\phi 58$
3	量 67mm,车 $\phi 54$mm	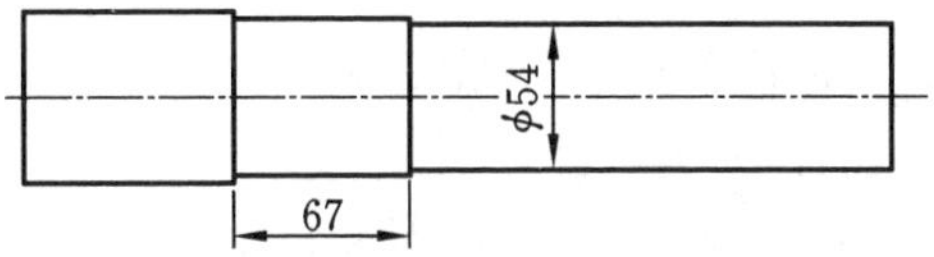	67	$\phi 54$
4	量 95mm,车 $\phi 50$mm	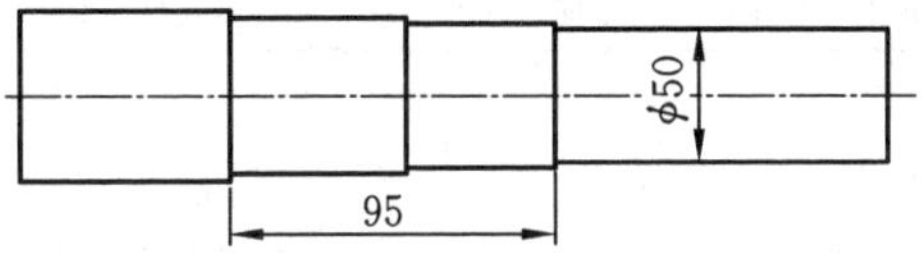	95	$\phi 50$
5	量 27mm,车 $\phi 48$mm	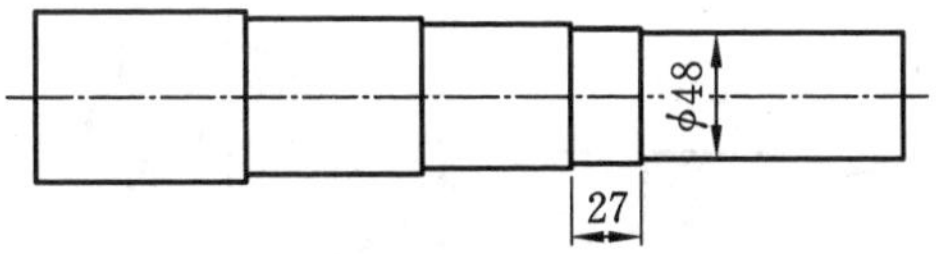	27	$\phi 48$
6	量 68mm,车 $\phi 40$mm	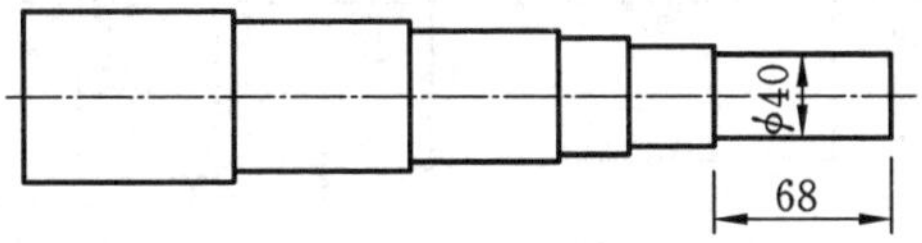	68	$\phi 40$
7	调头,量 8mm, 车 $\phi 60$mm	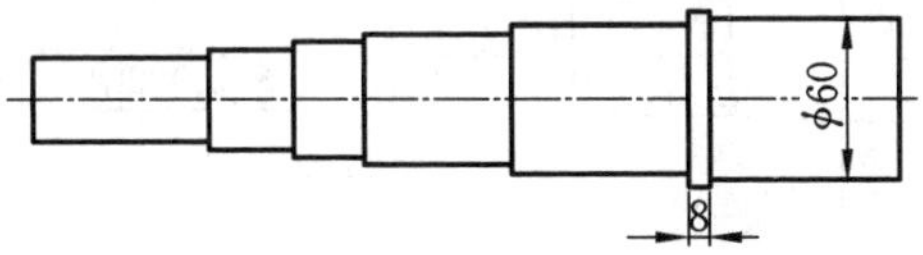	8	$\phi 60$
8	量 38mm,车 $\phi 50$mm	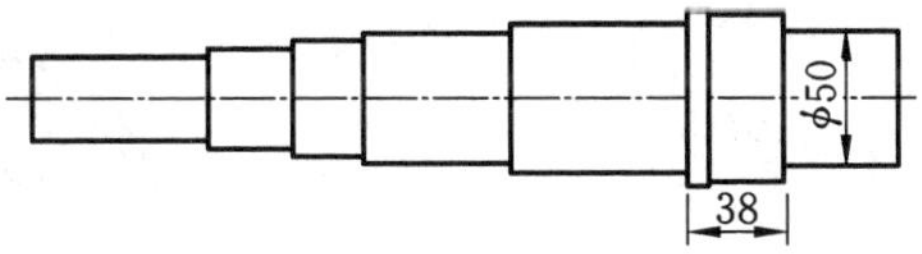	38	$\phi 50$

6.2.3 几何公差的标注

轴的几何公差标注方法及公差值可参考设计手册,表 6.2 列出了在轴上应标注的几何公差项目,供设计时参考,标注示例如图 6.2 所示。

表 6.2　轴的几何公差项目

公差类别		标注项目	符号	精度等级	对工作性能的影响
形状公差		与轴承配合的轴颈表面圆柱度	⌭	6	影响轴承与轴配合的松紧及对中性
		与传动件轴孔配合的表面圆柱度		7～8	影响传动件与轴配合的松紧及对中性
位置公差	定向	定位端面的垂直度	⊥	6～7	影响零件定位及受载均匀性
	定位	键槽对轴中心线的对称度	⌯	7～9	影响键受载的均匀性及安拆的难易程度
	跳动	与轴承相配合的圆柱表面对轴中心线的径向圆跳动	↗	5～6	影响传动件及轴承回转同心度
		与传动件相配合的圆柱表面对轴中心线的径向圆跳动		6～7	
		齿轮、轴承联轴器的定位端面相对于轴中心线的端面圆跳动		6～7	影响零件定位及受载均匀性

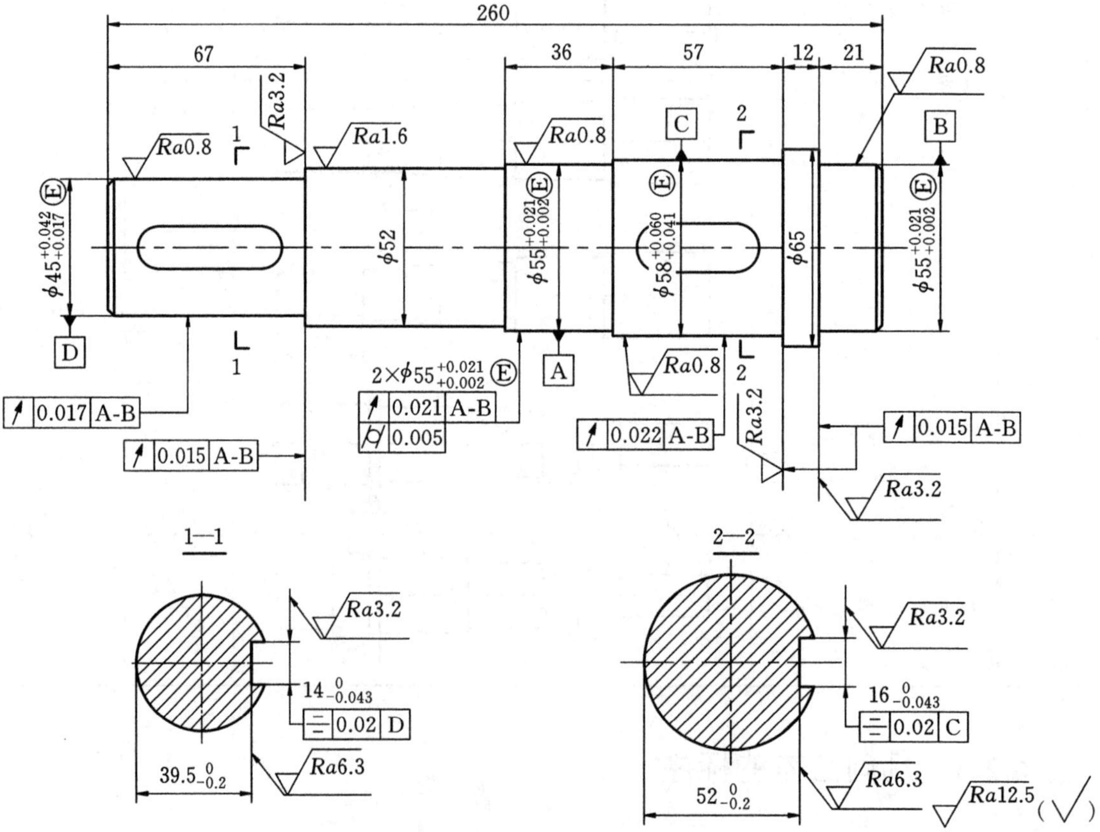

图 6.2　减速器轴设计实例分析

轴上的各重要表面应标注几何公差。

图 6.2 所示为一减速器轴，根据减速器对该轴的功能要求，其几何公差设计过程如下：轴的外伸端 $\phi 45_{+0.017}^{+0.042}$ mm 和轴头 $\phi 58_{+0.041}^{+0.060}$ mm 分别与带轮内孔和齿轮内孔配合，为保证配合性质，采用包容要求；为保证带轮和齿轮的定位精度和装配精度，对轴肩和轴环相对于公共基准轴线 A-B 提出轴向圆跳动公差为 0.015 mm 的要求，对两轴头表面分别提出径向圆跳动公差为 0.017 mm 和 0.022 mm 的要求。

两个轴颈 $\phi 55_{+0.002}^{+0.021}$ mm 与轴承内圈配合，同时采用包容要求保证配合性质；为保证轴承的安装精度，对轴颈表面提出圆柱度公差为 0.005 mm 的要求；为保证旋转精度，对轴环端面相对于公共基准轴线 A-B 提出轴向圆跳动公差为 0.015 mm 的要求；为保证轴承外圈与箱体孔的配合性质，需要控制两轴颈的同轴度误差，因此对两轴颈提出径向圆跳动公差为 0.021 mm 的要求。

为保证轴与轴上零件（齿轮或带轮）的平键连接质量，对 $\phi 45_{+0.017}^{+0.042}$ mm 轴头上的键槽对称中心面提出对称度公差为 0.02 mm 的要求，对 $\phi 58_{+0.041}^{+0.060}$ mm 轴头上的键槽对称中心面提出对称度公差为 0.02 mm 的要求，基准都是所在轴的轴线。

6.2.4　表面粗糙度的标注

轴的所有表面都要进行机械加工，根据不同的精度要求采用不同的加工方法，故各表面的粗糙度不一致。轴的表面粗糙度 Ra 推荐值见表 6.3。

表 6.3　轴的表面粗糙度推荐值

<table>
<tr><th>加工表面</th><th colspan="4">Ra/μm</th></tr>
<tr><td>与传动件、联轴器配合的表面</td><td colspan="4">3.2～0.8</td></tr>
<tr><td>传动件、联轴器的定位端面</td><td colspan="4">6.3～3.2</td></tr>
<tr><td>与普通精度滚动轴承配合的表面</td><td colspan="2">0.8（轴承内径≤80 mm）</td><td colspan="2">1.6（轴承内径＞80 mm）</td></tr>
<tr><td>普通精度滚动轴承的定位端面</td><td colspan="2">3.2（轴承内径≤80 mm）</td><td colspan="2">6.3（轴承内径＞80 mm）</td></tr>
<tr><td>平键键槽</td><td colspan="2">3.2（键槽侧面）</td><td colspan="2">6.3（键槽底面）</td></tr>
<tr><td rowspan="4">密封处表面</td><td>毡圈</td><td colspan="2">橡胶密封圈</td><td rowspan="2">迷宫式（间隙、曲路式封闭）</td></tr>
<tr><td colspan="3">密封处圆周速度/(m/s)</td></tr>
<tr><td>≤3</td><td>3～5</td><td>5～10</td><td rowspan="2">3.2～1.6</td></tr>
<tr><td>3.2～1.6</td><td>1.6～0.8</td><td>0.8～0.4</td></tr>
</table>

以图 6.2 所示的减速器轴为例进行分析，有：

① $\phi 45$ mm 的轴段圆柱外表面粗糙度 Ra 的上限值为 0.8 μm；

② $\phi 52$ mm 的轴段轴肩表面粗糙度 Ra 的上限值为 3.2 μm；

③ $\phi 52$ mm 的轴段圆柱外表面粗糙度 Ra 的上限值为 1.6 μm；

④ ϕ55 mm 的轴段圆柱外表面粗糙度 Ra 的上限值为 0.8 μm；

⑤ ϕ65 mm 的轴段右侧轴肩表面粗糙度 Ra 的上限值为 3.2 μm；左侧轴肩表面粗糙度 Ra 的上限值为 3.2 μm；

⑥ ϕ58 mm 的轴段圆柱外表面粗糙度 Ra 的上限值为 0.8 μm；

⑦ 左侧键槽两侧表面粗糙度 Ra 的上限值为 3.2 μm；键槽底面表面粗糙度 Ra 的上限值为 6.3 μm；

⑧ 右侧键槽两侧表面粗糙度 Ra 的上限值为 3.2 μm；键槽底面表面粗糙度 Ra 的上限值为 6.3 μm；

⑨ 其余表面粗糙度 Ra 的上限值为 12.5 μm。

6.2.5 技术要求

轴类零件图中的技术要求通常包括以下几个方面：

① 对材料的力学性能和化学成分的要求及允许代用的材料等。

② 对材料表面性能的要求，如热处理方法及表面硬度等。

③ 对机械加工的要求，如是否保留中心孔，是否需要与其他零件一起配合加工。

④ 对图中未注明的倒角、圆角的说明，以及对较长轴的毛坯校直要求等。

⑤ 对未注公差尺寸的公差等级要求。

6.3 齿轮零件工作图设计

齿轮类零件包括齿轮、蜗轮和蜗杆。这类零件的零件图上除了视图与技术要求外，还要有反映特性参数、精度等级和误差检验要求的啮合特性表。

6.3.1 视图的安排

齿轮类零件一般可用主视图和左视图（或右视图）表示。把齿轮轴线水平横置时的视图选作主视图，用全剖或半剖视图表示轴孔、轮毂、轮缘、键槽等基本结构；左视图（右视图）可只画出局部视图用来反映轴孔、键槽的形状和尺寸，也可画出完整视图，用来反映完整结构。

对组合式的蜗轮结构，应分别画出组装前的轮缘、轮芯的零件图及组装后的蜗轮组件图。蜗轮切齿工作是在组装后进行的，因此组装前，零件的相关尺寸应留有必要的加工余量，待组装后再加工到最后需要的尺寸。

齿轮轴、蜗杆轴的视图与轴类零件的零件图类似。

6.3.2 尺寸的标注

齿轮类零件的几何尺寸主要有径向尺寸、轴向尺寸、分度圆直径、齿顶圆直径、轮毂直径、轮辐尺寸和键槽尺寸等，标注时按回转体标注方法进行。

（1）径向尺寸的标注

各径向尺寸以轴线为基准标注。

（2）轴向尺寸的标注

齿轮类零件的轮毂孔端面既是装配的定位基准，又是切齿时的定位基准，因此各轴向尺寸（即齿宽方向）以轮毂孔端面为基准标注。

（3）分度圆直径的标注

齿轮的分度圆直径虽不能直接测量，但它是设计计算的基本尺寸，齿顶圆直径、轮毂直径、轮辐尺寸等，都是加工中不可缺少的尺寸，因此，都需要在图纸上标注出来，避免给操作者带来不便。齿根圆是由齿轮参数加工得到的，不必标注。

另外，还应标注键槽尺寸。

锥齿轮的锥距和锥角是保证啮合的重要尺寸。标注时，锥距应精确到0.01 mm；锥角应精确到秒(″)。还应标注出基准端面到锥顶的距离，因为它影响到锥齿轮的啮合精度，所以必须在加工时予以控制。

（4）极限偏差的标注

轮毂孔是加工、装配的重要基准，尺寸精度要求较高，应由装配图上标注的精度等级及配合性质标出尺寸极限偏差。齿顶圆极限偏差按其是否作为测量基准而定。当测量分度圆齿厚或固定齿厚时，其齿顶圆是测量基准。当齿顶圆作为测量基准时，其顶圆直径公差按齿坯公差选取；当齿顶圆不作为测量基准时，尺寸公差按IT11给定，但不小于$0.1m_n$（m_n为法面模数）。

画蜗轮组件图时，应注出轮缘和轮芯的配合尺寸、精度及配合性质。

蜗轮工作图的尺寸标注与齿轮的基本相同，只是在轴向要增加蜗轮中间平面至蜗轮轮毂基准端面的距离，在直径方面要增加蜗轮轮齿的外圆直径。对于装配式蜗轮，还应标注配合部分的尺寸。

6.3.3 几何公差的标注

轮坯的几何公差对齿轮类零件的传动精度影响比较大，一般需要标注的项目如下：

① 与轴配合的孔的圆柱度。

② 键槽侧面对孔的中心线的对称度。

③ 齿顶圆对中心线的圆跳动。

④ 基准端面对中心线的轴向圆跳动。

齿轮的几何公差项目见表6.4，可从推荐项目中选取。

表6.4 齿轮的几何公差项目

公差类别	标注项目	符号	精度等级	对工作性能的影响	备注
形状公差	与轴配合的孔的圆柱度	⌭	7～8	影响传动零件与轴配合的松紧及对中性	

续表6.4

<table>
<tr><th colspan="2">公差类别</th><th>标注项目</th><th>符号</th><th>精度等级</th><th>对工作性能的影响</th><th>备注</th></tr>
<tr><td rowspan="3">位置公差</td><td>定位</td><td>键槽对孔轴线的对称度</td><td>⌯</td><td>7～9</td><td>影响键与键槽受载的均匀性及安拆的难易程度</td><td rowspan="3"></td></tr>
<tr><td rowspan="2">跳动</td><td>齿顶圆对中心线的圆跳动</td><td rowspan="2">↗</td><td rowspan="2">按齿轮精度等级及尺寸确定</td><td rowspan="2">影响齿厚的测量精度，在切齿时产生相应的齿圈径向跳动误差，使零件加工中心位置与设计位置不一致，引起分齿不均，同时引起齿向误差，影响齿面载荷分布及传动精度</td></tr>
<tr><td>齿轮基准端面对中心线的轴向圆跳动</td></tr>
</table>

6.3.4 表面粗糙度的标注

齿轮类零件表面有加工表面和非加工表面的区别，该类零件的所有表面都应标明表面粗糙度，标注时可查阅相关手册或参考表6.5。

表6.5 齿轮（蜗轮）加工表面粗糙度推荐值 单位：μm

<table>
<tr><th colspan="2" rowspan="2">加工表面</th><th colspan="4">精度等级</th></tr>
<tr><th>6级</th><th>7级</th><th>8级</th><th>9级</th></tr>
<tr><td colspan="2">齿轮工作面（齿面）</td><td>0.8～0.4</td><td>1.6～0.8</td><td>3.2～1.6</td><td>6.3～3.2</td></tr>
<tr><td rowspan="2">齿顶圆柱面</td><td>测量基面</td><td>1.6</td><td>3.2～1.6</td><td>3.2～1.6</td><td>6.3～3.2</td></tr>
<tr><td>非测量基面</td><td>3.2</td><td>6.3～3.2</td><td>6.3</td><td>12.5～6.3</td></tr>
<tr><td colspan="2">轮缘与轮芯配合面</td><td colspan="2">1.6～0.8</td><td>3.2～1.6</td><td>6.3～3.2</td></tr>
<tr><td colspan="2">轴孔配合面</td><td colspan="2">1.6～0.8</td><td>3.2～1.6</td><td>6.3～3.2</td></tr>
<tr><td colspan="2">与轴肩配合的端面</td><td colspan="2">1.6～0.8</td><td>3.2～1.6</td><td>6.3～3.2</td></tr>
<tr><td colspan="2">其他加工表面</td><td colspan="2">3.2～1.6</td><td>6.3～3.2</td><td>12.5～6.3</td></tr>
</table>

注：一般情况下，尺寸数值较大时选取大一些的 *Ra* 数值。

6.3.5 啮合特性表

在齿轮零件工作图幅的右上角应编有啮合特性表，啮合特性表的内容由两部分组成：一部分是齿轮的基本参数和精度等级；另一部分是相应的误差检验项目及公差值。其中误差检验项目及公差值可查有关齿轮精度的国家标准（GB/T 10095.1—2022，GB/T 10095.2—

2023、GB/Z 18620.1—2008 等)，根据需要按功能要求从标准中选取。表 6.6 所示为圆柱齿轮啮合特性表具体内容，仅供参考。其他内容可参考本书第三部分中的图例。

表 6.6 圆柱齿轮啮合特性表

<table>
<tr><td>模数</td><td>$m(m_n)$</td><td></td><td colspan="2">精度等级</td><td></td><td></td></tr>
<tr><td>齿数</td><td>z</td><td></td><td colspan="2">中心距及其极限偏差</td><td></td><td></td></tr>
<tr><td rowspan="2">压力角</td><td rowspan="2">$\alpha(\alpha_n)$</td><td rowspan="2"></td><td colspan="2" rowspan="2">配对齿轮</td><td>图号</td><td></td></tr>
<tr><td>齿数</td><td></td></tr>
<tr><td>分度圆直径</td><td>d</td><td></td><td colspan="2">变位系数</td><td></td><td></td></tr>
<tr><td>齿顶高系数</td><td>h_a^*</td><td></td><td rowspan="5">误差检验项目</td><td></td><td></td><td></td></tr>
<tr><td>顶隙系数</td><td>c_a^*</td><td></td><td></td><td></td><td></td></tr>
<tr><td>齿全高</td><td>h</td><td></td><td></td><td></td><td></td></tr>
<tr><td>螺旋角</td><td>β</td><td></td><td></td><td></td><td></td></tr>
<tr><td>轮齿旋向</td><td colspan="2">左或右</td><td></td><td></td><td></td></tr>
</table>

6.3.6 技术要求

齿轮零件的技术要求内容主要包括以下几个方面：

① 对铸件、锻件及其他类型毛坯件的要求，如铸件不允许有缺陷，锻件毛坯不允许有氧化皮及毛刺等。

② 对材料力学性能和化学成分的要求及允许代用的材料。

③ 对热处理方法及表面硬度的要求。

④ 未注明的圆角半径、倒角的说明及铸造或锻造斜度要求等。

⑤ 对未注公差尺寸的公差等级要求。

⑥ 对大型齿轮或高速齿轮的平衡试验要求。

6.4 箱体零件工作图设计

6.4.1 视图的安排

箱体零件结构比较复杂，选用铸造加工。一般情况下，箱体采用剖分式，即由箱座和箱盖两部分组成，因此需要分别绘制箱座和箱盖两个零件。

为了清楚地表达出箱体各部分的结构形式和尺寸，通常需要绘制三个视图，并加以必要的剖视图、局部视图。对于游标孔、放油孔、窥视孔、螺钉孔等细节结构，可采用局部剖视图表示。

6.4.2 尺寸的标注

减速器箱体形状多样，尺寸繁多，尺寸标注工作量比轴类和齿轮类零件大很多。标注尺寸时，既要考虑铸造、工艺性、测量和检验的要求，又要做到标注正确，清晰明了。标注时应注意以下几点：

(1) 标注基准的选择

为了便于加工和测量，最好采用加工基准作为尺寸标注的基准，如箱座和箱盖的高度方向尺寸最好以剖分面(加工基准面)为基准，箱体长度方向尺寸取轴承孔中心线作为基准，箱体宽度方向取宽度对称中心线作为基准。

(2) 形状尺寸与定位尺寸的标注

箱体尺寸可分为形状尺寸和定位尺寸。形状尺寸反映了箱体各部位形状的大小，如箱体的长、宽、高、壁厚，各种孔径及其深度，圆角半径，槽的深、宽等。这类尺寸应直接标注，不应有任何计算。定位尺寸反映了箱体各部位相对于基准的位置，如孔的中心线位置、圆心位置及其他有关部位的平面与基准的距离。定位尺寸都应从基准直接标出。

(3) 性能尺寸的标注

性能尺寸是影响减速器工作性能的尺寸，如相邻轴承座孔的中心距，这类尺寸应直接标出，并给出极限偏差。

(4) 配合尺寸的标注

配合尺寸根据装配图上的配合性质查标准得到，并在图上标注。

(5) 安装附件部分的尺寸标注

箱体类零件大多为铸件，标注尺寸时要考虑铸造工艺特点，便于木模的制作。木模常由许多基本形体拼接而成，在基本形体的定位尺寸标出后，其形状尺寸则以自身的基准标注，如箱座上的游标尺孔、箱盖上的窥视孔等。

(6) 其他细部尺寸的标注

所有圆角、倒角、起模斜度等都应标注或在技术要求中说明。

6.4.3 几何公差的标注

箱体的几何公差推荐项目可参照表 6.7 选择标注。

表 6.7 箱体的几何公差项目

公差类别	标注项目	符号	精度等级	对工作性能的影响
形状公差	轴承座孔的圆柱度	⌭	P0 级轴承选 6～7	影响箱体与轴承的配合性能及对中性
	剖分面的平面度	▱	7～8	影响剖分面的密合性及防渗漏性能

续表6.7

公差类别		标注项目	符号	精度等级	对工作性能的影响
位置公差	定向	轴承座孔中心线间的平行度	//	6	影响齿面接触斑点及传动的平稳性
		轴承座孔端面对中心线的垂直度	⊥	7～8	影响轴承固定及轴向受载的均匀性
		两轴承孔中心线间的垂直度	⊥	7～8	影响传动精度及载荷分布的均匀性
	定位	两轴承座孔中心线的同轴度	◎	6～8	影响轴系安装及齿面载荷分布的均匀性
		轴承座孔中心线对剖分面的位置度	⌖	<0.3 mm	影响孔系精度及轴系装配

6.4.4 表面粗糙度的标注

箱体加工表面粗糙度的选择如表 6.8 所示。

表 6.8 箱体表面粗糙度推荐值

单位：μm

序号	加工表面	*Ra*	序号	加工表面	*Ra*
1	减速器剖分面	3.2～1.6	6	减速器底面	12.5～6.3
2	轴承座孔面	1.6～0.8	7	轴承座孔外端面	6.3～3.2
3	嵌入式端盖凸缘槽面	6.3～3.2	8	螺栓孔座面	12.5～6.3
4	圆锥销孔面	3.2～1.6	9	油塞孔座面	12.5～6.3
5	视孔盖接触面	12.5	10	其他表面	>12.5

6.4.5 技术要求

箱体类零件工作图的技术要求通常包括以下几个方面：

① 对铸件的清砂、清洗、表面防护的要求，如箱体内表面需煤油清洗后涂防锈漆。

② 对铸件质量的要求，如不允许有缩孔、砂眼和渗漏现象等。

③ 箱座和箱盖轴承座孔的加工，应在箱座和箱盖用螺栓连接并装入定位销后进行镗孔。

④ 剖分面上定位销孔在箱座和箱盖用螺栓连接后配钻、配铰，且在镗轴承座孔之前进行。

⑤ 未注明的铸造起模斜度、倒角及圆角的说明。

⑥ 其他必要的说明。

7 装配工作图设计

装配工作图(简称装配图)是绘制零件图,进行部件装配、使用及维护的指导性技术文件。它既表达了机器总体结构的设计构思、部件的工作原理和装配关系,也表达出各零件间的相互位置、尺寸和结构。在设计装配图时,要综合考虑工作要求、材料、强度、刚度、磨损、加工、装拆、调整、润滑和维护等多方面因素,而且在视图表达上要力求清楚。

一般先进行装配草图设计,再根据装配草图绘制零件图,在零件图绘制过程中,又对自身和装配草图进一步修改和完善,最后认真检查装配草图的各项内容,修改不妥之处,直至完成最终的装配图。

装配图应包括以下四方面的内容:

① 清晰准确地表达减速器全貌的一组视图。

② 必要的尺寸标注。

③ 技术要求及调试、装配、检验说明。

④ 零件编号、标题栏、明细栏。

7.1 装配图视图的选择

减速器的装配图通常需要三个视图,必要时应附加剖视图、剖面图或局部视图加以辅助。在结构视图表达方面,以最能反映轴系部件特征的视图为主,其他视图上,主要表示减速器的结构特点和附件安装位置等。图面上除三个视图外,还应留出尺寸标注、标题栏、明细栏、技术特性及技术要求的位置。

装配图建议用 A0 或 A1 号图纸绘制。各视图都应当完整、清晰,避免采用虚线表示零件的结构形状。布图之前,根据传动装置的运动简图和由计算得到的减速器内部齿轮的直径、中心距,参考同类减速器样图,按照各级传动中心距估算出减速器的外观尺寸,合理布置视图,可参考图 7.1 所示布置图面,视图的大概尺寸可按表 7.1 进行估算。

装配工作图上某些结构(如螺栓、螺母、滚动轴承等)允许采用机械制图标准规定的简化画法绘制。

画剖视图时,相邻零件的剖面线方向或剖面线的间距应取不同,以便区别。对于剖面宽度尺寸较小(<2 mm)的零件,其剖面线允许涂黑表示。应该特别注意同一零件在各视图上的剖面线方向和间距必须一致。

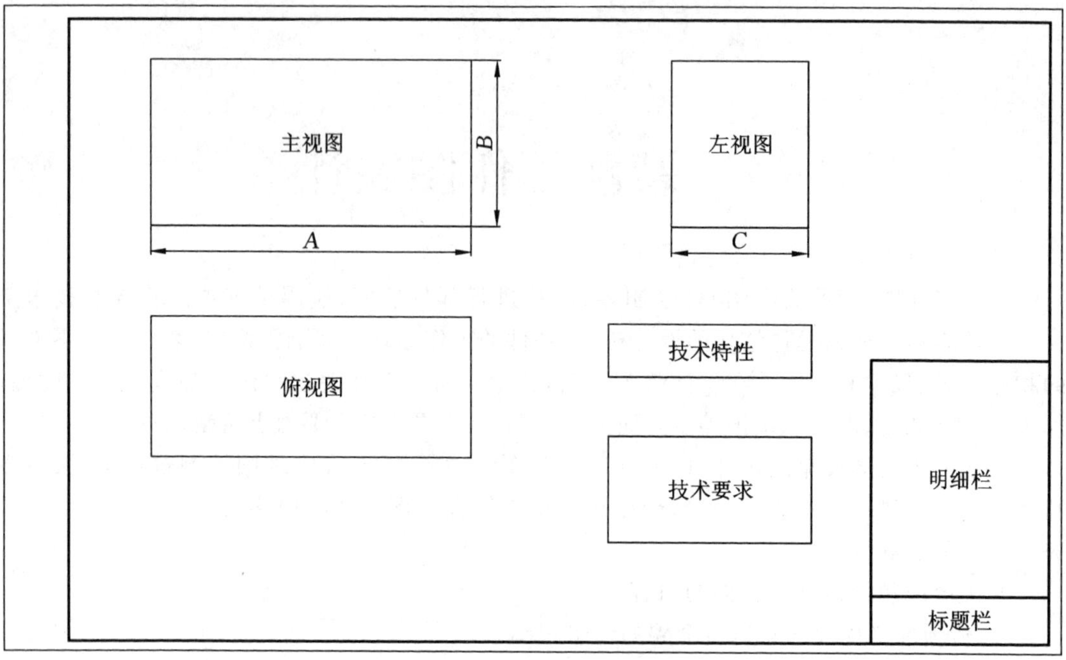

图 7.1 视图布置参考图

表 7.1 视图尺寸估算表

减速器类型	A	B	C
一级圆柱齿轮减速器	$3a$	$2a$	$2a$
二级圆柱齿轮减速器	$4a$	$2a$	$2a$
圆锥-圆柱齿轮减速器	$4a$	$2a$	$2a$
一级蜗杆减速器	$2a$	$3a$	$2a$

注:对于一般传动,a 为传动中心距;对于二级传动,a 为低速级的中心距。

7.2 标注尺寸

装配图上应标注相关零件的外形尺寸、特性尺寸、定位尺寸、配合尺寸等。各零件的形状尺寸及偏差,在零件图上标注。

(1) 外形尺寸

外形尺寸反映了减速器占有的空间大小,如减速器的总长、总宽、总高,为包装运输和布置车间场地提供参考。

(2) 特性尺寸

特性尺寸是指表明减速器性能、规格和特征的尺寸,如齿轮传动的中心距及其极限偏差等。

(3) 安装尺寸

一般情况下，减速器本身需要安装在基础上或机械设备的某部位上，同时减速器还要与电动机或其他传动零件相连接，这就需要标注安装尺寸。如箱体底座尺寸、地脚螺栓孔的直径和定位尺寸，减速器的中心高度以及轴外伸端直径及配合长度等。

(4) 配合尺寸

配合尺寸是表示减速器各零件之间装配关系的尺寸及相应的配合，包括主要零件的配合尺寸、配合性质和公差等级等。如传动零件与轴、轴承内圈与轴、轴承外圈与箱体轴承座孔、轴承端盖与箱体轴承座孔等。标注这些尺寸的同时应标注出配合及精度等级。表7.2列出了减速器主要零件的荐用配合，供设计时参考。

表7.2　减速器主要零件的荐用配合

应用示例		配合代号	装拆方法
一般情况下的齿轮、蜗轮、带轮、链轮、联轴器与轴的配合	一般情况	$\frac{H7}{r6}$	压力机
	较少拆装	$\frac{H7}{n6}$	压力机
	小锥齿轮及经常拆装处	$\frac{H7}{m6}$，$\frac{H7}{k6}$	手锤
滚动轴承内圈与轴的配合	轻载荷：$P \leqslant 0.07C$	j6，k6	压力机或温差法
	正常载荷：$0.07C < P \leqslant 0.15C$	k5，m5，m6，n6	
滚动轴承外圈与箱体轴承座孔的配合		H7	木锤或徒手
轴承套杯与箱体轴承座孔的配合		$\frac{H7}{h6}$，$\frac{H7}{js6}$	木锤或徒手
轴承盖与箱体轴承座孔的配合		$\frac{H7}{d11}$，$\frac{H7}{h6}$，$\frac{H7}{f9}$	木锤或徒手

上述四种尺寸应尽量集中标注在反映主要结构关系的视图上，如齿轮减速器的俯视图、蜗杆减速器的主视图，并应使尺寸的布置整齐、清晰、规范。

7.3　零件序号、标题栏和明细表

在装配图中，为了便于迅速、准确地查找每个零件，应对每个不同的零件、部件进行编号，并同时编制出相应的标题栏和明细表。

(1) 零件序号

在装配图上应对所有零件进行编号，既不能重复，也不能遗漏，图中完全相同的零件只能有一个编号。可将标准件和非标准件统一编号，也可将两者分别编号。

绘制编号时，可按顺时针或逆时针顺序依次排列引出指引线，各指引线不应相交，并尽量不与剖面线平行。对于一组紧固件(如螺栓、螺母及垫圈)可用一条公共的指引线分别编号,如图 7.2 所示。对各独立的部件(如滚动轴承、通气器、油标等)可作为一个零件编号。装配图上零件序号的字号应比图中标注尺寸的字号大一号。

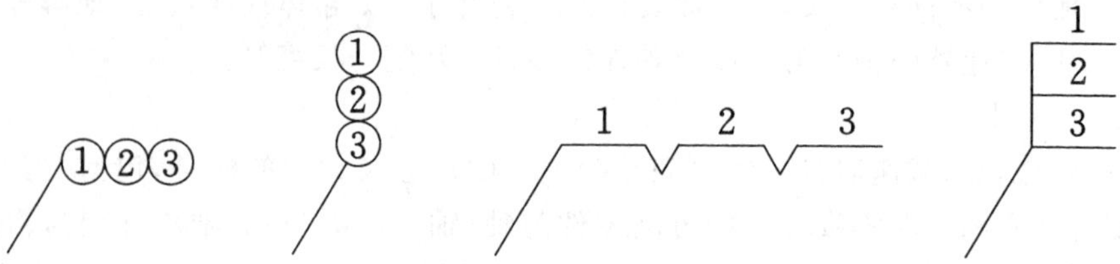

图 7.2　公共指引线

(2) 标题栏

标题栏应布置在图纸的右下角,用来注明减速器的名称、比例、图号、数量、质量、设计者姓名等。装配图标题栏的格式可参考图 8.3。

(3) 明细栏

明细栏是整个减速器所有零件的详细目录,明细栏由下向上填写。对于每个编号的零件,在明细栏上都要按对应的序号列出其名称、数量、材料及规格,对于标准件,还应注明其标准代号。对齿轮应注明模数 m、齿数 z、螺旋角 β 等主要参数。材料应注明牌号。装配图明细栏的格式可参考图 8.4。

7.4　技术特性与技术要求

7.4.1　技术特性

在装配图明细栏附近适当位置应写出减速器的技术特性,包括减速器的输入功率、输入转速、传动效率、传动特性(如总传动比、各级传动比等),也可采用表格表示。表 7.3 给出了二级圆柱齿轮减速器技术特性示例。

表 7.3　二级圆柱齿轮减速器技术特性示例

输入功率 /kW	输入转速 /(r/min)	传动效率 η	总传动比 i	转动特性							
				第一级				第二级			
				m_n	β	z_2/z_1	精度等级	m_n	β	z_4/z_3	精度等级

7.4.2　技术要求

无法在装配视图上表示清楚的信息,如减速器的装配、调整、密封、润滑、检验、维护等,需要在技术要求中说明，主要内容如下：

(1) 对零件的要求

装配前所有检验合格的零件要清除铁屑，并用煤油或汽油清洗干净。箱体内壁涂防侵蚀的涂料，内部应清理干净，不允许有任何杂物。

(2) 装配过程中对安装和调整的要求

① 滚动轴承间隙的要求

所谓轴承游隙，即指轴承在未安装于轴或轴承箱时，将其内圈或外圈的一方固定，然后使未被固定的一方做径向或轴向移动时的移动量。在轴承工作中，保证适当的游隙很重要，游隙过大会使轴承发生窜动，游隙过小会使轴承运转阻力增大，影响其正常运转，严重时会将轴承卡死，损坏轴承。游隙调整的方法由轴承类型决定，一般可以分为游隙不可调轴承和可调轴承。

对不可调游隙的轴承，轴承出厂后，轴承的游隙就确定了，如深沟球轴承，在两端固定的轴承结构中，可在端盖与轴承外圈端面间留适当的轴向间隙 Δ，以允许轴的热伸长，一般取 $\Delta=0.1\sim0.4$ mm。当轴承支点跨度大且运转温度升高时，取较大值。

对于可调游隙轴承，可以移动轴承滚道的相对轴向位置来获得所需要的游隙，如圆锥滚子轴承和角接触球轴承，游隙值可根据机械设计手册查取，也可参考表 10.41。

② 传动副的侧隙和接触斑点要求

齿轮副的侧隙是为了避免齿轮副因制造、安装误差和工件热变形而使齿轮卡住，并为齿面间能形成油膜在非工作侧齿面间设置的适当间隙。单个齿轮并没有侧隙，它只有齿厚，相互啮合齿轮的侧隙是由一对齿轮运行时的中心距以及每个齿轮的实际齿厚所控制的。侧隙需要的量与齿轮的大小、精度、安装和应用情况有关。减速器安装必须保证齿轮传动或蜗杆传动所需要的侧隙以及齿面接触斑点，其要求是由传动件精度等级确定的，其具体数值可根据 GB/Z 18620.2—2008、GB/T 11365—2019、GB/T 10089—2018 查得，也可参考表 7.4～表 7.6。

表 7.4 渐开线圆柱齿轮装配后的接触斑点

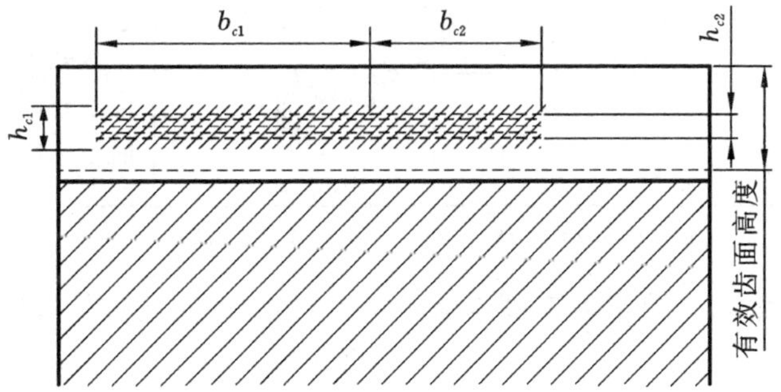

精度等级	b_{c1}占齿宽的百分比		h_{c1}占有效齿面高度的百分比		b_{c2}占齿宽的百分比		h_{c2}占有效齿面高度的百分比	
	直齿轮	斜齿轮	直齿轮	斜齿轮	直齿轮	斜齿轮	直齿轮	斜齿轮
4 级及更高	50%		70%	50%	40%		50%	30%

续表 7.4

<table>
<tr><td rowspan="2">精度等级</td><td colspan="2">b_{c1}占齿宽的百分比</td><td colspan="2">h_{c1}占有效齿面高度的百分比</td><td colspan="2">b_{c2}占齿宽的百分比</td><td colspan="2">h_{c2}占有效齿面高度的百分比</td></tr>
<tr><td>直齿轮</td><td>斜齿轮</td><td>直齿轮</td><td>斜齿轮</td><td>直齿轮</td><td>斜齿轮</td><td>直齿轮</td><td>斜齿轮</td></tr>
<tr><td>5 和 6</td><td colspan="2">45%</td><td rowspan="3">50%</td><td rowspan="3">40%</td><td colspan="2">35%</td><td rowspan="3">30%</td><td rowspan="3">20%</td></tr>
<tr><td>7 和 8</td><td colspan="2">35%</td><td colspan="2">35%</td></tr>
<tr><td>9 和 12</td><td colspan="2">25%</td><td colspan="2">25%</td></tr>
</table>

注:本表对齿廓和螺旋线修齿的齿面不适用。

表 7.5 锥齿轮的接触斑点

第Ⅲ组精度等级	4～5	6～7	8～9	10～12
沿齿长方向	60%～80%	50%～70%	35%～65%	25%～55%
沿齿高方向	65%～85%	55%～75%	40%～70%	30%～60%

注:表中数值范围用于齿面修形的齿轮,对齿面不进行修形的齿轮,其接触斑点的大小应不小于其平均值。

表 7.6 蜗杆副接触斑点的要求

<table>
<tr><td rowspan="2">精度等级</td><td colspan="2">接触面积的百分比/%</td><td rowspan="2">接触形状</td><td rowspan="2">接触位置</td></tr>
<tr><td>沿齿高不小于</td><td>沿齿长不小于</td></tr>
<tr><td>1 和 2</td><td>75</td><td>70</td><td rowspan="3">接触斑点在齿高方向无断缺,不允许呈带状条纹</td><td rowspan="3">接触斑点痕迹的分布位置趋近于齿顶中部,允许略偏于啮入端。在齿顶和啮入、啮出端的棱边处不允许接触</td></tr>
<tr><td>3 和 4</td><td>70</td><td>65</td></tr>
<tr><td>5 和 6</td><td>65</td><td>60</td></tr>
<tr><td>7 和 8</td><td>55</td><td>50</td><td rowspan="3">不作要求</td><td rowspan="3">接触斑点痕迹应偏于啮出端,但不允许在齿顶和啮入、啮出端的棱边接触</td></tr>
<tr><td>9 和 10</td><td>45</td><td>40</td></tr>
<tr><td>11 和 12</td><td>30</td><td>30</td></tr>
</table>

注:采用修形齿面的蜗杆传动,接触斑点的接触形状要求可不受表中规定的限制。

检查传动件的侧隙,可以将塞尺或铅丝放入相互啮合齿的侧隙中,然后测量塞尺厚度或铅丝变形后的厚度。

接触斑点的检查方法:在主动轮齿面上刷上红丹粉,使其转动,轮转 2～3 周后,观察从动轮齿面上的着色情况,分析接触区的位置及接触面积是否满足要求。

(3) 润滑要求

应在技术要求中写明传动件和轴承所用润滑剂的牌号、用量、补充或更换时间。

选择润滑剂时,应考虑传动类型、载荷性质和大小、运转速度、工作温度及工作条件。一般情况下,在高速、重载、频繁启动、长期运转的条件下,采用黏度大的润滑油;在轻载及间歇运转条件下，采用黏度较低的润滑油。开式齿轮传动主要采用润滑脂，闭式齿轮传动一般采用润滑油。

常用润滑油的性质和用途可参考表 11.1。

润滑油应装至油面规定高度，即油标上限。换油时间取决于油中杂质的多少及氧化、污染的程度，一般为半年左右。新减速器开始使用时，两周左右换油。

轴承采用脂润滑时，填充量要适宜，过多或不足都会导致轴承发热，一般以填充轴承空间的 1/3～1/2 为宜，大约每隔半年补充或更换一次。常用润滑脂的性质和用途可参考表 11.4。

(4) 密封要求

减速器所有接合面和密封处均不允许出现漏油和渗油现象。箱体剖分面允许涂密封胶或水玻璃，不允许使用任何垫片。

(5) 试验要求

减速器装配后先做空载试验，正、反转各 1 h，要求运转平稳，噪声小，连接固定处不得松动；然后做负载试验，油池温升不得超过 35 ℃，轴承温升不得超过 40 ℃。

(6) 包装、运输和外观要求

箱体表面应涂漆。外伸轴及其他零件需涂油并包装严密。减速器在包装箱内应固定牢靠，运输和装卸时不可倒置。

第二部分

8　工程制图基础

为便于绘制、阅读和管理工程图样，国家标准管理机构依据国际标准化组织制定的国际标准，制定并颁布了各种工程图样的制图国家标准，简称“国标”，它包括：强制性国家标准，代号“GB”；推荐性国家标准，代号“GB/T”；国家标准化指导性技术文件，代号“GB/Z”。其中，技术制图标准适用于各种专业技术图样，机械制图还应遵守国家标准的相应规定。机械设计人员应熟悉并严格遵守国家标准的有关规定。

8.1　图纸幅面和图框格式

8.1.1　图幅

图幅即图纸幅面的大小，图纸的幅面是指图纸宽度与长度组成的图面。为了使用和管理图纸方便、规整，所有的设计图纸的幅面和格式必须符合国家标准的规定，见表 8.1、表 8.2。

表 8.1　图纸基本幅面(第一选择)　　单位：mm

<table>
<tr><th>幅面代号</th><th>$B \times L$</th><th>a</th><th>c</th><th>e</th></tr>
<tr><td>A0</td><td>841×1189</td><td rowspan="5">25</td><td rowspan="3">10</td><td rowspan="2">20</td></tr>
<tr><td>A1</td><td>594×841</td></tr>
<tr><td>A2</td><td>420×594</td><td rowspan="3">10</td></tr>
<tr><td>A3</td><td>297×420</td><td rowspan="2">5</td></tr>
<tr><td>A4</td><td>210×297</td></tr>
</table>

注：摘自 GB/T 14689—2008。

表 8.2 图纸加长幅面(第二选择和第三选择) 单位:mm

第二选择		第三选择			
幅面代号	B×L	幅面代号	B×L	幅面代号	B×L
A3×3	420×891	A0×2	1189×1682	A3×5	420×1485
A3×4	420×1189	A0×3	1189×2523	A3×6	420×1783
A4×3	297×630	A1×3	841×1783	A3×7	420×2080
A4×4	297×841	A1×4	841×2378	A4×6	297×1261
A4×5	297×1051	A2×3	594×1261	A4×7	297×1471
		A2×4	594×1682	A4×8	297×1682
		A2×5	594×2102	A4×9	297×1892

注:①摘自 GB/T 14689—2008。

②必要时,允许选用表 8.2 所规定的加长幅面,加长幅面的图框尺寸,按所选用的基本幅面大一号的图框尺寸确定。例如 A2×3 的图框尺寸,按 A1 的图框尺寸确定,即 e 为 20(或 c 为 10),而 A3×4 的图框尺寸,按 A2 的图框尺寸确定,即 e 为 10(或 c 为 10)。

8.1.2 图框格式

图框是图纸上限定绘图区域的线框,是图纸上绘图区域的边界线。图框的格式有横式和立式两种。同一产品的图样只能采用一种格式。图框格式如图 8.1、图 8.2 所示。

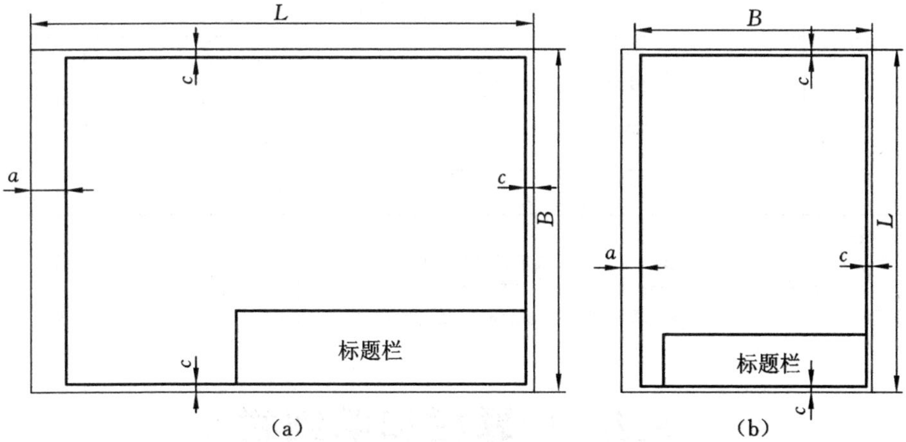

图 8.1 有装订边框的图框格式(摘自 GB/T 14689—2008)

(a)横式;(b)立式

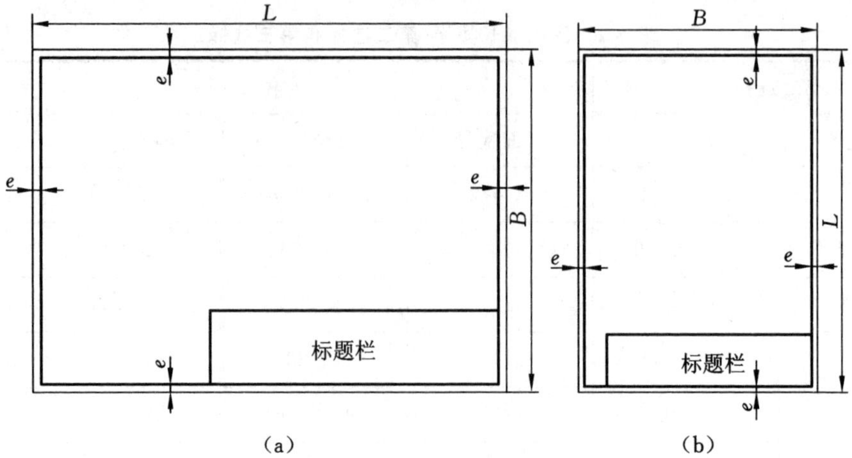

图 8.2 无装订边框的图框格式

(a)横式;(b)立式

8.1.3 图样比例

图样比例见表 8.3。

表 8.3 图样比例(摘自 GB/T 14690—1993)

原值比例	放大比例		缩小比例	
1∶1	5∶1	5×10^n∶1	1∶2	1∶2×10^n
	2∶1	2×10^n∶1	1∶5	1∶5×10^n
		1×10^n∶1	1∶10	1∶1×10^n
	(4∶1)	(4×10^n∶1)	(1∶1.5)	(1∶1.5×10^n)
	(2.5∶1)	(2.5×10^n∶1)	(1∶2.5)	(1∶2.5×10^n)
			(1∶3)	(1∶3×10^n)
			(1∶4)	(1∶4×10^n)
			(1∶6)	(1∶6×10^n)

注:①n 为正整数。

②优先选取不带括号的比例,必要时也允许选取带括号的比例。

③在同一图样中,各个视图应采用相同的比例。当某个视图需要采用不同比例时,必须另行标注。

④当图形中孔的直径或薄片的厚度等于或小于 2 mm,以及斜度或锥度较小时,可不按比例而夸大画出。

8.2 标题栏和明细栏

8.2.1 标题栏

标题栏是用来标明设计单位、工程名称、图名、设计人员签名和图号等内容的,必须画在图框内右下角,标题栏中的文字方向代表看图方向,其格式和尺寸如图 8.3 所示。

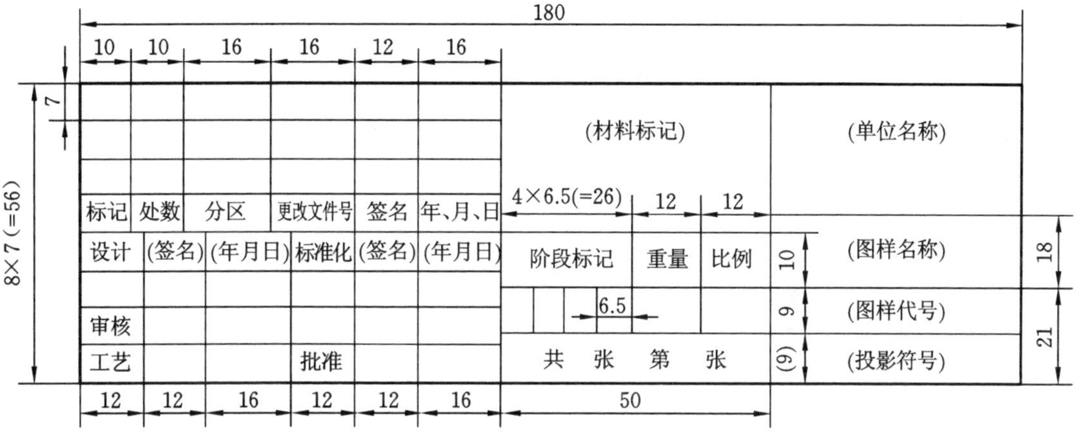

图 8.3　标题栏的格式(摘自 GB/T 10609.1—2008)

8.2.2　明细栏

明细栏一般放在标题栏上方并与标题栏对齐,用于填写组成零件的序号、代号、名称、数量、材料、质量以及标准件规格等。明细栏与标题栏的分界线是粗实线,明细栏的外框也是粗实线,填写零件的横线为细实线,如图 8.4 所示。

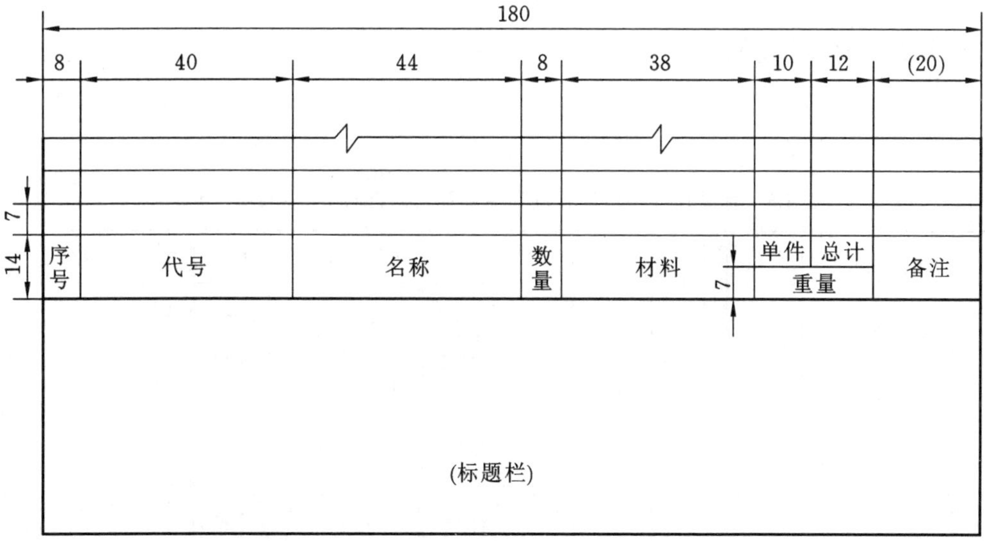

图 8.4　明细栏的格式(摘自 GB/T 10609.2—2009)

8.3 一般标准

8.3.1 常用尺寸标准符号和缩写

常用符号和缩写见表 8.4。

表 8.4 常用符号和缩写(摘自 GB/T 16675.2—2012)

序号	名称	符号或缩写词	序号	名称	符号或缩写词
1	直径	ϕ	8	正方形	□
2	半径	R	9	深度	↧
3	球直径	$S\phi$	10	沉孔或锪平	⊔
4	球半径	SR	11	埋头孔	∨
5	厚度	t	12	弧长	⌒
6	均布	EQS	13	斜度	∠
7	45°倒角	C	14	锥度	◁

8.3.2 标准尺寸

标准尺寸见表 8.5。

表 8.5 标准尺寸(直径、长度和高度等)(摘自 GB/T 2822—2005) 单位:mm

R10	R20	R10	R20	R40	R10	R20	R40	R10	R20	R40	R10	R20	R40
1.25	1.25	12.5	12.5	12.5	40.0	40.0	40.0	125	125	125	400	400	400
	1.40			13.2			42.5			132			425
1.60	1.60		14.0	14.0		45.0	45.0		140	140		450	450
	1.80			15.0			47.5			150			475
2.00	2.00	16.0	16.0	16.0	50.0	50.0	50.0	160	160	160	500	500	500
	2.24			17.0			53.0			170			530
2.50	2.50		18.0	18.0		56.0	56.0		180	180		560	560
	2.80			19.0			60.0			190			600

续表8.5

R10	R20	R10	R20	R40	R10	R20	R40	R10	R20	R40	R10	R20	R40
3.15	3.15	20.0	20.0	20.0	63.0	63.0	63.0	200	200	200	630	630	630
	3.55			21.2			67.0			212			670
4.00	4.00		22.4	22.4		71.0	71.0		224	224		710	710
	4.50			23.6			75.0			236			750
5.00	5.00	25.0	25.0	25.0	80.0	80.0	80.0	250	250	250	800	800	800
	5.60			26.5			85.0			265			850
6.30	6.30		28.0	28.0		90.0	90.0		280	280		900	900
	7.10			30.0			95.0			300			950
8.00	8.00	31.5	31.5	31.5	100	100	100	315	315	315	1000	1000	1000
	9.00			33.5			106			335			1060
10.0	10.0		35.5	35.5		112	112		355	355		1120	1120
	11.2			37.5			118			375			1180

注:①选用标准尺寸的顺序为 R10、R20、R40。

②本标准适用于机械制造业有互换性或系列化要求的尺寸。如安装、连接、配合等尺寸。对已有专业标准(如滚动轴承、联轴器等)规定的尺寸,按专业标准选用。

8.3.3 其他标准

圆柱形轴伸的尺寸见表 8.6。

表 8.6 圆柱形轴伸(摘自 GB/T 1596—2005) 单位:mm

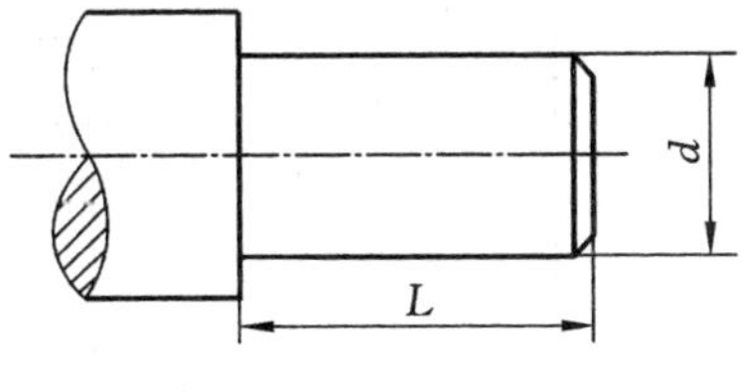

续表 8.6

d			*L*		*d*			*L*		*d*			*L*	
基本尺寸	极限偏差		长系列	短系列	基本尺寸	极限偏差		长系列	短系列	基本尺寸	极限偏差		长系列	短系列
6	+0.006 −0.002	j6	16	—	19	+0.009 −0.004	j6	40	28	40	+0.018 +0.002	k6	110	82
7	+0.007 −0.002				20			50	36	42				
8			20		22					45				
9					24					48				
10			23	20	25			60	42	50				
11	+0.008 −0.003				28					55	+0.030 +0.011	m6		
12			30	25	30			80	58	60			140	105
14					32	+0.018 +0.002	k6			65				
16			40	28	35					70				
18					38					75				

注:①轴伸直径的基本尺寸、极限偏差及长度系列应符合表 8.6 的规定。

②若采用键连接时,键与键槽应符合有关键标准的规定。

阶梯轴高 h 的基本尺寸见表 8.7。

表 8.7 阶梯轴高 h 的基本尺寸(摘自 GB/T 12217—2005) 单位:mm

轴高 h				轴高 h				轴高 h			
Ⅰ	Ⅱ	Ⅲ	Ⅳ	Ⅰ	Ⅱ	Ⅲ	Ⅳ	Ⅰ	Ⅱ	Ⅲ	Ⅳ
25	25	25	25	40	40	40	40	63	63	63	63
			26				42				67
		28	28			45	45			71	71
			30				48				75
	32	32	32		50	50	50		80	80	80
			34				53			90	90
		36	36			56	56				95
			38				60				
100	100	100	100	250	250	250	250	630	630	630	630
			105				265				670
		112	112			280	280			710	710

续表8.7

轴高 h				轴高 h				轴高 h			
Ⅰ	Ⅱ	Ⅲ	Ⅳ	Ⅰ	Ⅱ	Ⅲ	Ⅳ	Ⅰ	Ⅱ	Ⅲ	Ⅳ
			118				300				750
	125	125	125		315	315	315		800	800	800
			132				335				850
		140	140			355	355			900	900
			150				375				950
160	160	160	160	400	400	400	400	1000	1000	1000	1000
			170				425				1060
		180	180			450	450			1120	1120
			190				475				1180
	200	200	200		500	500	500		1250	1250	1250
			212				530				1320
		225	225			560	560			1400	1400
			236				600				1500
								1600	1600	1600	1600

注：①轴高 h 的基本尺寸分为Ⅰ、Ⅱ、Ⅲ和Ⅳ四个系列，尺寸应符合表8.7的规定。

②优先选用第Ⅰ系列数值。如果不能满足需要时，可选用第Ⅱ系列的数值，其次选用第Ⅲ系列的数值，第Ⅳ系列的数值尽量不采用。

③当轴高尺寸大于1600 mm时，推荐选用160～1000 mm范围内的数值再乘以10。

轴高的极限偏差及平行度误差见表8.8。

表8.8 轴高的极限偏差及平行度误差(摘自GB/T 12217—2005) 单位：mm

轴高 h	极限偏差		平行度误差		
	电动机、从动机器、减速器等	除电动机以外的主动机器	$L<2.5h$	$2.5h\leqslant L\leqslant 4h$	$L>4h$
25～50	0 −0.4	+0.4 0	0.2	0.3	0.4
50～250	0 −0.5	+0.5 0	0.25	0.4	0.5
250～630	0 −1.0	+1.0 0	0.5	0.75	1.0
630～1000	0 −1.5	+1.5 0	0.75	1.0	1.5
>1000	0 −2.0	+2.0 0	1.0	1.5	2.0

注：①对于支承平面不在底部的机器，选用极限偏差及平行度误差时，h 应按轴伸轴线到机器底部的距离选取，即假设支承面是在机器底部的最低点。

②L 为轴的全长(一般应在轴的两端点测量，若不能在两端点测量时，可取轴上任意两点，其测量结果应按轴的全长和该两点间的距离之比相应增大)。

中心孔尺寸见表 8.9。

表 8.9　中心孔尺寸(摘自 GB/T 145—2001)　　单位:mm

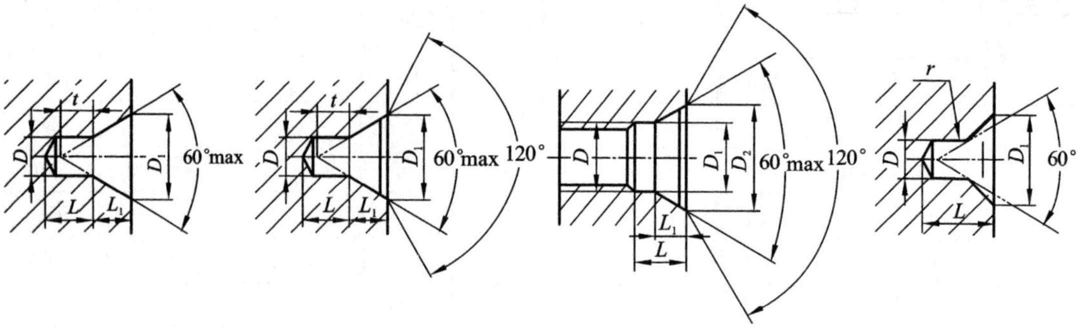

A 型　不带护锥中心孔　　B 型　带护锥中心孔　　C 型　带螺纹中心孔　　R 型　弧形中心孔

D	D_1		参考			L_{min}	r		D	D_1	D_2	L	参考	选择中心孔的参考数据		
			L_1		t		max	min					L_1			
A、B、R 型	A、B 型	B 型	A 型	B 型	A、B 型	R 型			C 型					原料端部最小直径 D_0	轴状原料最大直径 D_c	工件最大质量 /kg
1.60	3.35	5.00	1.52	1.99	1.4	3.5	5.00	4.00	M3	3.2	5.8	2.6	1.8	8	10～18	120
2.00	4.25	6.30	1.95	2.54	1.8	4.4	6.30	5.00	M4	4.3	7.4	3.2	2.1	10	18～30	200
2.50	5.30	8.00	2.42	3.20	2.8	5.5	8.00	6.30	M5	5.3	8.8	4.0	2.4	12	30～50	500
3.15	6.70	10.00	3.07	4.03	3.5	7.0	10.00	8.00	M6	6.4	10.5	5.0	2.8	15	50～80	800
4.00	8.50	12.50	3.90	5.05	4.4	8.9	12.50	10.00	M8	8.4	13.2	6.0	3.3	20	80～120	1000
(5.00)	10.60	16.00	4.85	6.41	5.5	11.2	16.00	12.50	M10	10.5	16.3	7.5	3.8	25	120～180	1500
6.30	13.20	18.00	5.98	7.36	7.0	14.0	20.00	16.00	M12	13.0	19.8	9.5	4.4	30	180～220	2000
(8.00)	17.00	22.40	7.79	9.36	8.7	17.9	25.00	20.00						35	180～220	2500
10.00	21.20	28.00	9.70	11.66		22.5	31.50	25.00						42	220～260	3000

注:①对于重要的轴,须选定中心孔尺寸和表面粗糙度值,并在零件图上画出。

②中心孔的表面粗糙度值按其用途由设计者自行选定。

③C 型孔的 L_1 根据固定螺钉尺寸决定,但不得小于表中 L_1 的数值。

④不要求保留中心孔的零件采用 A 型;要求保留中心孔的零件采用 B 型;将零件固定在轴上的中心孔采用 C 型。

⑤括号内尺寸尽量不用。

零件倒圆与倒角尺寸见表 8.10。

表 8.10 零件倒圆与倒角尺寸(摘自 GB/T 6403.4—2008)　　单位:mm

倒圆、倒角形式

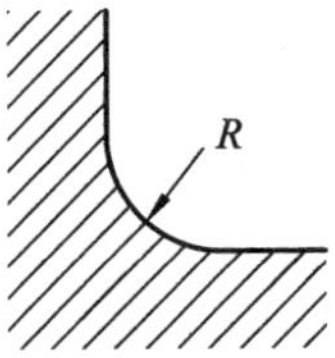

内角倒圆R

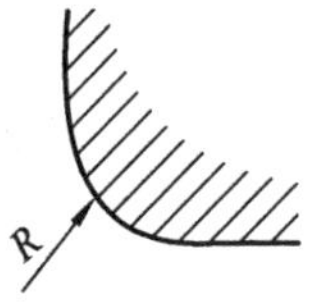

外角倒圆R

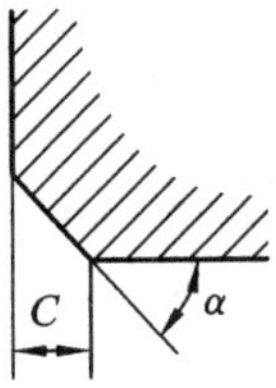

外角倒角C

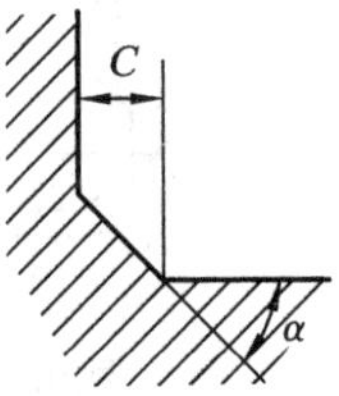

内角倒角C

倒圆、倒角(45°)的四种形式

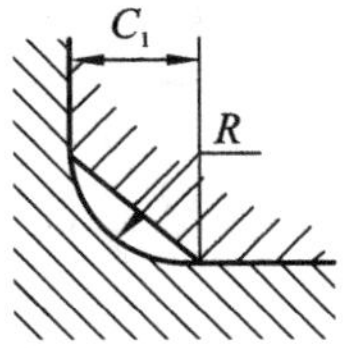

$C_1>R$
内角倒圆R、外角倒角C_1

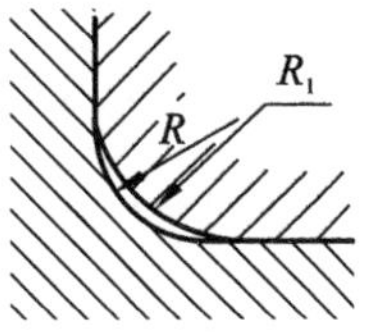

$R_1>R$
内角倒圆R、外角倒圆R_1

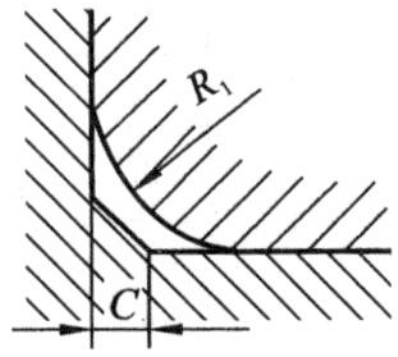

$C<0.58R_1$
内角倒角C、外角倒圆R_1

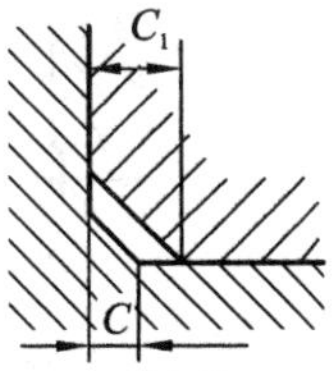

$C_1>C$
内角倒角C、外角倒角C_1

倒圆、倒角尺寸

R 或 C	0.1	0.2	0.3	0.4	0.5	0.6	0.8	1.0	1.2	1.6	2.0	2.5	3.0
	4.0	5.0	6.0	8.0	10	12	16	20	25	32	40	50	—

与直径 ϕ 相应的倒角 C、倒圆 R 的推荐值

ϕ	>3~6	>6~10	>10~18	>18~30	>30~50	>50~80	>80~120	>120~180	>180~250	>250~320	>320~400	>400~500	>500~630	>630~800
R 或 C	0.4	0.6	0.8	1.0	1.6	2.0	2.5	3.0	4.0	5.0	6.0	8.0	10	12

内角倒角、外角倒圆时 C_{max} 与 R_1 的关系

R_1	0.3	0.4	0.5	0.6	0.8	1.0	1.2	1.6	2.0	2.5	3.0	4.0	5.0	6.0	8.0	10	12	16
C_{max}	0.1	0.2	0.2	0.3	0.4	0.5	0.6	0.8	1.0	1.2	1.6	2.0	2.5	3.0	4.0	5.0	6.0	8.0

注:①C_{max}是在外角倒圆为 R_1 时,内角倒角 C 的最大允许值。
　②α 一般采用 45°,也可采用 30°或 60°。

回转面及端面砂轮越程槽尺寸见表 8.11。

表 8.11　回转面及端面砂轮越程槽尺寸(摘自 GB/T 6403.5—2008)　　单位:mm

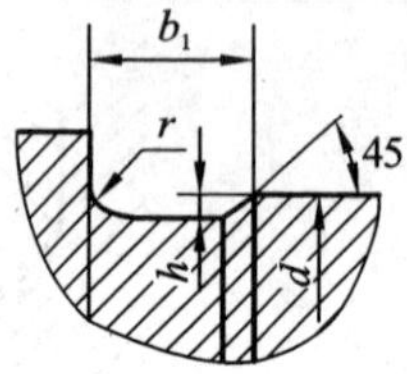

磨外圆

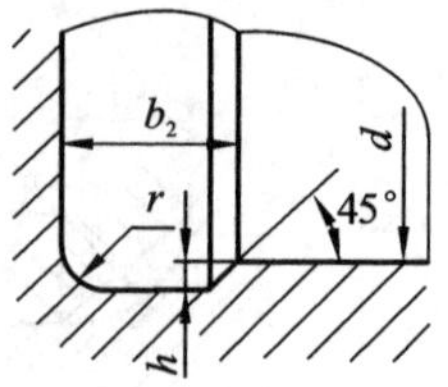

磨内圆

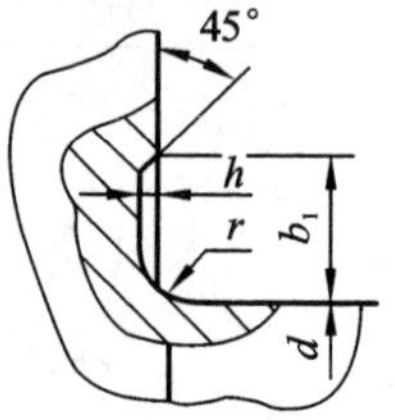

磨外端面

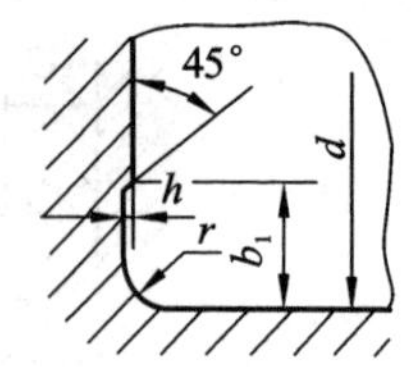

磨内端面

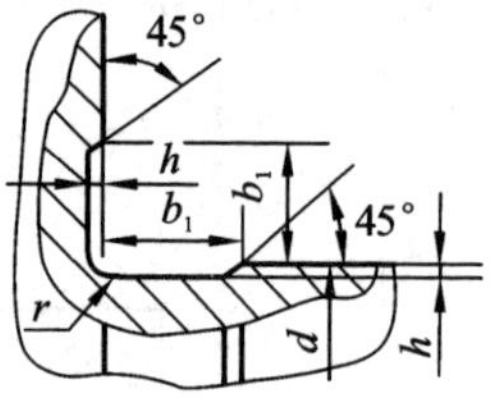

磨外圆及端面

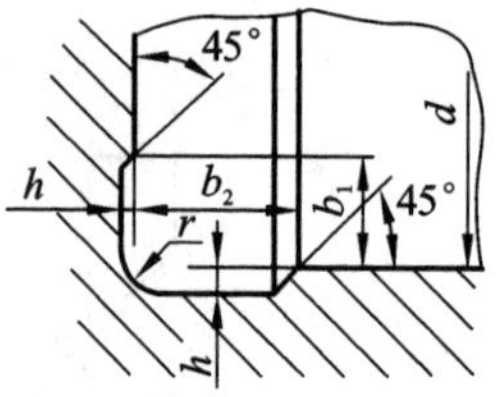

磨内圆及端面

d	≤10			10～50		50～100		>100	
r	0.2	0.5		0.8	1.0		1.6	2.0	3.0
h	0.1	0.2		0.3	0.4		0.6	0.8	1.2
b_1	0.6	1.0	1.6	2.0	3.0	4.0	5.0	8.0	10
b_2	2.0	3.0		4.0		5.0		8.0	10

注:①越程槽内两直线相交处不许产生尖角。

②越程槽深度 h 与圆弧半径 r 要满足 $r<3h$。

齿轮滚刀外径尺寸见表 8.12。

表 8.12　齿轮滚刀外径尺寸(摘自 GB/T 6083—2016)　　单位:mm

模数 m		1,1.25	1.5,1.75	2,2.25	2.5,2.75	3,3.5	4,4.5	4,4.5	5,5.5	6	7	8	9	10
滚刀外径 d_e	Ⅰ型	63	71	80	90	100	112	125	125	140		160	180	200
	Ⅱ型	50	63	71		80	90	90	100	112	118	125	140	150

注:①Ⅰ型适用于按 JB/T 3227—2013 的高精度齿轮滚刀或按 GB/T 6084—2016 中 AA 级的齿轮滚刀。

②Ⅱ型适用于按 GB/T 6084—2016 的滚刀。

插齿空刀槽尺寸见表 8.13。

表 8.13 插齿空刀槽尺寸(摘自 JB/ZQ 4239—1986)　　单位:mm

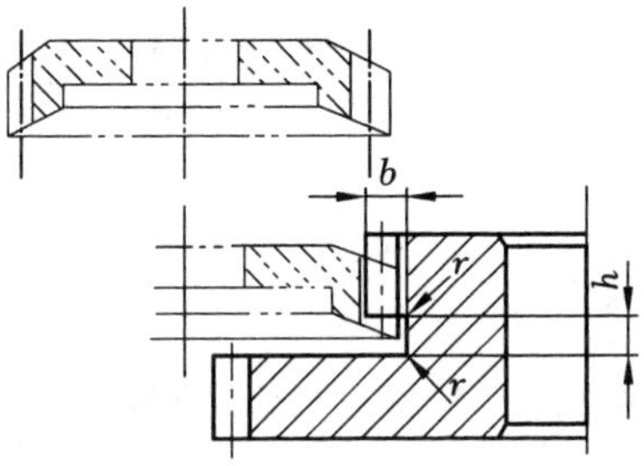

模数	1.5	2	2.25	2.5	3	4	5	6	7	8	9	10	12	14	16
h_{min}	5	5	6	6	6	6	7	7	7	8	8	8	9	9	9
b_{min}	4	5	6	6	7.5	10.5	13	15	16	19	22	24	28	33	38
r	0.5					1.0									

9 常用材料

钢的常用热处理方法及应用见表 9.1。

表 9.1 钢的常用热处理方法及应用

名称	说明	应用
退火	退火是将钢件加热到临界温度以上 30～50 ℃，保温一段时间，然后再缓慢地冷却下来（一般用炉冷）	用来消除铸件、锻件、焊件的内应力，降低硬度，以易于切削加工，细化金属晶粒，改善组织，增加韧度
正火	正火是将钢件加热到临界温度以上 30～50 ℃，保温一段时间，然后在空气中冷却，冷却速度比退火快	用来处理低碳和中碳结构钢材及渗碳零件，使其组织细化，增加强度及韧度，减小内应力，改善可加工性
淬火	淬火是将钢件加热到临界温度以上温度，保温一段时间，然后放入水、盐水或油中（个别材料在空气中）急剧冷却，使其得到高硬度	用来提高钢的硬度和强度，但淬火时会引起内应力使钢变脆，所以淬火后必须回火
回火	回火是将淬硬的钢件加热到临界温度以下的某一温度，保温一段时间，然后在空气中或油中冷却下来	用来消除淬火后的脆性和内应力，提高钢的塑性和冲击韧度
调质	淬火后高温回火	使钢获得高的韧度和足够的强度，很多重要零件是经过调质处理的
表面淬火	仅对零件表层进行淬火，使零件表层有高的硬度和耐磨性，而心部保持原有的强度和韧度	常用来处理轮齿的表面
时效	将钢加热至 120～130 ℃，长时间保温后，随炉冷却或取出在空气中冷却	用来消除或减小淬火后的微观应力，防止变形和开裂，稳定工件形状及尺寸，以及消除机械加工的残余应力
渗碳	将钢件在渗碳介质中加热保温，使碳原子渗入表面，使表面增碳，渗碳层深度为 0.4～6 mm或＞6 mm，硬度为 56～65HRC	增加钢件的耐磨性、表面硬度、抗拉强度及疲劳极限，适用于低碳、中碳（w_C＜0.40%）结构钢的中小型零件和大型的重载荷、受冲击、耐磨的零件

续表9.1

名称	说明	应用
碳氮共渗	使钢件表面增加碳与氮，扩散层深度较浅，为0.02～3.0 mm，硬度高，在共渗层为0.02～0.04 mm时硬度为66～70HRC	增加结构钢、工具钢制件的耐磨性、表面硬度和疲劳极限，提高刀具切削性能和使用寿命。适用于要求硬度高、耐磨的中、小型及薄片的零件和刀具等
渗氮	在一定温度下一定介质中使氮原子渗入工件表层，使表面增氮，渗氮层为0.025～0.8 mm，而渗氮时间需40～50 h，硬度很高(1200HV)，渗氮变形较小	增加钢件的耐磨性、表面硬度、疲劳极限和耐蚀能力，适用于结构钢和铸铁件，如汽缸套、气门座、机床主轴、丝杠等耐磨零件，以及在潮湿、碱水和燃烧气体介质的环境中工作的零件，如水泵轴、排气阀等零件

各种硬度值对照见表9.2。

表9.2 各种硬度值对照表

洛氏 HRC	肖氏 HS	维氏 HV	布氏 HBW	洛氏 HRC	肖氏 HS	维氏 HV	布氏 HBW	洛氏 HRC	肖氏 HS	维氏 HV	布氏 HBW
70	—	1037	—	51	67.7	525	501	32	44.5	304	298
69	—	997	—	50	66.3	509	488	31	43.5	296	291
68	96.6	959	—	49	65	493	474	30	42.5	289	283
67	94.6	923	—	48	63.7	478	461	29	41.6	281	276
66	92	889	—	47	62.3	468	449	28	40.6	274	269
65	90.5	856	—	46	61	449	430	27	39.7	268	263
64	88.4	825	—	45	59.7	436	424	26	38.8	261	257
63	86.5	795	—	44	58.4	423	413	25	37.9	255	251
62	84.8	766	—	43	57.1	411	401	24	37	249	245
61	83.1	739	—	42	55.9	399	391	23	36.3	243	240
60	81.4	713	—	41	54.7	388	380	22	35.5	237	234
59	79.7	688	—	40	53.6	377	370	21	34.7	231	229
58	78.1	664	—	39	52.3	367	360	20	34	226	225
57	76.5	642	—	38	51.1	357	350	19	33.2	221	220
56	74	620	—	37	50	347	341	18	32.6	216	216
55	73.5	599	—	36	48.8	338	332	17	31.9	211	211
54	71.9	579	—	35	47.8	329	320	—	—	—	—
53	70.5	561	—	34	46.6	320	314	—	—	—	—
52	69.1	543	—	33	45.6	312	306	—	—	—	—

碳素结构钢性能参数见表9.3。

表 9.3 碳素结构钢性能参数

牌号	等级	力学性能												冲击试验		应用举例
		屈服强度 σ_s/MPa						抗拉强度 σ_b/MPa	断后伸长率 A/%					温度/℃	V型缺口冲击吸收能量(纵向)/J	
		钢材厚度(直径)/mm							钢材厚度(直径)/mm							
		≤16	16～40	40～60	60～100	100～150	150		≤40	40～60	60～100	100～150	150～200			
		不小于							不小于						不小于	
Q195	—	(195)	(185)	—	—	—	—	315～430	33	—	—	—	—	—	—	塑性好,常用其轧制薄板,拉制线材、制钉和焊接钢管
Q215	A	215	205	195	185	175	165	335～450	31	30	29	27	26	—	—	金属结构件、拉杆、套圈、铆钉、螺栓、短轴、心轴、凸轮(载荷不大的)、垫圈、渗碳零件及焊接件
	B													20	27	
Q235	A	235	225	215	205	195	185	370～500	26	25	24	22	21	—	—	金属结构件、心部强度要求不高的渗碳或碳氮共渗零件、吊钩、拉杆、套圈、汽缸、齿轮、螺栓、螺母、连杆、轮轴、盖及焊接件
	B													20	27	
	C													0		
	D													−20		
Q275	A	275	265	255	245	235	225	410～540	22	21	20	18	17	—	—	轴、轴销、制动杆、螺母、螺栓、垫圈、连杆、齿轮,以及其他强度较高的零件
	B													20	27	
	C													0		
	D													−20		

注:括号内的数值仅供参考,不作为交货条件。表中 A、B、C、D 为质量等级。

优质碳素结构钢参数见表 9.4。

表 9.4 优质碳素结构钢参数

牌号	推荐热处理[①]/℃			试样毛坯尺寸[②]/mm	力学性能					钢材交货状态硬度 HBW		应用举例
	正火	淬火	回火		抗拉强度 σ_b	下屈服强度 σ_s[③]	断后伸长率 A	断面收缩率 Z	冲击吸收能量 KU_2	不大于		
					MPa		%		J	未热处理钢	退火钢	
					不小于							
08	930	—	—	25	325	195	33	60	—	131	—	用于需塑性好的零件，如管子、垫片、垫圈；心部强度要求不高的渗碳和碳氮共渗零件，如套筒、短轴、挡块、支架、靠模、离合器盘
10	930	—	—	25	335	205	31	55	—	137	—	用于制造拉杆、卡头、钢管垫片、垫圈、铆钉。这种钢无回火脆性，焊接性好，用于制造焊接零件
15	920	—		25	375	225	27	55	—	143	—	用于受力不大、韧性要求较高的零件、渗碳零件、紧固件、冲模锻件及不需要热处理的低载荷零件，如螺栓、螺钉、拉条、法兰盘及化工贮器、蒸汽锅炉

续表9.4

牌号	推荐热处理[1]/℃			试样毛坯尺寸[2]/mm	力学性能					钢材交货状态硬度 HBW 不大于		应用举例
	正火	淬火	回火		抗拉强度 σ_b MPa 不小于	下屈服强度 σ_s[3] MPa 不小于	断后伸长率 A % 不小于	断面收缩率 Z % 不小于	冲击吸收能量 KU_2 J 不小于	未热处理钢	退火钢	
20	910	—	—	25	410	245	25	55	—	156	—	用于不经受很大应力但需要有很大韧性的机械零件，如杠杆、轴套、螺钉、起重钩等。也用于制造压力＜6 MPa、温度＜450 ℃、在非腐蚀介质中使用的零件，如管子、导管等。还可用于表面硬度高而心部强度要求不大的渗碳与碳氮共渗零件
25	900	870	600	25	450	275	23	50	71	170	—	用于制造焊接设备，以及经锻造、热冲压和机械加工的不承受高应力的零件，如轴、辊子、连接器、垫圈、螺栓、螺钉及螺母
35	870	850	600	25	530	315	20	45	55	197	—	用于制造曲轴、转轴、轴销、杠杆、连杆、横梁、链轮、圆盘、套筒钩环、垫圈、螺钉、螺母。这种钢多在正火和调质状态下使用，一般不作焊接

续表9.4

牌号	推荐热处理[①]/℃			试样毛坯尺寸[②]/mm	力学性能					钢材交货状态硬度HBW		应用举例
					抗拉强度 σ_b	下屈服强度 $\sigma_s^{③}$	断后伸长率 A	断面收缩率 Z	冲击吸收能量 KU_2	不大于		
	正火	淬火	回火		MPa		%		J	未热处理钢	退火钢	
					不小于							
40	860	840	600	25	570	335	19	45	47	217	187	用于制造辊子、轴、曲柄销、活塞杆、圆盘
45	850	840	600	25	600	335	16	40	39	229	197	用于制造齿轮、齿条、链轮、轴、键、销、蒸汽透平机的叶轮、压缩机及泵的零件、轧辊等。可代替渗碳钢制造齿轮、轴、活塞销等，但要经高频或火焰表面淬火
50	830	830	600	25	630	375	14	40	31	241	207	用于制造齿轮、拉杆、轧辊、轴、圆盘
55	820	820	600	25	645	380	13	35	—	255	217	用于制造齿轮、连杆、轮缘、扁弹簧及轧辊等
60	810	—	—	25	675	400	12	35	—	255	229	用于制造轧辊、轴、轮箍、弹簧、弹簧垫圈、离合器、凸轮、钢绳等
20Mn	910	—	—	25	450	275	24	50	—	197	—	用于制造凸轮轴、齿轮、联轴器、铰链、拖杆等

续表9.4

牌号	推荐热处理①/℃			试样毛坯尺寸②/mm	力学性能					钢材交货状态硬度HBW		应用举例
					抗拉强度 σ_b	下屈服强度 σ_s③	断后伸长率 A	断面收缩率 Z	冲击吸收能量 KU_2	不大于		
	正火	淬火	回火		MPa		%		J	未热处理钢	退火钢	
					不小于							
30Mn	880	860	600	25	540	315	20	45	63	217	187	用于制造螺栓、螺母、螺钉、杠杆及制动踏板等
40Mn	860	840	600	25	590	355	17	45	47	229	207	用于制造承受疲劳载荷的零件，如轴、万向联轴器、曲轴、连杆及在高应力下工作的螺栓、螺母等
50Mn	830	830	600	25	645	390	13	40	31	255	217	用于制造耐磨性要求很高、在高载荷作用下的热处理零件，如齿轮、齿轮轴、摩擦盘、凸轮和截面直径在 80 mm 以下的心轴等
60Mn	810	—	—	25	690	410	11	35	—	269	229	适于制造弹簧、弹簧垫圈、弹簧环、弹簧片、冷拔钢丝（直径≤7 mm）和发条

注：①热处理温度允许调整范围：正火+30 ℃，淬火+20 ℃，回火±50 ℃；推荐保温时间：正火不少于 30 min，空冷；淬火不少于 30 min，75、80 和 85 钢油冷，其他钢棒水冷；600 ℃回火不少于 1 h。

②钢棒尺寸小于试样毛坯尺寸时，用原尺寸钢棒进行热处理。

③当屈服现象不明显时，可用规定塑性延伸强度代替。

合金结构钢参数见表 9.5。

表 9.5 合金结构钢参数

牌号	热处理				试样毛坯尺寸/mm	力学性能					供货状态为退火或高温回火钢棒布氏硬度 HBW	特性及应用举例
	淬火		回火			抗拉强度 σ_b	下屈服强度 σ_s	断后伸长率 A	断面收缩率 Z	冲击吸收能量 KU_2		
	温度/℃	冷却剂	温度/℃	冷却剂		MPa		%		J		
						≥					≤	
20Mn2	850 880	水、油	200 440	水、空气	15	785	590	10	40	47	187	截面较小时与20Cr相当，用于渗碳小齿轮、小轴、钢套、链板等，渗碳淬火后硬度56～62HRC
35Mn2	840	水	500	水	25	835	685	12	45	55	207	对于截面较小的零件可代替40Cr，用于直径≤15 mm的重要用途的冷镦螺栓及小轴等，表面淬火后硬度40～50HRC
45Mn2	840	油	550	水、油	25	885	735	10	45	47	217	用于制造在较高应力与磨损条件下的零件。在直径≤60 mm时，与40Cr相当，用于万向联轴器、齿轮、齿轮轴、蜗杆、曲轴、连杆、花键轴和摩擦盘等，表面淬火后硬度45～55HRC
35SiMn	900	水	570	水、油	25	885	735	15	45	47	229	除要求低温(－20℃以下)及冲击韧性很高的情况外，可全面代替40Cr，用于调质钢，亦可部分代替40CrNi，用于中小型轴类、齿轮等零件以及在430 ℃以下工作的重要紧固件，表面淬火后硬度45～55HRC

续表9.5

牌号	热处理				试样毛坯尺寸/mm	力学性能					供货状态为退火或高温回火钢棒布氏硬度 HBW	特性及应用举例
	淬火		回火			抗拉强度 σ_b	下屈服强度 σ_s	断后伸长率 A	断面收缩率 Z	冲击吸收能量 KU_2		
	温度/℃	冷却剂	温度/℃	冷却剂		MPa		%		J		
						≥					≤	
42SiMn	880	水	590	水	25	885	735	15	40	47	229	特性与 35SiMn 钢同。可代替 40Cr、35CrMo 钢，用于大齿圈。适用于表面淬火件，表面淬火后硬度为 45～55HRC
20MnV	880	水、油	200	水、空气	15	785	590	10	40	55	187	相当于 20CrNi 的渗碳钢、渗碳淬火后硬度 56～62HRC
40MnB	850	油	500	水、油	25	980	785	10	45	47	207	可代替 40Cr，用于重要调质件，如齿轮、轴、连杆、螺栓等
37SiMn2MoV	870	水、油	650	水、空气	25	980	835	12	50	63	269	可代替 40CrNiMoA，用于高强度重载荷轴、曲轴、齿轮、蜗杆等零件，表面淬火后硬度 50～55HRC
20CrMnTi	第一次 880 第二次 870	油	200	水、空气	15	1080	850	10	45	55	217	强度、韧度均高，是铬镍钢的代用品，用于承受高速、中等或重载荷以及冲击磨损等的重要零件，如渗碳齿轮、凸轮等，渗碳淬火后硬度 56～62HRC

续表9.5

牌号	热处理				试样毛坯尺寸/mm	力学性能					供货状态为退火或高温回火钢棒布氏硬度HBW	特性及应用举例
	淬火		回火			抗拉强度 σ_b	下屈服强度 σ_s	断后伸长率 A	断面收缩率 Z	冲击吸收能量 KU_2		
	温度/℃	冷却剂	温度/℃	冷却剂		MPa		%		J		
						≥					≤	
20CrMnMo	850	油	200	水、空气	15	1180	885	10	45	55	217	用于要求表面硬度高、耐磨，心部有较高强度、韧度的零件，如传动齿轮和曲轴等，渗碳淬火后硬度56～62HRC
38CrMoAl	940	水、油	640	水、油	30	980	835	14	50	71	229	用于要求高耐磨性、高疲劳强度和相当高的强度且热处理变形最小的零件，如镗杆、主轴、蜗杆、齿轮、套筒、套环等，渗氮后表面硬度1100HV
20Cr	第一次880 第二次780～820	水、油	200	水、空气	15	835	540	10	40	47	179	用于要求心部强度较高、承受磨损、尺寸较大的渗碳零件，如齿轮、齿轮轴、蜗杆、凸轮、活塞销等；也用于速度较大、受中等冲击的调质零件，渗碳淬火后硬度56～62HRC

续表9.5

牌号	热处理				试样毛坯尺寸/mm	力学性能					供货状态为退火或高温回火钢棒布氏硬度 HBW	特性及应用举例
	淬火		回火			抗拉强度 σ_b	下屈服强度 σ_s	断后伸长率 A	断面收缩率 Z	冲击吸收能量 KU_2		
	温度/℃	冷却剂	温度/℃	冷却剂		MPa		%		J		
						≥					≤	
40Cr	850	油	520	水、油	25	980	785	9	45	47	207	用于承受交变载荷、中等速度、中等载荷、强烈磨损而无很大冲击的重要零件，如重要的齿轮、轴、曲轴、连杆、螺栓、螺母等零件，并用于直径大于400 mm、要求低温冲击韧度的轴与齿轮等，表面淬火后硬度48～55HRC
20CrNi	850	水、油	460	水、油	25	785	590	10	50	63	197	用于制造承受较高载荷的渗碳零件，如齿轮、轴、花键轴、活塞销等
40CrNi	820	油	500	水、油	25	980	785	10	45	55	241	用于制造要求强度、韧度高的零件，如齿轮、轴、链条、连杆等
40CrNiMo	850	油	600	水、油	25	980	835	12	55	78	269	用于特大截面的重要调质件，如机床主轴、传动轴、转子轴等

一般工程用铸造碳钢参数见表9.6。

表9.6 一般工程用铸造碳钢参数

牌号	抗拉强度 σ_b	屈服强度 σ_s ($\sigma_{0.2}$)	断后伸长率 A	根据合同选择		硬度		应用举例
				断面收缩率 Z	冲击吸收能量(V型缺口)	正火回火HBW	表面淬火HRC	
	MPa		%		J			
	≥							
ZG200-400	400	200	25	40	30	—	—	各种形状的零件,如机座、变速器箱壳等
ZG230-450	450	230	22	32	25	≥131	—	铸造平坦的零件,如机座、机盖、箱体、铁砧台,工作温度在450 ℃以下的管路附件等。焊接性良好
ZG270-500	500	270	18	25	22	≥143	40～45	各种形状的机件,如飞轮、机架、蒸汽锤、桩锤、联轴器、水压机工作缸、横梁等。焊接性尚可
ZG310-570	570	310	15	21	15	≥153	40～50	各种形状的零件,如联轴器、汽缸、齿轮、齿轮圈及重载荷机架等
ZG340-640	640	340	10	18	10	169～229	45～55	起重运输机中的齿轮、联轴器及重要的零件等

注:①各牌号铸钢的性能,适用于厚度为100 mm以下的铸件。当铸件厚度超过100 mm时,表中规定的屈服强度σ_s($\sigma_{0.2}$)仅供设计使用。

②表中力学性能的试验环境温度为20±10 ℃。

③表中硬度值非GB/T 11352—2009中的内容,仅供参考。

大型铸件用低合金铸钢参数见表9.7。

表9.7 大型铸件用低合金铸钢参数

牌号	力学性能						应用举例
	抗拉强度 σ_b/MPa	屈服强度 σ_s 或 $\sigma_{0.2}$ /MPa	伸长率 A/%	收缩率 Z/%	冲击吸收功 KU_2/J	布氏硬度 /HBW	
	≥						
ZG40Mn	640	295	12	30	—	163	用于承受摩擦和冲击的零件,如齿轮、凸轮等
ZG20SiMn	500～650	300	24	—	39	150～190	焊接及流动性良好,可制作缸体、阀、弯头、叶片等

续表9.7

牌号	力学性能						应用举例
	抗拉强度 σ_b/MPa	屈服强度 σ_s 或 $\sigma_{0.2}$ /MPa	伸长率 A/%	收缩率 Z/%	冲击吸收功 KU_2/J	布氏硬度 /HBW	
	≥						
ZG35SiMn	640	415	12	25	27	—	用于制作承受负荷较大的零件，如轴、齿轮轴等
ZG20MnMo	490	295	16	—	39	156	用于制作受压容器，如泵壳、缸体等
ZG35CrMnSi	690	345	14	30	—	217	用于制作承受冲击、磨损的零件，如齿轮、滚轮等
ZG40Cr	630	345	18	26	—	212	用于制作高强度齿轮
ZG35NiCrMo	830	660	14	30	—	—	用于制作直径大于 300 mm 的齿轮铸件

灰铸铁参数见表 9.8。

表 9.8　灰铸铁参数

牌号	铸件壁厚 t/mm		抗拉强度 σ_b/MPa			应用举例
			单铸试棒或并排试棒		附注试块	
	>	≤	≥	≤	≥	
HT100	5	40	100	200	—	盖、外罩、油盘、手轮、手把、支架等
HT150	2.5	5	150	250	—	端盖、汽轮泵体、轴承座、阀壳、管及管路附件、手轮、一般机床底座、床身及其他复杂零件、滑座、工作台等
	5	10			—	
	10	20			—	
	20	40			125	
HT200	2.5	5	200	300	—	汽缸、齿轮、底架、箱体、飞轮、齿条、衬套、一般机床铸有导轨的床身及中等压力(8 MPa 以下)的液压缸、液压泵和阀的壳体等
	5	10			—	
	10	20			—	
	20	40			170	
HT225	5	10	225	325	—	
	10	20			—	
	20	40			190	

续表9.8

牌号	铸件壁厚 t/mm		抗拉强度 σ_b/MPa			应用举例
			单铸试棒或并排试棒		附注试块	
	>	≤	≥	≤	≥	
HT250	5	10	250	350	—	阀壳、液压缸、汽缸、联轴器、箱体、齿轮、齿轮箱体、飞轮、衬套、凸轮、轴承座等
	10	20			—	
	20	40			210	
HT275	10	20	275	375	—	
	20	40			230	
HT300	10	20	300	400	—	齿轮、凸轮、车床卡盘、剪床及压力机的床身、导板、转塔自动车床及其他重载荷机床铸有导轨的床身、高压液压缸、液压泵和滑阀的壳体等
	20	40			250	
HT350	10	20	350	450	—	
	20	40			290	

球墨铸铁参数见表9.9。

表9.9　球墨铸铁参数

牌号	抗拉强度 σ_b/MPa(min.)	屈服强度 $\sigma_{0.2}$/MPa(min.)	断后伸长率 A /%(min.)	布氏硬度 HBW	应用举例
QT350-22	350	220	22	≤160	减速器箱体、管、阀体、阀座、压缩机汽缸、拨叉、离合器壳体等
QT400-18	400	250	18	120～175	
QT400-15	400	250	15	120～180	
QT450-10	450	310	10	160～210	液压泵齿轮、阀体、车辆轴瓦、凸轮、犁铧、减速器箱体、轴承座等
QT500-7	500	320	7	170～230	
QT550-5	550	350	5	180～250	
QT600-3	600	370	3	190～270	曲轴、凸轮轴、齿轮轴、机床主轴、缸体、缸套、连杆、矿车轮、农机零件等
QT700-2	700	420	2	225～305	
QT800-2	800	480	2	245～335	
QT900-2	900	600	2	280～360	曲轴、凸轮轴、连杆、拖拉机链轨板等

冷轧钢板和钢带参数见表9.10。

表 9.10　冷轧钢板和钢带参数

厚度/mm	0.20,0.25,0.30,0.35,0.40,0.45,0.55,0.60,0.65,0.70,0.80,0.90,1.0,1.1,1.2,1.3,1.4,1.5,1.6,1.7,1.8,2.0,2.2,2.5,2.8,3.0,3.2,3.5,3.8,3.9,4.0,4.2,4.5,4.8,5.0

注:①本标准适用于宽度不小于 600 mm、厚度为 0.2～5 mm 的冷轧钢板和厚度不大于 3 mm 的冷轧钢带。
②宽度系列为 600,650,700,(710),750,800,850,900,950,1000,1100,1250,1400,(1420),1500～2000(100 进位)。

热轧钢板参数见表 9.11。

表 9.11　热轧钢板参数

厚度/mm	0.50,0.55,0.60,0.65,0.70,0.75,0.80,0.90,1.0,1.2～1.6(0.1 进位),1.8,2.0,2.2,2.5,2.8,3.0,3.2,3.5,3.8,3.9,4.0,4.5,5.0,6.0,7.0,8.0,9.0,10～22(1 进位),25,26～42(2 进位),45,48,50,55～95(5 进位),100,105,110,120,125,130～160(10 进位),165,170,180～200(5 进位)

注:钢板宽度系列为 600,650,700,710,750～1000(50 进位),1250,1400,1420,1500～3000(100 进位),3200～3800(200 进位)。

热轧圆钢直径和方钢边长尺寸见表 9.12。

表 9.12　热轧圆钢直径和方钢边长尺寸

圆钢直径、方钢边长/mm	5.5,6,6.5,7,8,9,10,11,12,13,14,15,16,17,18,19,20,21,22,23,24,25,26,27,28,29,30,31,32,33,34,35,36,38,40,42,45,48,50,53,55,56,58,60,63,65,68,70,75,80,85,90,95,100,105,110,115,120,125,130,140,150,160,170,180,190,200,220,250

注:①本标准适用于直径为 5.5～250 mm 的热轧圆钢和边长为 5.5～200 mm 的热轧方钢。
②普通质量钢的长度为 4～10 m(截面尺寸不大于 25 mm),3～9 m(截面尺寸大于 25 mm),工具钢(截面尺寸大于 75 mm)的长度为 1～6 m,优质及特殊质量钢的长度为 2～7 m。

铸造铜合金、铸造铝合金和铸造轴承合金参数见表 9.13。

表 9.13　铸造铜合金、铸造铝合金和铸造轴承合金参数

合金牌号	合金名称(或代号)	铸造方法	合金状态	力学性能				应用举例
				抗拉强度 σ_b	屈服强度 $\sigma_{0.2}$	伸长率 A	硬度 HBW	
				MPa		%		
ZCuSn5Pb5Zn5	5-5-5	S、J、R	—	200	90	13	60	在较高载荷、中等滑动速度下工作的耐磨、耐蚀件,如轴瓦、衬套、缸套、活塞离合器、泵件压盖及蜗轮等
	锡青铜	Li、La	—	250	100	13	65	

续表9.13

合金牌号	合金名称（或代号）	铸造方法	合金状态	力学性能				应用举例
				抗拉强度 σ_b	屈服强度 $\sigma_{0.2}$	伸长率 A	硬度HBW	
				MPa		%		
ZCuSn10P1	10-1 锡青铜	S、R	—	220	130	3	80	高载荷（20 MPa以下）和高滑动速度（8 m/s）下工作的耐磨件，如连杆、衬套、轴瓦、齿轮、蜗轮等
		J	—	310	170	2	90	
		Li	—	330	170	4	90	
		La	—	360	170	6	90	
ZCuSn10Pb5	10-5 锡青铜	S	—	195	—	10	70	结构材料，耐蚀、耐酸件及破碎机衬套、轴瓦等
		J	—	245	—	10	70	
ZCuPb17Sn4Zn4	17-4-4 铅青铜	S	—	150	—	5	55	一般耐磨件、高滑动速度的轴承等
		J	—	175	—	7	60	
ZCuAl10Fe3	10-3 铝青铜	S	—	490	180	13	100	要求强度高、耐磨、耐蚀的重型铸件，如轴套、螺母、蜗轮以及在250 ℃以下工作的管配件
		J	—	540	200	15	110	
		Li、La	—	540	200	15	110	
ZCuAl10Fe3Mn2	10-3-2 铝青铜	S、R	—	490	—	15	110	要求强度高、耐磨、耐蚀的零件，如齿轮、轴承、衬套、管嘴及耐热管配件等
		J	—	540	—	20	120	
ZCuZn38	38 黄铜	S	—	295	95	30	60	一般结构件和耐蚀件，如法兰、阀座、支架、手柄和螺母等
		J	—	295	95	30	70	
ZCuZn38Mn2Pb2	38-2-2 锰黄铜	S、R	—	220	95	15	80	一般用途的耐磨、耐蚀件，如轴套、齿轮等
		J	—	280	120	20	90	
ZCuZn40Pb2	40-2 铅青铜	S	—	245	—	10	70	一般用途的结构件，船舶、仪表等使用的外形简单的铸件，如套筒、衬套、轴瓦、滑块等
		J	—	345	—	18	80	
ZCuZn16Si4	16-4 硅黄铜	S、R	—	345	180	15	90	接触海水工作的管配件和水泵、叶轮、旋塞，在空气、淡水、油、燃料以及4.5 MPa、250 ℃以下蒸汽中工作的铸件
		J	—	390	—	20	100	

续表9.13

合金牌号	合金名称（或代号）	铸造方法	合金状态	力学性能				应用举例
				抗拉强度 σ_b	屈服强度 $\sigma_{0.2}$	伸长率 A	硬度 HBW	
				MPa		%		
ZAlSi12	ZL102 铝硅合金	SB、JB、RB、KB	F	145	—	4	50	汽缸活塞以及高温下工作的承受冲击载荷的复杂薄壁零件
		J	F	155	—	2	50	
		SB、JB、RB、KB	T2	135	—	4	50	
		J	T2	145	—	3	50	
ZAlSi9Mg	ZL104 铝硅合金	S、J、R、K	F	150	—	2	50	形状复杂的在高温下承受静载荷或受冲击作用的大型零件，如风扇叶片、水冷汽缸头
		J	T1	200	—	1.5	65	
		SB、RB、KB	T6	230	—	2	70	
		J、JB	T6	240	—	2	70	
ZAlMg5Si	ZL303 铝镁合金	S、J、R、K	F	143	—	1	55	高耐蚀性或在高温下工作的零件
ZAlZn11Si7	ZL401 铝镁合金	S、R、K	T1	195	—	2	80	铸造性能较好，可不进行热处理，用于制作形状复杂的大型薄壁零件；但耐蚀性差
		J	T1	245	—	1.5	90	
铸造轴承合金（摘自 GB/T 1174—2022）								
ZSnSb12Pb10Cu4 ZSnSb11Cu6 ZSnSb8Cu4	锡基轴承合金	J J J	—	—	—	—	29 27 24	汽轮机、压缩机、机车、发动机、球磨机、轧机减速器、发动机等各种机器的滑动轴承衬
ZPbSb16Sn16Cu2 ZPbSb15Sn10 ZPbSb15Sn5	铅基轴承合金	J J J	—	—	—	—	30 24 20	

注：①铸造方法代号：S—砂型铸造；Li—离心铸造；La—连续铸造；R—熔模铸造；K—壳型铸造；B—变质处理。

②合金状态代号：F—铸态；T1—人工时效；T2—退火；T6—固溶处理加完全人工时效。

工程塑料参数见表 9.14。

表 9.14 工程塑料参数

品种		力学性能						热性能					应用举例
		抗拉强度/MPa	抗压强度/MPa	抗弯强度/MPa	伸长率/%	冲击值/(kJ/m²)	弹性模量/10^3 MPa	硬度HRC	熔点/℃	马丁耐热/℃	脆化温度/℃	线胀系数/($\times10^{-5}$℃$^{-1}$)	
尼龙6	干态	55	88.2	98	150	带缺口	0.254	114	215～223	40～50	−20～30	7.9～8.7	机械强度和耐磨性优良，广泛用于机械、化工及电气零件，如轴承、齿轮、凸轮、蜗轮、螺钉、螺母和垫圈等。尼龙粉喷涂于零件表面，可提高耐磨性和密封性
	含水	72～76.4	58.2	68.8	250	>53.4	0.813	85					
尼龙66	干态	46	117	98～107.8	60	3.8	0.313～0.323	118	265	50～60	−25～30	9.1～10	
	含水	81.3	88.2		200	13.5	0.137	100					
MC尼龙（无填充）		90	105	156	20	无缺口 0.520～0.624	3.6（拉伸）	21.3 HBW		55		8.3	强度特高，用于制造大型齿轮、蜗轮、轴套、液动轴承保持架、导轨及大型阀门密封面等
聚甲醛（POM）		69（屈服）	125	96	15	带缺口 0.0076	2.9（弯曲）	17.2 HBW		60～64		8.1～10.0（当温度在0～40 ℃时）	有良好的耐摩擦、耐磨损性能，干摩擦性能更优，可制造轴承、齿轮、凸轮、滚轮、辊子、垫圈和垫片等
聚碳酸酯（PC）		65～69	82～86	104	100	带缺口 0.064～0.075	2.2～2.5（拉伸）	9.7～10.4 HBW	220～230	110～130	−100	6～7	有高的冲击韧度和优异的尺寸稳定性，可制作齿轮、蜗轮、蜗杆、齿条、凸轮、心轴、轴承、滑轮、铰链、传动链、螺栓、螺母、垫圈、铆钉和泵叶轮等

注：尼龙 6 和尼龙 66 由于吸水性很大，因此其各项性能上下差别很大。

工业用毛毡参数见表 9.15。

表 9.15　工业用毛毡参数

类型	牌号	密度 /(g·cm^{-3})	断裂强度 /(N·cm^{-2})	断裂时伸长率/%	规格		应用举例
					长、宽/m	厚度/mm	
细毛	T112-32-44 T112-25-31	0.32～0.44 0.25～0.31	—	—	长:1～5 宽:0.5～1.9	1.5,2,3,4,6,8,10,12,14,16,18,20,25	用作密封，防漏油、振动缓冲衬垫，以及作为过滤材料和抛磨光材料
半粗毛	T122-30-38 T122-24-29	0.30～0.38 0.24～0.29	—	—			
粗毛	T132-32-36	0.32～0.36	245～294	110～130			

工业用硫化橡胶板参数见表 9.16。

表 9.16　工业用硫化橡胶板参数

规格尺寸												
公称厚度/mm	0.5	1.0	1.2,2.0,2.5	3.0	4.0,5.0	6.0	8.0	10	12	14	16,18,20,22,25,30,40,50
宽度/mm	500～2000										

耐油性能(100 节，3 号标准油中浸泡 72 h)		
	A 类	不耐油
	B 类	中等耐油，体积变化率(ΔV)为＋40%～90%
	C 类	耐油，体积变化率(ΔV)为－5%～ ＋40%

拉伸强度/MPa	1 型	2 型	3 型	4 型	5 型	6 型	7 型
	＞3	＞4	＞5	＞7	＞10	＞14	＞17

扯断伸长率/%	1 级	2 级	3 级	4 级	5 级	6 级	7 级	8 级	9 级
	＞100	＞150	＞200	＞250	＞300	＞350	＞400	＞500	＞600

国际公称橡胶硬度(或邵尔 A 硬度)(偏差±0.5)	H3	H4	H5	H6	H7	H8
	30	40	50	60	70	80

耐热性能:规定试验温度/节(试验周期:168 h)	Hr1	Hr2	Hr3
	100	125	150

耐低温性能:规定脆性试验温度/节	Tb1	Tb2
	－20	－40

耐热空气老化性能(B、C 类胶板必须符合 Ar2 要求)	Ar1	Ar2
	70 ℃×72 h 老化后，拉伸强度 σ_2 降低率≤25%，扯断伸长率降低≤50%	100 ℃×72 h 老化后，拉伸强度 σ_h 降低率≤20%，扯断伸长率降低≤50%

续表9.16

应用	A类H3～H6适用于冲制耐冲击密封性良好的垫圈、垫板及门窗封条，H5～H7适用于冲制各种密封缓冲胶圈、胶垫、门窗封条和铺设地板及工作台，H7～H8适用于冲制密封垫圈和铺设地板、工作台，B类、C类适用于在润滑油、汽油、变压器油等介质中工作的各种形状的垫圈

注：标记示例，拉伸强度为5 MPa，扯断伸长率为400%，公称硬度为60IRHD，耐热100节的不耐油橡胶板，其标记为工业胶板A3-7H6Hr1(GB/T 5574—2008)。

齿轮常用材料及其机械性能参数见表9.17。

表9.17 齿轮常用材料及其机械性能参数

材料牌号	热处理方法	强度极限	屈服极限	硬度	
		σ_B/(N/mm²)	σ_s/(N/mm²)	HBW	HRC(齿面)
45	正火	580	290	162～217	
	调质	650	360	217～255	
	表面淬火				40～50
42SiMn	调质	750	470	217～269	
	表面淬火				45～55
40MnB	调质	750	500	241～286	
38SiMnMo	调质	700	550	217～269	
	表面淬火				45～55
35CrMo	调质	700	550	207～269	
	表面淬火				40～45
40Cr	调质	700	550	241～286	
	表面淬火				49～55
38CrMoAlA	调质	1000	850	299	
	氮化				HV>850
20Cr	渗碳淬火	650	400		56～62
20CrMnTi	渗碳淬火	1100	850		56～62
ZG310～570	正火	580	320	156～217	
ZG340～640	正火	650	350	169～229	
	调质	700	380	241～269	
HT200		200		170～241	
HT250		250		170～241	

续表9.17

材料牌号	热处理方法	强度极限	屈服极限	硬度	
		σ_B/(N/mm^2)	σ_s/(N/mm^2)	HBW	HRC(齿面)
HT300		300		187～255	
QT500—7	正火	500	350	147～241	
QT600—7	正火	600	420	229～302	
夹布胶木		100		25～35	

轴的常用材料及其主要力学性能参数见表9.18。

表9.18 轴的常用材料及其主要力学性能参数

材料牌号	热处理	毛坯直径/mm	硬度/HBW	抗拉强度极限 σ_b	屈服强度极限 σ_s	弯曲疲劳极限 σ_{-1}	剪切疲劳极限 τ_{-1}	许用弯曲应力 $[\sigma_{-1}]$	备注
				MPa					
Q235A	热轧或锻后空冷	≤100		400～420	225	170	105	40	用于不重要及受载荷不大的轴
		>100～250		375～390	215				
45	正火	≤100	170～217	590	295	255	140	55	应用最广泛
		>100～300	162～217	570	285	245	135		
	调质	≤200	217～255	640	355	275	155	60	
40Cr	调质	≤100	241～286	735	540	355	200	70	用于载荷较大，而无很大冲击的重要轴
		>100～300		685	490	335	185		
40CrNi	调质	≤100	270～300	900	735	430	260	75	用于很重要的轴
		>100～300	240～270	785	570	370	210		
38SiMnMo	调质	≤100	229～286	735	590	365	210	70	用于重要的轴，性能近于40CrNi
		>100～300	217～269	685	540	345	195		

续表9.18

材料牌号	热处理	毛坯直径/mm	硬度/HBW	抗拉强度极限 σ_b	屈服强度极限 σ_s	弯曲疲劳极限 σ_{-1}	剪切疲劳极限 τ_{-1}	许用弯曲应力 $[\sigma_{-1}]$	备注
				MPa					
38CrMoAlA	调质	≤60	293～321	930	785	440	280	75	用于要求高耐磨性，高强度且热处理（氮化）变形很小的轴
		>60～100	277～302	835	685	410	270		
		>100～160	241～277	785	590	375	220		
20Cr	渗碳淬火回火	≤60	渗碳56～62 HRC	640	390	305	160	60	用于要求强度及韧性均较高的轴
3Cr13	调质	≤ 100	≥241	835	635	395	230	75	用于腐蚀条件下的轴
1Cr18Ni9Ti	淬火	≤100	≤192	530	195	190	115	45	用于高、低温及腐蚀条件下的轴
		>100～200		490		180	110		
QT600-3	—	—	190～270	600	370	215	185	—	用于制造复杂外形的轴
QT800-2	—	—	245～335	800	480	290	250	—	

10 标 准 件

10.1 螺纹及螺纹连接

10.1.1 螺纹

普通螺纹螺距及基本尺寸见表10.1。

表10.1 普通螺纹螺距及基本尺寸 单位:mm

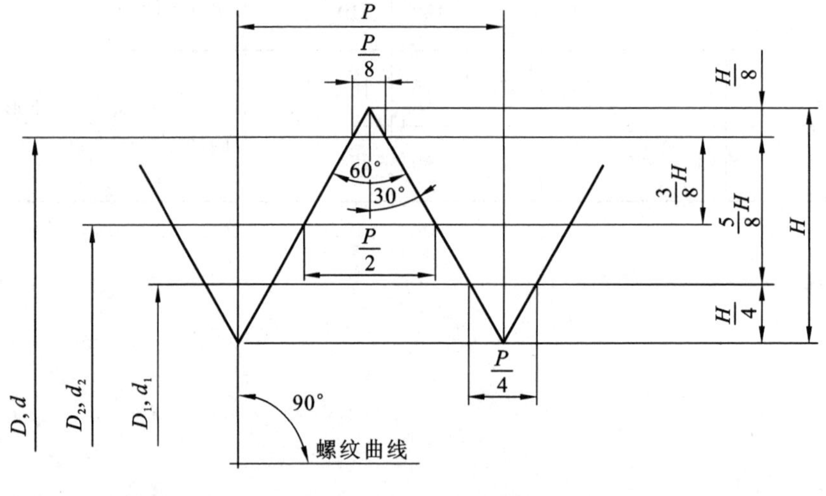	$H=0.866P$ $d_2=d-0.6495P$ $d_1=d-1.0825P$ D，d——内、外螺纹大径 D_1，d_1——内、外螺纹小径 D_2，d_2——内、外螺纹中径 P——螺距

标记示例：

M10-6g:公称直径为10 mm、螺纹为右旋、中径及大径公差带代号均为6g、螺纹旋合长度为N的粗牙普通螺纹

M10×1-6H:公称直径为10 mm、螺距为1 mm、螺纹为右旋、中径及大径公差带代号均为6H、螺纹旋合长度为N的细牙普通内螺纹

M20×2左-5g6g-S:公称直径为20 mm、螺距为2 mm、螺纹为左旋、中径及大径公差带代号分别为5g和6g、螺纹旋合长度为S的细牙普通螺纹

M20×2-6H/6g:公称直径为20 mm、螺距为2 mm、螺纹为右旋、内螺纹中径及大径公差带代号均为6H、外螺纹中径及大径公差带代号均为6g、螺纹旋合长度为N的细牙普通螺纹的螺纹副

续表 10.1

公称直径 D,d 第一系列	公称直径 D,d 第二系列	螺距 P	中径 D_2,d_2	小径 D_1,d_1
3		0.5	2.675	2.459
		0.35	2.773	2.621
	3.5	(0.6)	3.110	2.850
		0.35	3.273	3.121
4		0.7	3.545	3.242
		0.5	3.675	3.459
	4.5	(0.75)	4.013	3.688
		0.5	4.175	3.959
5		0.8	4.480	4.134
		0.5	4.675	4.459
6		1	5.350	4.917
		0.75	5.513	5.188
8		1.25	7.118	6.647
		1	7.350	6.917
		0.75	7.513	7.188
10		1.5	9.026	8.376
		1.25	9.188	8.674
		1	9.350	8.917
		0.75	9.513	9.188
12		1.75	10.863	10.106
		1.5	11.026	10.376
		1.25	11.188	10.647
		1	11.350	10.917
	14	2	12.701	11.835
		1.5	13.026	12.376
		1	13.350	12.917
16		2	14.701	13.835
		1.5	15.026	14.376
		1	15.350	14.917
	18	2.5	16.376	15.294
		2	16.701	15.835
		1.5	17.026	16.376
		1	17.350	16.917

公称直径 D,d 第一系列	公称直径 D,d 第二系列	螺距 P	中径 D_2,d_2	小径 D_1,d_1
20		2.5	18.376	17.294
		2	18.701	17.835
		1.5	19.026	18.376
		1	19.350	18.917
	22	2.5	20.376	19.294
		2	20.701	19.835
		1.5	21.026	20.376
		1	21.350	20.917
24		3	22.051	20.752
		2	22.701	21.835
		1.5	23.026	22.376
		1	23.350	22.917
	27	3	25.051	23.752
		2	25.701	24.835
		1.5	26.026	25.736
		1	26.350	25.917
30		3.5	27.727	26.211
		2	28.701	27.835
		1.5	29.026	28.376
		1	29.350	28.917
	33	3.5	30.727	29.211
		2	31.707	30.835
		1.5	32.026	31.376
36		4	33.402	31.670
		3	34.051	32.752
		2	34.701	33.835
		1.5	35.026	34.376
	39	4	36.402	34.670
		3	37.051	35.752
		2	37.701	36.835
		1.5	38.026	37.376

公称直径 D,d 第一系列	公称直径 D,d 第二系列	螺距 P	中径 D_2,d_2	小径 D_1,d_1
42		4.5	39.077	37.129
		3	40.051	38.752
		2	40.701	39.835
		1.5	41.026	40.376
	45	4.5	42.077	40.129
		3	43.051	41.752
		2	43.701	42.853
		1.5	44.026	43.376
48		5	44.752	42.587
		3	46.015	44.752
		2	46.701	45.835
		1.5	47.026	46.376
	52	5	48.752	46.587
		3	50.051	48.752
		2	50.701	49.835
		1.5	51.026	50.376
56		5.5	52.428	50.046
		4	53.402	51.670
		3	54.051	52.752
		2	54.701	53.835
		1.5	55.026	54.376
	60	(5.5)	56.428	54.046
		4	57.402	55.670
		3	58.051	56.752
		2	58.701	57.835
		1.5	59.026	58.376
64		6	60.103	57.505
		4	61.402	59.670
		3	62.051	60.752

注：①“螺距 P”栏中第一个数值为粗牙螺距，其余为细牙螺距。

②优先选用第一系列，其次是第二系列，第三系列(表中未列出)尽可能不用。

③括号内尺寸尽可能不用。

普通内外螺纹常用公差带见表 10.2。

表 10.2 普通内外螺纹常用公差带 单位:mm

项目	内螺纹						外螺纹											
精度	公差带位置						公差带位置											
	G			H			e			f			g			h		
	S	*N*	*L*	*S*	*N*	*L*	*S*	*N*	*L*	*S*	*N*	*L*	*S*	*N*	*L*	*S*	*N*	*L*
精密	—	—	—	4H	5H	6H	—	—	—	—	—	—	—	(4g)	(5g,4g)	(3h,4h)	4h	(5h,4h)
中等	(5G)	6G	(7G)	5H*	6H*	7H	—	6e*	(7e,6e)	—	6f*	—	(5g,6g)	6g*	(7g,6g)	(5h,6h)	6h*	(7h,6h)
粗糙	—	7G	8G	—	7H	8H	—	(8e)	(9e,8e)	—	—	—	—	8g	(9g,8g)	—	—	—

注:①大量生产的精制固件螺纹,推荐采用带方框的公差带。

②精密精度:用于精密螺纹,当要求配合性质变动较小时采用;中等精度:一般用途;粗糙精度:精度要求不高或制造比较困难时采用。

③*S*——短旋合长度;*N*——中等旋合长度;*L*——长旋合长度。

④带 * 的公差带应优先选用,括号内的公差带尽可能不用。

⑤内外螺纹的选用公差带可以任意组合,为了保证足够的接触高度,完工后的零件最好组合成 H/g,H/h 或 G/h 的配合。

螺纹旋合长度见表 10.3。

表 10.3 螺纹旋合长度 单位:mm

公称直径 *D*,*d*		螺距 *P*	旋合长度				公称直径 *D*,*d*		螺距 *P*	旋合长度			
			S	N		L				S	N		L
>	≤		≤	>	≤	>	>	≤		≤	>	≤	>
5.6	11.2						22.4	45	1	4	4	12	12
		0.5	1.6	1.6	4.7	4.7			1.5	6.3	6.3	19	19
		0.75	2.4	2.4	7.1	7.1			2	8.5	8.5	25	25
		1	3	3	9	9			3	12	12	36	36
		1.25	4	4	12	12			3.5	15	15	45	45
		1.5	5	5	15	15			4	18	18	53	53
									4.5	21	21	63	63
11.2	22.4	1	3.8	3.8	11	11	45	90	1.5	7.5	7.5	22	22
		1.25	4.5	4.5	13	13			2	9.5	9.5	28	28
		1.5	5.6	5.6	16	16			3	15	15	45	45
		1.75	6	6	18	18			4	19	19	56	56
		2	8	8	24	24			5	24	24	71	71
		2.5	10	10	30	30			5.5	28	28	85	85
									6	32	32	95	95

梯形螺纹设计牙型尺寸见表 10.4。

表 10.4 梯形螺纹设计牙型尺寸 单位：mm

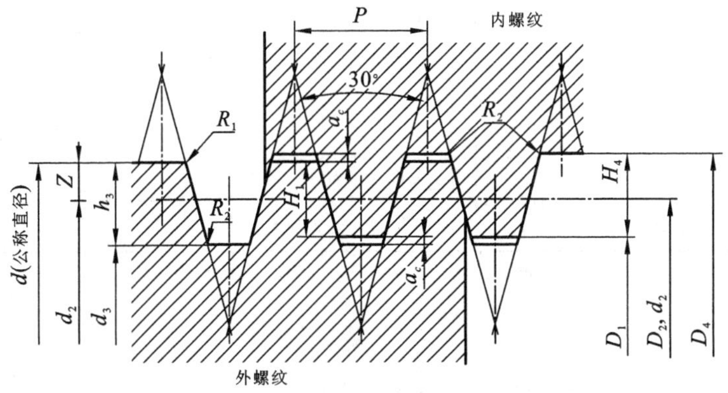

d——外螺纹大径(公称直径)
P——螺距
a_c——牙顶间隙
H_1——基本牙型高度，$H=0.5P$
h_3——外螺纹牙高
$h_3=H_1+a_c=0.5P+a_c$
H_4——内螺纹牙高
$H_4=H_1+a_c=0.5P+a_c$
Z——牙顶高，$Z=0.25P=H_1/2$
d_2——外螺纹中径
$d_2=d-2Z=d-0.5P$
D_2——内螺纹中径
$D_2=d-2Z=d-0.5P$
d_3——外螺纹小径，$d_3=d-2h_3$
D_1——内螺纹小径，$D=d-2H_1=d-P$
D_4——内螺纹大径，$D_4=d+2a_c$
R_1——外螺纹牙顶圆角
$R_{1max}=0.5a_c$
R_2——牙底圆角，$R_{2max}=a_c$

标记示例：
Fr40×7-7H：梯形内螺纹，公称直径 $d=40$ mm，螺距 $P=7$ mm，精度等级 7H
Tr40×14(P7)-LH-7e：多线左旋梯形外螺纹，公称直径 $d=40$ mm，导程：14 mm，螺距 $P=7$ mm，精度等级 7e
Tr40×7-7H/7e：梯形螺旋副，公称直径 $d=40$ mm，螺距 $P=7$ mm，内螺纹精度等级 7H，外螺纹精度等级 7e

螺距 P	a_c	$H_4=h_3$	R_{1max}	R_{2max}
1.5	0.15	0.9	0.075	0.15
2 3 4 5	0.25	1.25 1.75 2.25 2.75	0.125	0.25
6 7 8	0.5	3.5 4 4.5	0.25	0.5

螺距 P	a_c	$H_4=h_3$	R_{1max}	R_{2max}
9 10 12	0.5	5 5.5 6.5	0.25	0.5
14 16 18 20 22	1	8 9 10 11 12	0.5	1

螺距 P	a_c	$H_4=h_3$	R_{1max}	R_{2max}
24 28 32 36 40 44	1	13 15 17 19 21 23	0.5	1

梯形螺纹直径与螺距系列见表 10.5。

表 10.5　梯形螺纹直径与螺距系列　　单位：mm

公称直径 d		螺距 P	公称直径 d		螺距 P	公称直径 d		螺距 P
第一系列	第二系列		第一系列	第二系列		第一系列	第二系列	
8 10	9	1.5* 2*,1.5	28	26 30	8,5*,3 10,6*,3	52	50 55	12,8*,3 14,9*,3
12	11	3,2* 3*,2	32 36	34	10,6*,3	60	70	14,9*,3 16,10*,4
16	14 18	3*,2 4*,2	40	38 42	10,7*,3	80	75 85	16,10*,4 18,12*,4
20 24	22	4*,2 8,5*,3	44 48	46	12,7*,3 12,8*,3	90 100	95	18,12*,4 20,12*,4

注：优先选用第一系列的直径，带 * 者为对应直径优先选用的螺距。

梯形螺纹基本尺寸见表 10.6。

表 10.6　梯形螺纹基本尺寸　　单位：mm

螺距 P	外螺纹小径 d	内、外螺纹中径 D_2，d_2	内螺纹大径 D_4	内螺纹小径 D_1	螺距 P	外螺纹小径 d	内、外螺纹中径 D_2，d_2	内螺纹大径 D_4	内螺纹小径 D_1
1.5	$d-1.8$	$d-0.75$	$d+0.3$	$d-1.5$	8	$d-9$	$d-4$	$d+1$	$d-8$
2	$d-2.5$	$d-1$	$d+0.5$	$d-2$	9	$d-10$	$d-4.5$	$d+1$	$d-9$
3	$d-3.5$	$d-1.5$	$d+0.5$	$d-3$	10	$d-11$	$d-5$	$d+1$	$d-10$
4	$d-4.5$	$d-2$	$d+0.5$	$d-4$	12	$d-13$	$d-6$	$d+1$	$d-12$
5	$d-5.5$	$d-2.5$	$d+0.5$	$d-5$	14	$d-16$	$d-7$	$d+2$	$d-14$
6	$d-7$	$d-3$	$d+1$	$d-6$	16	$d-18$	$d-8$	$d+2$	$d-16$
7	$d-8$	$d-3.5$	$d+1$	$d-7$	18	$d-20$	$d-9$	$d+2$	$d-18$

注：d 为公称直径（即外螺纹大径）。

10.1.2　螺纹零件的结构要素

普通螺纹的收尾、肩距、退刀槽和倒角参数见表 10.7。

表 10.7 普通螺纹的收尾、肩距、退刀槽和倒角参数 单位:mm

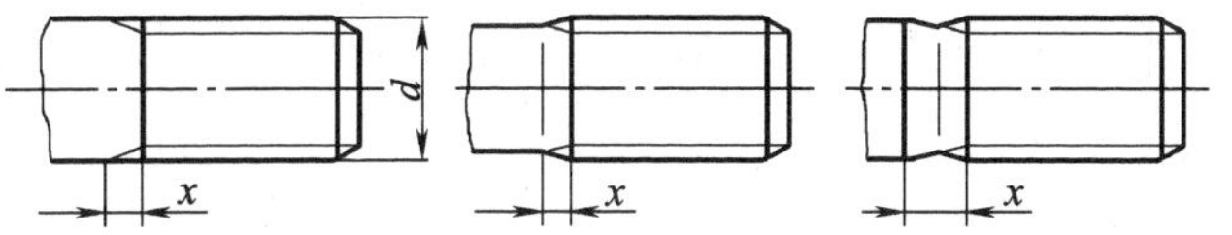

(a) 外螺纹收尾

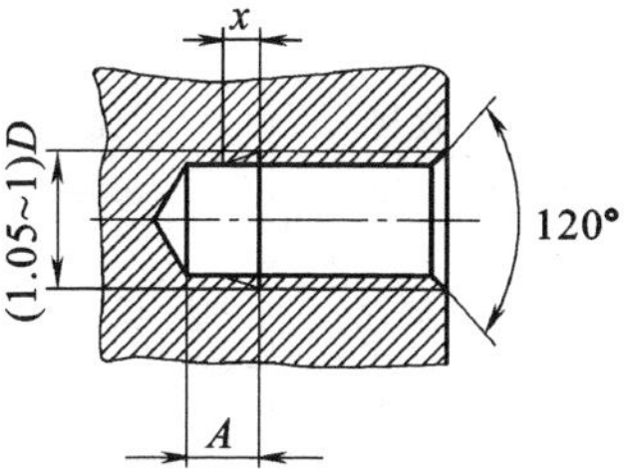

(b) 内螺纹收尾和肩距

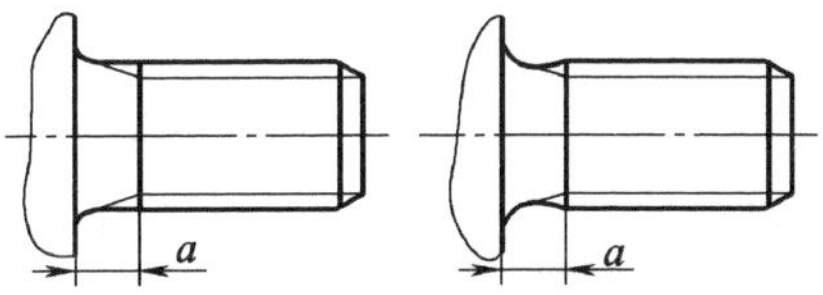

(c) 外螺纹肩距

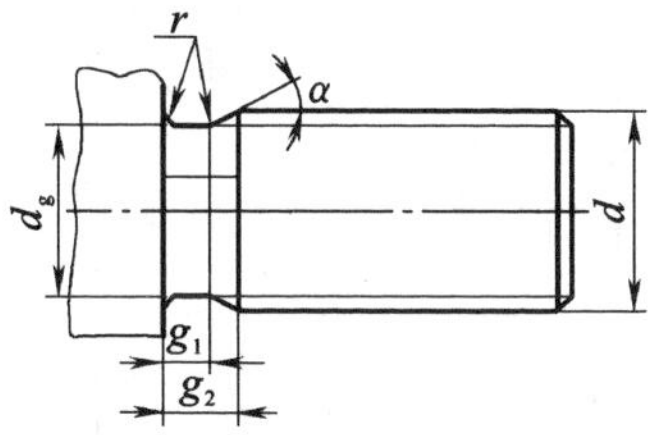

(d) 外螺纹退刀槽

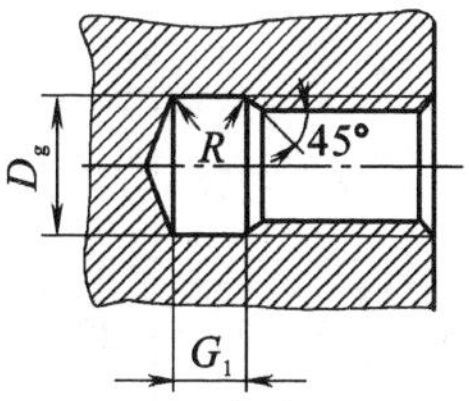

(e) 内螺纹退刀槽

外螺纹										内螺纹								
螺距 P	收尾 x max		肩距 a max			退刀槽				螺距 P	收尾 x max		肩距 A		退刀槽			
	一般	短的	一般	长的	短的	g_2 max	g_1 min	$r\approx$	d_g		一般	短的	一般	长的	G_1 一般	G_1 窄的	$R\approx$	D_g
0.5	1.25	0.7	1.5	2	1	1.5	0.8	0.2	$d-0.8$	0.5	2	1	3	4	2	1	0.2	$d+0.3$
0.7	1.75	0.9	2.1	2.8	1.4	2.1	1.1	0.4	$d-1.1$	0.7	2.8	1.4	3.5	5.6	2.8	1.4	0.4	
0.8	2	1	2.4	3.2	1.6	2.4	1.3		$d-1.3$	0.8	3.2	1.6	4	6.4	3.2	1.6		
1	2.5	1.25	3	4	2	3	1.6	0.6	$d-1.6$	1	4	2	5	8	4	2	0.5	$d+0.5$
1.25	3.2	1.6	4	5	2.5	3.75	2		$d-2$	1.25	5	2.5	6	10	5	2.5	0.6	
1.5	3.8	1.9	4.5	6	3	4.5	2.5	0.8	$d-2.3$	1.5	6	3	7	12	6	3	0.8	
1.75	4.3	2.2	5.3	7	3.5	5.25	3	1	$d-2.6$	1.75	7	3.5	9	14	7	3.5	0.9	
2	5	2.5	6	8	4	6	3.4		$d-3$	2	8	4	10	16	8	4	1	
2.5	6.3	3.2	7.5	10	5	7.5	4.4	1.2	$d-3.6$	2.5	10	5	12	18	10	5	1.2	
3	7.5	3.8	9	12	6	9	5.2	1.6	$d-4.4$	3	12	6	14	22	12	6	1.5	
3.5	9	4.5	10.5	14	7	10.5	6.2		$d-5$	3.5	14	7	16	24	14	7	1.8	

续表 10.7

螺距 P	外螺纹 收尾 x max 一般	收尾 x max 短的	肩距 a max 一般	肩距 a max 长的	肩距 a max 短的	退刀槽 g_2 max	退刀槽 g_1 min	退刀槽 $r\approx$	退刀槽 d_g	内螺纹 螺距 P	收尾 x max 一般	收尾 x max 短的	肩距 A 一般	肩距 A 长的	退刀槽 G_1 一般	退刀槽 G_1 窄的	退刀槽 $R\approx$	退刀槽 D_g
4	10	5	12	16	8	12	7	2	$d-5.7$	4	16	8	18	26	16	8	2	$d+0.5$
4.5	11	5.5	13.5	18	9	13.5	8	2.5	$d-6.4$	4.5	18	9	21	29	18	9	2.2	
5	12.5	6.3	15	20	10	15	9		$d-7$	5	20	10	23	32	20	10	2.5	
5.5	14	7	16.5	22	11	17.5	11	3.2	$d-7.7$	5.5	22	11	25	35	22	11	2.8	
6	15	7.5	18	24	12	18	11		$d-8.3$	6	24	12	28	38	24	12	3	

注：①外螺纹始端端面的倒角一般为 45°，也可采用 60°或 30°。当螺纹按 60°或 30°倒角时，倒角深度应大于或等于螺纹牙型高度。

②应优先选用"一般"长度的收尾和肩距；"短的"收尾和"短的"肩距仅用于结构受限制的螺纹件。

单线梯形外螺纹与内螺纹的退刀槽参数见表 10.8。

表 10.8　单线梯形外螺纹与内螺纹的退刀槽参数　　单位：mm

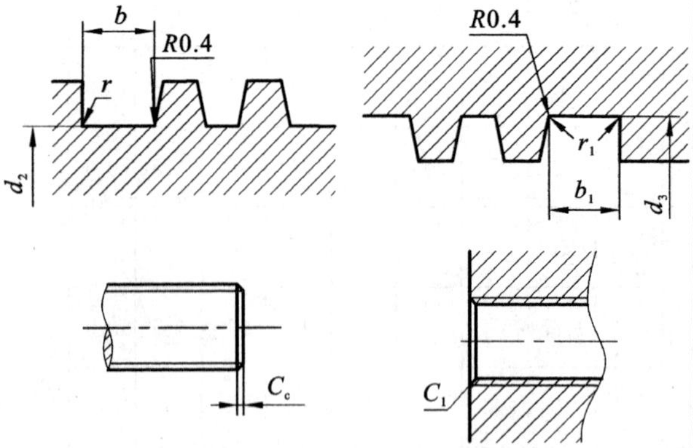

P	$b=b_1$	d_2	d_3	$r=r_1$	$c=c_1$
2	2.5	$d-3$	$d+1$	1	1.5
3	4	$d-4$			2
4	5	$d-5.1$	$d+1.1$	1.5	2.5
5	6.5	$d-6.6$	$d+1.6$		3
6	7.5	$d-7.8$	$d+1.8$	2	3.5
8	10	$d-9.8$		2.5	4.5
10	12.5	$d-12$	$d+2$	3	5.5
12	15	$d-14$			6.5
16	20	$d-19.2$	$d+3.2$	4	9
20	24	$d-23.5$	$d+3.5$	5	11
24	30	$d-27.5$	$d+3.5$	5	13
32	40	$d-36$	$d+4$	5.5	17

螺栓、螺钉通孔及沉孔尺寸见表 10.9。

表 10.9 螺栓、螺钉通孔及沉孔尺寸　　单位：mm

螺纹规格	螺栓和螺钉通孔			沉头螺钉及半沉头螺钉用沉孔				内六角圆柱头螺钉的圆柱头用沉孔				六角头螺栓和六角螺母用沉孔			
	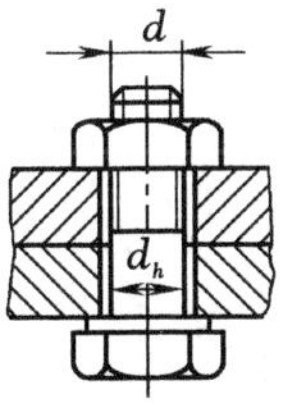			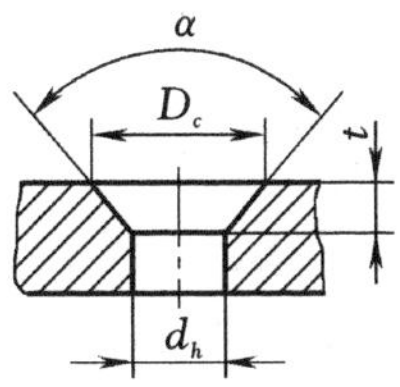				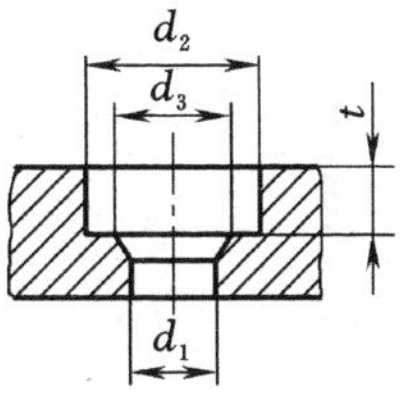				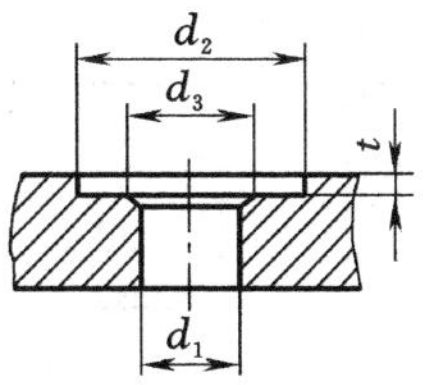			
d	d_h			D_c	$t\approx$	d_h	α	d_2	t	d_3	d_1	d_2	d_3	d_1	t
	精装配	中等装配	粗装配	min		min									
M3	3.2	3.4	3.6	6.3	1.6	3.4		6.0	3.4		3.4	9		3.4	
M4	4.3	4.5	4.8	9.4	2.6	4.5		8.0	4.6		4.5	10		4.5	
M5	5.3	5.5	5.8	10.4	2.6	5.5		10.0	5.7	—	5.5	11	—	5.5	
M6	6.4	6.6	7	12.6	3.3	6.6		11.0	6.8		6.6	13		6.6	
M8	8.4	9	10	17.3	4.6	9		15.0	9.0		9.0	18		9.0	
M10	10.5	11	12	20.0	5.0	11		18.0	11.0		11.0	22		11.0	只要能制出与通孔轴线垂直的圆平面即可
M12	13	13.5	14.5					20.0	13.0	16	13.5	26	16	13.5	
M14	15	15.5	16.5				90°±1°	24.0	15.0	18	15.5	30	18	13.5	
M16	17	17.5	18.5					26.0	17.5	20	17.5	33	20	17.5	
M18	19	20	21					—	—	—	—	36	22	20.0	
M20	21	22	24	—	—	—		33.0	21.5	24	22.0	40	24	22.0	
M22	23	24	26					—	—	—	—	43	26	24	
M24	25	26	28					40.0	25.5	28	26.0	48	28	26	
M27	28	30	32					—	—	—	—	53	33	30	
M30	31	33	35					48.0	32.0	36	33.0	61	36	33	
M36	37	39	42					57.0	38.0	42	39.0	71	42	39	

粗牙普通螺栓、螺钉的拧入深度和螺纹孔尺寸见表 10.10。

表 10.10　粗牙普通螺栓、螺钉的拧入深度和螺纹孔尺寸　　单位:mm

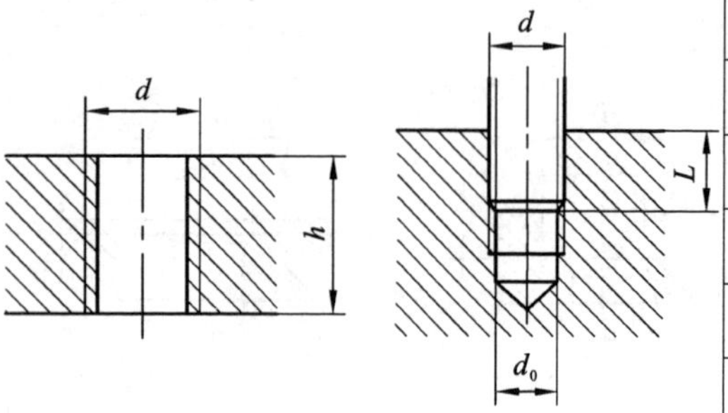

d	d_0	用于钢或青铜		用于铸铁		用于铝	
		h	L	h	L	h	L
6	5	8	6	12	10	15	12
8	6.8	10	8	15	12	20	16
10	8.5	12	10	18	15	24	20
12	10.2	15	12	22	18	28	24
16	14	20	16	28	24	36	32
20	17.5	25	20	35	30	45	40
24	21	30	24	42	35	55	48
30	26.5	36	30	50	45	70	60
36	32	45	36	65	55	80	72
42	37.5	50	42	75	65	95	85

粗牙普通螺纹的余留长度及钻孔余留深度见表 10.11。

表 10.11　粗牙普通螺纹的余留长度及钻孔余留深度　　单位:mm

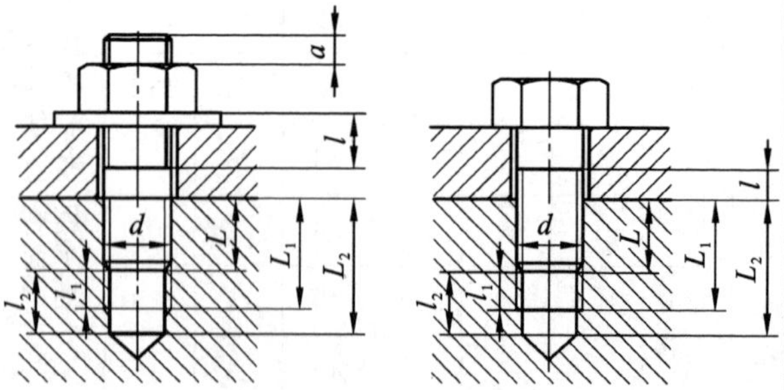

拧入深度 L 由设计者决定;钻孔深度 $L_2=L+l_2$;
螺孔深度 $L_1=L+l_1$;

螺纹直径 d	余留长度			末端长度 a
	内螺纹	外螺纹	钻孔	
	l_1	l	l_2	
5	1.5	2.5	6	2～3
6	2	3.5	7	2.5～4
8	2.5	4	9	
10	3	4.5	10	3.5～5
12	3.5	5.5	13	
14,16	4	6	14	4.5～6.5
18,20,22	5	7	17	
24,27	6	8	20	5.5～8
30	7	10	23	
36	8	11	26	7～11
42	9	12	30	
48	10	13	33	10～15
56	11	16	36	

扳手空间尺寸见表 10.12。

表 10.12 扳手空间尺寸　　单位:mm

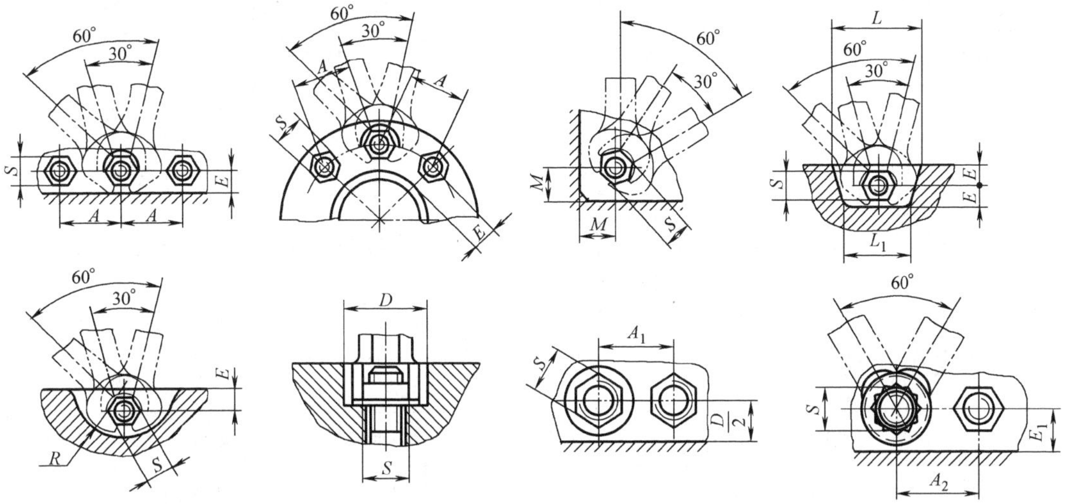

螺纹直径 d	S	A	A_1	A_2	E	E_1	M	L	L_1	R	D
3	5.5	18	12	12	5	7	11	30	24	15	14
4	7	20	16	14	6	7	12	34	28	16	16
5	8	22	16	15	7	10	13	36	30	18	20
6	10	26	18	18	8	12	15	46	38	20	24
8	13	32	24	22	11	14	18	55	44	25	28
10	16	38	28	26	13	16	22	62	50	30	30
12	18	42	—	30	14	18	24	70	55	32	—
14	21	48	36	34	15	20	26	80	65	36	40
16	24	55	38	38	16	24	30	85	70	42	45
18	27	62	45	42	19	25	32	95	75	46	52
20	30	68	48	46	20	28	35	105	85	50	56
22	34	76	55	52	24	32	40	120	95	58	60
24	36	80	58	55	24	34	42	125	100	60	70
27	41	90	65	62	26	36	46	135	110	65	76
30	46	100	72	70	30	40	50	155	125	75	82
33	50	108	76	75	32	44	55	165	130	80	88

续表 10.12

螺纹直径 d	S	A	A_1	A_2	E	E_1	M	L	L_1	R	D
36	55	118	85	82	36	48	60	180	145	88	95
39	60	125	90	88	38	52	65	190	155	92	100
42	65	135	96	96	42	55	70	205	165	100	106
45	70	145	105	102	45	60	75	220	175	105	112
48	75	160	115	112	48	65	80	235	185	115	126
52	80	170	120	120	48	70	84	245	195	125	132
56	85	180	126	—	52	—	90	260	205	130	138
60	90	185	134	—	58	—	95	275	215	135	145
64	95	195	140	—	58	—	100	285	225	140	152
68	100	205	145	—	65	—	105	300	235	150	158
72	105	215	155	—	68	—	110	320	250	160	168
76	110	225	—	—	70	—	115	335	265	165	—
80	115	235	165	—	72	—	120	345	275	170	178
85	120	245	175	—	75	—	125	360	285	180	188
90	130	260	190	—	80	—	135	390	310	190	208
95	135	270	—	—	85	—	140	405	320	200	—
100	145	290	215	—	95	—	150	435	340	215	238
105	150	300	—	—	98	—	155	450	350	220	—
110	155	310	—	—	100	—	160	460	360	225	—
115	165	330	—	—	108	—	170	495	385	245	—
120	170	340	—	—	108	—	175	505	400	250	—
125	180	360	—	—	115	—	185	535	420	270	—
130	185	370	—	—	115	—	190	545	430	275	—
140	200	385	—	—	120	—	205	585	465	295	—
150	210	420	310	—	130	—	215	625	495	310	350

10.1.3 螺栓

六角头螺栓 A 级和 B 级、六角头螺栓全螺纹 A 级和 B 级参数见表 10.13。

表 10.13 六角头螺栓 A 级和 B 级、六角头螺栓全螺纹 A 级和 B 级参数 单位：mm

六角头螺栓—A 级和 B 级

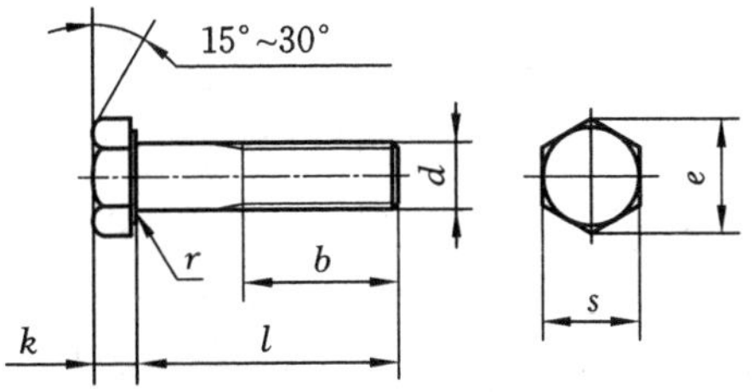

六角头螺栓—全螺纹—A 级和 B 级

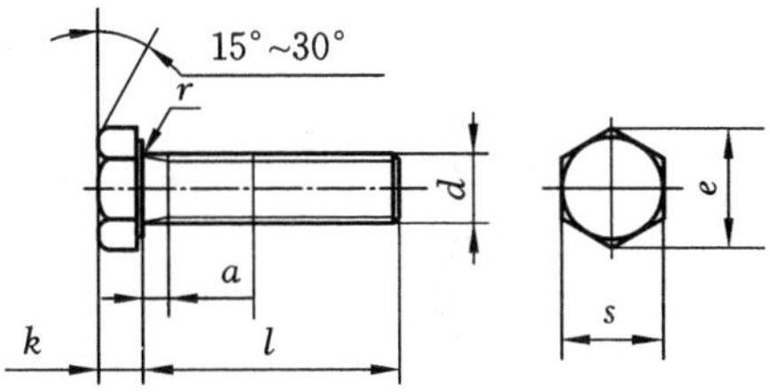

标记示例：
螺纹规格 d=M12，公称长度 l=80 mm，性能等级为 8.8 级，表面不经处理、产品等级为 A 级的六角头螺栓标记为
螺栓 GB/T 5782 M12×80

螺纹规格 d		M3	M4	M5	M6	M8	M10	M12	(M14)	M16	(M18)	M20	(M22)	M24	(M27)	M30	M36
s_{max}		5.5	7	8	10	13	16	18	21	24	27	30	34	36	41	46	55
k		2	2.8	3.5	4	5.3	6.4	7.5	8.8	10	11.5	12.5	14	15	17	18.7	22.5
e		6.1	7.7	8.8	11.1	14.4	17.8	20	23.4	26.8	30	33.5	37.7	40	45.2	50.9	60.8
a		1.5	2.1	2.4	3	3.75	4.5	5.25	6	6	7.5	7.5	7.5	9	9	10.5	12
b 参考	l≤125	12	14	16	18	22	26	30	34	38	42	46	50	54	60	66	78
	125<l≤200	—	—	—	—	28	32	36	40	44	48	52	56	60	66	72	84
	l>200	—	—	—	—	41	43	49	57	57	61	65	69	73	79	85	97
l		20~30	25~40	25~50	30~60	35~80	40~100	45~120	50~140	55~160	60~180	65~200	70~220	80~240	90~260	90~330	110~360
全螺纹长度 l		6~30	8~40	10~50	12~60	16~80	20~100	25~100	30~140	35~100	35~180	40~100	45~200	40~100	55~200	40~100	
l 系列		20~50(5 进位)，(55)，60，(65)，70~160(10 进位)，180~400(20 进位)															

注：①产品等级 A 级用于 d=1.6~24 mm 和 l≤10d 或 l≤150 mm 的螺栓，B 级用于 d>24 mm 和 l>10d 或 l>150 mm 的螺栓。
②M3~M36 为商品规格，M42~M64 为通用规格，带括号的规格尽量不用。

六角头螺栓 C 级、六角头螺栓全螺纹 C 级参数见表 10.14。

表 10.14　六角头螺栓 C 级和六角头螺栓全螺纹 C 级参数

单位：mm

六角头螺栓—C 级

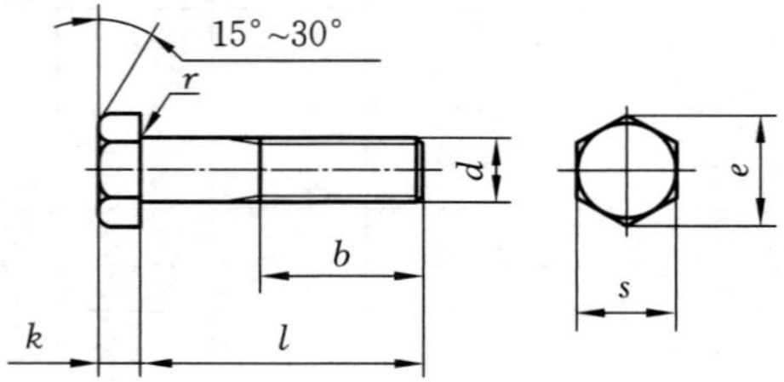

六角螺栓—全螺纹—C 级

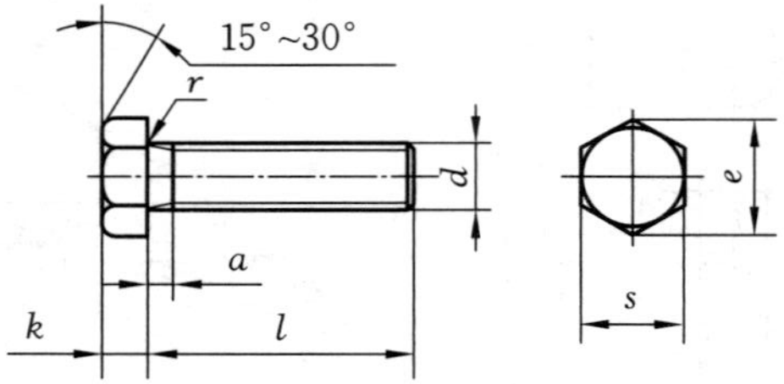

标记示例：

螺纹规格 d=M12，公称长度 l=80 mm，性能等级为 4.8 级，表面不经处理，产品等级为 C 级的六角头螺栓标记为 螺栓 GB/T 5780　M12×80

螺纹规格 d		M5	M6	M8	M10	M12	(M14)	M16	(M18)	M20	(M22)	M24	(M27)	M30	M36
s_{max}		8	10	13	16	18	21	24	27	30	34	36	41	46	55
$k_{公称}$		3.5	4	5.3	6.4	7.5	8.8	10	11.5	12.5	14	15	17	18.7	22.5
e_{min}		8.63	10.89	14.2	17.59	19.85	22.8	26.17	29.6	32.95	37.3	39.55	45.2	50.85	60.79
a_{max}		2.4	3	4	4.5	5.3	6	6	7.5	7.5	7.5	9	9	10.5	12
b 参考	$l_{公称} \leqslant 125$	16	18	22	26	30	34	38	42	46	50	54	60	66	—
	$125 < l_{公称} \leqslant 200$	22	24	28	32	36	40	44	48	52	56	60	66	72	84
	$l_{公称} > 200$	35	37	41	45	49	53	57	61	65	69	73	79	85	97
l	GB/T 5780	25～50	30～60	40～80	45～100	55～120	60～140	65～160	80～180	65～200	90～220	100～240	110～260	120～300	140～360
	GB/T 5781	10～50	12～60	16～80	20～100	25～120	30～140	30～160	35～180	40～200	45～220	50～240	55～280	60～300	70～360
l 系列		10,12,16,20～70(5 进位),70～150(10 进位),180～500(20 进位)													

注：①M5～M36 为商品规格，为销售储备的产品最通用的规格。

②M42～M64 为通用规格，较商品规格低一档，有时买不到要现制造。

③带括号的规格表示尽量不采用的规格，除表列外还有(M33)、(M39)、(M45)、(M52)和(M60)。

六角头铰制孔用螺栓—A 级和 B 级参数见表 10.15。

表 10.15 六角头铰制孔用螺栓—A 级和 B 级参数 单位：mm

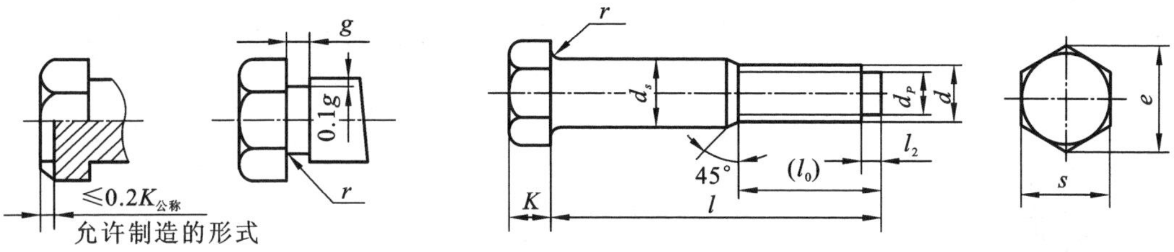

标记示例：
螺栓 M12×80：螺纹规格 d=M12，无螺纹部分杆径 d_s=13(h9)，公称长度 l=80 mm，性能等级为 8.8，表面氧化处理，A 级的六角头铰制孔用螺栓

螺纹规格 d		M6	M8	M10	M12	(M14)	M16	(M18)	M20	(M22)	M24	(M27)	M30	M36
d_s(h9)	max	7	9	11	13	15	17	19	21	23	25	28	32	38
s	max	10	13	16	18	21	24	27	30	34	36	41	46	55
K	公称	4	5	6	7	8	9	10	11	12	13	15	17	20
r	min	0.25	0.4	0.4	0.6	0.6	0.6	0.6	0.8	0.8	0.8	1	1	1
d_p		4	5.5	7	8.5	10	12	13	15	17	18	21	23	28
l_2		1.5		2		3			4			5		6
e_{min}	A 级	11.05	14.38	17.77	20.03	23.35	26.75	30.14	33.53	37.72	39.98	—	—	—
	B 级	10.89	14.20	17.59	19.85	22.78	26.17	29.56	32.95	37.29	39.55	45.2	50.85	60.79
g		2.5				3.5					5			
l_0		12	15	18	22	25	28	30	32	35	38	42	50	55
l 范围		25～65	25～80	30～120	35～180	40～180	45～200	50～200	55～200	60～200	65～200	75～200	80～230	90～300
l 系列		25，(28)，30，(32)，35，(38)，40，45，50，(55)，60，(65)，70，(75)，80，(85)，90，(95)，100～260(10 进位)，280，300												

技术条件	材料	力学性能等级	螺纹公差	公差产品等级	表面处理
	钢	8.8	6g	A 级用于 $d\leqslant 24$ 和 $l\leqslant 10d$ 或 $l\leqslant 150$ B 级用于 $d>24$ 和 $l>10d$ 或 $l>150$	氧化

注：尽可能不采用括号内的规格。

10.1.4 螺柱

双头螺柱($b_m=1d$、$b_m=1.25d$、$b_m=1.5d$)参数见表 10.16。

表 10.16　双头螺柱参数

单位:mm

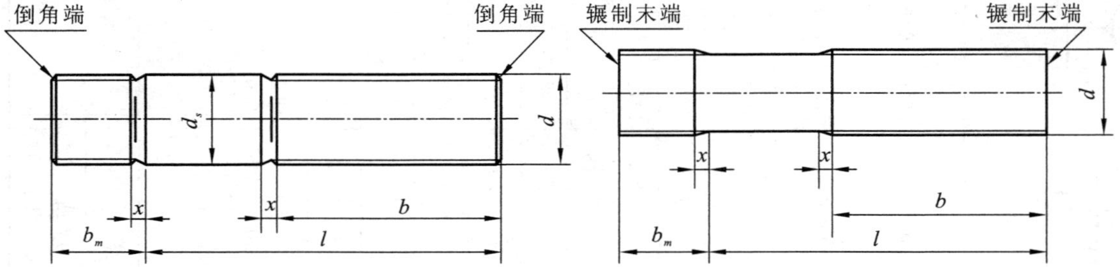

标记示例:

螺柱 GB/T 898—1988 M10×50:两端均为粗牙普通螺纹,d=10 mm,l=50 mm,性能等级为 4.8 级,不经表面处理,B 型,b_m=1.25d 的双头螺柱

螺柱 GB/T 898—1988 AM10-M10×1×50:旋入机体一端为粗牙普通螺纹,旋螺母一端为螺距 P=1 mm的细牙普通螺纹,d=10 mm,l=50 mm,性能等级为 4.8 级,不经表面处理,A 型,b_m=1.25d 的双头螺柱

螺柱 GB/T 898—1988 GM10-M10×50-8.8-Zn・D:旋入机体一端为过渡配合螺纹的第一种配合,旋螺母一端为粗牙普通螺纹,d=10 mm,l=50 mm,性能等级为 4.8 级,镀锌钝化,B 型,b_m=1.25d 的双头螺柱

螺纹规格 d		M5	M6	M8	M10	M12	(M14)	M16	(M18)	M20	M24	M30
b_m (公称)	GB/T 897—1988	5	6	8	10	12	14	16	18	20	24	30
	GB/T 898—1988	6	8	10	12	15	18	20	22	25	30	38
	GB/T 899—1988	8	10	12	15	18	21	24	27	30	36	45
d_s	max	d										
	min	4.7	5.7	7.64	9.64	11.57	13.57	15.57	17.57	19.48	23.48	29.48

续表 10.16

螺纹规格 d	M5	M6	M8	M10	M12	(M14)	M16	(M18)	M20	M24	M30
$\frac{l\text{公称}}{b}$	$\frac{16\sim22}{10}$	$\frac{20\sim22}{10}$	$\frac{20\sim22}{12}$	$\frac{25\sim28}{14}$	$\frac{25\sim30}{16}$	$\frac{30\sim35}{18}$	$\frac{30\sim38}{20}$	$\frac{35\sim40}{22}$	$\frac{35\sim40}{25}$	$\frac{45\sim50}{30}$	$\frac{60\sim65}{40}$
	$\frac{25\sim50}{16}$	$\frac{25\sim30}{14}$	$\frac{25\sim30}{16}$	$\frac{30\sim38}{16}$	$\frac{32\sim40}{20}$	$\frac{38\sim45}{25}$	$\frac{40\sim55}{30}$	$\frac{45\sim60}{35}$	$\frac{45\sim65}{35}$	$\frac{55\sim75}{45}$	$\frac{70\sim90}{50}$
		$\frac{32\sim75}{18}$	$\frac{32\sim90}{22}$	$\frac{40\sim120}{26}$	$\frac{45\sim120}{30}$	$\frac{50\sim120}{34}$	$\frac{60\sim120}{38}$	$\frac{65\sim120}{42}$	$\frac{70\sim120}{46}$	$\frac{80\sim120}{54}$	$\frac{90\sim120}{66}$
				$\frac{130}{32}$	$\frac{130\sim180}{36}$	$\frac{130\sim180}{40}$	$\frac{130\sim200}{44}$	$\frac{130\sim200}{48}$	$\frac{130\sim200}{52}$	$\frac{130\sim200}{60}$	$\frac{130\sim200}{72}$
											$\frac{210\sim250}{85}$
l 范围	16～50	20～75	20～90	25～130	25～180	30～180	30～200	35～200	35～200	45～200	60～250
l 系列	16,(18),20,(22),25,(28),30,(32),35,(38),40～100(5 进位),110～260(10 进位),280,300										

注:①据 GB/T 898—1988,d=5～20 mm 为商品规格,其余均为通用规格。

②尽可能不采用括号内的尺寸。

10.1.5 螺钉

开槽锥端紧定螺钉、开槽平端紧定螺钉、开槽长圆柱端紧定螺钉参数见表10.17。

表10.17 开槽锥端紧定螺钉、开槽平端紧定螺钉、开槽长圆柱端紧定螺钉参数 单位:mm

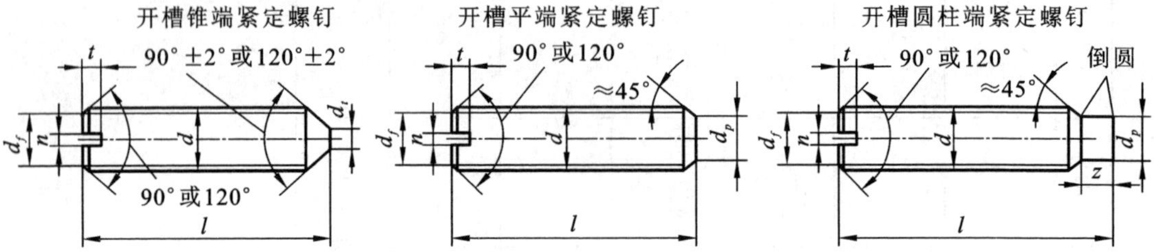

标记示例:

螺钉 GB/T 71—2018 M5×12:螺纹规格 d=M5,公称长度 l=12 mm,性能等级为14H,表面氧化的开槽锥端紧定螺钉

螺钉 GB/T 73—2017 M5×12:螺纹规格 d=M5,公称长度 l=12 mm,性能等级为14H,表面氧化的开槽平端紧定螺钉

螺钉 GB/T 75—2018 M5×12:螺纹规格 d=M5,公称长度 l=12 mm,性能等级为14H,表面氧化的开槽长圆柱端紧定螺钉

螺纹规格 d			M3	M4	M5	M6	M8	M10	M12
螺距 P			0.5	0.7	0.8	1	1.25	1.5	1.75
d_f≈			螺纹小径						
d_t	max		0.3	0.4	0.5	1.5	2	2.5	3
d_p	max		2	2.5	3.5	4	5.5	7	8.5
n	公称		0.4	0.6	0.8	1	1.2	1.6	2
t	min		0.8	1.12	1.28	1.6	2	2.4	2.8
z	max		1.75	2.25	2.75	3.25	4.3	5.3	6.3
l 范围（商品规格）	GB/T 71—2018		4~16	6~20	8~25	8~30	10~40	12~50	14~60
	GB/T 73—2017		3~15	4~20	5~25	6~30	8~40	10~50	12~60
	GB/T 75—2018		5~16	6~20	8~25	8~30	10~40	12~50	14~60
	短螺钉	GB/T 73—2017	3	4	5	6	—	—	—
		GB/T 75—2018	5	6	8	8,10	10,12,14	12,14,16	15,16,20
公称长度 l 的系列			3,4,5,6,8,10,12,(14),16,20,25,30,35,40,45,50,(55),60						
技术条件	材料		力学性能等级		螺纹公差		公差产品等级	表面处理	
	钢		14H,22H		6g		A	氧化或镀锌钝化	

注:尽可能不采用括号内的规格。

内六角头圆柱头螺钉参数见表 10.18。

表 10.18 内六角头圆柱头螺钉参数 单位:mm

标记示例:
螺钉 GB/T 70.1—2008
M5×20:螺纹规格 d=M5,公称长度 l=20 mm,性能等级为 8.8 级,表面氧化的内六角圆柱头螺钉

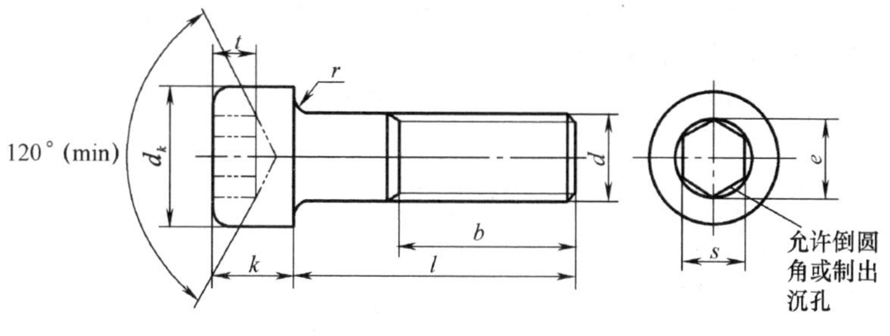

螺纹规格 d	M5	M6	M8	M10	M12	M16	M20	M24	M30	M36
b(参考)	22	24	28	32	36	44	52	60	72	84
d_k(max)	8.5	10	13	16	18	24	30	36	45	54
e(min)	4.58	5.72	6.86	9.15	11.43	16	19.44	21.73	25.15	30.85
k(max)	5	6	8	10	12	16	20	24	30	36
s(公称)	4	5	6	8	10	14	17	19	22	27
t(min)	2.5	3	4	5	6	8	10	12	15.5	19
l 范围(公称)	8～50	10～60	12～80	16～100	20～120	25～160	30～200	40～200	45～200	55～200
制成全螺纹时 l≤	25	30	35	40	45	55	65	80	90	110
l 系列(公称)	8,10,12,16,20～65(5 进位),70～160(10 进位),180,200									

十字槽盘头螺钉、十字槽沉头螺钉参数见表 10.19。

表 10.19 十字槽盘头螺钉 、十字槽沉头螺钉参数 单位:mm

十字槽盘头螺钉

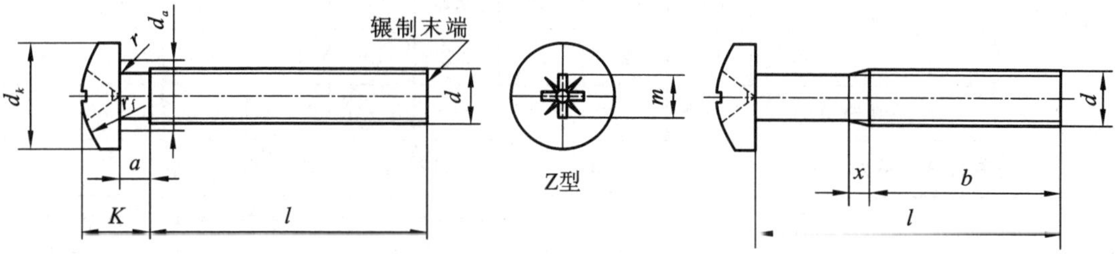

十字槽沉头螺钉

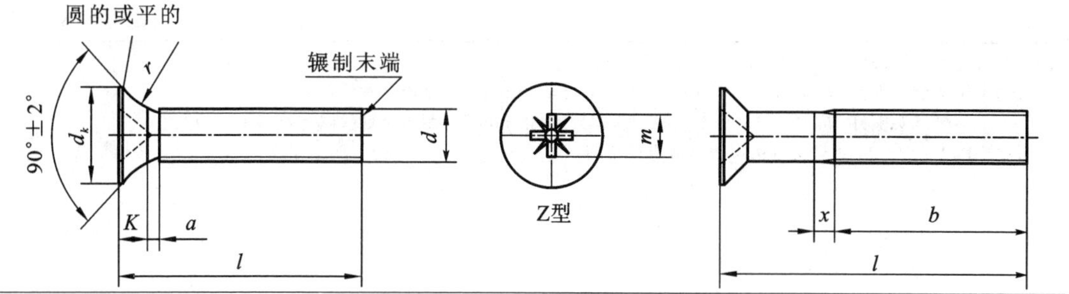

续表 10.19

标记示例：

螺钉 GB/T 818—2016 M5×20：螺纹规格 d=M5，公称长度 l=20 mm，性能等级为 4.8 级，不经表面处理的 A 级十字槽盘头螺钉

螺钉 GB/T 819.1—2016 M5×20：螺纹规格 d=M5，公称长度 l=20 mm，性能等级为 4.8 级，不经表面处理的 A 级十字槽沉头螺钉

螺纹规格 d			M1.6	M2	M2.5	M3	M4	M5	M6	M8	M10
螺距 P			0.35	0.4	0.45	0.5	0.7	0.8	1	1.25	1.5
a		max	0.7	0.8	0.9	1	1.4	1.6	2	2.5	3
b		min	25	25	25	25	38	38	38	38	38
x		max	0.9	1	1.1	1.25	1.75	2	2.5	3.2	3.8
十字槽盘头螺钉	d_a	max	2.1	2.6	3.1	3.6	4.7	5.7	6.8	9.2	11.20
	d_k	max	3.2	4	5	5.6	8	9.5	12	16	20
	K	max	1.3	1.6	2.1	2.4	3.1	3.7	4.6	6	7.5
	r	min	0.1	0.1	0.1	0.1	0.2	0.2	0.25	0.4	0.4
	r_f	≈	2.5	3.2	4	5	6.5	8	10	13	16
	m	参考	1.7	1.9	2.6	2.9	4.4	4.6	6.8	8.8	10
	l 商品规格范围		3～16	3～20	3～25	4～30	5～40	6～45	8～60	10～60	12～60
十字槽沉头螺钉	d_k	max	3	3.8	4.7	5.5	8.4	9.3	11.3	15.8	18.3
	K	max	1	1.2	1.5	1.65	2.7	2.7	3.3	4.65	5
	r	max	0.4	0.5	0.6	0.8	1	1.3	1.5	2	2.5
	m	参考	1.8	2	3	3.2	4.6	5.1	6.8	9	10
	l 商品规格范围		3～16	3～20	3～25	4～30	5～40	6～50	8～60	10～60	12～60
公称长度 l 系列			3，4，5，6，8，10，12，(14)，16，20～60(5 进位)								

技术条件	材料	力学性能等级	螺纹公差	公差产品等级	表面处理
	钢	4.8	6g	A	1.不经处理 2.电镀或协议

注：①尽可能不采用公称长度 l 中的(14)、(55)等规格。

②对十字槽盘头螺钉，d≤M3，l≤25 mm 或 d≥M4，l≤40 mm 时，制出全螺纹($b=l-a$)；

对十字槽沉头螺钉，d≤M3，l≤30 mm 或 d≥M4，l≤45 mm 时，制出全螺纹[$b=l-(K+a)$]。

③据 GB/T 818—2016 材料可选不锈钢或有色金属。

开槽盘头螺钉、开槽沉头螺钉参数见表 10.20。

表 10.20　开槽盘头螺钉、开槽沉头螺钉参数　　单位：mm

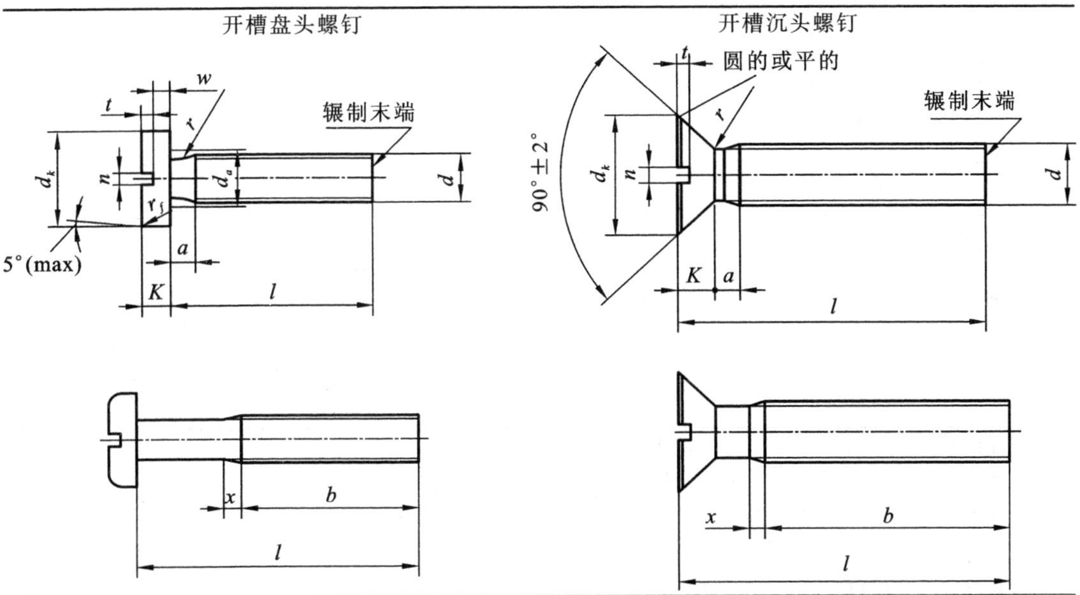

无螺纹部分杆径≈中径(或＝螺纹大径)

标记示例：

螺钉 GB/T 67—2016 M5×20：螺纹规格 d＝M5，公称长度 l＝20 mm，性能等级为 4.8 级，不经表面处理的 A 级开槽盘头螺钉

螺钉 GB/T 68—2016 M5×20：螺纹规格 d＝M5，公称长度 l＝20 mm，性能等级为 4.8 级，不经表面处理的 A 级开槽沉头螺钉

螺纹规格 d			M1.6	M2	M2.5	M3	M4	M5	M6	M8	M10
螺距 P			0.35	0.4	0.45	0.5	0.7	0.8	1	1.25	1.5
a		max	0.7	0.8	0.9	1	1.4	1.6	2	2.5	3
b		min	25	25	25	25	38	38	38	38	38
n		公称	0.4	0.5	0.6	0.8	1.2	1.2	1.6	2	2.5
x		max	0.9	1	1.1	1.25	1.75	2	2.5	3.2	3.8
开槽盘头螺钉	d_k	max	3.2	4	5	5.6	8	9.5	12	16	20
	d_a	max	2	2.6	3.1	3.6	4.7	5.7	6.8	9.2	11.2
	K	max	1	1.3	1.5	1.8	2.4	3	3.6	4.8	6
	r	min	0.1	0.1	0.1	0.1	0.2	0.2	0.25	0.4	0.4
	r_f	参考	0.5	0.6	0.8	0.9	1.2	1.5	1.8	2.4	3
	t	min	0.35	0.5	0.6	0.7	1	1.2	1.4	1.9	2.4
	w	min	0.3	0.4	0.5	0.7	1	1.2	1.4	1.9	2.4
	l 商品规格范围		2～16	2.5～20	3～25	4～30	5～40	6～50	8～60	10～80	12～80

续表 10.20

螺纹规格 d			M1.6	M2	M2.5	M3	M4	M5	M6	M8	M10
开槽沉头螺钉	d_k	max	3	3.8	4.7	5.5	8.4	9.3	11.3	15.8	18.3
	K	max	1	1.2	1.5	1.65	2.7	2.7	3.3	4.65	5
	n	max	0.4	0.5	0.6	0.8	1	1.3	1.5	2	2.5
	t	min	0.32	0.4	0.5	0.6	1	1.1	1.2	1.8	2
	l 商品规格范围		2.5～16	3～20	4～25	5～30	6～40	8～50	8～60	10～80	12～80
公称长度 l 系列			2.5,3,4,5,6,8,10,12,(14),16,20～80(5 进位)								
技术条件			材料	性能等级		螺纹公差		公差产品等级		表面处理	
			钢	4.8、5.8		6g		A		不经处理	

注:①公称长度 l 中的(14),(55),(65),(75)等规格尽可能不采用。

②对开槽盘头螺钉,$d \leqslant$ M3,$l \leqslant 30$ mm 或 $d \geqslant$ M4,$l \leqslant 40$ mm 时,制出全螺纹($b=l-a$);

对开槽盘头螺钉,$d \leqslant$ M3,$l \leqslant 30$ mm 或 $d \geqslant$ M4,$l \leqslant 45$ mm 时,制出全螺纹[$b=l-(K+a)$]。

10.1.6 螺母

Ⅰ型六角螺母—A 级和 B 级、六角薄螺母—A 级和 B 级参数见表 10.21。

表 10.21 Ⅰ型六角螺母—A 级和 B 级、六角薄螺母—A 级和 B 级参数 单位:mm

允许制造形式

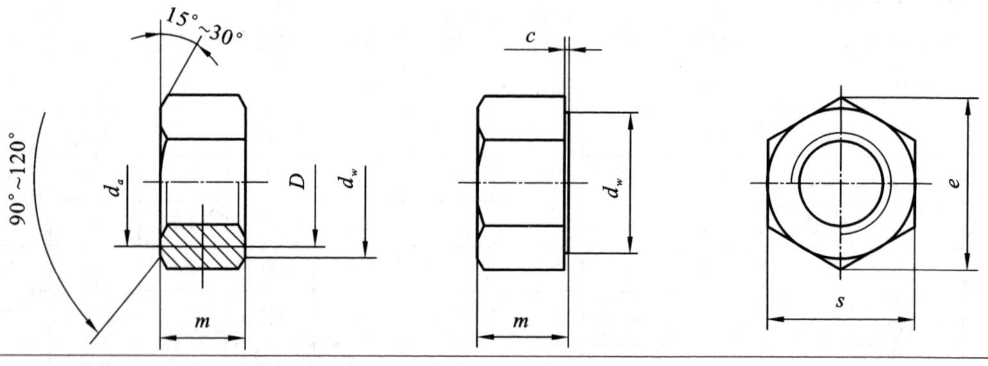

标记示例:

螺母 GB/T 6170—2015 N12:螺纹规格 D=M12,性能等级为 8 级,不经表面处理,产品等级为 A 的Ⅰ型六角螺母

螺母 GB/T 6172.1—2016 M12:螺纹规格 D=M12,性能等级为 4 级,不经表面处理,产品等级为 A 的六角薄螺母

螺纹规格 D		M3	M4	M5	M6	M8	M10	M12	(M14)	M16	(M18)	M20	(M22)	M24	(M27)	M30	M36
d_a	max	3.45	4.6	5.75	6.75	8.75	10.8	13	15.1	17.30	19.5	21.6	23.7	25.9	29.1	32.4	38.9
d_w	min	4.6	5.9	6.9	8.9	11.6	14.6	16.6	19.6	22.5	24.9	27.7	31.4	33.3	38	42.8	51.1
e	min	6.01	7.66	8.79	11.05	14.38	17.77	20.03	23.36	26.75	29.56	32.95	37.29	39.55	45.2	50.85	60.79
s	max	5.5	7	8	10	13	16	18	21	24	27	30	34	36	41	46	55

续表 10.21

螺纹规格 D		M3	M4	M5	M6	M8	M10	M12	(M14)	M16	(M18)	M20	(M22)	M24	(M27)	M30	M36
c	max	0.4	0.4	0.5	0.5	0.6	0.6	0.6	0.6	0.8	0.8	0.8	0.8	0.8	0.8	0.8	0.8
m (max)	六角螺母	2.4	3.2	4.7	5.2	6.8	8.4	10.8	12.8	14.8	15.8	18	19.4	21.5	23.8	25.6	31
	薄螺母	1.8	2.2	2.7	3.2	4	5	6	7	8	9	10	11	12	13.5	15	18

<table>
<tr><td rowspan="2">技术条件</td><td>材料</td><td>性能等级</td><td>螺纹公差</td><td>表面处理</td><td>公差产品等级</td></tr>
<tr><td>钢</td><td>六角螺母 6,8,10
薄螺母 04,05</td><td>6H</td><td>不经处理</td><td>A 级用于 $D \leqslant$ M16
B 级用于 $D >$ M16</td></tr>
</table>

注：尽可能不采用括号内的规格。

圆螺母、小圆螺母参数见表 10.22。

表 10.22 圆螺母、小圆螺母参数 单位：mm

圆螺母

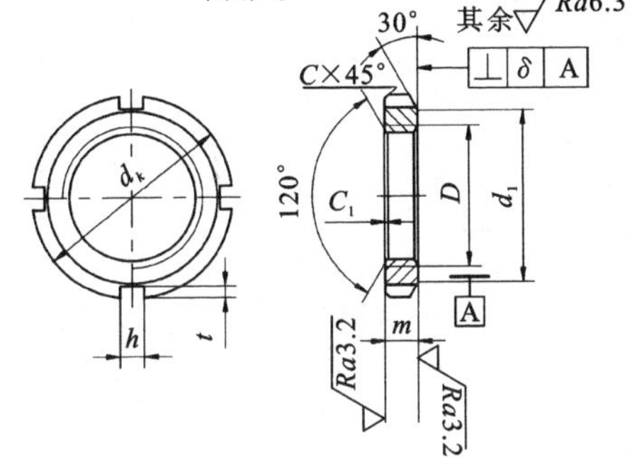

小圆螺母

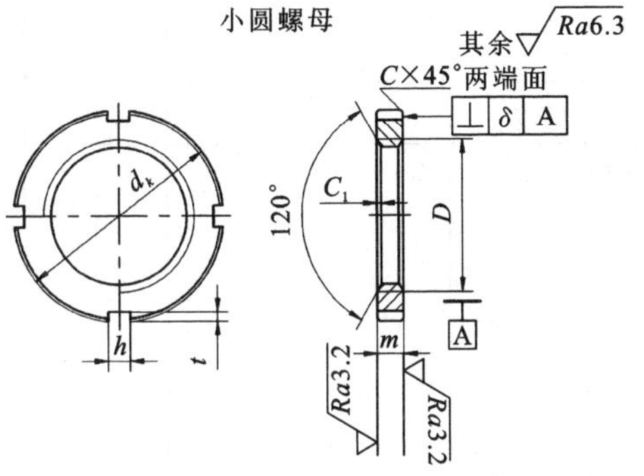

标记示例：

螺母 GB/T 812—1988 M16×1.5：螺纹规格 D=M15，材料为 45 钢，槽或全部热处理硬度35～45HRC、表面氧化的圆螺母

螺母 GB/T 810—1988 M16×1.5：螺纹规格 D=M15，材料为 45 钢，槽或全部热处理硬度 35～45HRC、表面氧化的小圆螺母

<table>
<tr><th colspan="10">圆螺母</th><th colspan="9">小圆螺母</th></tr>
<tr><th>螺纹规格</th><th rowspan="2">d_k</th><th rowspan="2">d_1</th><th rowspan="2">m</th><th colspan="2">h</th><th colspan="2">t</th><th rowspan="2">C</th><th rowspan="2">C_1</th><th>螺纹规格</th><th rowspan="2">d_k</th><th rowspan="2">m</th><th colspan="2">h</th><th colspan="2">t</th><th rowspan="2">C</th><th rowspan="2">C_1</th></tr>
<tr><th>$D \times P$</th><th>max</th><th>min</th><th>max</th><th>min</th><th>$D \times P$</th><th>max</th><th>min</th><th>max</th><th>min</th></tr>
<tr><td>M10×1</td><td>22</td><td>16</td><td rowspan="6">8</td><td rowspan="3">4.3</td><td rowspan="3">4</td><td rowspan="3">2.6</td><td rowspan="3">2</td><td rowspan="7">0.5</td><td rowspan="9">0.5</td><td>M10×1</td><td>20</td><td rowspan="6">6</td><td rowspan="4">4.3</td><td rowspan="4">4</td><td rowspan="4">2.6</td><td rowspan="4">2</td><td rowspan="8">0.5</td><td rowspan="9">0.5</td></tr>
<tr><td>M12×1.25</td><td>25</td><td>19</td><td>M12×1.25</td><td>22</td></tr>
<tr><td>M14×1.5</td><td>28</td><td>20</td><td>M14×1.5</td><td>25</td></tr>
<tr><td>M16×1.5</td><td>30</td><td>22</td><td rowspan="6">5.3</td><td rowspan="6">5</td><td rowspan="6">3.1</td><td rowspan="6">2.5</td><td>M16×1.5</td><td>28</td></tr>
<tr><td>M18×1.5</td><td>32</td><td>24</td><td>M18×1.5</td><td>30</td><td rowspan="5">5.3</td><td rowspan="5">5</td><td rowspan="5">3.1</td><td rowspan="5">2.5</td></tr>
<tr><td>M20×1.5</td><td>35</td><td>27</td><td>M20×1.5</td><td>32</td></tr>
<tr><td>M22×1.5</td><td>38</td><td>30</td><td rowspan="3">10</td><td>M22×1.5</td><td>35</td><td rowspan="3">8</td></tr>
<tr><td>M24×1.5</td><td rowspan="2">42</td><td rowspan="2">34</td><td rowspan="2">1</td><td>M24×1.5</td><td>38</td></tr>
<tr><td>M25×1.5*</td><td>M27×1.5</td><td>42</td><td>1</td></tr>
</table>

续表 10.22

圆螺母

螺纹规格 $D\times P$	d_k	d_1	m	h max	h min	t max	t min	C	C_1
M27×1.5	45	37	10	5.3	5	3.1	2.5	1	0.5
M30×1.5	48	40							
M33×1.5	52	43		6.3	6	3.6	3		
M35×1.5*									
M36×1.5	55	46							
M39×1.5	58	49						5	
M40×1.5*									
M42×1.5	62	53							
M45×1.5	68	59							
M48×1.5	72	61	12	8.36	8	4.25	3.5		
M50×1.5*									
M52×1.5	78	67							
M55×2*									
M56×2	85	74							1
M60×2	90	79							
M64×2	95	84							
M65×2*									
M68×2	100	88							
M72×2	105	93	15	10.36	10	4.75	4		
M75×2*									
M76×2	110	98							
M80×2	115	103							
M85×2	120	108							
M90×2	125	112	18	12.43	12	5.75	5		
M95×2	130	117							
M100×2	135	122							
M105×2	140	127							

小圆螺母

螺纹规格 $D\times P$	d_k	m	h max	h min	t max	t min	C	C_1
M30×1.5	45	8	5.3	5	3.1	2.5	1	0.5
M33×1.5	48							
M36×1.5	52		6.3	6	3.6	3		
M39×1.5	55							
M42×1.5	58							
M45×1.5	62							
M48×1.5	68	10						
M52×1.5	72		8.36	8	4.25	3.5		
M56×2	78							1
M60×2	80							
M64×2	85							
M68×2	90							
M72×2	95	12						
M76×2	100		10.36	10	4.75	4		
M80×2	105						1.5	
M85×2	110							
M90×2	115							
M95×2	120							
M100×2	125		12.43	12	5.75	5		
M105×2	130	15						

技术条件	材料	螺纹公差	热处理及表面处理
	45 钢	6H	槽或全部热处理后 35～45HRC；调质后 24～30HRC；氰化

注：①槽数 n：当 $D\leqslant$M100×2 时，$n=4$；当 $D\geqslant$M105×2 时，$n=6$。

②仅用于滚动轴承锁紧装置。

10.1.7 垫圈

小垫圈—A级、平垫圈—A级、平垫圈—倒角型—A级参数见表10.23。

表10.23 小垫圈—A级、平垫圈—A级、平垫圈—倒角型—A级参数 单位：mm

小垫圈—A级、平垫圈—A级、平垫圈—倒角型—A级

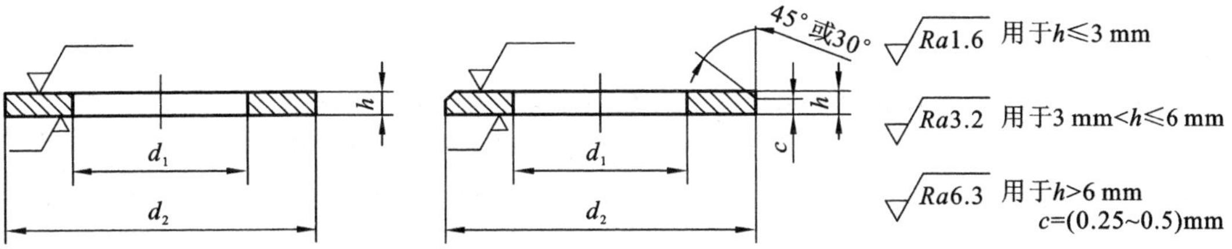

标记示例：

垫圈 GB/T 848—2002：小系列，公称规格 $d=8$ mm，由钢制造的硬度等级为200HV级、不经表面处理，产品等级为A级的小垫圈

垫圈 GB/T 97.1—2002：标准系列，公称规格 $d=8$ mm，由钢制造的硬度等级为200HV级、不经表面处理，产品等级为A级的平垫圈

<table>
<tr><td colspan="2">公称规格
（螺纹大径 d）</td><td>1.6</td><td>2</td><td>2.5</td><td>3</td><td>4</td><td>5</td><td>6</td><td>8</td><td>10</td><td>12</td><td>14</td><td>16</td><td>20</td><td>24</td><td>30</td><td>36</td></tr>
<tr><td rowspan="3">d1</td><td>GB/T 848—2002</td><td rowspan="2">1.7</td><td rowspan="2">2.2</td><td rowspan="2">2.7</td><td rowspan="2">3.2</td><td rowspan="2">4.3</td><td rowspan="3">5.3</td><td rowspan="3">6.4</td><td rowspan="3">8.4</td><td rowspan="3">10.5</td><td rowspan="3">13</td><td rowspan="3">15</td><td rowspan="3">17</td><td rowspan="3">21</td><td rowspan="3">25</td><td rowspan="3">31</td><td rowspan="3">37</td></tr>
<tr><td>GB/T 97.1—2002</td></tr>
<tr><td>GB/T 97.2—2002</td><td>—</td><td>—</td><td>—</td><td>—</td><td>—</td></tr>
<tr><td rowspan="3">d2</td><td>GB/T 848—2002</td><td>3.5</td><td>4.5</td><td>5</td><td>6</td><td>8</td><td>9</td><td>11</td><td>15</td><td>18</td><td>20</td><td>24</td><td>28</td><td>34</td><td>39</td><td>50</td><td>60</td></tr>
<tr><td>GB/T 97.1—2002</td><td>4</td><td>5</td><td>6</td><td>7</td><td>9</td><td rowspan="2">10</td><td rowspan="2">12</td><td rowspan="2">16</td><td rowspan="2">20</td><td rowspan="2">24</td><td rowspan="2">28</td><td rowspan="2">30</td><td rowspan="2">37</td><td rowspan="2">44</td><td rowspan="2">56</td><td rowspan="2">66</td></tr>
<tr><td>GB/T 97.2—2002</td><td>—</td><td>—</td><td>—</td><td>—</td><td>—</td></tr>
<tr><td rowspan="3">d2</td><td>GB/T 848—2002</td><td rowspan="2">0.3</td><td rowspan="2">0.3</td><td rowspan="2">0.5</td><td rowspan="2">0.5</td><td>0.5</td><td rowspan="3">1</td><td rowspan="3">1.6</td><td rowspan="3">1.6</td><td>1.6</td><td>2</td><td rowspan="3">2.5</td><td>2.5</td><td rowspan="3">3</td><td rowspan="3">4</td><td rowspan="3">4</td><td rowspan="3">5</td></tr>
<tr><td>GB/T 97.1—2002</td><td>0.8</td><td rowspan="2">2</td><td rowspan="2">2.5</td><td rowspan="2">3</td></tr>
<tr><td>GB/T 97.2—2002</td><td>—</td><td>—</td><td>—</td><td>—</td><td>—</td></tr>
</table>

注：材料为Q215、Q235。

标准型弹簧垫圈、轻型弹簧垫圈参数见表 10.24。

表 10.24 标准型弹簧垫圈、轻型弹簧垫圈参数 单位:mm

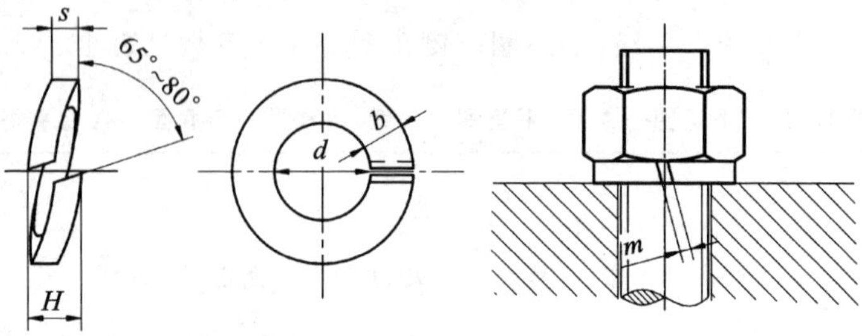

标记示例:

垫圈 GB/T 93—1987 16:规格 16 mm,材料为 65Mn,表面氧化的标准型弹簧垫圈

垫圈 GB/T 859—1987 16:规格 16 mm,材料为 65Mn,表面氧化的轻型弹簧垫圈

规格(螺纹大径 d)			3	4	5	6	8	10	12	(14)	16	(18)	20	(22)	24	(27)	30	(33)
GB/T 93—1987	$s(b)$	公称	0.8	1.1	1.3	1.6	2.1	2.6	3.1	3.6	4.1	4.5	5.0	5.5	6.0	6.8	7.5	8.5
	H	min	1.6	2.2	2.6	3.2	4.2	5.2	6.2	7.2	8.2	9	10	11	12	13.6	15	17
		max	2	2.75	3.25	4	5.25	6.5	7.75	9	10.25	11.25	12.5	13.75	15	17	18.75	21.25
	m	≤	0.4	0.55	0.65	0.8	1.05	1.3	1.55	1.8	2.05	2.25	2.5	2.75	3	3.4	3.75	4.25
GB/T 859—1987	s	公称	0.6	0.8	1.1	1.3	1.6	2	2.5	3	3.2	3.6	4	4.5	5	5.5	6	—
	b	公称	1	1.2	1.5	2	2.5	3	3.5	4	4.5	5	5.5	6	7	8	9	—
	H	min	1.2	1.6	2.2	2.6	3.2	4	5	6	6.4	7.2	8	9	10	11	12	—
		max	1.5	2	2.75	3.25	4	5	6.25	7.5	8	9	10	11.25	12.5	13.75	15	—
	m	≤	0.3	0.4	0.55	0.65	0.8	1.0	1.25	1.5	1.6	1.8	2.0	2.25	2.5	2.75	3.0	—

注:材料为 65Mn,淬火并回火处理,硬度为 42~50HRC,尽可能不采用括号内的规格。

圆螺母用止动垫圈参数见表 10.25。

表 10.25 圆螺母用止动垫圈参数 单位:mm

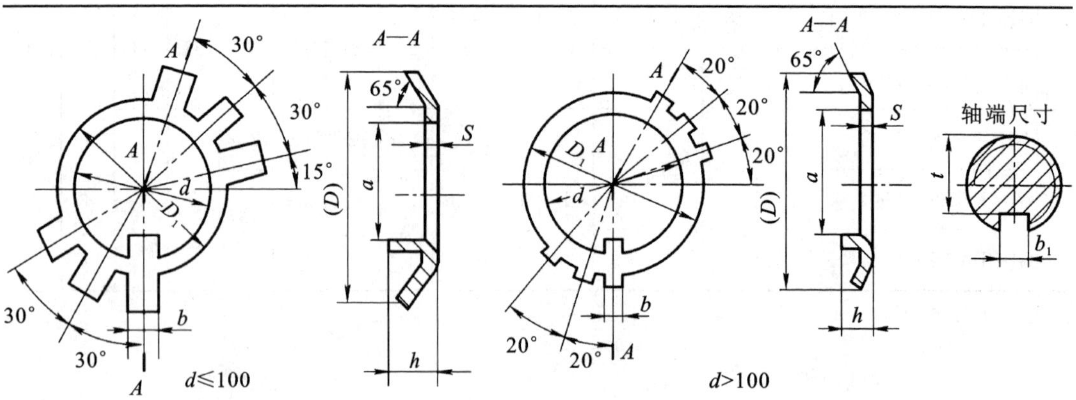

续表 10.25

标记示例：垫圈 GB/T 858—1988 16：规格 16 mm，材料为 Q235，经退火、表面氧化的圆螺母用止动垫圈																			
规格（螺纹大径）	d	D（参考）	D_1	S	b	a	h	轴端		规格（螺纹大径）	d	D（参考）	D_1	S	b	a	h	轴端	
								b_1	t									b_1	t
10	10.5	25	16	1	3.8	8	3	4	7	48	48.5	76	61	1.5	7.7	45	5	8	44
12	12.5	28	19			9			8	50*	50.5					47			—
14	14.5	32	20			11			10	52	52.5	82	67			49	6		48
16	16.5	34	22		4.8	13		5	12	55*	56					52			—
18	18.5	35	24			15	4		14	56	57	90	74			53			52
20	20.5	38	27			17			16	60	61	94	79			57			56
22	22.5	42	30			19			18	64	65	100	84			61			60
24	24.5	45	34			21			20	65*	66					62			—
25*	25.5					22			—	68	69	105	88		9.6	65	7	10	64
27	27.5	48	37			24	5		23	72	73	110	93			69			68
30	30.5	52	40			27			26	75*	76					71			—
33	33.5	56	43	1.5	5.7	30		6	29	76	77	115	98			72			70
35*	35.5					32			—	80	81	120	103			76			74
36	36.5	60	46			33			32	85	86	125	108			81			79
39	39.5	62	49			36			35	90	91	130	112	2	11.6	86		12	84
40*	40.5					37			—	95	96	135	117			91			89
42	42.5	66	53			39			38	100	101	140	122			96			94
45	45.5	72	59			42			41	105	106	145	127			101			99

注：材料为 Q235，标有 * 的规格仅用于滚动轴承锁紧装置。

10.1.8 挡圈

螺钉紧固端挡圈、螺栓紧固轴端挡圈参数见表 10.26。

表 10.26　螺钉紧固端挡圈、螺栓紧固轴端挡圈参数　　单位:mm

螺钉紧固端挡圈

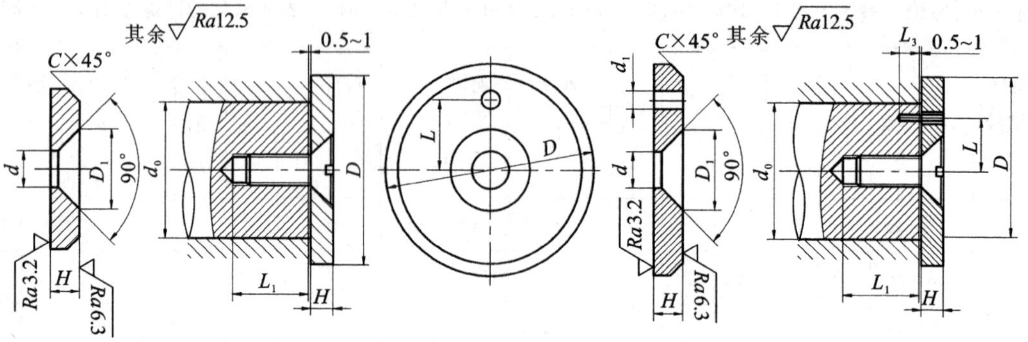

螺栓紧固轴端挡圈

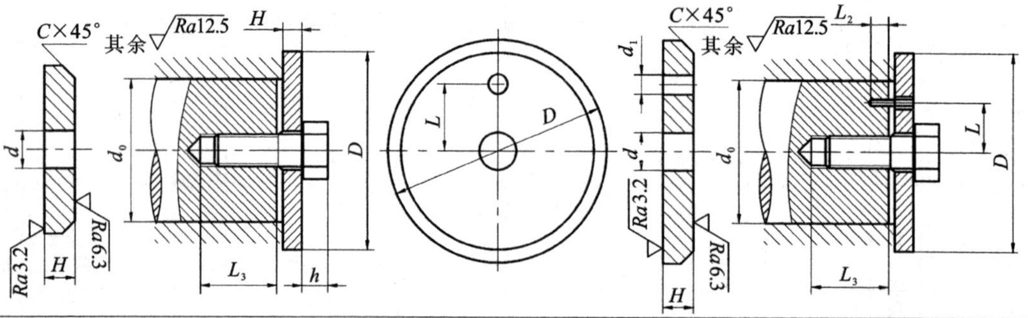

标记示例:挡圈 GB/T 891—1986 45:公称直径 D=45 mm,材料为 Q235A,不经表面处理的 A 型螺钉紧固轴端挡圈

挡圈 GB/T 892—1986 45:公称直径 D=45 mm,材料为 Q235A,不经表面处理的 A 型螺栓紧固轴端挡圈

挡圈 GB/T 891—1986 B45:公称直径 D=45 mm,材料为 Q235A,不经表面处理的 B 型螺钉紧固轴端挡圈

轴径 d_0 ≤	公称直径 D	H		L		d	d_1	C	螺钉紧固轴端挡圈			螺栓紧固轴端挡圈			安装尺寸(参考)			
		基本尺寸	极限偏差	基本尺寸	极限偏差				D_1	螺钉 GB/T 819—2000(推荐)	圆柱销 GB/T 119—2000(推荐)	螺栓 GB/T 5783—2000(推荐)	圆柱销 GB/T 119—2000(推荐)	垫圈 GB/T 93—1987(推荐)	L_1	L_2	L_3	h
14	20	4	0 −0.30	—	±0.11	5.5	2.1	0.5	11	M5×12	A2×10	M5×16	A2×10	5	14	6	16	4.8
16	22	4		—														
18	25	4		—														
20	28	4		7.5														
22	30	4		7.5														
25	32	5		10		6.6	3.2	1	13	M6×16	A3×12	M6×20	A3×12	6	18	7	20	5.6
28	35	5		10														
30	38	5		10														
32	40	5		12	±0.135													

续表 10.26

轴径 d_0 ≤	公称直径 D	H 基本尺寸	H 极限偏差	L 基本尺寸	L 极限偏差	d	d_1	C	螺钉紧固轴端挡圈 D_1	螺钉紧固轴端挡圈 螺钉 GB/T 819—2000(推荐)	螺钉紧固轴端挡圈 圆柱销 GB/T 119—2000(推荐)	螺栓紧固轴端挡圈 螺栓 GB/T 5783—2000(推荐)	螺栓紧固轴端挡圈 圆柱销 GB/T 119—2000(推荐)	螺栓紧固轴端挡圈 垫圈 GB/T 93—1987(推荐)	安装尺寸(参考) L_1	L_2	L_3	h
35	45	5	0 −0.30	12	±0.135	6.6	3.2	1	13	M6×16	A3×12	M6×20	A3×12	6	18	7	20	5.6
40	50	5		12														
45	55	6		16		9	4.2	1.5	17	M8×20	A4×14	M8×25	A4×14	8	22	8	24	7.4
50	60	6		16														
55	65	6		16														
60	70	6		20														
65	75	6		20	±0.165													
70	80	6		20														
75	90	8	0 −0.36	25		13	5.2	2	25	M12×25	A5×16	M12×30	A5×16	12	26	10	28	10.6
85	100	8		25														

注:①当挡圈装在带螺纹孔的轴端时,紧固用螺钉(螺栓)允许加长。

②材料为 Q235A、35 钢和 45 钢。

③"轴端单孔挡圈的固定"不属于 GB/T 891—1986、GB/T 892—1986,仅供参考。

轴用弹性挡圈—A 型参数见表 10.27。

表 10.27 轴用弹性挡圈—A 型参数 单位:mm

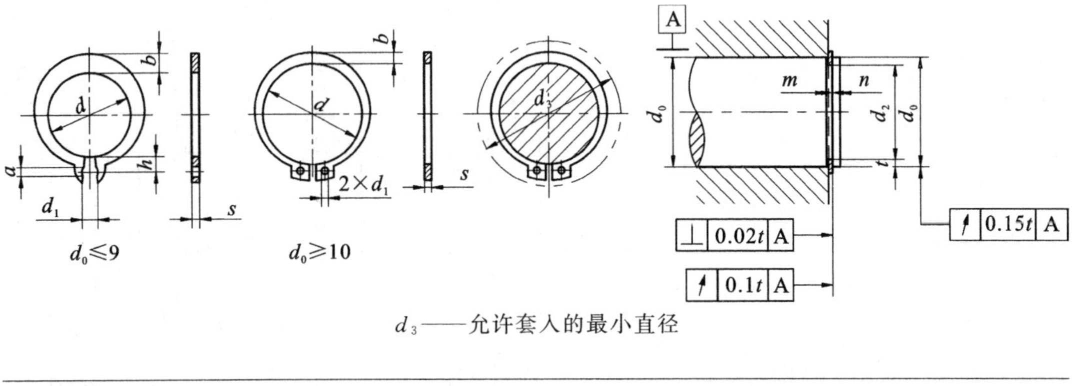

d_3——允许套入的最小直径

标记示例:挡圈 GB/T 894.1—2017 50:轴颈 d_0=50 mm,材料 65Mn,热处理硬度 44~51HRC,经表面氧化处理的 A 型轴用弹性挡圈

续表 10.27

轴径 d_0	挡圈 d	挡圈 s	挡圈 $b\approx$	挡圈 d_1	挡圈 h	沟槽(推荐) d_2 基本尺寸	沟槽(推荐) d_2 极限偏差	沟槽(推荐) m	沟槽(推荐) $n\geqslant$	孔 $d_3\geqslant$
3	2.7	0.4	0.8	1	0.95	2.8	−0.04	0.5	0.3	7.2
4	3.7		0.88		1.1	3.8	0 −0.048			8.8
5	4.7	0.6	1.12		1.25	4.8		0.7		10.7
6	5.6		1.32	1.2	1.35	5.7			0.5	12.2
7	6.5				1.55	6.7	0 −0.058			13.8
8	7.4	0.8			1.60	7.6		0.9	0.6	15.2
9	8.4		1.44		1.65	8.6				16.4
10	9.3	1		1.5	—	9.6		1.1		17.6
11	10.2		1.52			10.5	0 −0.11		0.8	18.6
12	11	1	1.72	1.5	—	11.5	0 −0.11	1.1	0.8	19.6
13	11.9		1.88	1.7		12.4			0.9	20.8
14	12.9					13.4				22
15	13.8		2.00			14.3			1.1	23.2
16	14.7		2.32			15.2			1.2	24.4
17	15.7		2.48			16.2			1.5	25.6
18	16.5					17				27
19	17.5			2		18				28
20	18.5		2.68			19	0 −0.13			29
21	19.5	1	2.68	2	—	20	0 −0.13	1.1	1.5	31
22	20.5					21				32
24	22.2	1.2	3.32			22.9	0 −0.21	1.3	1.7	34
25	23.2					23.9				35
26	24.2					24.9				36
28	25.9		3.60			26.6			2.1	38.4
29	26.9		3.72			27.6				39.8
30	27.9					28.6				42
32	29.6		3.92	2.5		30.3	0 −0.25		2.6	44
34	31.5	1.5	4.32			32.3		1.7		46
35	32.2		4.52			33			3	48
36	33.2					34				49
37	34.2					35				50
38	35.2		5.0			36				51
40	36.5					37.5			3.8	53
42	38.5			3		39.5				56
45	41.5					42.5				59.4
48	44.5					45.5				62.8
50	45.8	2	5.48			47		2.2	4.5	64.8
52	47.8					49				67
55	50.8					52	0 −0.30			70.4
56	51.8		6.12			53				71.7
58	53.8	2	6.12	3	—	55	0 −0.30	2.2	4.5	73.6
60	55.8					57				75.8
62	57.8					59				79
63	58.8	2.5				60		5.3		79.6
65	58.8					62				81.6
68	63.5		6.32			65				85
70	65.5					67				87.2
72	67.5					69				89.4
75	70.5					72				92.8
78	73.5					75				96.2
80	74.5		7.0			76.5			5.3	98.2
82	76.5					78.5				101
85	79.5					81.5	0 −0.35			104
88	82.5					84.5				107.3
90	84.5		7.6			86.5				110
95	89.5		9.2			91.5				115
100	94.5					96.5				121
105	98	3	10.7			101	0 −0.54	3.2	6	132
110	103		11.3	4		106				136
115	108		12			111				142
120	113					116				145
125	118		12.6			121	−0.63			151

注：①材料为 65Mn、65Si2MnA。

②热处理(淬火并回火)：$d_0\leqslant 48$ mm 时，硬度为 47～54HRC；$d_0>48$ mm 时，硬度为 44～51HRC。

③尺寸 m 的极限偏差：$d_0\leqslant 100$ mm 时为 $^{+0.14}_{0}$；$d_0>100$ mm 时为 $^{+0.18}_{0}$。

孔用弹性挡圈—A 型参数见表 10.28。

表 10.28 孔用弹性挡圈—A 型参数 单位:mm

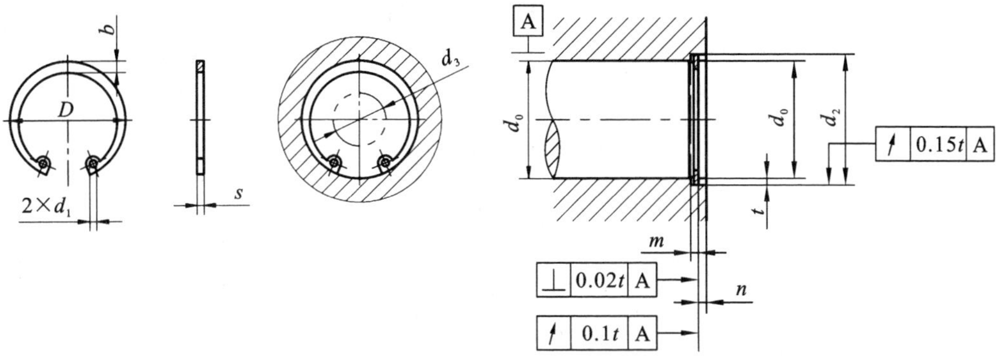

d_3——允许套入的最大直径

标记示例:挡圈 GB/T 893.1—2017 50:孔径 d_0=50 mm,材料 65Mn,热处理硬度 44~51HRC,经表面氧化处理的 A 型孔用弹性挡圈

孔径 d_0	挡圈				沟槽(推荐)				轴	孔径 d_0	挡圈				沟槽(推荐)				轴
	D	s	$b\approx$	d_1	d_2 基本尺寸	d_2 极限偏差	m	$n\geqslant$	$d_3\leqslant$		D	s	$b\approx$	d_1	d_2 基本尺寸	d_2 极限偏差	m	$n\geqslant$	$d_3\leqslant$
8	8.7	0.6	1	1	8.4	$^{+0.09}_{0}$	0.7	0.6	2	48	51.5	1.5	4.7	3	50.5	$^{+0.030}_{0}$	1.7	3.8	33
9	9.8		1.2		9.4					50	54.2	2			53		2.2	4.5	36
10	10.8	0.8	1.7	1.5	10.4	$^{+0.11}_{0}$	0.9			52	56.2				55				38
11	11.8				11.4				3	55	59.2				58				40
12	13				12.5			0.9	4	56	60.2		5.2		59				41
13	14.1			1.7	13.6					58	62.2				61				43
14	15.1	1	2.1		14.6		1.1		5	60	64.2				63				44
15	16.2				15.7			1.2	6	62	66.2				65				45
16	17.3				16.8				7	63	67.2				66				46
17	18.3				17.8				8	65	69.2	2.5			68		2.7		48
18	19.5				19	$^{+0.13}_{0}$		1.5	9	68	72.2		5.7		71				50
19	20.5		2.5	2	20				10	70	74.2				73				53
20	21.5				21					72	76.5				75				55
21	22.5				22				11	75	79.5		6.3		78				56
22	23.5				23				12	78	82.5				81	+0.35			60

续表 10.28

孔径 d_0	挡圈 D	挡圈 s	挡圈 $b\approx$	挡圈 d_1	沟槽(推荐) d_2 基本尺寸	沟槽(推荐) d_2 极限偏差	沟槽(推荐) m	沟槽(推荐) $n\geqslant$	轴 $d_3\leqslant$	孔径 d_0	挡圈 D	挡圈 s	挡圈 $b\approx$	挡圈 d_1	沟槽(推荐) d_2 基本尺寸	沟槽(推荐) d_2 极限偏差	沟槽(推荐) m	沟槽(推荐) $n\geqslant$	轴 $d_3\leqslant$
24	25.9		2.5		25.2				13	80	85.5				83.5				63
25	26.9		2.8		26.2	$^{+0.21}_{0}$		1.8	14	82	87.5		6.8		85.5				65
26	27.9			2	27.2				15	85	90.5				88.5				68
28	30.1	1.2			29.4		1.3	2.1	17	88	93.5		7.3		91.5				70
30	32.1		3.2		31.4				18	90	95.5	2.5		3	93.5	$^{+0.35}_{0}$	2.7	5.3	72
31	33.4				32.7				19	92	97.5				95.5				73
32	34.4				33.7			2.6	20	95	100.5		7.7		98.5				75
34	36.5				35.7				22	98	103.5				101.5				78
35	37.8			2.5	37				23	100	105.5				103.5				80
36	38.8		3.6		38	$^{+0.25}_{0}$		3	24	102	108		8.1		106				82
37	39.8				39				25	105	112				109				83
38	40.8	1.5			40		1.7		26	108	115		8.8		112	$^{+0.54}_{0}$			86
40	43.5		4		42.5				27	110	117	3		4	114		3.2	6	88
42	45.5				44.5			3.8	29	112	119				116				89
45	48.5		4.7	3	47.5				31	115	122		9.3		119				90
47	50.5				49.5				32	120	127				124	+0.63			95

注:①材料为 65Mn、65Si2MnA。

②热处理(淬火并回火)::$d_0\leqslant48$ mm 时,硬度为 47～54HRC;$d_0>48$ mm 时,硬度为 44～51HRC。

③尺寸 m 的极限偏差:$d_0\leqslant100$ mm 时为$^{+0.14}_{0}$;$d_0>100$ mm 时为$^{+0.18}_{0}$。

10.2 键、花键和销连接

10.2.1 键连接

普通平键连接的剖面和键槽尺寸见表 10.29。

表 10.29 普通平键连接的剖面和键槽尺寸 单位:mm

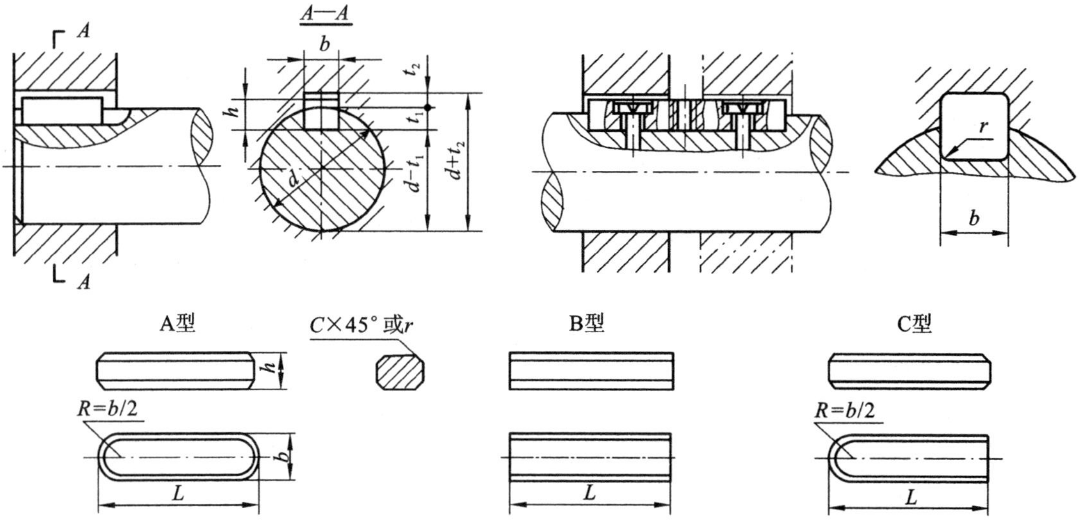

标记示例:

宽度 b=16 mm、高度 h=10 mm、长度 L=100 mm 的普通 A 型平键:GB/T 1096 键 16×10×100

宽度 b=16 mm、高度 h=10 mm、长度 L=100 mm 的普通 B 型平键:GB/T 1096 键 B16×10×100

宽度 b=16 mm、高度 h=10 mm、长度 L=100 mm 的普通 C 型平键:GB/T 1096 键 C16×10×100

轴	键	键槽											
公称直径 d	公称尺寸 $b\times h$	宽度 b						深度				半径 r	
		公称尺寸	极限偏差					轴 t_1		毂 t_2			
			松连接		正常连接		紧密连接						
			轴 H9	毂 D10	轴 N9	毂 JS9	轴和毂 P9	公称尺寸	极限偏差	公称尺寸	极限偏差	最小	最大
>6~8	2×2	2	+0.025 0	+0.060 +0.020	−0.004 −0.029	±0.0125	−0.006 −0.031	1.2	+0.1 0	1	+0.1 0	0.08	0.16
>8~10	3×3	3						1.8		1.4			
>10~12	4×4	4	+0.030 0	+0.078 +0.030	0 −0.030	±0.015	−0.012 −0.042	2.5		1.8			
>12~17	5×5	5						3.0		2.3		0.16	0.25
>17~22	6×6	6						3.5		2.8			
>22~30	8×7	8	+0.036 0	+0.098 +0.040	0 −0.036	±0.018	−0.015 −0.051	4.0	+0.2 0	3.3	+0.2 0		
>30~38	10×8	10						5.0		3.3		0.25	0.40

续表 10.29

轴	键	键槽											
公称直径 d	公称尺寸 $b\times h$	宽度 b						深度				半径 r	
		公称尺寸	极限偏差					轴 t_1		毂 t_2			
			松连接		正常连接		紧密连接						
			轴 H9	毂 D10	轴 N9	毂 JS9	轴和毂 P9	公称尺寸	极限偏差	公称尺寸	极限偏差	最小	最大
>38～44	12×8	12	+0.043 0	+0.120 +0.050	0 −0.043	±0.0215	−0.018 −0.061	5.0	+0.2 0	3.3	+0.2 0	0.25	0.40
>44～50	14×9	14						5.5		3.8			
>50～58	16×10	16						6.0		4.3			
>58～65	18×11	18						7.0		4.4			
>65～75	20×12	20	+0.052 0	+0.149 +0.065	0 −0.052	±0.026	−0.022 −0.074	7.5		4.9		0.40	0.60
>75～85	22×14	22						9.0		5.4			
>85～95	25×14	25						9.0		5.4			
>95～110	28×16	28						10.0		6.4			
键的长度系列	6,8,10,12,14,16,18,20,22,25,28,32,36,40,45,50,56,63,70,80,90,100,110,125,140,160,180,200,220,250,280,320,360												

注:①在工作图中,轴槽深用 $d-t_1$ 或 t_1 标注,毂槽深用 $d+t_2$ 标注。

②$(d-t_1)$和$(d+t_2)$两组组合尺寸的极限偏差按相应的 t_1 和 t_2 极限偏差选取,但是$(d-t_1)$极限偏差值应取负号(−)。

③键尺寸 b 的极限偏差代号为 h8,h 为 h11(矩形)或 h8(方形),L 为 h14。

④键材料的抗拉强度应不小于 590 MPa。

半圆键连接的剖面和键槽尺寸、半圆键的形式和尺寸见表 10.30。

表 10.30 半圆键连接的剖面和键槽尺寸、半圆键的形式和尺寸 单位:mm

半圆键链接剖面和键槽尺寸

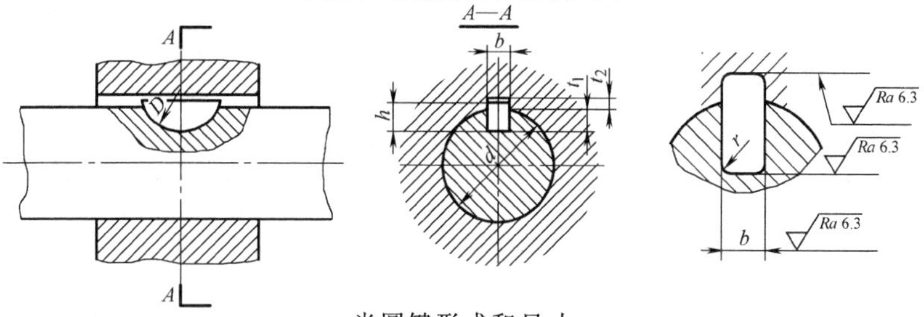

半圆键形式和尺寸

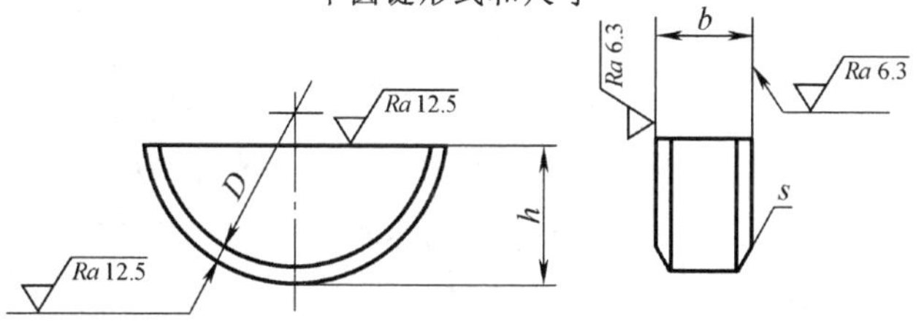

标记示例:$b=6$ mm、$h=10$ mm、$D=25$ mm 的半圆键标记为:GB/T 1099.1 键 6×10×25

轴径 d		键	键槽										s	
键传递转矩	键定位	公称尺寸 $b\times h\times D$	宽度 b				深度				半径 r			
			公称尺寸	极限偏差			轴 t_1		毂 t_2					
				正常连接		紧密连接								
				轴 N9	毂 JS9	轴和毂 P9	公称尺寸	极限偏差	公称尺寸	极限偏差	最小	最大	最小	最大
3~4	3~4	1.0×1.4×4	1.0	−0.004 −0.029	±0.012	−0.006 −0.031	1.0	+0.1 0	0.6	+0.1 0	0.08	0.16	0.16	0.25
>4~5	>4~6	1.5×2.6×7	1.5				2.0		0.8					
>5~6	>6~8	2.0×2.6×7	2.0				1.8		1.0					
>6~7	>8~10	2.0×3.7×10	2.0				2.9		1.0					
>7~8	>10~12	2.5×3.7×10	2.5				2.7		1.2					
>8~10	>12~15	3.0×5.0×13	3.0				3.8	+0.2 0	1.4					
>10~12	>15~18	3.0×6.5×16	3.0				5.3		1.4		0.16	0.25		
>12~14	>18~20	4.0×6.5×16	4.0	0 −0.030	±0.015	−0.012 −0.042	5.0		1.8				0.25	0.40
>14~16	>20~22	4.0×7.5×19	4.0				6.0		1.8					
>16~18	>22~25	5.0×6.5×16	5.0				4.5		2.3					
>18~20	>25~28	5.0×7.5×19	5.0				5.5		2.3					
>20~22	>28~32	5.0×9.0×22	5.0				7.0		2.3					
>22~25	>32~36	6.0×9.0×22	6.0				6.5	+0.3 0	2.8					
>25~28	>36~40	6.0×10.0×25	6.0				7.5		2.8	+0.2 0	0.25	0.40		
>28~32	>40	8.0×11.0×28	8.0	0 −0.036	±0.018	−0.015 −0.051	8.0		3.3				0.40	0.06
>32~38	—	10.0×13.0×32	10.0				10.0		3.3					

注:①在工作图中轴槽深用 t_1 或 $(d-t_1)$ 标注,毂槽深用 $(d+t_2)$ 标注。

②$(d-t_1)$ 和 $(d+t_2)$ 的尺寸偏差按相应的 t_1 和 t_2 极限偏差选取,但是 $(d-t_1)$ 极限偏差值应取负号(−)。

10.2.2 花键连接

矩形花键尺寸与公差见表 10.31。

表 10.31 矩形花键尺寸与公差 单位：mm

标记示例：

花键 $N=6, d=23\ \dfrac{H7}{f7}, D=26\ \dfrac{H10}{a11}, B=6\ \dfrac{H11}{d10}$ 的标记为

花键规格：$N \times d \times D \times B$

6×23×26×6

花键副：$6 \times 23\ \dfrac{H7}{f7} \times 26\ \dfrac{H10}{a11} \times 6\ \dfrac{H11}{d10}$，GB/T 1144—2001

内花键：6 × 23H7 × 26H10 × 6H11，GB/T 1144—2001

外花键：6 × 23f7 × 26a11 × 6d10，GB/T 1144—2001

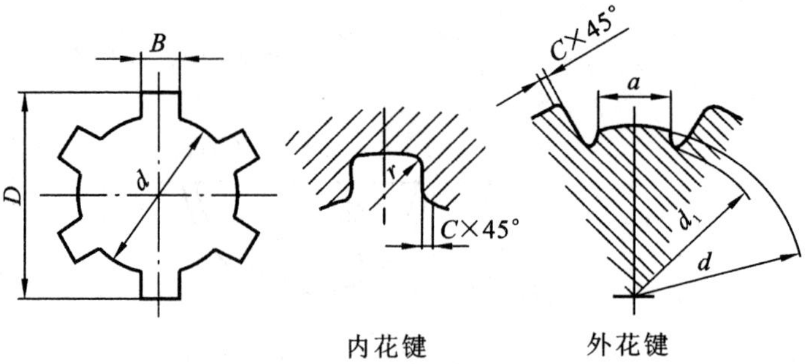

公称尺寸系列和键槽截面尺寸

小径 d	轻系列					中系列				
	规格 $N \times d \times D \times B$	c	r	参考		规格 $N \times d \times D \times B$	c	r	参考	
				d_{1min}	a_{min}				d_{1min}	a_{min}
18	—	—	—	—	—	6×18×22×5	0.3	0.2	16.6	1
21						6×21×25×5			19.5	2
23	6×23×26×6	0.2	0.1	22	3.5	6×23×28×6	0.4	0.3	21.2	1.2
26	6×26×30×6	0.3	0.2	24.5	3.8	6×26×32×6			23.6	1.2
28	6×28×32×7			26.6	4	6×28×34×7			25.3	1.4
32	8×32×36×6			30.3	2.7	8×32×38×6			29.4	1
36	8×36×40×7			34.3	3.5	8×36×42×7			33.4	1
42	8×42×46×8			40.5	5	8×42×48×8			39.4	2.5
46	8×46×50×9			44.6	5.7	8×46×54×9	0.5	0.4	42.6	1.4
52	8×52×58×10	0.4	0.3	49.6	4.8	8×52×60×10	0.5	0.4	48.6	2.5
56	8×56×62×10			53.5	6.5	8×56×65×10			52	2.5
62	8×62×68×12			59.7	7.3	8×62×72×12	0.6	0.5	57.7	2.4
72	10×72×78×12			69.6	5.4	10×72×82×12			67.4	1
82	10×82×88×12			79.3	8.5	10×82×92×12			77	2.9
92	10×92×98×14			89.6	9.9	10×92×102×14			87.3	4.5
102	10×102×108×16			99.6	11.3	10×102×112×16			97.7	6.2

续表10.31

内、外花键的尺寸公差带							
内花键				外花键			装配型式
d	D	B		d	D	B	
		拉削后不热处理	拉削后热处理				
一般用公差带							
H7	H10	H9	H11	f7	a11	d10	滑动
				g7		f9	紧滑动
				h7		h10	固定
精密传动用公差带							
H5	H10	H7、H9		f5	a11	d8	滑动
				g5		f7	紧滑动
				h5		h8	固定
H6				f6		d8	滑动
				g6		f7	紧滑动
				h6		d8	固定

注：①精密传动用的内花键，当需要控制键侧配合间隙时，槽宽可选 H7，一般情况下可选 H9。
②d 为 H6 和 H7 的内花键，允许与提高一级的外花键配合。

轴上开有平键槽时的抗弯截面系数 W 和抗扭截面系数 W_T 见表 10.32。

表 10.32　轴上开有平键槽时的抗弯截面系数 W 和抗扭截面系数 W_T

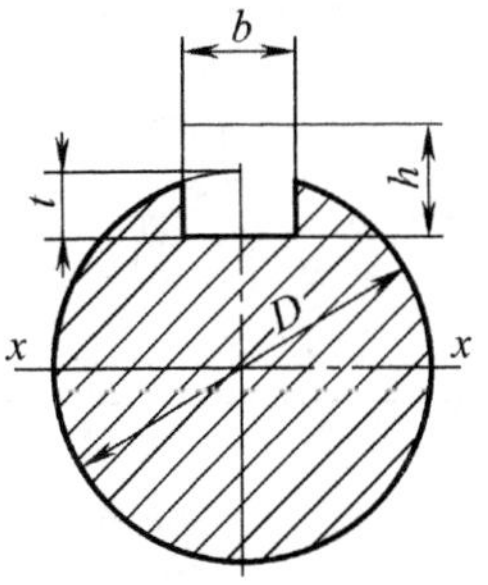

抗弯截面系数

$$W=\frac{\pi D^3}{32}-\frac{bt(D-t)^2}{2D}$$

抗扭截面系数

$$W_T=\frac{\pi D^3}{16}-\frac{bt(D-t)^2}{2D}$$

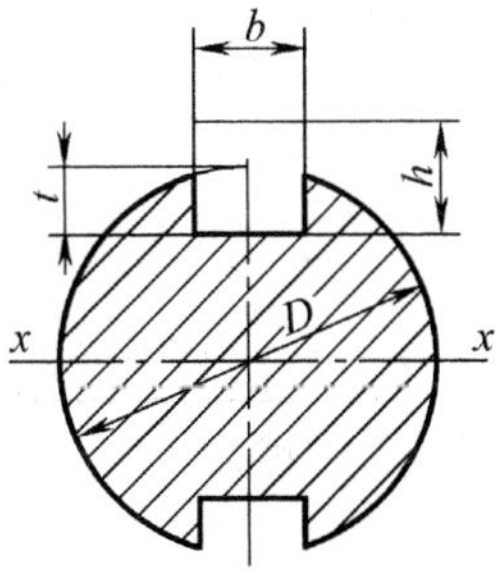

抗弯截面系数

$$W=\frac{\pi D^3}{32}-\frac{bt(D-t)^2}{D}$$

抗扭截面系数

$$W_T=\frac{\pi D^3}{16}-\frac{bt(D-t)^2}{D}$$

续表10.32

D/mm	b×h mm×mm	单键 W /cm³	单键 W_T /cm³	双键 W /cm³	双键 W_T /cm³
20	6×6	0.643	1.43	0.5	1.28
21		0.756	1.66	0.603	1.51
11		0.889	1.92	0.719	1.78
24	8×7	1.06	2.42	0.825	2.13
25		1.25	2.79	0.97	2.5
26		1.43	3.15	1.13	2.85
28		1.83	3.98	1.49	3.65
30		2.29	4.94	1.93	4.58
32	10×8	2.65	5.86	2.08	5.30
34		3.24	7.14	2.62	6.48
35		3.57	7.78	2.93	7.14
38		4.67	10.05	3.95	9.34
40	12×8	5.36	11.65	4.45	10.72
42		6.36	13.57	5.32	12.59
45	14×9	7.61	16.56	6.29	15.23
48		9.41	20.27	7.97	18.82
50		10.75	23.02	9.22	21.5
52	16×10	11.85	25.66	9.90	23.7
55		14.42	30.58	12.14	28.48
58		16.92	36.08	14.69	33.84
60	18×11	18.26	39.47	15.31	36.52
65	18×11	23.72	50.67	20.44	47.44

D/mm	b×h mm×mm	单键 W /cm³	单键 W_T /cm³	双键 W /cm³	双键 W_T /cm³
70	20×12	29.5	63.18	25.32	58.98
75		36.87	78.3	32.32	73.74
80	22×14	44.85	94.32	37.78	89.7
85		53.67	114.05	46.98	107.32
90	25×14	63.4	134.9	55.08	126.7
95		75.44	159.63	66.7	150.87
100	28×16	87.89	168.09	77.6	175.78
105		101.65	215.32	89.68	203.3
110		118	248.7	105.3	236
115	32×18	132.8	282	116	265.6
120		152.3	322	135	304.5
130		196.5	412	117	393
140	36×20	244	514	219	488
150		304	635	276.6	608
160	40×22	367	769	332	734
170		444.7	927	407	889
180	45×25	512	1094	470	1042
190		619	1293	565	1238
200		728	1513	670	1455

注：表中键槽尺寸适用于 GB/T 1095—2003 中的平键。

10.2.3 销连接

圆柱销和圆锥销参数见表 10.33。

表 10.33　圆柱销和圆锥销参数　　单位：mm

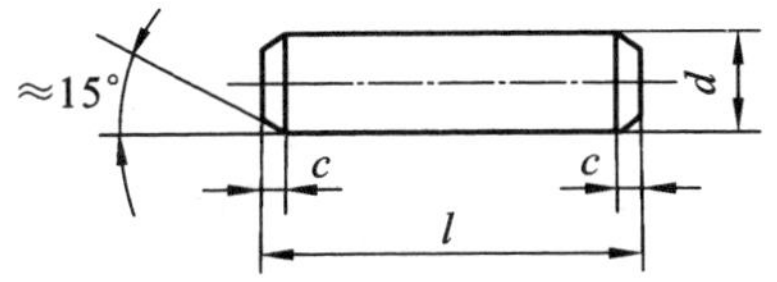

标记示例：

公称直径 $d=6$ mm，公差为 m6，公称长度 $l=30$ mm，材料为钢，不经淬火，不经表面处理的圆柱销的标记为：

销 GB/T 119.1　6 m6×30

A 型：锥面表面粗糙度 $Ra=0.8$ μm；

B 型：锥面表面粗糙度 $Ra=3.2$ μm

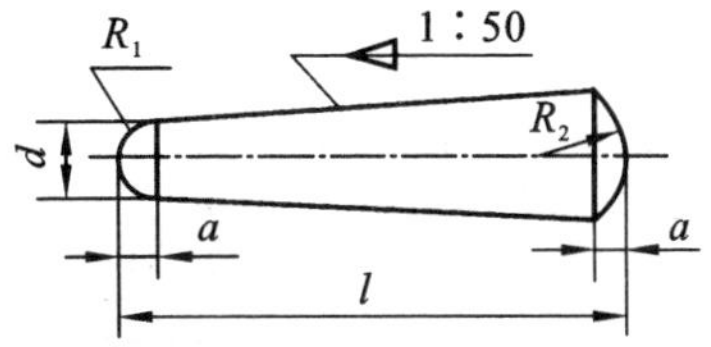

标记示例：

公称直径 $d=6$ mm，公称长度 $l=30$ mm，材料为 35 钢，热处理硬度 28～38HRC，表面氧化处理的 A 型圆锥销的标记为：

销 GB/T 117　6×30

圆柱销	d	1.5	2	2.5	3	4	5	6	8	10	12	16	20	25
	c	0.3	0.35	0.4	0.5	0.63	0.8	1.2	1.6	2	2.5	3	3.5	4
	l	4～16	6～20	6～24	8～30	8～40	10～50	12～60	14～80	18～95	22～140	26～180	35～200	50～200
圆锥销	d	1.5	2	2.5	3	4	5	6	8	10	12	16	20	25
	a	0.2	0.25	0.3	0.4	0.5	0.63	0.8	1	1.2	1.6	2	2.5	3
	l	8～24	10～35	10～35	12～45	14～55	18～60	22～90	22～120	26～160	32～180	40～200	45～200	50～200
l	公称尺寸	2，3，4，5，6～32(2 进位)，35～100(5 进位)，公称长度大于 100 按 20 递增												

内螺纹圆柱销、内螺纹圆锥销参数见表 10.34。

表 10.34　内螺纹圆柱销、内螺纹圆锥销参数

标记示例：

公称直径 $d=6$ mm、公差为 m6、公称长度 $l=30$ mm、材料为钢、不经淬火、不经表面处理的内螺纹圆柱销标记为：

销 GB/T 120.1　6×30

内螺纹圆柱销

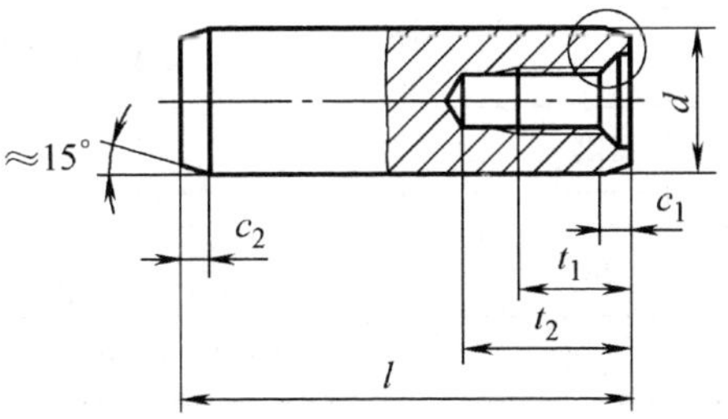

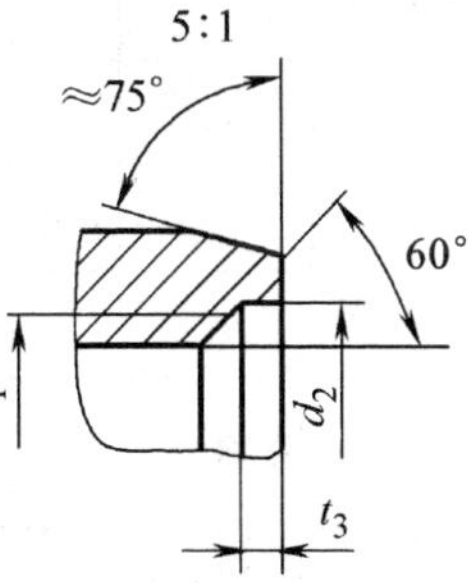

续表10.34

内螺纹圆锥销

A 型(磨削):锥面表面粗糙度 $Ra=0.8\ \mu m$

B 型(切削或冷镦):锥面表面粗糙度 $Ra=3.2\ \mu m$

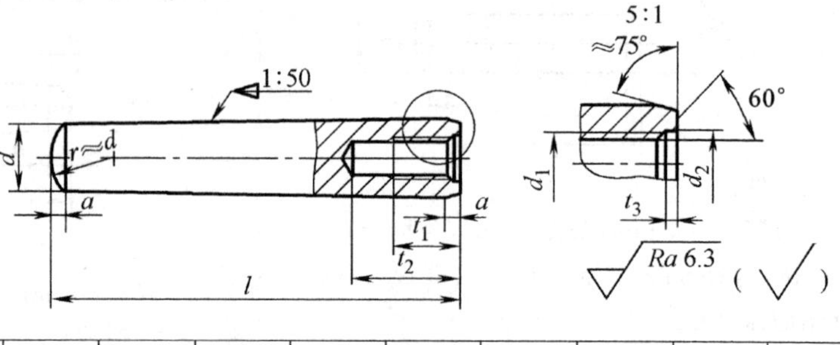

标记示例:

公称直径 $d=10$ mm、长度 $l=60$ mm、材料为 35 钢、热处理硬度 28~38HRC、表面氧化处理的 A 型内螺纹圆锥销的标记为:

销 GB/T118　10×60

内螺纹圆柱销	d	m6	6	8	10	12	16	20	25	30	40	50
	c_1	≈	0.8	1	1.2	1.6	2	2.5	3	4	5	6.3
	c_2	≈	1.2	1.6	2	2.5	3	3.5	4	5	6.3	8
	d_1		M4	M5	M6	M6	M8	M10	M16	M20	M20	M24
	P		0.7	0.8	1	1	1.25	1.5	2	2.5	2.5	3
	d_2		4.3	5.3	6.4	6.4	8.4	10.5	17	21	21	25
	t_1		6	8	10	12	16	18	24	30	30	36
	t_2	min	10	12	16	20	25	28	35	40	40	50
	t_3		1	1.2	1.2	1.2	1.5	1.5	2	2	2.5	2.5
内螺纹圆锥销	d	h10	6	8	10	12	16	20	25	30	40	50
	a	≈	0.8	1	1.2	1.6	2	2.5	3	4	5	6.3
	d_1		M4	M5	M6	M8	M10	M12	M16	M20	M20	M24
	P		0.7	0.8	1	1.25	1.5	1.75	2	2.5	2.5	3
	d_2		4.3	5.3	6.4	8.4	10.5	13	17	21	21	25
	t_1		6	8	10	12	16	18	24	30	30	36
	t_2	min	10	12	16	20	25	28	35	40	40	50
	t_3		1	1.2	1.2	1.2	1.5	1.5	2	2	2.5	2.5
l(公称)			16~60	18~80	22~100	26~120	32~160	40~200	50~200	60~200	80~200	100~200
l(公称)的系列			16~32(2 进位),35~100(5 进位),100~200(20 进位)									

注:①P 为螺距。

②公称长度大于 200 mm,按 20 mm 递增。

开口销参数见表 10.35。

表 10.35 开口销参数 单位:mm

允许制造的型式

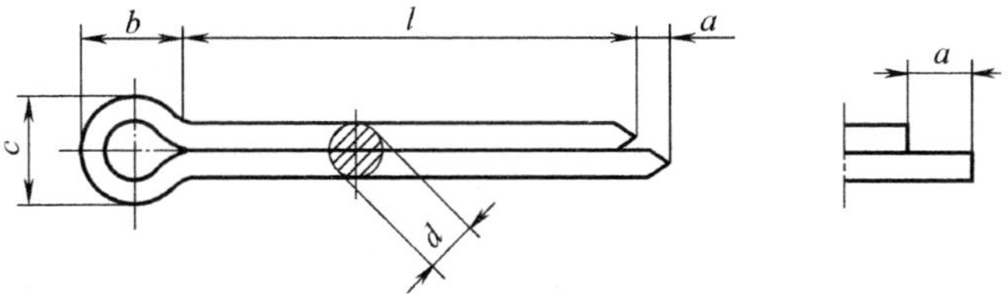

标记示例:公称规格为 5 mm 为公称长度 l=50 mm 为材料为 Q215 或 Q235,不经表面处理的开口销的标记为:销 GB/T 91 5×50

公称规格①		0.6	0.8	1	1.2	1.6	2	2.5	3.2
d	max	0.5	0.7	0.9	1.0	1.4	1.8	2.3	2.9
	min	0.4	0.6	0.8	0.9	1.3	1.7	2.1	2.7
a	max	1.6	1.6	1.6	2.50	2.50	2.50	2.50	3.2
	min	0.8	0.8	0.8	1.25	1.25	1.25	1.25	1.6
b≈		2	2.4	3	3	3.2	4	5	6.4
c	max	1.0	1.4	1.8	2.0	2.8	3.6	4.6	5.8
	min	0.9	1.2	1.6	1.7	2.4	3.2	4.0	5.1
适用的直径② 螺栓	>	—	2.5	3.5	4.5	5.5	7	9	11
	≤	2.5	3.5	4.5	5.5	7	9	11	14
适用的直径② U形销	>	—	2	3	4	5	6	8	9
	≤	2	3	4	5	6	8	9	12
公称规格①		4	5	6.3	8	10	13	16	20
d	max	3.7	4.6	5.9	7.5	9.5	12.4	15.4	19.3
	min	3.5	4.4	5.7	7.3	9.3	12.1	15.1	19.0
a	max	4	4	4	4	6.30	6.30	6.30	6.30
	min	2	2	2	2	3.15	3.15	3.15	3.15
b≈		8	10	12.6	16	20	26	32	40
c	max	7.4	9.2	11.8	15.0	19.0	24.8	30.8	38.5
	min	6.5	8.0	10.3	13.1	16.6	21.7	27.0	33.8

续表10.35

适用的直径②	螺栓	>	14	20	27	39	56	80	120	170
		≤	20	27	39	56	80	120	170	—
	U形销	>	12	17	23	29	44	69	110	160
		≤	17	23	29	44	69	110	160	—
l 系列尺寸		4,5,6,8,10,12,14,16,18,20,22,25,28,32,36,40,45,50,56,63,71,80,90,100,112,125,140,160,180,200,224,250,280								

注:①公称规格等于开口销孔的直径。对销孔直径推荐的公差:公称规格≤1.2 mm 时为 H13;公称规格>1.2 mm 时为 H14。根据供需双方协议,允许采用公称规格为 3 mm、6 mm 和 12 mm 的开口销。

②用于铁道和在 U 形销中开口销承受交变横向力的场合,推荐使用的开口销规格应较本表规定的加大一档。

10.3 滚动轴承

深沟球轴承参数见表 10.36。

表 10.36 深沟球轴承参数

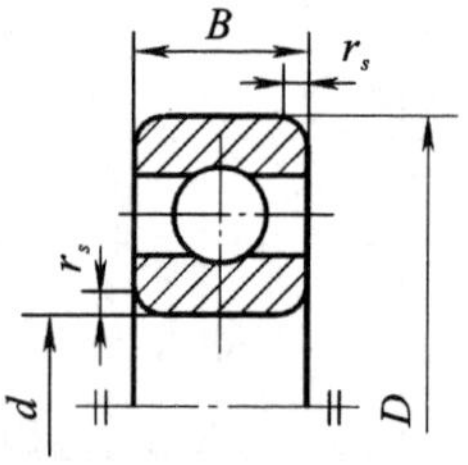

外形尺寸

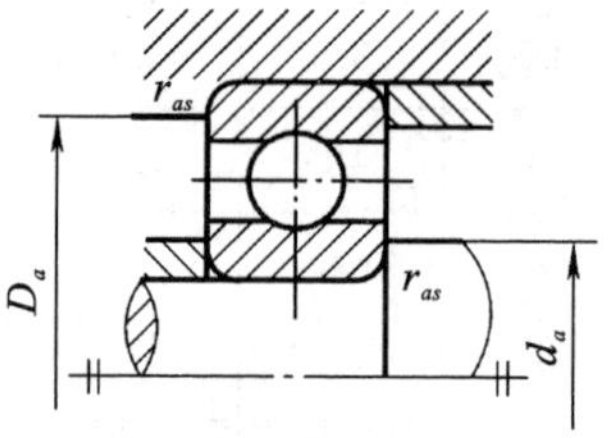

安装尺寸

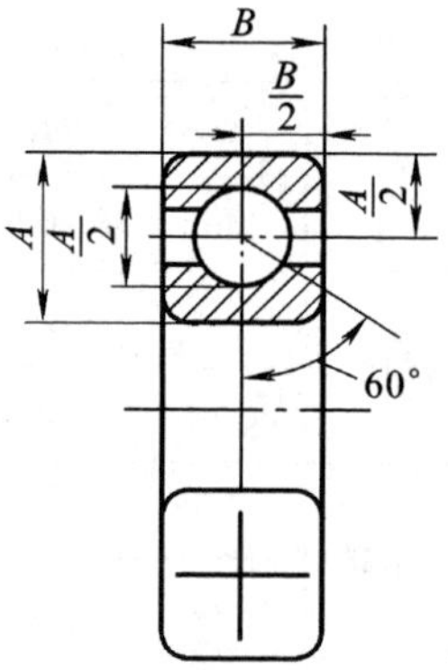

规定尺寸

F_a/C_{0r}	e	Y		
0.014	0.19	2.3	径向当量动载荷	当 $F_a/F_r \leqslant e$ 时,$P_r=F_r$ 当 $F_a/F_r > e$ 时,$P_r=0.56F_r+YF_a$
0.028	0.22	1.99		
0.056	0.26	1.71		
0.084	0.28	1.55		

续表10.36

0.11	0.30	1.45	径向当量静载荷	$P_{0r}=F_r$ $P_{0r}=0.6F_r+0.5F_a$ 取上列两式计算结果中的较大值
0.17	0.34	1.31		
0.28	0.38	1.15		
0.42	0.42	1.04		
0.56	0.44	1.00		

轴承代号	基本尺寸/mm			其他尺寸/mm			安装尺寸/mm			基本额定载荷		极限转速/(r/min)	
	d	D	B	$d_1\approx$	$D_1\approx$	r_s (min)	d_a (min)	D_a (max)	r_{as} (max)	C_r/kN	C_{0r}/kN	脂润滑	油润滑
10系列													
6004	20	42	12	26.9	35.1	0.6	25	37	0.6	9.38	5.02	15000	19000
6005	25	47	12	31.8	40.2	0.6	30	42	0.6	10.0	5.85	13000	17000
6006	30	55	13	38.4	47.7	1	36	49	1	13.2	8.3	10000	14000
6007	35	62	14	43.4	53.7	1	41	56	1	16.2	10.5	9000	12000
6008	40	68	15	48.8	59.2	1	46	62	1	17.0	11.8	8500	11000
6009	45	75	16	54.2	65.9	1	51	69	1	21.0	14.8	8000	10000
6010	50	80	16	59.2	70.9	1	56	74	1	22.0	16.2	7000	9000
6011	55	90	18	66.5	79	1.1	62	83	1	30.2	21.8	6300	8000
6012	60	95	18	71.9	85.7	1.1	67	88	1	31.5	24.2	6000	7500
6013	65	100	18	75.3	89.1	1.1	72	93	1	32.0	24.8	5600	7000
6014	70	110	20	82	98	1.1	77	103	1	38.5	30.5	5300	6700
6015	75	115	20	88.6	104	1.1	82	108	1	40.2	33.2	5000	6300
6016	80	125	22	95.9	112.8	1.1	87	118	1	47.5	39.8	4800	6000
6017	85	130	22	100.1	117.6	1.1	92	123	1	50.8	42.8	4500	5600
6018	90	140	24	107.2	126.8	1.5	99	131	1.5	53	49.8	4300	5300
6019	95	145	24	110.2	129.8	1.5	104	136	1.5	57.8	50	4000	5000
6020	100	150	24	114.6	135.4	1.5	109	141	1.5	64.5	56.2	3800	4800
02系列													
6204	20	47	14	29.3	39.7	1	26	41	1	12.8	6.65	14000	18000
6205	25	52	15	33.8	44.2	1	31	46	1	14.0	7.88	12000	16000

续表 10.36

轴承代号	基本尺寸/mm			其他尺寸/mm			安装尺寸/mm			基本额定载荷		极限转速/(r/min)	
	d	D	B	$d_1\approx$	$D_1\approx$	r_s (min)	d_a (min)	D_a (max)	r_{as} (max)	C_r /kN	C_{0r} /kN	脂润滑	油润滑
6206	30	62	16	40.8	52.2	1	36	56	1	19.5	11.5	9500	13000
6207	35	72	17	46.8	60.2	1.1	42	65	1	25.5	15.2	8500	11000
6208	40	80	18	52.8	67.2	1.1	47	73	1	29.5	18.0	8000	10000
6209	45	85	19	58.8	73.2	1.1	52	78	1	31.5	20.5	7000	9000
6210	50	90	20	62.4	77.6	1.1	57	83	1	35.0	23.2	6700	8500
6211	55	100	21	68.9	86.1	1.5	64	91	1.5	43.2	29.2	6000	7500
6212	60	110	22	76	94.1	1.5	69	101	1.5	47.8	32.8	5600	7000
6213	65	120	23	82.5	102.5	1.5	74	111	1.5	57.2	40.0	5000	6300
6214	70	125	24	89	109	1.5	79	116	1.5	60.8	45.0	4800	6000
6215	75	130	25	94	115	1.5	84	121	1.5	66.0	49.5	4500	5600
6216	80	140	26	100	122	2	90	130	2	71.5	54.2	4300	5300
6217	85	150	28	107.1	130.9	2	95	140	2	83.2	63.8	4000	5000
6218	90	160	30	111.7	138.4	2	100	150	2	95.8	71.5	3800	4800
6219	95	170	32	118.1	146.9	2.1	107	158	2.1	110	82.8	3600	4500
6220	100	180	34	124.8	155.3	2.1	112	168	2.1	122	92.8	3400	4300
03 系列													
6304	20	52	15	29.8	42.2	1.1	27	45	1	15.8	7.88	13000	17000
6305	25	62	17	36	51	1.1	32	55	1	22.2	11.5	10000	14000
6306	30	72	19	44.8	59.2	1.1	37	65	1	27.0	15.2	9000	12000
6307	35	80	21	50.4	66.6	1.5	44	71	1.5	33.2	19.2	8000	10000
6308	40	90	23	56.5	74.6	1.5	48	81	1.5	40.8	24.0	7000	9000
6309	45	100	25	63	84	1.5	54	91	1.5	52.8	31.8	6300	8000
6310	50	110	27	69.1	91.9	2	60	100	2	61.8	38.0	6000	7500
6311	55	120	29	76.1	100.9	2	65	110	2	71.5	44.8	5800	6700
6312	60	130	31	81.7	108.4	2.1	72	118	2.1	81.8	51.8	5600	6300
6313	65	140	33	88.1	116.9	2.1	77	128	2.1	93.8	60.5	4500	5600

续表10.36

轴承代号	基本尺寸 /mm			其他尺寸 /mm			安装尺寸 /mm			基本额定载荷		极限转速 /(r/min)	
	d	D	B	$d_1\approx$	$D_1\approx$	r_s (min)	d_a (min)	D_a (max)	r_{as} (max)	C_r /kN	C_{0r} /kN	脂润滑	油润滑
6314	70	150	35	94.8	125.3	2.1	82	138	2.1	105	68.0	4300	5300
6315	75	160	37	101.3	133.7	2.1	87	148	2.1	112	76.8	4000	5000
6316	80	170	39	107.9	142.2	2.1	92	158	2.1	122	86.5	3800	4800
6317	85	180	41	114.4	150.6	3	99	166	2.5	132	96.5	3600	4500
6318	90	190	43	120.8	159.2	3	104	176	2.5	145	108	3400	4300
6319	95	200	45	127.1	167.9	3	109	186	2.5	155	122	3200	4000
6320	100	215	47	135.6	179.4	3	114	201	2.5	172	140	2800	3600

角接触球轴承参数见表 10.37。

表 10.37 角接触球轴承参数

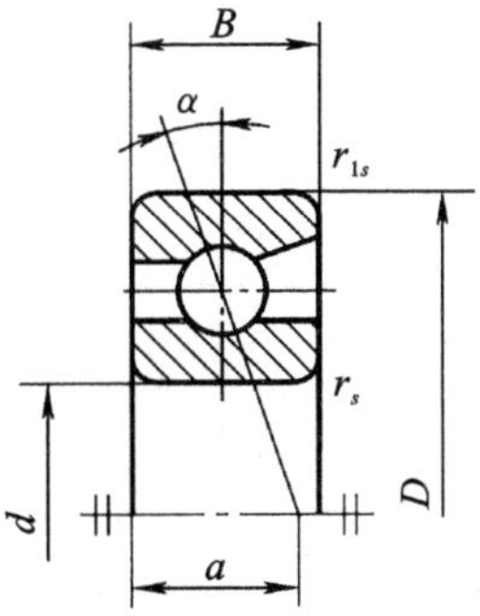

外形尺寸

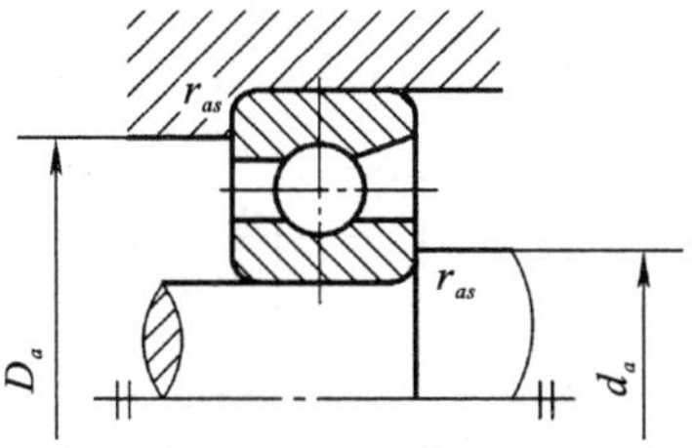

安装尺寸

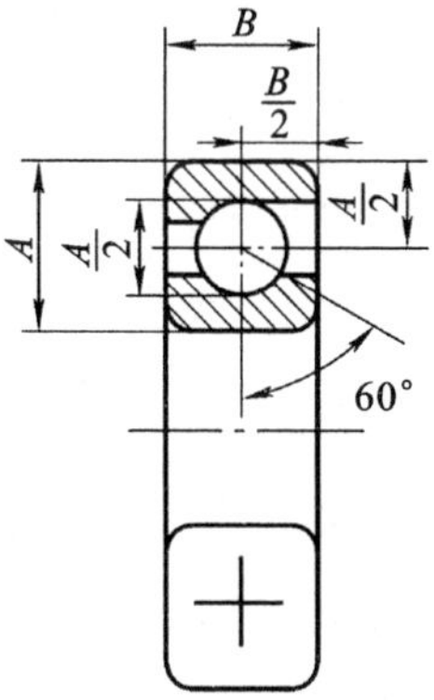

规定尺寸

<table>
<tr><th>iF_a/C_{0r}</th><th>e</th><th>Y</th><th>70000C 型($\alpha=15°$)</th><th>70000AC 型($\alpha=25°$)</th></tr>
<tr><td rowspan="2">0.015
0.029
0.058
0.087
0.12
0.17
0.29
0.44
0.58</td><td rowspan="2">0.38
0.40
0.43
0.46
0.47
0.50
0.55
0.56
0.56</td><td rowspan="2">1.47
1.40
1.30
1.23
1.19
1.12
1.02
1.00
1.00</td><td>径向当量动载荷
当 $F_a/F_r\leqslant e$ 时,$P_r=F_r$
当 $F_a/F_r>e$ 时,$P_r=0.44F_r+YF_a$</td><td>径向当量动载荷
当 $F_a/F_r\leqslant 0.68$ 时,$P_r=F_r$
当 $F_a/F_r>0.68$ 时,$P_r=0.41F_r+0.87F_a$</td></tr>
<tr><td>径向当量静载荷
$P_{0r}=0.5F_r+0.46F_a$</td><td>径向当量静载荷
$P_{0r}=0.5F_r+0.38F_a$</td></tr>
</table>

续表 10.37

轴承代号		基本尺寸/mm					安装尺寸/mm			基本额定动载荷 C_r/kN		基本额定静载荷 C_{0r}/kN	
		d	D	B	a		d_a	D_a	r_{as}	70000C	70000AC	70000C	70000AC
					7000C	7000AC	min	max	max				
02 系列													
7204C	7204AC	20	47	14	11.5	14.9	26	41	1	14.5	14.0	8.22	7.82
7205C	7205AC	25	52	15	12.7	16.4	31	46	1	16.5	15.8	10.5	9.88
7206C	7206AC	30	62	16	14.2	18.7	36	56	1	23.0	22.0	15.0	14.2
7207C	7207AC	35	72	17	15.7	21	42	65	1	30.5	29.0	20.0	19.2
7208C	7208AC	40	80	18	17	23	47	73	1	36.8	35.2	25.8	24.5
7209C	7209AC	45	85	19	18.2	24.7	52	78	1	38.5	36.8	28.5	27.2
7210C	7210AC	50	90	20	19.4	26.3	57	83	1	42.8	40.8	32.0	30.5
7211C	7211AC	55	100	21	20.9	28.6	64	91	1.5	52.8	50.5	40.5	38.5
7212C	7212AC	60	110	22	22.4	30.8	69	101	1.5	61.0	58.2	48.5	46.2
7213C	7213AC	65	120	23	24.2	33.5	74.4	111	1.5	69.8	66.5	55.2	52.5
7214C	7214AC	70	125	24	25.3	35.1	79	116	1.5	70.2	69.2	60.0	57.5
7215C	7215AC	75	130	25	26.4	36.6	84	121	1.5	79.2	75.2	65.8	63.0
7216C	7216AC	80	140	26	27.7	38.9	90	130	2	89.5	85.0	78.2	74.5
7217C	7217AC	85	150	28	29.9	41.6	95	140	2	99.8	94.8	85.0	81.5
7218C	7218AC	90	160	30	31.7	44.2	100	150	r_{as}	122	118	105	100
7219C	7219AC	95	170	32	33.8	46.9	107	158	2.1	135	128	115	108
7220C	7220AC	100	180	34	35.8	49.7	112	168	2.1	148	142	128	122
03 系列													
7302C	7302AC	15	42	13	9.6	13.5	21	36	1	9.38	9.08	5.95	5.58
7303C	7303AC	17	47	14	10.4	14.8	23	41	1	12.8	11.5	8.62	7.08
7304C	7304AC	20	52	15	11.3	16.3	27	45	1	14.2	13.8	9.68	9.10
7305C	7305AC	25	62	17	13.1	19.1	32	55	1	21.5	20.8	15.8	14.8
7306C	7306AC	30	72	19	15	22.2	37	65	1	26.2	25.2	19.8	18.5

续表10.37

轴承代号		基本尺寸/mm					安装尺寸/mm			基本额定动载荷 C_r/kN		基本额定静载荷 C_{0r}/kN	
		d	D	B	a		d_a	D_a	r_{as}	70000C	70000AC	70000C	70000AC
					7000C	7000AC	min	max	max				
7307C	7307AC	35	80	21	16.6	24.5	44	71	1.5	34.2	32.8	26.8	24.8
7308C	7308AC	40	90	23	18.5	27.5	49	81	1.5	40.2	38.5	32.3	30.5
7309C	7309AC	45	100	25	20.2	30.2	54	91	1.5	49.2	47.5	39.8	37.2
7310C	7310AC	50	110	27	22	33	60	100	2	53.5	55.5	47.2	44.5
7311C	7311AC	55	120	29	23.8	35.8	65	110	2	70.5	67.2	60.5	56.8
7312C	7312AC	60	130	31	25.6	38.9	72	118	2.1	80.5	77.8	70.2	65.8
7313C	7313AC	65	140	33	27.4	41.5	77	128	2.1	91.5	89.8	80.5	75.5
7314C	7314AC	70	150	35	29.2	44.3	82	138	2.1	102	98.5	91.5	86.0
7315C	7315AC	75	160	37	31	47.2	87	148	2.1	112	108	105	97.0
7316C	7316AC	80	170	39	32.8	50	92	158	2.1	122	118	118	108
7318C	7318AC	90	190	43	36.4	55.6	104	176	2.5	142	135	142	135
7320C	7320AC	100	215	47	40.2	61.9	114	201	2.5	162	165	175	178
04系列													
	7406AC	30	90	23		26.1	39	81	1		42.5		32.2
	7407AC	35	100	25		29	44	91	1.5		53.8		42.5
	7408AC	40	110	27		34.6	50	100	2		62.0		49.5
	7409AC	45	120	29		38.7	55	110	2		66.8		52.8
	7410AC	50	130	31		37.4	62	118	2.1		76.5		64.2
	7412AC	60	150	35		43.1	72	138	2.1		102		90.8
	7414AC	70	180	42		51.5	84	166	2.5		125		125
	7416AC	80	200	48		58.1	94	186	2.5		152		162
	7418AC	90	215	54		64.8	108	197	3		178		205

圆锥滚子轴承参数见表10.38。

表10.38 圆锥滚子轴承

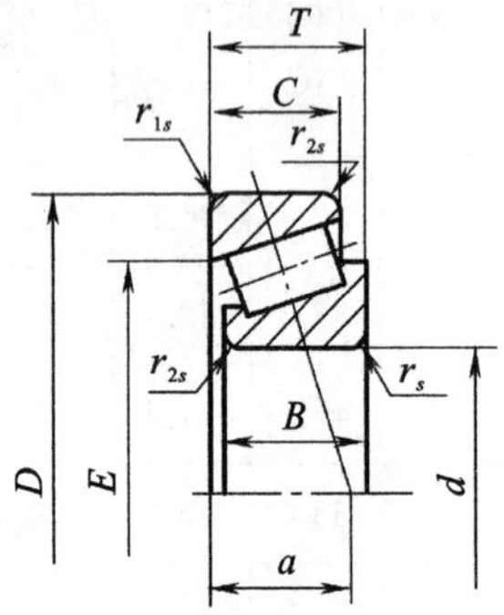

外形尺寸

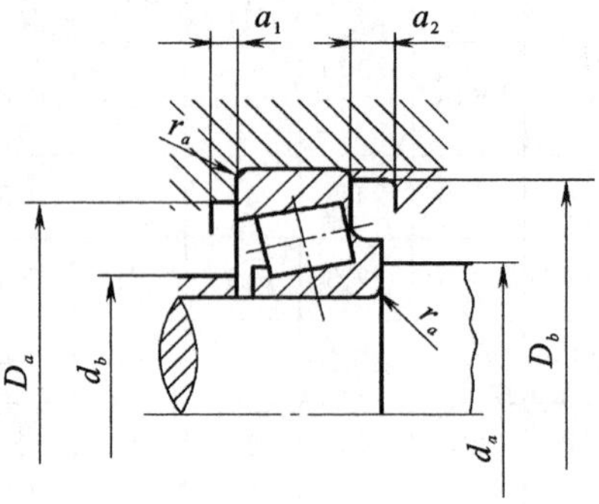

安装尺寸

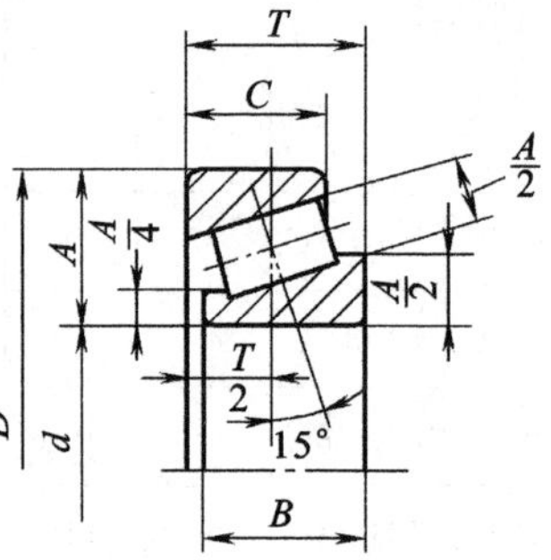

规定尺寸

径向当量动载荷							当 $F_a/F_r \leqslant e$ 时，$P_r = F_r$；当 $F_a/F_r > e$ 时，$P_r = 0.4F_r + YF_a$											
径向当量静载荷							取下列两式计算出的大值：$P_{0r} = 0.5F_r + Y_0F_a$，$P_{0r} = F_r$											
轴承代号	基本尺寸/mm						安装尺寸/mm							基本额定载荷		计算系数		
	d	D	T	B	C	$a\approx$	d_a min	d_b max	D_a max	D_b min	a_1 min	a_2 min	r_a max	C_r /kN	C_{0r} /kN	e	Y	Y_0
02系列																		
30204	20	47	15.25	14	12	11.2	26	27	41	43	2	3.5	1	28.2	30.5	0.35	1.7	1
30205	25	52	16.25	15	13	12.6	31	31	46	48	2	3.5	1	32.2	37	0.37	1.6	0.9
30206	30	62	17.25	16	14	13.8	36	37	56	58	2	3.5	1	43.2	50.5	0.37	1.6	0.9
30207	35	72	18.25	17	15	15.3	42	44	65	67	3	3.5	1.5	54.2	63.5	0.37	1.6	0.9
30208	40	80	19.75	18	16	16.9	47	49	73	75	3	4	1.5	63.0	74.0	0.37	1.6	0.9
30209	45	85	20.75	19	16	18.6	52	53	78	80	3	5	1.5	67.8	83.5	0.4	1.5	0.8
30210	50	90	21.75	20	17	20	57	58	83	86	3	5	1.5	73.2	92.0	0.42	1.4	0.8
30211	55	100	22.75	21	18	21	64	64	91	95	4	5	2	90.8	115	0.4	1.5	0.8
30212	60	110	23.75	22	19	22.4	69	69	101	103	4	5	2	102	130	0.4	1.5	0.8
30213	65	120	24.75	23	20	24	74	77	111	114	4	5	2	120	152	0.4	1.5	0.8
30214	70	125	26.25	24	21	25.9	79	81	116	119	4	5.5	2	132	175	0.42	1.4	0.8
30215	75	130	27.25	25	22	27.4	84	85	121	125	4	5.5	2	138	185	0.44	1.4	0.8

续表 10.38

轴承代号	基本尺寸/mm						安装尺寸/mm							基本额定载荷		计算系数		
	d	D	T	B	C	$a\approx$	d_a min	d_b max	D_a max	D_b min	a_1 min	a_2 min	r_a max	C_r /kN	C_{0r} /kN	e	Y	Y_0
30216	80	140	28.25	26	22	28	90	90	130	133	4	6	2.1	160	212	0.42	1.4	0.8
30217	85	150	30.5	28	24	29.9	95	96	140	142	5	6.5	2.1	178	238	0.42	1.4	0.8
30218	90	160	32.5	30	26	32.4	100	102	150	151	5	6.5	2.1	200	270	0.42	1.4	0.8
30219	95	170	34.5	32	27	35.1	107	108	158	160	5	7.5	2.5	228	308	0.42	1.4	0.8
30220	100	180	37	34	29	36.5	112	114	168	169	5	8	2.5	255	350	0.42	1.4	0.8
03 系列																		
30304	20	52	16.25	15	13	11	27	28	45	48	3	3.5	1.5	33.0	33.2	0.3	2	1.1
30305	25	62	18.25	17	15	13	32	34	55	58	3	3.5	1.5	46.8	48.0	0.3	2	1.1
30306	30	72	20.75	19	16	15	37	40	65	66	3	5	1.5	59.0	63.0	0.31	1.9	1
30307	35	80	22.75	21	18	17	44	45	71	74	3	5	2	75.2	82.5	0.31	1.9	1
30308	40	90	25.25	23	20	19.5	49	52	81	84	3	5.5	2	90.8	108	0.35	1.7	1
30309	45	100	27.75	25	22	21.5	54	59	91	94	3	5.5	2	108	130	0.35	1.7	1
30310	50	110	29.25	27	23	23	60	65	100	103	4	6.5	2.1	130	158	0.35	1.7	1
30311	55	120	31.5	29	25	25	65	70	110	112	4	6.5	2.1	152	188	0.35	1.7	1
30312	60	130	33.5	31	26	26.5	72	76	118	121	5	7.5	2.5	170	210	0.35	1.7	1
30313	65	140	36	33	28	29	77	83	128	131	5	8	2.5	195	242	0.35	1.7	1
30314	70	150	38	35	30	30.6	82	89	138	141	5	8	2.5	218	272	0.35	1.7	1
30315	75	160	40	37	31	32	87	95	148	150	5	9	2.5	252	318	0.35	1.7	1
30316	80	170	42.5	39	33	34	92	102	158	160	5	9.5	2.5	278	352	0.35	1.7	1
30317	85	180	44.5	41	34	36	99	107	166	168	6	10.5	3	305	388	0.35	1.7	1
30318	90	190	46.5	43	36	37.5	104	113	176	178	6	10.5	3	342	440	0.35	1.7	0.8
30319	95	200	49.5	45	38	40	109	118	186	185	6	11.5	3	370	478	0.35	1.7	1
30320	100	215	51.5	47	39	42	114	127	201	199	6	12.5	3	405	525	0.35	1.7	1

续表10.38

轴承代号	基本尺寸/mm						安装尺寸/mm							基本额定载荷		计算系数		
	d	D	T	B	C	$a\approx$	d_a min	d_b max	D_a max	D_b min	a_1 min	a_2 min	r_a max	C_r /kN	C_{0r} /kN	e	Y	Y_0
22 系列																		
32206	30	62	21.5	20	17	15.4	36	36	56	58	3	4.5	1	51.8	63.8	0.37	1.6	0.9
32207	35	72	24.25	23	19	17.6	42	42	65	68	3	5.5	1.5	70.5	89.5	0.37	1.6	0.9
32208	40	80	24.75	23	19	19	47	48	73	75	3	6	1.5	77.8	97.2	0.37	1.6	0.9
32209	45	85	24.75	23	19	20	52	53	78	81	3	6	1.5	80.8	105	0.4	1.5	0.8
32210	50	90	24.75	23	19	21	57	57	83	86	3	6	1.5	82.8	108	0.42	1.4	0.8
32211	55	100	26.75	25	21	22.5	64	62	91	96	4	6	2	108	142	0.4	1.5	0.8
32212	60	110	29.75	28	24	24.9	69	68	101	105	4	6	2	132	180	0.4	1.5	0.8
32213	65	120	32.75	31	27	27.2	74	75	111	115	4	6	2	160	222	0.4	1.5	0.8
32214	70	125	33.25	31	27	28.6	79	79	116	120	4	6.5	2	168	238	0.42	1.4	0.8
32215	75	130	33.25	31	27	30.2	84	84	121	126	4	6.5	2	170	242	0.44	1.4	0.8
32216	80	140	35.25	33	28	31.3	90	89	130	135	5	7.5	2.1	198	278	0.42	1.4	0.8
32217	85	150	38.5	36	30	34	95	95	140	143	5	8.5	2.1	215	355	0.42	1.4	0.8
32218	90	160	42.5	40	34	36.7	100	101	150	153	5	8.5	2.1	270	395	0.42	1.4	0.8
32219	95	170	45.5	43	37	39	107	106	158	163	5	8.5	2.5	302	448	0.42	1.4	0.8
32220	100	180	49	46	39	41.8	112	113	168	172	5	10	2.5	340	512	0.42	1.4	0.8
23 系列																		
32304	20	52	22.52	21	18	13.4	27	28	45	48	3	4.5	1.5	42.8	46.2	0.3	2	1.1
32305	25	62	25.25	24	20	14.0	32	32	55	58	3	5.5	1.5	61.5	68.8	0.3	2	1.1
32306	30	72	28.75	27	23	18.8	37	38	65	66	4	6	1.5	81.5	96.5	0.31	1.9	1
32307	35	80	32.75	31	25	20.5	44	43	71	74	4	8.5	2	99.0	118	0.31	1.9	1
32308	40	90	35.25	33	27	23.4	49	49	81	83	4	8.5	2	115	148	0.35	1.7	1
32309	45	100	38.25	36	30	25.6	54	56	91	93	4	8.5	2	145	188	0.35	1.7	1
32310	50	110	42.25	40	33	28	60	61	100	102	5	9.5	2	178	235	0.35	1.7	1

续表10.38

轴承代号	基本尺寸/mm						安装尺寸/mm							基本额定载荷		计算系数		
	d	D	T	B	C	$a\approx$	d_a min	d_b max	D_a max	D_b min	a_1 min	a_2 min	r_a max	C_r /kN	C_{0r} /kN	e	Y	Y_0
32311	55	120	45.5	43	35	30.6	65	66	110	111	5	10.5	2.5	202	270	0.35	1.7	1
32312	60	130	48.5	46	37	32	72	72	118	122	6	11.5	2.5	228	302	0.35	1.7	1
32313	65	140	51	48	39	34	77	79	128	131	6	12	2.5	260	350	0.35	1.7	1
32314	70	150	54	51	42	36.5	82	84	138	141	6	12	2.5	298	408	0.35	1.7	1
32315	75	160	58	55	45	39	87	91	148	150	7	13	2.5	348	482	0.35	1.7	1
32316	80	170	61.5	58	48	42	92	97	158	160	7	13.5	2.5	388	542	0.35	1.7	1
32317	85	180	63.5	60	49	43.6	99	102	166	168	8	14.5	3	422	592	0.35	1.7	1
32318	90	190	67.5	64	53	46	104	107	176	178	8	14.5	3	478	682	0.35	1.7	1
32319	95	200	71.5	67	55	49	109	114	186	187	8	16.5	3	515	738	0.35	1.7	1
32320	100	215	77.5	73	60	53	114	122	201	201	8	17.5	3	600	872	0.35	1.7	1

推力球轴承参数见表 10.39。

表 10.39 推力球轴承参数

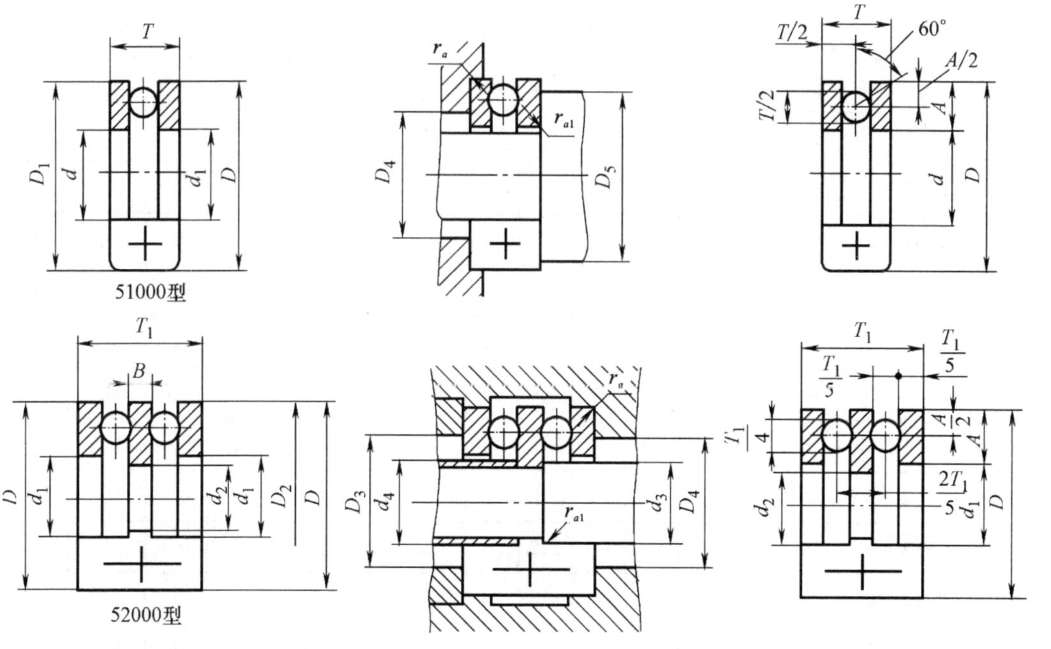

标准外形　　安装尺寸　　规定尺寸

滚动轴承 51204;滚动轴承 52204

续表 10.39

轴承代号		基本尺寸/mm								安装尺寸/mm					基本额定动载荷 C_a/kN	基本额定静载荷 C_{0a}/kN
		d	D_2	D	T	T_1	d_1	D_1 D_2	B	D_4 max	D_5 min	d_3	r_a	r_{a1}		
12.22 系列																
51204	52204	20	15	40	14	26	22	40	6	28	32	20	0.6	0.3	22.2	37.5
51205	52205	25	20	47	15	28	27	47	7	34	38	25	0.6	0.3	27.8	50.5
51206	52206	30	25	52	16	29	32	52	7	39	43	30	0.6	0.3	28.0	54.2
51207	52207	35	30	62	18	34	37	62	8	46	51	35	0.9	0.3	39.2	78.2
51208	52208	40	30	68	19	36	42	68	9	51	57	40	0.9	0.6	47.0	98.2
51209	52209	45	35	73	20	37	47	73	9	56	62	45	1	0.6	47.8	105
51210	52210	50	40	78	22	39	52	78	9	61	67	50	1	0.6	48.5	112
51211	52211	55	45	90	25	45	57	90	10	69	76	55	1	0.6	67.5	158
51212	52212	60	50	95	26	46	62	95	10	74	81	60	1	0.6	73.5	178
51213	52213	65	55	100	27	47	67	100	10	79	86	65	1	0.6	74.8	188
51214	52214	70	55	105	27	47	72	105	10	84	91	70	1	0.9	73.5	188
51215	52215	75	60	110	27	47	77	110	10	89	96	75	1	1	74.8	198
51216	52216	80	65	115	28	48	82	115	10	94	101	80	1	1	83.8	222
13.23 系列																
51305	52305	25	20	52	18	34	27	52	8	36	41	25	1	0.3	35.5	61.5
51306	52306	30	25	60	21	38	32	60	9	42	48	30	1	0.3	42.8	78.5
51307	52307	35	30	68	24	44	37	68	10	48	55	35	1	0.3	55.2	105
51308	52308	40	30	78	26	49	42	78	12	55	63	40	1	0.6	69.2	135
51309	52309	45	35	85	28	52	47	85	12	61	69	45	1	0.6	75.8	150
51310	52310	50	40	95	31	58	52	95	14	68	77	50	1	0.6	96.5	202
51311	52311	55	45	105	35	64	57	105	15	75	85	55	1	0.6	115	242
51312	52312	60	50	110	35	64	62	110	15	80	90	60	1	0.6	118	262
51313	52313	65	55	115	36	65	67	115	15	85	95	65	1	0.6	115	262
51314	52314	70	55	125	40	72	72	125	16	92	103	70	1	1	148	340
51315	52315	75	60	135	44	79	77	135	18	99	111	75	1.5	1	162	380
51316	52316	80	65	140	44	79	82	140	18	104	116	80	1.5	1	160	380

续表10.39

轴承代号		基本尺寸/mm								安装尺寸/mm					基本额定动载荷 C_a/kN	基本额定静载荷 C_{0a}/kN
		d	D_2	D	T	T_1	d_1	D_1 D_2	B	D_4 max	D_5 min	d_3	r_a	r_{a1}		
14.24 系列																
51405	52405	25	15	60	24	45	27	60	11	39	46	25	1	0.6	55.2	89.2
51406	52406	30	20	70	28	52	32	70	12	46	54	30	1	0.6	72.5	125
51407	52407	35	25	80	32	59	37	80	14	53	62	35	1	0.6	86.8	155
51408	52408	40	30	90	36	65	42	90	15	60	70	40	1	0.6	112	205
51409	52409	45	35	100	39	72	47	100	17	67	78	45	1	0.6	140	262
51410	52410	50	40	110	43	78	52	110	18	74	86	50	1.5	0.6	160	302
51411	52411	55	45	120	48	87	57	120	20	81	94	55	1.5	0.6	182	355
51412	52412	60	50	130	51	93	62	130	21	88	102	60	1.5	0.6	200	395
51413	52413	65	50	140	56	101	68	140	23	95	110	65	2	1	215	448
51414	52414	70	55	150	60	107	73	150	24	102	118	70	2	1	255	560
51415	52415	75	60	160	65	115	78	160	26	110	125	75	2	1	268	615

圆柱滚子轴承参数见表 10.40。

表 10.40 圆柱滚子轴承参数

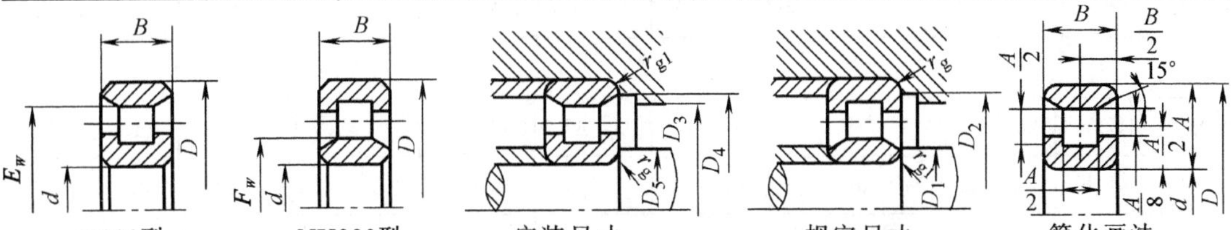

N000型 NU000型 安装尺寸 规定尺寸 简化画法

外形尺寸 滚动轴承

轴承代号		基本尺寸/mm					安装尺寸/mm							基本额定动载荷	基本额定静载荷	极限转速 /(×10^3 r/min)	
		d	D	B	F_w	E_w	D_1	D_2	D_3	D_4	D_5	r_g	r_{g1}	C_r/kN	C_{0r}/kN	脂润滑	油润滑
轻(2)窄系列																	
N204	NU204	20	47	14	27	40	25	41	42	43.2	26.3	1	0.6	11.8	6.5	12	16
N205	NU205	25	52	15	32	45	30	46	47	48	30	1	0.6	13.5	7.8	10	14

续表 10.40

轴承代号		基本尺寸/mm					安装尺寸/mm							基本额定动载荷	基本额定静载荷	极限转速/(×10³ r/min)	
		d	D	B	F_w	E_w	D_1	D_2	D_3	D_4	D_5	r_g	r_{g1}	C_r/kN	C_{0r}/kN	脂润滑	油润滑
轻(2)窄系列																	
N206	NU206	30	62	16	38.5	53.5	37	54	55	57	37	1	0.6	18.5	11.2	8.5	11
N207	NU207	35	72	17	43.8	61.8	42	64	64	67	42	1	0.6	27.2	17.2	7.5	9.5
N208	NU208	40	80	18	50	70	48	73	72	74	46	1	1	35.8	23.5	7.0	9.0
N209	NU209	45	85	19	55	75	53	79	77	79	53	1	1	37.8	25.2	6.3	8.0
N210	NU210	50	90	20	60.4	80.4	58	83	82	84	58	1	1	41.2	28.5	6.0	7.5
N211	NU211	55	100	21	66.5	88.5	64	91	90	93	64	1.5	1	50.2	35.5	5.3	6.7
N212	NU212	60	110	22	73	97	71	99	99	110	71	1.5	1.5	59.8	43.2	5.0	6.3
N213	NU213	65	120	23	79.5	105.5	77	110	107.6	111	77	1.5	1.5	69.8	51.5	4.5	5.6
N214	NU214	70	125	24	84.5	110.5	82	114	112	117	82	1.5	1.5	69.8	51.5	4.3	5.3
N215	NU215	75	130	25	88.5	118.3	86	122	118	122	86	1.5	1.5	84.8	64.2	4.0	5.0
N216	NU216	80	140	26	95	125	93	127	127	131	93	1.8	1.8	97.5	74.5	3.8	4.8
N217	NU217	85	150	28	101.5	135.5	99	140	135	140	95	1.8	1.8	110	85.8	3.6	4.5
N218	NU218	90	160	30	107	143	105	150	145	150	105	1.8	1.8	135	105	3.4	4.3
N219	NU219	95	170	32	113.5	151.5	111	150	153	159	106	2	2	145	112	3.2	4.0
N220	NU220	100	180	34	120	160	117	168	162	168	112	2	2	160	125	3.0	3.8
中(3)窄系列																	
N304	NU304	20	52	15	28.5	44.5	26	46	46	47.6	26.7	1	0.5	17.2	10.0	11.0	15
N305	NU305	25	62	17	35	53	33	54	55	57	32	1	1	24.2	14.5	9.0	12
N306	NU306	30	72	19	42	62	40	64	64	66	37	1	1	32.0	20.2	8.0	10
N307	NU307	35	80	21	46.2	68.2	44	73	70	73	45	1.5	1	39.0	25.2	7.0	9.0
N308	NU308	40	90	23	53.5	77.5	51	82	80	82	51	1.5	1.5	46.5	30.5	6.3	8.0
N309	NU309	45	100	25	58.5	86.5	56	92	89	92	53	1.5	1.5	63.5	42.8	5.6	7.0
N310	NU310	50	110	27	65	95	63	101	97	101	63	2	2	72.5	49.8	5.3	6.7
N311	NU311	55	120	29	70.5	104.5	68	107	106	111	68	2	2	93.2	65.2	4.8	6.0
N312	NU312	60	130	31	77	113	74	120	115	120	70	2	2	112	79.8	4.5	5.6
N313	NU313	65	140	33	83.5	121.5	81	129	123	129	76	2	2	118	85.2	4.0	5.0

续表10.40

轴承代号		基本尺寸/mm					安装尺寸/mm							基本额定动载荷	基本额定静载荷	极限转速/(×10³ r/min)	
		d	D	B	F_w	E_w	D_1	D_2	D_3	D_4	D_5	r_g	r_{g1}	C_r/kN	C_{0r}/kN	脂润滑	油润滑
N309	NU309	45	100	25	58.5	86.5	56	92	89	92	53	1.5	1.5	63.5	42.8	5.6	7.0
N310	NU310	50	110	27	65	95	63	101	97	101	63	2	2	72.5	49.8	5.3	6.7
N311	NU311	55	120	29	70.5	104.5	68	107	106	111	68	2	2	93.2	65.2	4.8	6.0
N312	NU312	60	130	31	77	113	74	120	115	120	70	2	2	112	79.8	4.5	5.6
N313	NU313	65	140	33	83.5	121.5	81	129	123	129	76	2	2	118	85.2	4.0	5.0
N314	NU314	70	150	35	90	130	87	139	132	139	81	2	2	138	102	3.8	4.8
N315	NU315	75	160	37	95.5	139.5	92	148	142	148	87	2	2	158	118	3.6	4.5
N316	NU316	80	170	39	103	147	100	157	149	157	93	2	2	168	125	3.4	4.3
N317	NU317	85	180	41	108	156	105	166	158	166	98.5	2.5	2.5	202	152	3.2	4.0
N318	NU318	90	190	43	115	165	112	176	167	175	110	2.5	2.5	218	165	3.0	3.8
N319	NU319	95	200	45	121.5	173.5	118	185	176	186	112	2.5	2.5	232	180	2.8	3.6
N320	NU320	100	215	47	129.5	185.5	126	198	187	198	117	2.5	2.5	270	212	2.4	3.2
重(4)窄系列																	
N407	NU407	35	100	25	53	83	51	86	85	91	45	1.5	1.5	67.5	45.5	6.0	7.5
N408	NU408	40	110	27	58	92	56	95	94	99	51	2	2	86.2	79.8	5.6	7.0
N409	NU409	45	120	29	64.5	100.5	63	109	102	109	61	2	2	97.0	64.8	5.0	6.3
N410	NU410	50	130	31	70.8	110.8	68	120	113	119	62	2	2	115	80.8	4.8	6.0
N411	NU411	55	140	33	77.2	117.2	75	128	119	128	67	2	2	123	88.0	4.3	5.3
N412	NU412	60	150	35	83	127	80	138	129	138	72	2	2	148	108	4.0	5.0
N413	NU413	65	160	37	89.5	135.3	87	147	137	147	79	2	2	162	118	3.8	4.8
N414	NU414	70	180	42	100	152	97	164	154	164	88	2.5	2.5	205	155	3.4	4.3
N415	NU415	75	190	45	104.5	160.5	101	173	163	173	92	2.5	2.5	238	182	3.2	4.0
N416	NU416	80	200	48	110	170	107	183	172	183	97	2.5	2.5	272	210	3.0	3.8
N417	NU417	85	210	52	113	179.5	112	192	182	192	100	3.0	3.0	298	230	2.8	3.6
N418	NU418	90	225	54	123.5	191.5	120	206	194	206	109	3.0	3.0	335	262	2.4	3.2

角接触球轴承和圆锥滚子轴承的轴向游隙见表 10.41。

表 10.41　角接触球轴承和圆锥滚子轴承的轴向游隙

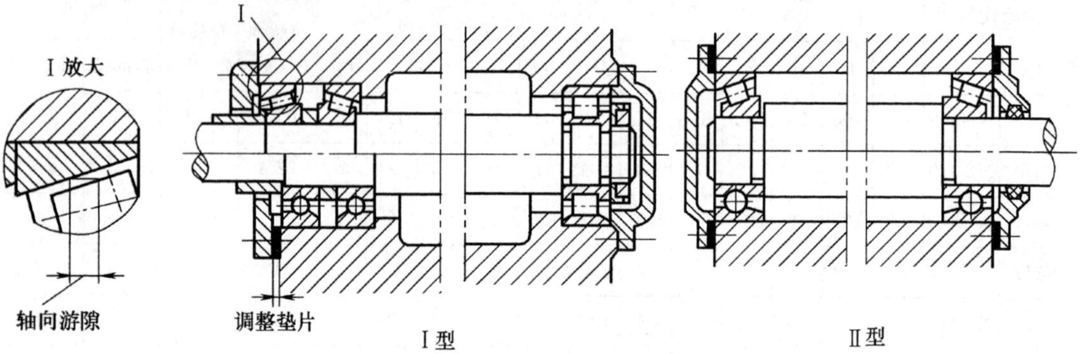

轴承类型	轴承内径 d/mm		允许轴向游隙的范围/μm						II 型轴承间允许的距离(大概值)
			I 型		II 型		I 型		
			最小	最大	最小	最大	最小	最大	
	超过	到	接触角 α						
角接触球轴承			$\alpha=15°$				$\alpha=25°$及 40°		
	—	30	20	40	30	50	10	20	8d
	30	50	30	50	40	70	15	30	7d
	50	80	40	70	50	100	20	40	6d
	80	120	50	100	60	150	30	50	5d
圆锥滚子轴承			$\alpha=10°\sim16°$				$\alpha=25°\sim29°$		
	—	30	20	40	40	70	—	—	14d
	30	50	40	70	50	100	20	40	12d
	50	80	50	100	80	150	30	50	11d
	80	120	80	150	120	200	40	70	10d

向心轴承和轴的配合—轴公差带见表 10.42。

表 10.42　向心轴承和轴的配合—轴公差带

圆柱孔轴承						
载荷情况		举例	深沟球轴承、调心球轴承和角接触球轴承	圆柱滚子轴承和圆锥滚子轴承	调心滚子轴承	公差带
			轴承公称内径/mm			
内圈承受旋转载荷或方向不定载荷	轻载荷	输送机、轻载齿轮箱	≤18	—	—	h5
			>18～100	≤40	≤40	j6①
			>100～200	>40～140	>40～100	k6①
			—	>140～200	>100～200	m6①

续表 10.42

<table>
<tr><td colspan="8">圆柱孔轴承</td></tr>
<tr><td colspan="3" rowspan="2">载荷情况</td><td rowspan="2">举例</td><td>深沟球轴承、调心球轴承和角接触球轴承</td><td>圆柱滚子轴承和圆锥滚子轴承</td><td>调心滚子轴承</td><td>公差带</td></tr>
<tr><td colspan="4">轴承公称内径/mm</td></tr>
<tr><td rowspan="2">内圈承受旋转载荷或方向不定载荷</td><td colspan="2">正常载荷</td><td>一般通用机械、电动机、泵、内燃机、正齿轮传动装置</td><td>≤18
>18～100
>100～140
>140～200
>200～280
—
—</td><td>—
≤40
>40～100
>100～140
>140～200
>200～400
—</td><td>—
≤40
>40～65
>65～100
>100～140
>140～280
>280～500</td><td>j5、js5
k5②
m5②
m6
n6
p6
r6</td></tr>
<tr><td colspan="2">重载荷</td><td>铁路机车车辆轴箱、牵引电机、破碎机等</td><td>—</td><td>>50～140
>140～200
>200
—</td><td>>50～100
>100～140
>140～200
>200</td><td>n6③
p6③
r6③
r7③</td></tr>
<tr><td rowspan="2">内圈承受固定载荷</td><td rowspan="2">所有载荷</td><td>内圈需在轴向易移动</td><td>非旋转轴上的各种轮子</td><td colspan="3" rowspan="2">所有尺寸</td><td>f6
g6</td></tr>
<tr><td>内圈不需在轴向易移动</td><td>张紧轮、绳轮</td><td>h6
j6</td></tr>
<tr><td colspan="3">仅有轴向载荷</td><td colspan="4">所有尺寸</td><td>j6、js6</td></tr>
<tr><td colspan="8">圆锥孔轴承</td></tr>
</table>

所有载荷	铁路机车车辆轴箱	装在退卸套上	所有尺寸	h8(IT6)④,⑤
	一般机械传动	装在紧定套上	所有尺寸	h9(IT7)④,⑤

注：①凡精度要求较高的场合，应用 j5、k5、m5 代替 j6、k6、m6。

②圆锥滚子轴承、角接触球轴承配合对游隙影响不大，可用 k6、m6 代替 k5、m5。

③重载荷下轴承游隙应选大于 N 组。

④凡精度要求较高或转速要求较高的场合，应选用 h7(IT5)代替 h8(IT6)等。

⑤IT6、IT7 表示圆柱度公差数值。

向心轴承和轴承座孔的配合—孔公差带见表 10.43。

表 10.43 向心轴承和轴承座孔的配合—孔公差带

<table>
<tr><th colspan="2" rowspan="2">载荷情况</th><th rowspan="2">举例</th><th rowspan="2">其他状况</th><th colspan="2">公差带[1]</th></tr>
<tr><th>球轴承</th><th>滚子轴承</th></tr>
<tr><td rowspan="2">外圈承受固定载荷</td><td>轻、正常、重</td><td rowspan="2">一般机械、铁路机车车辆油箱</td><td>轴向易移动，可采用剖分式轴承座</td><td colspan="2">H7、G7[2]</td></tr>
<tr><td>冲击</td><td rowspan="2">轴向能移动，可采用整体或剖分式轴承座</td><td colspan="2" rowspan="2">J7、JS7</td></tr>
<tr><td rowspan="3">方向不定载荷</td><td>轻、正常</td><td rowspan="2">电机、泵、曲轴主轴承</td></tr>
<tr><td>正常、重</td><td rowspan="5">轴向不移动，采用整体式轴承座</td><td colspan="2">K7</td></tr>
<tr><td>重、冲击</td><td>牵引电机</td><td colspan="2">M7</td></tr>
<tr><td rowspan="3">外圈承受旋转载荷</td><td>轻</td><td>皮带张紧轮</td><td>J7</td><td>K7</td></tr>
<tr><td>正常</td><td rowspan="2">轮毂轴承</td><td>M7</td><td>N7</td></tr>
<tr><td>重</td><td>—</td><td>N7、P7</td></tr>
</table>

注：①并列公差带随尺寸的增大从左至右选择。对旋转精度有较高要求时，可相应提高一个公差等级。

②不适用于剖分式轴承座。

推力轴承和轴的配合—轴公差带见表 10.44。

表 10.44 推力轴承和轴的配合—轴公差带

<table>
<tr><th colspan="2">载荷情况</th><th>轴承类型</th><th>轴承公称内径/mm</th><th>公差带</th></tr>
<tr><td colspan="2">仅有轴向载荷</td><td>推力球和推力圆柱滚子轴承</td><td>所有尺寸</td><td>j6、js6</td></tr>
<tr><td rowspan="2">径向和轴向联合载荷</td><td>轴圈承受固定载荷</td><td rowspan="2">推力调心滚子轴承、推力角接触球轴承、推力圆锥滚子轴承</td><td>≤250
>250</td><td>j6
js6</td></tr>
<tr><td>轴圈承受旋转载荷或方向不定载荷</td><td>≤200
>200～400
>400</td><td>k6[1]
m6
n6</td></tr>
</table>

注：①要求较小过盈时，可分别用 j6、k6、m6 代替 k6、m6、n6。

推力轴承和轴承座孔的配合—孔公差带见表 10.45。

表 10.45 推力轴承和轴承座孔的配合—孔公差带

载荷情况	轴承类型	公差带
仅有轴向载荷	推力球轴承	H8
	推力圆柱、圆锥滚子轴承	H7
	推力调心滚子轴承	—[1]

续表10.45

载荷情况		轴承类型	公差带
径向和轴向联合载荷	座圈承受固定载荷	推力角接触球轴承、推力调心滚子轴承、推力圆锥滚子轴承	H7
	座圈承受旋转载荷或方向不定载荷		K7②
			M7③

注:①轴承座孔与座圈间间隙为 0.001D(D 为轴承公称外径)。

②一般工作条件。

③有较大径向载荷时。

轴和轴承座孔的几何公差见表 10.46。

表 10.46 轴和轴承座孔的几何公差

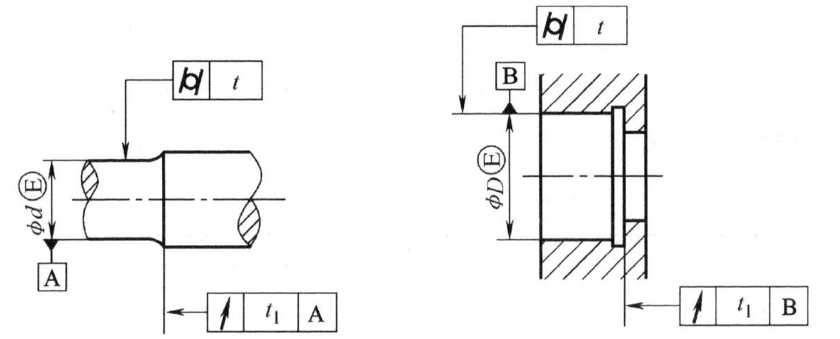

公称尺寸 /mm		圆柱度 $t/\mu m$				轴向圆跳动 $t_1/\mu m$			
		轴颈		轴承座孔		轴肩		轴承座孔肩	
		轴承公差等级							
>	≤	0	6(6X)	0	6(6X)	0	6(6X)	0	6(6X)
—	6	2.5	1.5	4	2.5	5	3	8	5
6	10	2.5	1.5	4	2.5	6	4	10	6
10	18	3	2	5	3	8	5	12	8
18	30	4	2.5	6	4	10	6	15	10
30	50	4	2.5	7	4	12	8	20	12
50	80	5	3	8	5	15	10	25	15
80	120	6	4	10	6	15	10	25	15
120	180	8	5	12	8	20	12	30	20
180	250	10	7	14	10	20	12	30	20
250	315	12	8	16	12	25	15	40	25
315	400	13	9	18	13	25	15	40	25
400	500	15	10	20	15	25	15	40	25
500	630	—	—	22	16	—	—	50	30
630	800	—	—	25	18	—	—	50	30
800	1000	—	—	28	20	—	—	60	40
1000	1250	—	—	33	24	—	—	60	40

配合表面及端面的表面粗糙度见表10.47。

表10.47 配合表面及端面的表面粗糙度

轴或轴承座孔直径/mm		轴或轴承座孔配合表面直径公差等级					
		IT7		IT6		IT5	
		表面粗糙度 $Ra/\mu m$					
>	≤	磨	车	磨	车	磨	车
—	80	1.6	3.2	0.8	1.6	0.4	0.8
80	500	1.6	3.2	1.6	3.2	0.8	1.6
500	1250	3.2	6.3	1.6	3.2	1.6	3.2
端面		3.2	6.3	6.3	6.3	6.3	3.2

向心轴承载荷的区分见表10.48。

表10.48 向心轴承载荷的区分

载荷大小	轻载荷	正常载荷	重载荷
P_r(径向当量动载荷) C_r(径向额定动载荷)	≤0.06	>0.06~0.12	>0.12

滚动轴承计算用载荷系数 f_p 见表10.49。

表10.49 滚动轴承计算用载荷系数 f_p

载荷性质	f_p	举例
无冲击或轻微冲击	1.0~1.2	电动机、汽轮机、通风机、水泵等
中等冲击或中等惯性冲击	1.2~1.8	车辆、动力机械、起重机、造纸机、冶金机械、选矿机、卷扬机、机床等
严重冲击	1.8~3.0	破碎机、轧钢机、钻探机、振动筛等

滚动轴承计算用径向动载荷系数 X 和轴向动载荷系数 Y 见表10.50。

表10.50 滚动轴承计算用径向动载荷系数 X 和轴向动载荷系数 Y

轴承类型		相对轴向载荷	$F_a/F_r \leqslant e$		$F_a/F_r > e$		判断系数 e
名称	代号	F_a/c_0	X	Y	X	Y	
调心球轴承	10000	—	—	1	(Y_1)	0.65	(Y_2)
调心滚子轴承	20000	—	—	1	(Y_1)	0.67	(Y_2)
圆锥滚子轴承	30000	—	1	0	0.40	(Y)	(e)

续表10.50

轴承类型		相对轴向载荷	$F_a/F_r \leqslant e$		$F_a/F_r > e$		判断系数 e
名称	代号	F_a/c_0	X	Y	X	Y	
深沟球轴承	60000	0.025	1	0	0.56	2.0	0.22
		0.040				1.8	0.24
		0.070				1.6	0.27
		0.130				1.4	0.31
		0.250				1.2	0.37
		0.500				1.0	0.44
角接触球轴承	70000C ($\alpha=15°$)	0.015	1	0	0.44	1.47	0.38
		0.029				1.40	0.40
		0.058				1.30	0.43
		0.087				1.23	0.46
		0.120				1.19	0.47
		0.170				1.12	0.50
		0.290				1.02	0.55
		0.440				1.00	0.56
		0.580				1.00	0.56
	70000AC ($\alpha=25°$)	—	1	0	0.41	0.87	0.68
	70000B ($\alpha=40°$)	—	1	0	0.35	0.57	1.14

注:①表中括号内的系数 Y、Y_1、Y_2 和 e 的详值应查轴承手册,对不同型号的轴承有不同的值。

②深沟球轴承的 X、Y 值仅适用于 0 组游隙的轴承,对应其他游隙组轴承的 X、Y 值可查轴承手册。

滚动轴承计算用温度系数 f_t 见表 10.51。

表 10.51 滚动轴承计算用温度系数 f_t

轴承工作温度/节	≤120	125	150	175	200	225	250	300	350
温度系数 f_t	1.00	0.95	0.90	0.85	0.80	0.75	0.70	0.60	0.50

10.4 联 轴 器

常用联轴器的性能、特点及应用见表 10.52。

表 10.52　常用联轴器的性能、特点及应用

类别	联轴器名称	额定转矩范围 T_n/N·m	轴孔直径范围 d/mm	许用转速[n]/(r/min)	许用相对位移			特点及应用
					轴向 Δx/mm	径向 Δy/mm	角向 $\Delta\alpha$	
刚性联轴器	凸缘联轴器	25～100000	12～250	12000～1600	要求两轴严格对中			结构简单，制造成本较低，装拆和维护均较简单，能保证两轴有较高的对中性，传递转矩较大，应用较广，但不能消除冲击和由于两轴的不对中而引起的不良后果。主要用于载荷较平稳的场合
有弹性元件的挠性联轴器	弹性套柱销联轴器	6.3～16000	9～170	8800～1150	较大	0.2～0.6	30′～1°30′	结构紧凑，装配方便，具有一定弹性和缓冲性能，补偿两轴相对位移量不大，当位移量过大时，弹性件易损坏。主要用于一般的中、小功率传动轴系的连接
	弹性柱销联轴器	160～180000	12～340	8500～950	0.5～3.0	0.15～0.25	≤30′	结构简单，制造容易，更换方便，柱销较耐腐，但弹性差，补偿两轴相对位移量小。主要用于载荷较平稳，起动频繁，轴向窜动量较大，对缓冲要求不高的传动
	梅花形弹性联轴器	25～25000	12～160	15300～1900	1.2～5.0	0.5～1.8	1°～2°	结构简单，零件数量少，外形尺寸小，弹性元件制造容易，承载能力也高，适用范围广。可用于中、小功率的水平和垂直传动轴系
无弹性元件的挠性联轴器	滑块联轴器	金属滑块：120～20000；非金属滑块：17～3430	金属滑块：15～150；非金属滑块：15～950	金属滑块：250～100；非金属滑块：8200～1700	较大	金属滑块：0.0401；非金属滑块：$0.01d+0.25$，d 为轴径	金属滑块：≤30′；非金属滑块：≤40′	结构简单，径向外形尺寸较小，适用于两轴径向位移较大的场合。对角位移较敏感，受滑块偏心产生离心力的限制，不宜用于高速

轴孔和键槽的形式、代号及系列尺寸见表 10.53。

表 10.53 轴孔和键槽的形式、代号及系列尺寸

	长圆柱形轴孔 （Y 型）	有沉孔的短圆柱形轴孔 （J 型）	有沉孔的长圆锥形轴孔 （Z 型）	圆锥形轴孔 （Z_1 型）
圆柱形和圆锥形轴孔、键槽形式	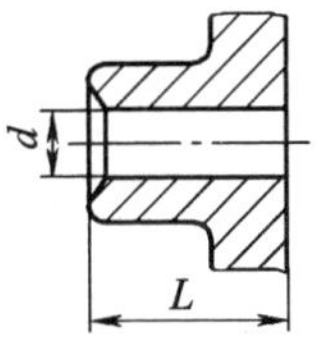	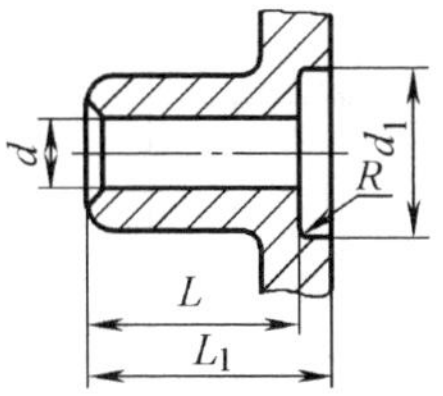	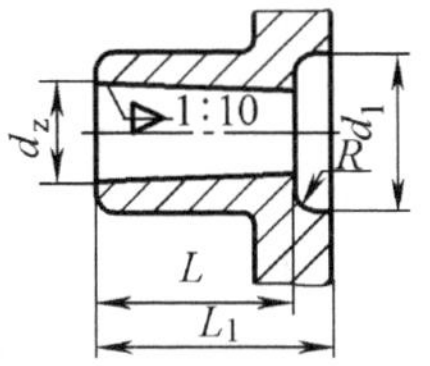	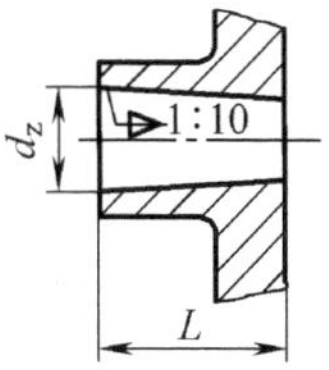
	平键单键槽 （A 型）	120°布置平键双键槽 （B 型）	180°布置平键双键槽 （B_1 型）	圆锥形轴孔平键单键槽 （C 型）
	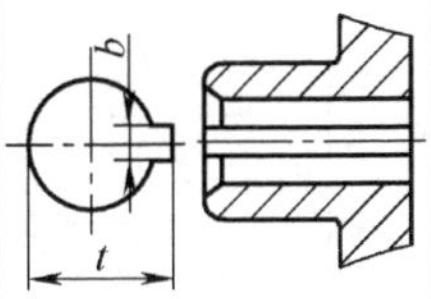	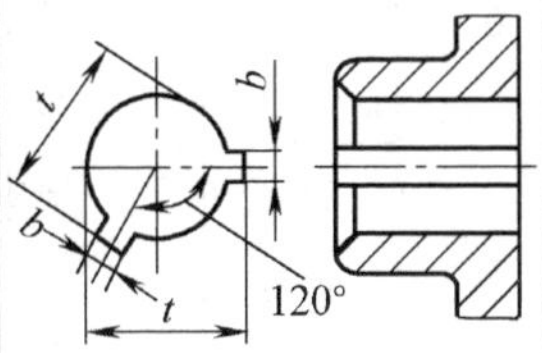	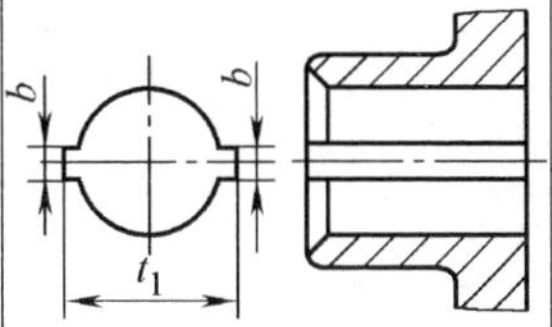	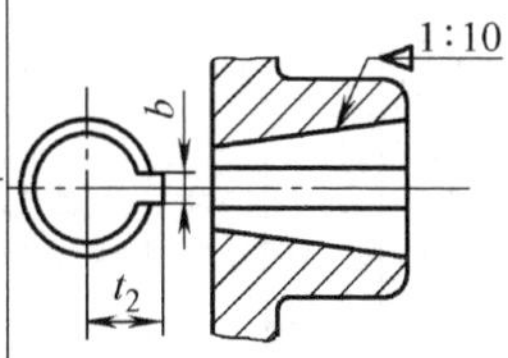

轴孔和键槽尺寸见表 10.54。

表 10.54 轴孔和键槽尺寸 单位：mm

轴孔直径 d_1, d_z	长度 Y 型 L	长度 J、Z、Z_1 型 L	长度 J、Z、Z_1 型 L_1	沉孔 d_1	沉孔 R	键槽 A 型，B 型，B_1 型 b	t 公称尺寸	t 极限偏差	t_1 公称尺寸	t_1 极限偏差	键槽 C 型 b	t_2 公称尺寸	t_2 极限偏差
16	42	30	42	38	1.5	5	18.3	+0.1 0	20.6	+0.2 0	3	8.7	+0.1 0
18						6	20.8		23.6		4	10.1	
19							21.8		24.6			10.6	
20	52	38	52				22.8		25.6			10.9	
22							24.8		27.6			11.9	
24						8	27.3	+0.2 0	30.6	+0.4 0	5	13.4	
25	62	44	62	48			28.3		31.6			13.7	
28							31.3		34.6			15.2	

续表10.54

轴孔直径 d_1,d_z	长度			沉孔		键槽							
	Y型	J、Z、Z_1型		d_1	R	A型，B型，B_1型					C型		
	L	L	L_1			b	t		t_1		b	t_2	
							公称尺寸	极限偏差	公称尺寸	极限偏差		公称尺寸	极限偏差
30	82	60	82	55	1.5	8	33.3	+0.2 0	36.6	+0.4 0	5	15.8	+0.1 0
32					2	10	35.3		38.6		6	17.3	
35							38.3		41.6			18.8	
38				65			41.3		44.6			20.3	
40	112	84	112			12	43.3		46.6		10	21.2	+0.2 0
42							45.3		48.6			22.2	
45				80		14	48.8		52.6		12	23.7	
48							51.8		55.6			25.2	
50				95			53.8		57.6			26.2	
55					2.5	16	59.3		63.6		14	29.2	
56							60.3		64.6			29.7	

凸缘联轴器参数见表10.55。

表10.55 凸缘联轴器参数

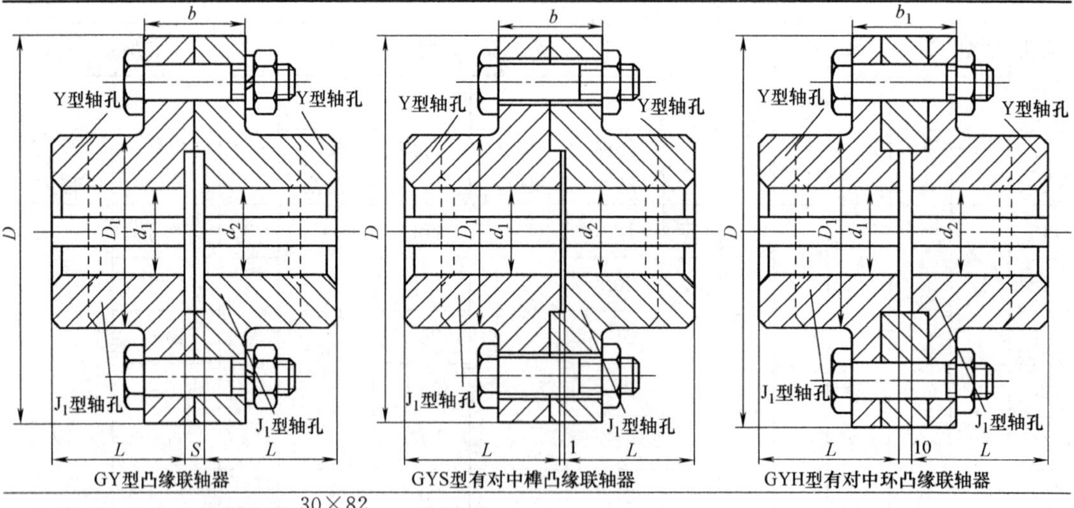

标记示例：GY5 凸缘联轴器$\frac{30\times82}{J_1 30\times60}$ GB/T 5843—2003

主动端：Y型轴孔，A型键槽，$d_1=30$ mm，$L=82$ mm

从动端：J_1型轴孔，A型键槽，$d_1=30$ mm，$L=60$ mm

续表 10.55

型号	公称转矩/(N·m)	许用转速/(r·min^{-1})	轴孔直径 d_1,d_2/mm	轴孔长度 L/mm Y型	轴孔长度 L/mm J_1型	D/mm	D_1/mm	b/mm	b_1/mm	S/mm	转动惯量/(kg·m^2)	质量/kg
GY1 GYS1 GYH1	25	12000	12,14	32	27	80	30	26	42	6	0.0008	1.16
			16,18,19	42	30							
GY2 GYS2 GYH2	63	10000	16,18,19	42	30	90	40	28	44	6	0.0015	1.72
			20,22,24	52	38							
			25	62	44							
GY3 GYS3 GYH3	112	9500	20,22,24	52	38	100	45	30	46	6	0.0025	2.38
			25,28	62	44							
GY4 GYS4 GYH4	224	9000	25,28	62	44	105	55	32	48	6	0.003	3.15
			30,32,35	82	60							
GY5 GYS5 GYH5	400	8000	30,32,35,38	82	60	120	68	36	52	8	0.007	5.43
			40,42	112	84							
GY6 GYS6 GYH6	900	6800	38	82	60	140	80	40	56	8	0.015	7.59
			40,42,45,48,50	112	84							
GY7 GYS7 GYH7	1600	6000	48,50,55,56	112	84	160	100	40	56	8	0.031	13.1
			60,63	142	107							
GY8 GYS8 GYH8	3150	4800	60,63,65,70,71,75	142	107	200	130	50	68	10	0.103	27.5
			80	172	132							
GY9 GYS9 GYH9	6300	3600	75	142	107							
			80,85,90,95	172	132	260	160	66	84	10	0.319	47.8
			100	212	167							

注:①本联轴器不具备径向、轴向和角向的补偿性能,刚性好,传递转矩大,结构简单,工作可靠,维护简便,适用于两轴对中精度良好的一般轴系传动。

②质量、转动惯量是按 GY 型联轴器 Y/J_1 轴孔组合型式和小孔轴径计算的。

弹性套柱销联轴器参数见表 10.56。

表 10.56　弹性套柱销联轴器参数

标记示例：

LT3 联轴器$\dfrac{\text{ZC16}\times 30}{\text{JB18}\times 30}$GB/T 4323—2017

该联轴器为弹性套柱销联轴器，型号为 LT3

主动端：Z 型轴孔，C 型键槽，$d_z=16$ mm，$L_1=30$ mm

从动端：J 型轴孔，B 型键槽，$d_2=18$ mm，$L_1=30$ mm

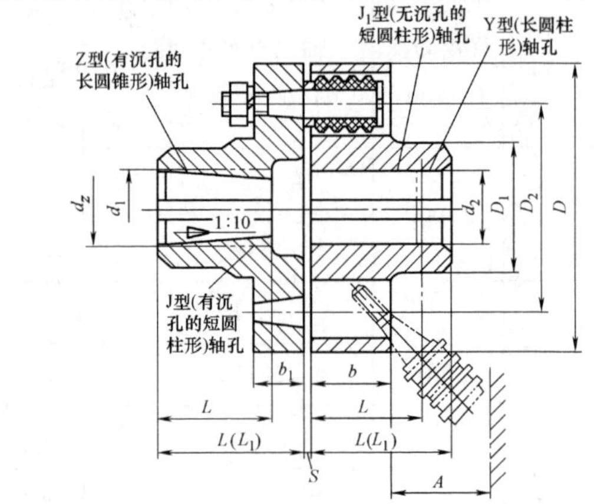

型号	公称转矩 /(N·m)	许用转速 /(r·min⁻¹)	轴孔直径 d_1、d_2、d_z /mm	轴孔长度/mm Y 型 L	J、J₁、Z 型 L_1	J、J₁、Z 型 L	D /mm	A /mm	S /mm	转动惯量 /(kg·m²)	b/mm
LT1	6.3	8800	9	20	14	—	71	18	3	0.0005	14
			10,11	25	17						
			12,14	32	20						
LT2	16	7600	12,14			42	80			0.0008	
			16,18,19	42	30						
LT3	31.5	6300	16,18,19				95	35	4	0.0023	19
			20,22	52	38	52					
LT4	63	5700	20,22,24				106			0.0037	
			25,28	62	44	62					
LT5	125	4600	25,28				130	45	5	0.012	36
			30,32,35	82	60	82					
LT6	250	3800	32,35,38				160			0.028	
			40,42	112	84	112					
LT7	500	3600	40,42,45,48				190			0.055	
LT8	710	3000	45,48,50,55,56				224	65	6	0.134	42
			60,63	142	107	142					
LT9	1000	2850	50,55,56	112	84	112	250			0.213	
			60,63,65,70,71	142	107	142					
LT10	2000	2300	63,65,70,71,75				315	80	8	0.66	52
			80,85,90,95	172	132	172					
LT11	4000	1800	80,85,90,95				400	100	10	2.112	66
			100,110	212	167	212					
LT12	8000	1450	100,110,120,125				475	130	12	5.39	84
			130	252	202	252					

续表 10.56

型号	公称转矩 /(N·m)	许用转速 /(r·min^{-1})	轴孔直径 d_1、d_2、d_z /mm	轴孔长度/mm			D /mm	A /mm	S /mm	转动惯量 /(kg·m^2)	b/mm
				Y 型	J、J_1、Z 型						
				L	L_1	L					
LT13	16000	1150	120,125	212	167	212	600	180	14	17.58	102
			130,140,150	252	202	252					
			160,170	302	242	302					

注：①弹性套柱销联轴器安装锥度孔螺栓的一端是主动端，安装弹性套的一端是从动端。

②表中许用转速、轴孔直径、转动惯量适用于铸钢材质的联轴器。

弹性柱销联轴器参数见表 10.57。

表 10.57 弹性柱销联轴器参数

标记示例：

LX5 联轴器 $\dfrac{ZC55\times84}{JB50\times84}$ GB/T5014—2017

该联轴器为弹性柱销联轴器，型号为 LX5

主动端：Z 型轴孔，C 型键槽，$d_2=55$ mm，$L_1=84$ mm

从动端：J 型轴孔，B 型键槽，$d_2=50$ mm，$L_1=84$ mm

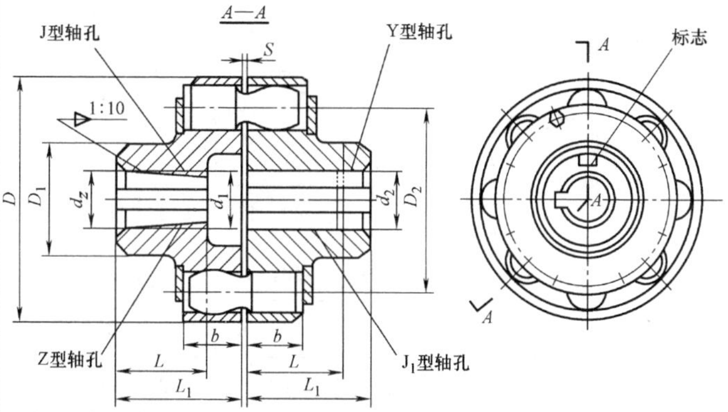

型号	公称转矩 /(N·m)	许用转速 /(r·min^{-1})	轴孔直径 d_1、d_2、d_z /mm	轴孔长度/mm			D /mm	D_1 /mm	b /mm	S /mm	转动惯量 /(kg·m^2)
				Y 型	J、J_1、Z 型						
				L	L_1	L					
LX1	250	8500	12,14	32	27		90	40	20	2.5	0.002
			16,18,19	42	30	42					
			20,22,24	52	38	52					
LX2	560	6300	20,22,24	52	38	52	120	55	28	2.5	0.009
			25,28	62	44	62					
			30,32,35	82	60	82					
LX3	1250	4700	30,32,35,38	82	60	82	160	75	36	2.5	0.026
			40,42,45,48	112	84	112					

续表 10.57

型号	公称转矩 /(N·m)	许用转速 /(r·min^{-1})	轴孔直径 d_1、d_2、d_z /mm	轴孔长度/mm Y型 L	轴孔长度/mm J、J_1、Z型 L_1	轴孔长度/mm J、J_1、Z型 L	D /mm	D_1 /mm	b /mm	S /mm	转动惯量 /(kg·m^2)
LX4	2500	3850	40,42,45,50,55,56	112	84	112	195	100	45	3	0.109
			60,63	142	107	142					
LX5	3150	3450	50,55,56	112	84	112	220	120	45	3	0.191
			60,63,65,70,71,75	142	107	142					
LX6	6300	2720	60,63,65,70,71,75	142	107	142	280	140	56	4	0.543
			80,85	172	132	172					
LX7	11200	2360	70,71,75	142	107	142	320	170	56	4	1.314
			80,85,90,95	172	132	172					
			100,110	212	167	212					
LX8	16000	2120	80,85,90,95	172	132	172	360	200	5	5	2.023
			100,110,120,125	212	167	212					
LX9	22500	1850	100,110,120,125	212	167	212	410	230	63	5	4.386
			130,140	252	202	252					
LX10	35500	1600	110,120,125	212	167	212	480	280	75	6	9.760
			130,140,150	252	202	252					
			160,170,180	302	242	302					

梅花形弹性联轴器参数见表 10.58。

表 10.58 梅花形弹性联轴器

标记示例：

LM3 联轴器 $\dfrac{Z30\times40}{B25\times40}$ MT3-a

GB/T 5272—2017

该联轴器为 LM3 型梅花形联轴器，MT3 型弹性件为 a，

其主动端：Z 型轴孔，A 型键槽，$d_z=30$ mm，$L_{推荐}=40$ mm

从动端：Y 型轴孔，B 型键槽，$d_1=25$ mm，$L_{推荐}=40$ mm

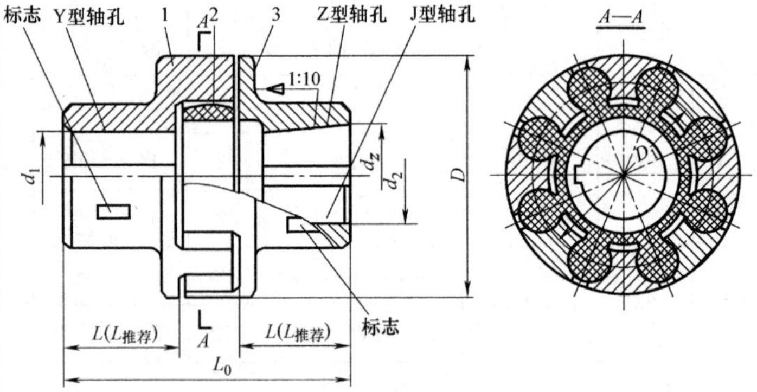

续表 10.58

型号	公称转矩/(N·m) 弹性件硬度 a/H_A 80±5	公称转矩/(N·m) 弹性件硬度 b/H_D 60±5	许用转速/(r·min^{-1})	轴孔直径 d_1、d_2、d_z/mm	轴孔长度 L/mm Y型 L	轴孔长度 L/mm J_1、Z型 L	$L_{推荐}$	L_0/mm	D/mm	弹性件型号	转动惯量/(kg·m^2)
LM1	25	45	15300	12,14	32	27	35	86	50	MT1$^{-a}_{-b}$	0.0002
				16,18,19	42	30					
				20,22,24	52	38					
				25	62	44					
LM2	50	100	12000	16,18,19	42	30	38	95	60	MT2$^{-a}_{-b}$	0.0004
				20,22,24	52	38					
				25,28	62	44					
				30	82	60					
LM3	100	200	10900	20,22,24	52	38	40	103	70	MT3$^{-a}_{-b}$	0.0009
				25,28	62	44					
				30,32	82	60					
LM4	140	280	900	22,24	52	38	45	114	85	MT4$^{-a}_{-b}$	0.002
				25,28	62	44					
				30,32,35,38	82	60					
				40	112	84					
LM5	350	400	7300	25,28	62	44	50	127	105	MT5$^{-a}_{-b}$	0.005
				30,32,35,38	82	60					
				40,42,45	112	84					
LM6	400	710	6100	30,32,35,38	82	60	55	143	125	MT6$^{-a}_{-b}$	0.0114
				40,42,45,48	112	84					
LM7	630	1120	5300	35*,38*	82	60	60	159	145	MT7$^{-a}_{-b}$	0.0232
				40*,42*,45,48,50,55	112	84					
LM8	1120	2240	4500	45*,48*,50,55,56	112	84	70	181	170	MT8$^{-a}_{-b}$	0.0468
				60,63,65*	142	107					

注:①带 * 号的轴孔直径可用于 Z 型轴孔。

②a、b 为两种材料的硬度代号。

LM 型梅花形弹性联轴器允许误差见表 10.59。

表 10.59 LM 型梅花形弹性联轴器允许误差

<table>
<tr><th rowspan="2">型号</th><th colspan="2">允许最大安装误差</th><th colspan="2">允许最大运转补偿量</th><th rowspan="2">轴向间隙
(ΔX±10%)/mm</th></tr>
<tr><th>径向 ΔY/mm</th><th>角向 Δα/(°)</th><th>径向 ΔY/mm</th><th>角向 Δα/(°)</th></tr>
<tr><td>LM1</td><td>0.2</td><td rowspan="5">1.0</td><td>0.5</td><td rowspan="5">2.0</td><td>1.2</td></tr>
<tr><td>LM2</td><td>0.3</td><td>0.6</td><td>1.3</td></tr>
<tr><td>LM3</td><td rowspan="3">0.4</td><td rowspan="3">0.8</td><td>1.5</td></tr>
<tr><td>LM4</td><td>2.0</td></tr>
<tr><td>LM5</td><td>2.5</td></tr>
<tr><td>LM6</td><td rowspan="3">0.5</td><td rowspan="4">0.7</td><td rowspan="3">1</td><td rowspan="4">1.5</td><td>3.0</td></tr>
<tr><td>LM7</td><td>3.5</td></tr>
<tr><td>LM8</td><td>4.0</td></tr>
<tr><td>LM9</td><td rowspan="3">0.7</td><td rowspan="3">1.5</td><td>4.5</td></tr>
<tr><td>LM10</td><td rowspan="5">0.5</td><td rowspan="5">1.0</td><td rowspan="5">5.0</td></tr>
<tr><td>LM11</td></tr>
<tr><td>LM12</td><td rowspan="3">0.8</td><td rowspan="3">1.8</td></tr>
<tr><td>LM13</td></tr>
<tr><td>LM14</td></tr>
</table>

滑块联轴器参数见表 10.60。

表 10.60 滑块联轴器参数

标记示例：

WHb 联轴器 $\frac{35\times 82}{J_1\ 38\times 60}$ JB/ZQ 4384—2006

主动端：Y 型轴孔，A 型键槽，$d_1=35$ mm，$L=82$ mm

从动端：J_1 型轴孔，A 型键槽，$d_2=38$ mm，$L=60$ mm

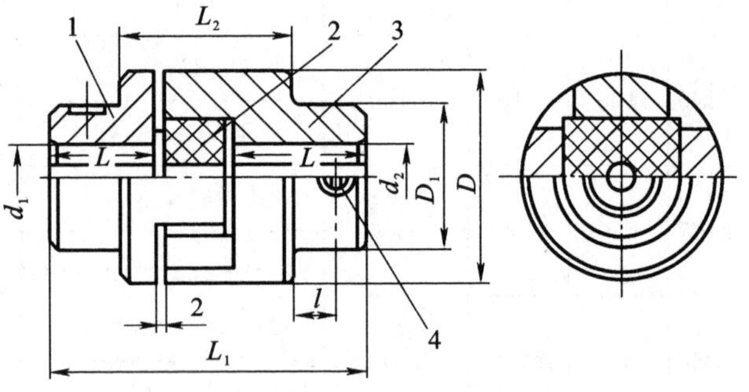

1、3—半联轴器；2—滑块；4—紧定螺钉

续表 10.60

<table>
<tr><th rowspan="3">型号</th><th rowspan="3">公称转矩
/(N·m)</th><th rowspan="3">许用
转速
/(r·min^{-1})</th><th rowspan="2">轴孔直径
d_1、d_2</th><th colspan="2">轴孔长度 L</th><th rowspan="2">D</th><th rowspan="2">D_1</th><th rowspan="2">L_2</th><th rowspan="2">l</th><th rowspan="3">质量
/kg</th><th rowspan="3">转动
惯量
/(kg·m^2)</th></tr>
<tr><th>Y 型</th><th>J_1 型</th></tr>
<tr><th colspan="7">mm</th></tr>
<tr><td rowspan="2">WH1</td><td rowspan="2">16</td><td rowspan="2">10000</td><td>10,11</td><td>25</td><td>22</td><td rowspan="2">40</td><td rowspan="2">30</td><td rowspan="2">52</td><td rowspan="2">5</td><td rowspan="2">0.6</td><td rowspan="2">0.0007</td></tr>
<tr><td>12,14</td><td rowspan="2">32</td><td rowspan="2">27</td></tr>
<tr><td rowspan="2">WH2</td><td rowspan="2">31.5</td><td rowspan="2">8200</td><td>12,14</td><td rowspan="2">50</td><td rowspan="2">32</td><td rowspan="2">56</td><td rowspan="2">5</td><td rowspan="2">1.5</td><td rowspan="2">0.0038</td></tr>
<tr><td>16,(17),18</td><td rowspan="2">42</td><td rowspan="2">30</td></tr>
<tr><td rowspan="2">WH3</td><td rowspan="2">63</td><td rowspan="2">7000</td><td>(17),18,19</td><td rowspan="2">70</td><td rowspan="2">40</td><td rowspan="2">60</td><td rowspan="2">5</td><td rowspan="2">1.8</td><td rowspan="2">0.0063</td></tr>
<tr><td>20,22</td><td rowspan="2">52</td><td rowspan="2">38</td></tr>
<tr><td rowspan="2">WH4</td><td rowspan="2">160</td><td rowspan="2">5700</td><td>20,22,24</td><td rowspan="2">80</td><td rowspan="2">50</td><td rowspan="2">64</td><td rowspan="2">8</td><td rowspan="2">2.5</td><td rowspan="2">0.013</td></tr>
<tr><td>25,28</td><td rowspan="2">62</td><td rowspan="2">44</td></tr>
<tr><td rowspan="2">WH5</td><td rowspan="2">280</td><td rowspan="2">4700</td><td>25,28</td><td rowspan="2">100</td><td rowspan="2">70</td><td rowspan="2">75</td><td rowspan="2">10</td><td rowspan="2">5.8</td><td rowspan="2">0.045</td></tr>
<tr><td>30,32,35</td><td rowspan="2">82</td><td rowspan="2">60</td></tr>
<tr><td rowspan="2">WH6</td><td rowspan="2">500</td><td rowspan="2">3800</td><td>30,32,35,38</td><td rowspan="2">120</td><td rowspan="2">80</td><td rowspan="2">90</td><td rowspan="2">15</td><td rowspan="2">9.5</td><td rowspan="2">0.12</td></tr>
<tr><td>40,42,45</td><td rowspan="4">112</td><td rowspan="4">84</td></tr>
<tr><td rowspan="2">WH7</td><td rowspan="2">900</td><td rowspan="2">3200</td><td>40,42,45,48</td><td rowspan="2">150</td><td rowspan="2">100</td><td rowspan="2">120</td><td rowspan="2">25</td><td rowspan="2">25</td><td rowspan="2">0.43</td></tr>
<tr><td>50,55</td></tr>
<tr><td rowspan="2">WH8</td><td rowspan="2">1800</td><td rowspan="2">2400</td><td>50,55</td><td rowspan="2">190</td><td rowspan="2">120</td><td rowspan="2">150</td><td rowspan="2">25</td><td rowspan="2">55</td><td rowspan="2">1.98</td></tr>
<tr><td>60,63,65,70</td><td rowspan="2">142</td><td rowspan="2">107</td></tr>
<tr><td rowspan="2">WH9</td><td rowspan="2">3550</td><td rowspan="2">1800</td><td>65,70,75</td><td rowspan="2">250</td><td rowspan="2">150</td><td rowspan="2">180</td><td rowspan="2">25</td><td rowspan="2">85</td><td rowspan="2">4.9</td></tr>
<tr><td>80,85</td><td rowspan="2">172</td><td rowspan="2">132</td></tr>
<tr><td rowspan="2">WH10</td><td rowspan="2">5000</td><td rowspan="2">1500</td><td>80,85,90,95</td><td rowspan="2">330</td><td rowspan="2">190</td><td rowspan="2">180</td><td rowspan="2">40</td><td rowspan="2">120</td><td rowspan="2">7.5</td></tr>
<tr><td>100</td><td>212</td><td>167</td></tr>
</table>

注:①装配时两轴的许用补偿量:轴向 $\Delta X=1\sim2$ mm;径向 $\Delta Y\leqslant0.2$ mm;角向 $\Delta\alpha\leqslant40'$。

②本联轴器具有一定的补偿两轴相对偏移量、减振和缓冲性能,适用于中、小功率,转速较高、转矩较小的轴系传动,如控制器、液压泵装置等,工作温度为$-20\sim+70$ ℃。

③尽量不用括号内的数值。

11 润滑与密封

11.1 润 滑 剂

常用润滑油的主要性质和用途见表 11.1。

表 11.1 常用润滑油的主要性质和用途

名称	代号	运动黏度(40 ℃)/($mm^2 \cdot s^{-1}$)	倾点/℃ 不高于	闪点(开口)/℃ 不低于	主要用途
L-AN 全损耗系统用油 (GB 443—1989)	5	4.14～5.06	−5	80	用于各种高速轻载机械轴承的润滑和冷却(循环式或油箱式),如转速在 10000 r/min 以上的精密机械、机床及纺织纱锭的润滑和冷却
	7	6.12～7.48		110	
	10	9.00～11.00		130	
	15	13.5～16.5		150	用于小型机床的齿轮箱、传动装置的轴承,中小型电动机,风动工具等
	22	19.8～24.2			
	32	28.8～35.2			用于一般机床齿轮变速箱、中小型机床导轨及 100 kW 以上电动机的轴承
	46	41.4～50.6		160	主要用在大型机床、大型刨床上
	68	61.2～74.8			主要用在低速重载的纺织机械及重型机床、锻压、铸造设备上
	100	90.0～110		180	
	150	135～165			
L-CKC 工业闭式齿轮油 (GB 5903—2011)	32	28.8～35.2	−12	180	适用于煤炭、水泥、冶金工业部门大型封闭式齿轮传动装置的润滑
	46	41.4～50.6			
	68	61.2～74.8			
	100	90.0～110		200	
	150	135～165	−9		
	220	198～242			
	320	288～352			
	460	414～506			
	680	612～748	−5		

续表11.1

名称	代号	运动黏度(40 ℃)/($mm^2 \cdot s^{-1}$)	倾点/℃ 不高于	闪点(开口)/℃ 不低于	主要用途
L-CKE/P 蜗轮蜗杆油 (SH/T 0094—1991)	220	198～242	−12	200	用于铜-钢配对的圆柱形承受重载荷、传动中有振动和冲击的蜗杆副的润滑
	320	288～352			
	460	414～506		220	
	680	612～748			
	1000	900～1100			
L-HL 抗氧防锈液压油 (GB 11118.1—2011)	15	13.5～16.5	−12	140	适用于机床和其他设备的低压齿轮泵,也可以用于使用其他抗氧防锈型润滑油的机械设备(如轴承和齿轮等)
	22	19.8～24.2	−9	165	
	32	28.8～35.2	−6	175	
	46	41.4～50.6		185	
	68	61.2～74.8		195	
	100	90～110		205	
	150	135～165		215	

工业闭式齿轮传动装置润滑油黏度等级的选择及闭式蜗杆传动润滑油运动黏度的荐用值分别见表 11.2、表 11.3。

表 11.2 工业闭式齿轮传动装置润滑油黏度等级的选择

平行轴及锥齿轮传动低速级齿轮节圆的圆周速度[①]/($m \cdot s^{-1}$)	环境温度/℃ −40～−10	−10～10	10～35	35～55
	润滑油黏度等级[②],v_{40}/($mm^2 \cdot s^{-1}$)			
≤5	100(合成型)	150	320	680
>5～15	100(合成型)	100	220	460
>15～25	68(合成型)	68	150	320
>25～80[③]	32(合成型)	46	68	100

注:①锥齿轮传动节圆圆周速度指锥齿轮齿宽中点的节圆圆周速度。

②当齿轮节圆圆周速度≤25 m/s 时,表中所选润滑油黏度等级为工业闭式齿轮油;当齿轮节圆圆周速度>25 m/s 时,表中所选润滑油黏度等级为汽轮机油,当齿轮传动承受严重冲击负载时,可适当增加一个黏度等级。

③当齿轮节圆圆周速度大于 80 m/s 时,应由齿轮装置制造者特殊考虑并具体推荐一合适的润滑油。

表 11.3 闭式蜗杆传动润滑油运动黏度的荐用值

滑动速度/($m \cdot s^{-1}$)	≤1	>1～2.5	>2.5～5	>5～10	>10～15	>15～25	>25
工作条件	重载	重载	中载	—	—	—	—
润滑方式	浸油			浸油或喷油	喷油润滑，喷油压力 MPa		
运动黏度/($mm^2 \cdot s^{-1}$)	900	580	330	220	135	100	75

常用润滑脂的主要性质和用途见表 11.4。

表 11.4 常用润滑脂的主要性质和用途

名称	代号	工作锥入度/10^{-1}mm	滴点/℃ 不低于	主要用途
钙基润滑脂(GB/T 491—2008)	1 号	310～340	80	有耐水性。用于工作温度低于 55～60 ℃的各种工农业、交通运输机械设备的轴承润滑
	2 号	265～295	85	
	3 号	220～250	90	
	4 号	175～205	95	
钠基润滑脂(GB/T 492—1989)	2 号	265～295	160	不耐水或不耐潮湿。用于工作温度在−10～110 ℃的一般中等载荷机械设备轴承润滑
	3 号	220～250		
通用锂基润滑脂(GB/T 7324—2010)	1 号	310～340	170	有良好的耐水性和耐热性。用于工作温度为−20～120 ℃的各种机械的滚动轴承、滑动轴承及其他摩擦部位的润滑
	2 号	265～295	175	
	3 号	220～250	180	
钙钠基润滑脂(SH/T 0368—1992)	2 号	250～290	120	用于工作温度为 80～100 ℃、有水分或较潮湿环境中工作的机械润滑；多用于铁路机车、列车、小电动机、发电机滚动轴承(温度较高者)的润滑。不适于低温工作
	3 号	200～240	135	
石墨钙基润滑脂(SH/T 0369—1992)	—	80	—	人字齿轮，起重机、挖掘机的底盘齿轮，矿山机械、绞车钢丝绳等载荷、高压力、低速度的粗糙机械润滑及一般开式齿轮润滑。能耐潮湿
滚珠轴承脂(SH/T 0386—1992[①])	—	250～290(−40 ℃时为 30)	120	用于机车、汽车、电动机及其他机械的滚动轴承润滑

续表11.4

名称	代号	工作锥入度/10^{-1}mm	滴点/℃ 不低于	主要用途
7407 号齿轮润滑脂（SH/T 0469—1994）	7407 号	75～90（1/4 工作锥入度）	160	适用于各种低速，中、重载荷齿轮、链和联轴器等的润滑，使用温度≤120 ℃，可承受冲击载荷
高温润滑脂（SH/T 0376—1992）	4 号	170～225	200	适用于高温下各种滚动轴承的润滑，也可用于一般滑动轴承和齿轮的润滑。使用温度为－40～200 ℃

注：①该标准已作废，暂无新标准替代。

11.2 油　　杯

直通式压注油杯、接头式压注油杯、压配式压注油杯和旋盖式油杯的结构及相关参数分别见表 11.5～表 11.8。

表 11.5　直通式压注油杯结构及相关参数　　单位：mm

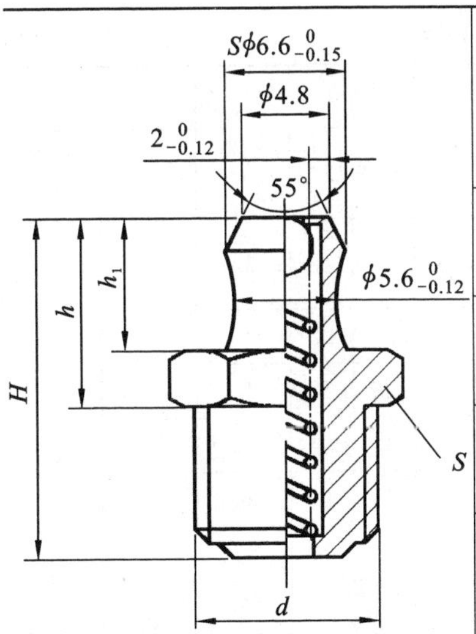

d	H	h	h_1	S 公称尺寸	S 极限偏差	钢球直径
M6	13	8	6	8	0 −0.22	3
M8×1	16	9	6.5	10		
M10×1	18	10	7	11		

标记示例：d 为 M10×1 直通式压注油杯，标记为
油杯 M10×1 JB/T 7940.1

表 11.6　接头式压注油杯结构及相关参数　　单位:mm

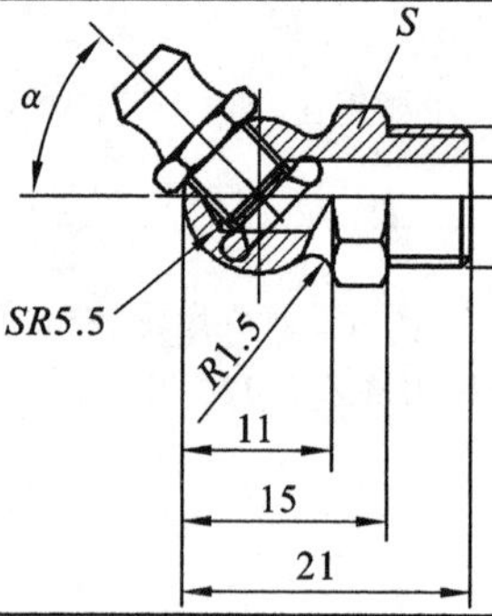

d	d_1	α	S 公称尺寸	S 极限偏差	直通式压注油杯
M6	3	45°、90°	11	0 −0.22	M6
M8×1	4				
M10×1	5				

标记示例:d 为 M10×1,45°接头式压注油杯,标记为

油杯 45°M10×1 JB/T 7940.2

表 11.7　压配式压注油杯结构及相关参数　　单位:mm

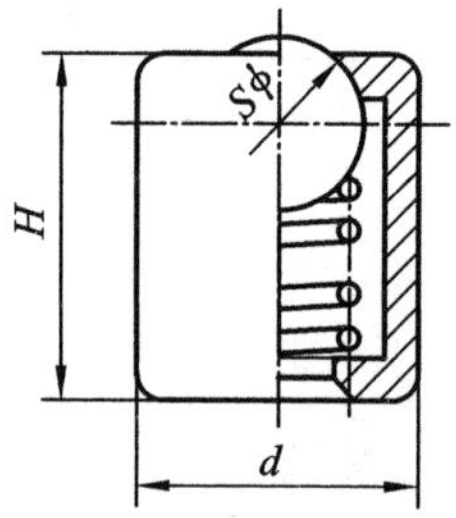

标记示例:d=6 mm 压配式压注油杯,标记为

油杯 6 JB/T 7940.4

d 基本尺寸	d 极限偏差	H	钢球直径
6	+0.040 +0.028	6	4
8	+0.049 +0.034	10	5
10	+0.058 +0.040	12	6
16	+0.063 +0.045	20	11
25	+0.085 +0.064	30	13

表 11.8　旋盖式油杯结构及相关参数　　单位:mm

A型

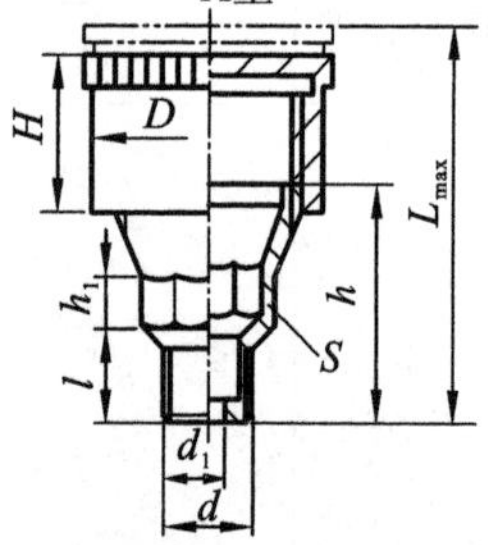

B型

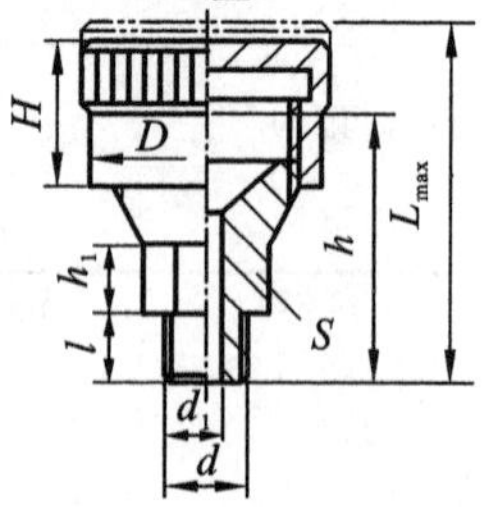

最小容量/cm^3	d	l	H	h	h_1	d_1	D A型	D B型	L_{max}	S 基本尺寸	S 极限偏差
1.5	M8×1	8	14	22	7	3	16	18	33	10	0 −0.22
3	M10×1		15	23	8	4	20	22	35	13	0 −0.27
6			17	26			26	28	40		
12	M14×1.5	12	20	30	10	5	32	34	47	18	
18			22	32			36	40	50		
25			24	34			41	44	55		
50	M16×1.5		30	44			51	54	70	21	0 −0.33
100			28	52			68	68	85		
200	M24×1.5	16	48	64	16	6	—	86	105	30	—

标记示例:最小容量 25 mm^3,A 型旋盖式油杯,标记为

油杯 A25 JB/T 7940.3

11.3 油标和油标尺

压配式圆形油标、长形油标及油标尺的结构及相关参数分别见表 11.9～表 11.11。

表 11.9 压配式圆形油标结构及相关参数(JB/T 7941.1—1995) 单位:mm

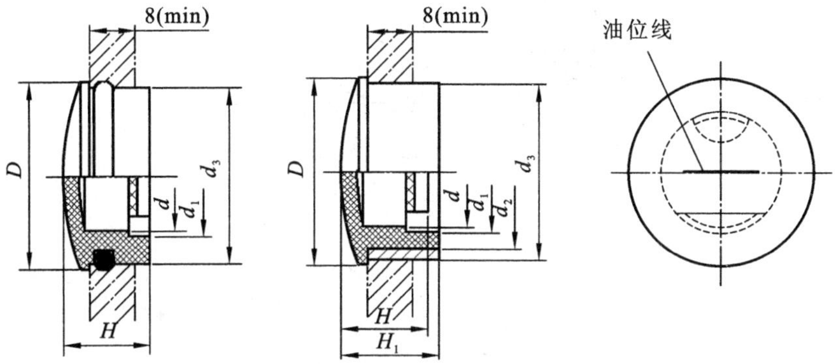

标记示例：视孔 d=32 mm，A 型压配式圆形油标，标记为
油标 A32 JB/T 7941.1

d	D	d_1		d_2		d_3		H	H_1	O 型橡胶密封圈
		基本尺寸	极限偏差	基本尺寸	极限偏差	基本尺寸	极限偏差			
12	22	12	−0.050 −0.160	17	−0.050 −0.160	20	−0.065 −0.195	14	16	15×2.65
16	27	18		22	−0.065 −0.195	25				20×2.65
20	34	22	−0.065 −0.195	28		32	−0.080 −0.240	16	18	25×3.55
25	40	28		34	−0.080 −0.240	38				31.5×3.55
32	48	35	−0.080 −0.240	41		45		18	20	38.7×3.55
40	58	45		51	−0.100 −0.290	55	−0.100 −0.290			48.7×3.55
50	70	55	−0.100 −0.290	61		65		22	24	—
63	85	70		76		80				

表 11.10　长形油标结构及相关参数(JB/T 7941.3—1995)　　单位:mm

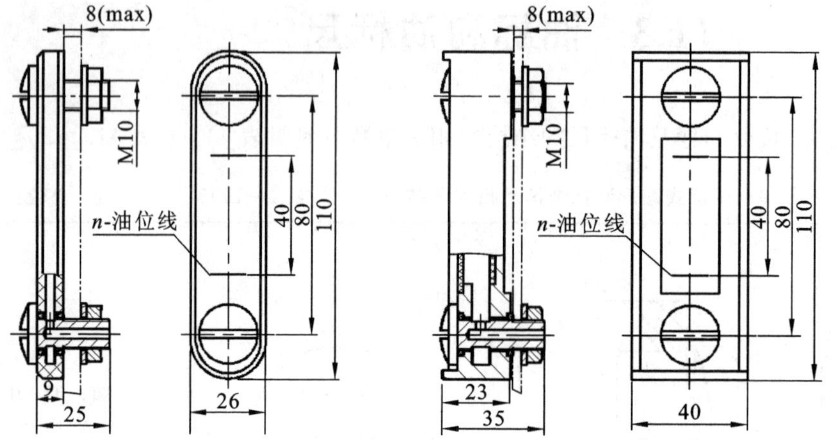

标记示例:$H=80$ mm,A 型长形油标标记为 油标 A80 JB/T 7941.3

H			H_1		L		n(条数)		O型橡胶密封圈	六角薄螺母	弹性垫圈
基本尺寸		极限偏差									
A型	B型		A型	B型	A型	B型	A型	B型			
80		±0.17	40		110		2		10×2.65	M10	10
100	—		60	—	130	—	3	—			
125	—	±0.20	80	—	155	—	4	—			
160			120		190		6				
—	250	±0.23	—	210	—	280	—	8			

表 11.11　油标尺结构及相关参数　　单位:mm

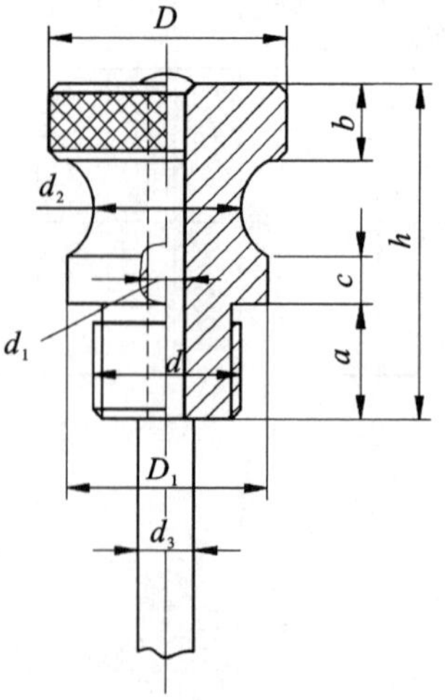

d	M12	M16	M20
d_1	4	4	6
d_2	12	16	20
d_3	6	6	8
h	28	35	42
a	10	12	15
b	6	8	10
c	4	5	6
D	20	26	32
D_1	16	22	26

11.4 密 封 装 置

毡圈油封和沟槽尺寸、液压气动用O形橡胶密封圈、内包骨架旋转轴唇形密封圈、迷宫式密封槽及轴向迷宫式密封槽的结构及相关参数分别见表11.12～表11.16。

表 11.12 毡圈油封和沟槽尺寸(JB/ZQ 4606—1997) 单位:mm

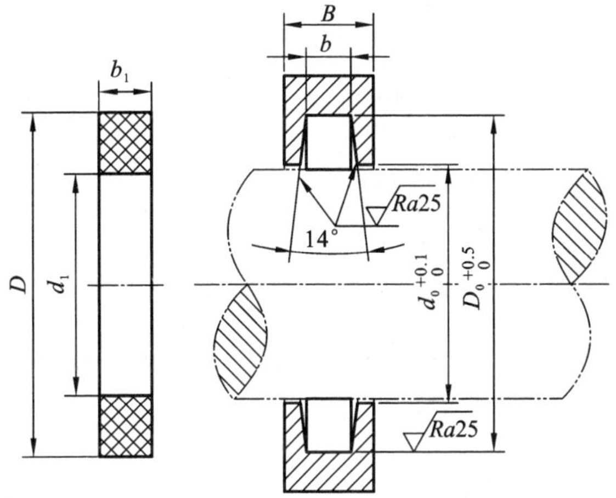

标记示例:轴径 $d=30$ mm 的毡圈
标记为:毡圈 30 JB/ZQ 4606—1997

<table>
<tr><th rowspan="3">d
公称轴径</th><th colspan="4">毡圈</th><th colspan="5">沟槽</th></tr>
<tr><th rowspan="2">D</th><th rowspan="2">d_1</th><th rowspan="2">b_1</th><th rowspan="2">质量/kg</th><th rowspan="2">D_0</th><th rowspan="2">d_0</th><th rowspan="2">b</th><th colspan="2">B_{min}</th></tr>
<tr><th>用于钢</th><th>用于铸铁</th></tr>
<tr><td>15</td><td>29</td><td>14</td><td rowspan="2">6</td><td>0.0010</td><td>28</td><td>16</td><td rowspan="2">5</td><td rowspan="2">10</td><td rowspan="2">12</td></tr>
<tr><td>20</td><td>33</td><td>19</td><td>0.0012</td><td>32</td><td>21</td></tr>
<tr><td>25</td><td>39</td><td>24</td><td rowspan="4">7</td><td>0.0018</td><td>38</td><td>26</td><td rowspan="4">6</td><td rowspan="11">12</td><td rowspan="11">15</td></tr>
<tr><td>30</td><td>45</td><td>29</td><td>0.0023</td><td>44</td><td>31</td></tr>
<tr><td>35</td><td>49</td><td>34</td><td>0.0023</td><td>48</td><td>36</td></tr>
<tr><td>40</td><td>53</td><td>39</td><td>0.0026</td><td>52</td><td>41</td></tr>
<tr><td>45</td><td>61</td><td>44</td><td rowspan="7">8</td><td>0.0040</td><td>60</td><td>46</td><td rowspan="7">7</td></tr>
<tr><td>50</td><td>69</td><td>49</td><td>0.0054</td><td>68</td><td>51</td></tr>
<tr><td>55</td><td>74</td><td>53</td><td>0.0060</td><td>72</td><td>56</td></tr>
<tr><td>60</td><td>80</td><td>58</td><td>0.0069</td><td>78</td><td>61</td></tr>
<tr><td>65</td><td>84</td><td>63</td><td>0.0070</td><td>82</td><td>66</td></tr>
<tr><td>70</td><td>90</td><td>68</td><td>0.0079</td><td>88</td><td>71</td></tr>
<tr><td>75</td><td>94</td><td>73</td><td>0.0080</td><td>92</td><td>77</td></tr>
</table>

续表 11.12

d 公称轴径	毡圈				沟槽				
	D	d_1	b_1	质量/kg	D_0	d_0	b	B_{min} 用于钢	B_{min} 用于铸铁
80	102	78		0.011	100	82			
85	107	83	9	0.012	105	87			
90	112	88		0.012	110	92			
95	117	93		0.014	115	97			
100	122	98		0.015	120	102	8	15	18
105	127	103	10	0.016	125	107			
110	132	108		0.017	130	112			
115	137	113		0.018	135	117			
120	142	118		0.018	140	122			

注:毡圈油封适用于线速度 $v<5$ m/s。

表 11.13 液压气动用 O 形橡胶密封圈(GB/T 3452.1—2005) 单位:mm

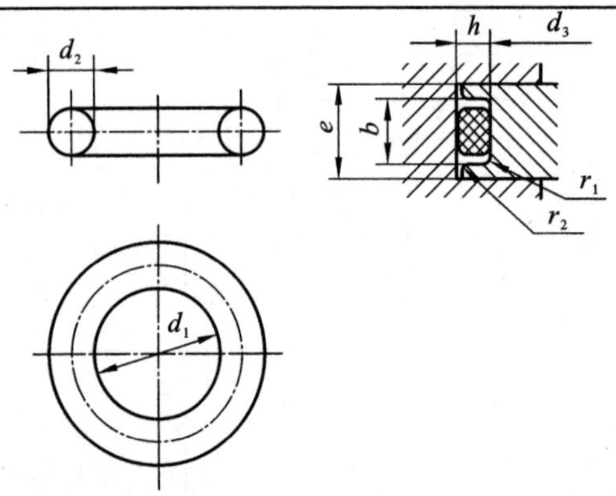

标记示例:O 形圈 30×2.65-A-N-GB/T 3452.1—2005
(内径 $d_1=30$ mm,截面直径 $d_2=2.65$ mm,A 系列 N 级 O 形橡胶密封圈)

沟槽尺寸

d_2	$b_0^{+0.25}$	$h_0^{+0.10}$	d_3 偏差值	r_1	r_2
1.80	2.4	1.32	$_{-0.04}^{0}$	0.2~0.4	
2.65	3.6	2.0	$_{-0.05}^{0}$		
3.55	4.8	2.9	$_{-0.06}^{0}$	0.4~0.8	0.1~0.3
5.30	7.1	4.31	$_{-0.07}^{0}$		
7.00	9.5	5.85	$_{-0.09}^{0}$	0.8~1.2	

d_1 尺寸	d_1 公差±	d_2 1.8 ±0.08	d_2 2.65 ±0.09	d_2 3.55 ±0.10	d_2 5.3 ±0.13	d_1 尺寸	d_1 公差±	d_2 2.65 ±0.09	d_2 3.55 ±0.10	d_2 5.3 ±0.13	d_2 7 ±0.15
13.2	0.21	*	*			56	0.52	*	*	*	
14	0.22	*	*			58	0.54	*	*	*	

续表 11.13

尺寸	公差±	1.8 ±0.08	2.65 ±0.09	3.55 ±0.10	5.3 ±0.13	尺寸	公差±	2.65 ±0.09	3.55 ±0.10	5.3 ±0.13	7 ±0.15
15	0.22	*	*			60	0.55	*	*	*	
16	0.23	*	*			61.5	0.56	*	*	*	
17	0.24	*	*			63	0.57	*	*	*	
18	0.25	*	*	*		65	0.58	*	*	*	
19	0.25	*	*	*		67	0.60	*	*	*	
20	0.26	*	*	*		69	0.61	*	*	*	
21.2	0.27	*	*	*		71	0.63	*	*	*	
22.4	0.28	*	*	*		73	0.64	*	*	*	
23.6	0.29	*	*	*		75	0.65	*	*	*	
25	0.30	*	*	*		77.5	0.67	*	*	*	
25.8	0.31	*	*	*		80	0.69	*	*	*	
26.5	0.31	*	*	*		82.5	0.71	*	*	*	
28	0.32	*	*	*		85	0.72	*	*	*	
30	0.34	*	*	*		87.5	0.74	*	*	*	
31.5	0.35	*	*	*		90	0.76	*	*	*	
32.5	0.36	*	*	*		92.5	0.77	*	*	*	
33.5	0.36	*	*	*		95.0	0.79	*	*	*	
34.5	0.37	*	*	*		97.5	0.81	*	*	*	
35.5	0.38	*	*	*		100	0.82	*	*	*	
36.5	0.38	*	*	*		103	0.85	*	*	*	
37.5	0.39	*	*	*		106	0.87	*	*	*	
38.7	0.40	*	*	*		109	0.89	*	*	*	*
40	0.41	*	*	*	*	112	0.91	*	*	*	*
41.2	0.42	*	*	*	*	115	0.93	*	*	*	*
42.5	0.43	*	*	*	*	118	0.95	*	*	*	*
43.7	0.44	*	*	*	*	122	0.97	*	*	*	*
45	0.44	*	*	*	*	125	0.99	*	*	*	*
46.2	0.45	*	*	*	*	128	1.01	*	*	*	*
47.5	0.46	*	*	*	*	132	1.04	*	*	*	*
48.7	0.47	*	*	*	*	136	1.07	*	*	*	*
50	0.48	*	*	*	*	140	1.09	*	*	*	*

续表11.13

尺寸	公差±	1.8 ±0.08	2.65 ±0.09	3.55 ±0.10	5.3 ±0.13	尺寸	公差±	2.65 ±0.09	3.55 ±0.10	5.3 ±0.13	7 ±0.15
51.5	0.49	*	*	*	*	145	1.13	*	*	*	*
53	0.50	*	*	*	*	150	1.16	*	*	*	*
54.5	0.51	*	*	*	*	155	1.19	*	*	*	*

注：* 为可选规格。

表 11.14　内包骨架旋转轴唇形密封圈参数(GB/T 13871.1—2022)　　单位:mm

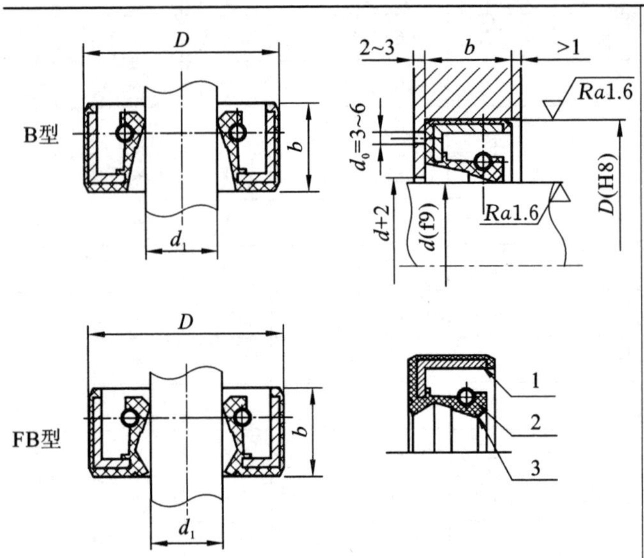

1—骨架
2—紧箍弹簧
3—橡胶密封体

标记示例：
B 型无副唇旋转轴唇形密封圈，d_1 = 50 mm
基本外径 D = 72 mm，基本宽度 b = 8 mm
唇形密封圈 B05007208　GB/T 13871.1—2022

轴径 d_1	D	b	轴径 d_1	D	b
20	30,40,(45)	7	50	68,(70),72	8
22	35,40,47		55	72,(75),80	
25	40,47,52		60	80,85	
28	40,47,52		65	85,90	10
30	42,47,(50),52		70	90,95	
32	45,47,52	8	75	95,100	
35	50,52,55		80	100,110	
38	55,58,62		85	110,120	12
40	55,(60),62		90	(115),120	
42	55,62		95	120	
45	62,65		100	125	

注：①尽量不用括号内尺寸。

②为了便于拆卸密封圈，在壳体上应有 3～4 个 d_0孔。

表 11.15 迷宫式密封槽参数(JB/ZQ 4245—2006) 单位:mm

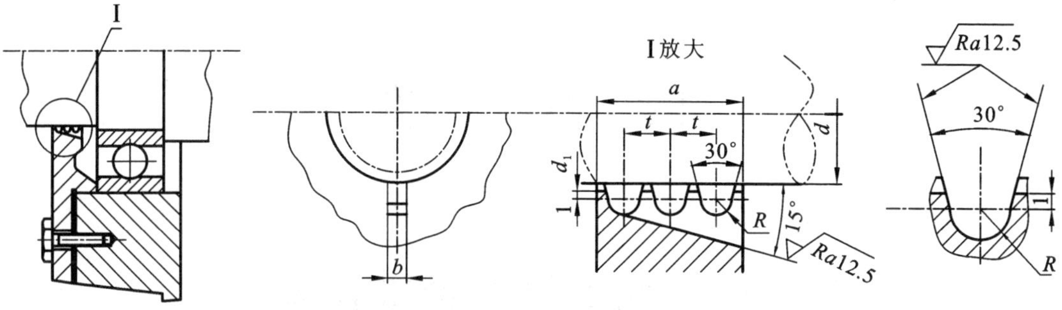

轴径 d	25～80	>80～120	>120～180	>180
R	1.5	2	2.5	3
t	4.5	6	7.5	9
b	4	5	6	7
a_{min}	$nt+R$			
d_1	$d+1$			
n(槽数)	一般 $n=2～4$,常用 $n=3$			

注:在个别情况下,R、t、b 可不按轴径选用。

表 11.16 轴向迷宫式密封槽参数 单位:mm

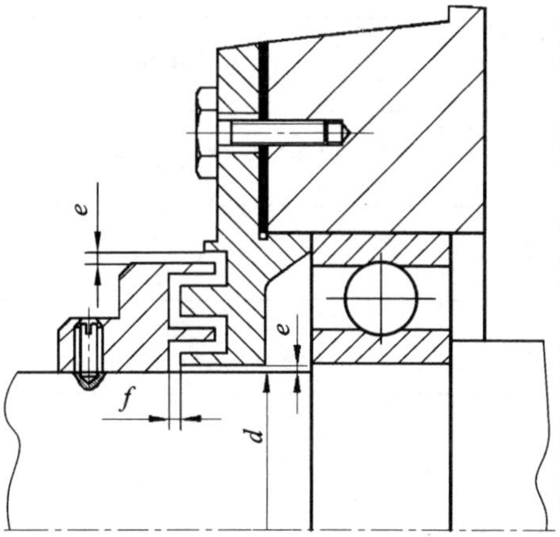

轴径 d	10～50	>50～80	>80～110	>110～180
e	0.2	0.3	0.4	0.5
f	1	1.5	2	2.5

注:轴向迷宫式密封一般不能在会因受热而伸长的轴上使用,可以用在负载较重的轴承密封上。

12 附　　件

12.1 检查孔与检查孔盖

检查孔和检查孔盖的结构及相关参数见表 12.1。

表 12.1　检查孔和检查孔盖结构及相关参数　　单位：mm

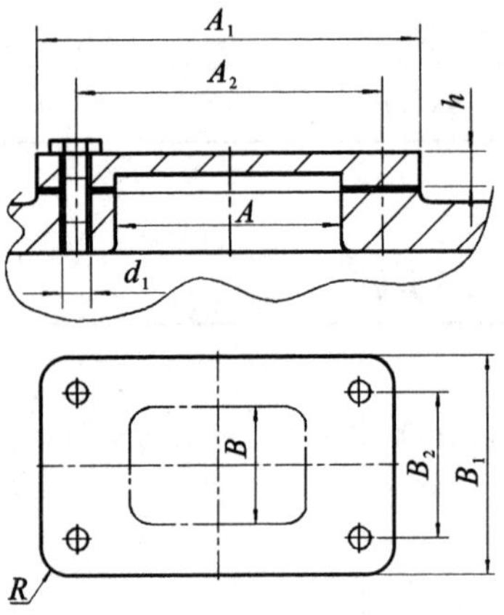

A	100、120、150、200
A_1	$A+(5\sim6)d_1$
A_2	$\frac{1}{2}(A+A_1)$
B	$B_1-(5\sim6)d_1$
B_1	箱体宽－(15～20)
B_2	$\frac{1}{2}(B+B_1)$
d_1	M6～M8，螺钉 4～6 个
R	5～10
h	3～5

注：材料为 Q235A 钢板或 HT150。

12.2 通　气　器

通气螺塞、通气器、通气帽的结构及相关参数见表 12.2～表 12.4。

表 12.2　通气螺塞(无过滤装置)结构及相关参数　　单位:mm

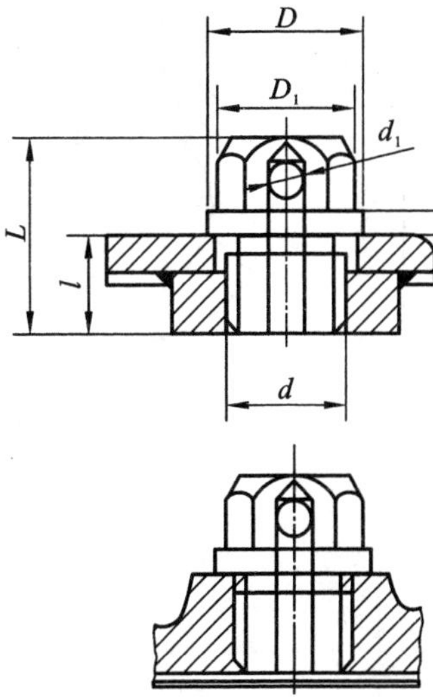

d	D	D_1	S	L	l	a	d_1
M10×1	13	11.5	10	16	8	2	3
M12×1.25	18	16.5	14	19	10	2	4
M16×1.5	22	19.6	17	23	12	2	5
M20×1.5	30	25.4	22	28	15	4	6
M22×1.5	32	25.4	22	29	15	4	7
M27×1.5	38	31.2	27	34	18	4	8
M30×2	42	36.9	32	36	18	4	8
M33×2	45	36.9	32	38	20	4	8
M36×2	50	41.6	36	46	25	5	8

注:S 为扳手口宽

表 12.3　通气器(经两次过滤)结构及相关参数　　单位:mm

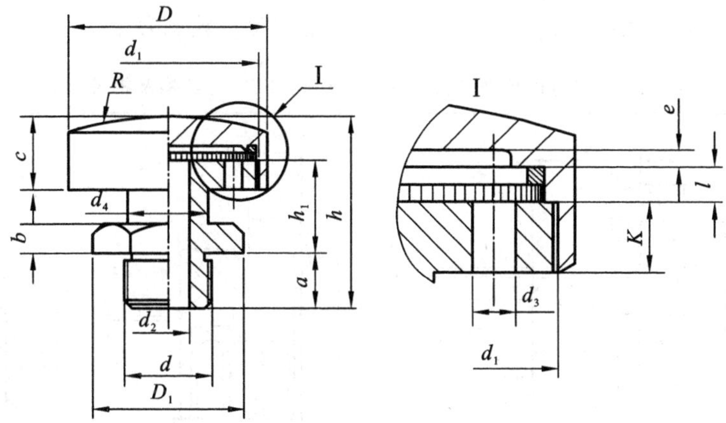

d	d_1	d_2	d_3	d_4	D	h	a	b	c	h_1	R	D_1	S^*	K	e	l
M24	M28×1.5	12	5	22	55	55	15	8	20	25	85	41.6	36	10	2	2
M36	M64×2	20	8	25	75	60	20	12	20	30	160	577	50	10	2	2

注:①材料为 Q235。

②S^* 为螺母扳手宽度。

表 12.4　通气帽(经一次过滤)结构及相关参数　　单位:mm

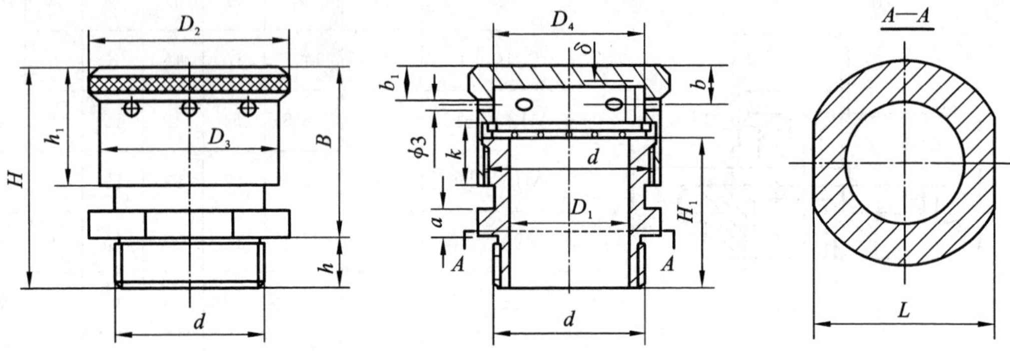

d	D_1	B	h	H	D_2	H_1	a	δ	k	b	h_1	b_1	D_3	D_4	L	孔数
M27×1.5	15	30	15	45	36	32	6	4	10	8	22	6	32	18	32	6
M36×2	20	40	20	60	48	42	8	4	12	11	29	8	42	24	41	6
M48×3	30	45	25	70	62	52	10	5	15	13	32	10	56	36	55	8

12.3　轴　承　盖

螺钉连接外装式轴承盖和嵌入式轴承盖结构及相关参数见表 12.5、表 12.6。

表 12.5　螺钉连接外装式轴承盖(材料:HT150)结构及相关参数　　单位:mm

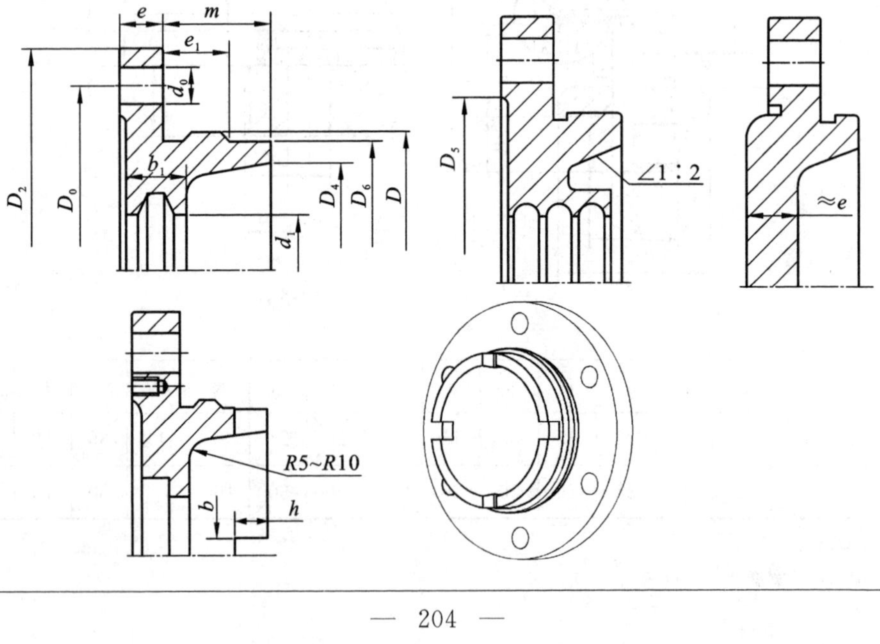

续表 12.5

$d_0=d_3+1$ mm

$D_0=D+2.5d_3$；$D_2=D_0+2.5d_3$；$e=1.2d_3$；

$e=1.2d_3$；$e_1\geqslant e$；m 由结构确定；

$D_4=D-(10\sim15)$ mm；$D_5=D_0-3d_3$；$D_6=D-(2\sim4)$ mm；d_1、b_1 由密封件尺寸确定；$b=5\sim10$ mm，$h=(0.8\sim1)b$

轴承外径 D	螺钉直径 d_3	轴承螺钉数
45～70	6	6
70～110	8	
110～150	10	
150～230	12～16	

表 12.6　嵌入式轴承盖(材料：HT150)结构及相关参数　　单位：mm

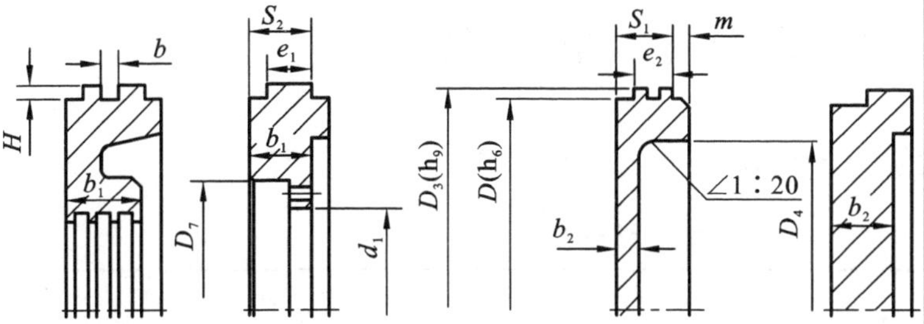

$e_1=5\sim8$ mm；$e_2=8\sim12$ mm；$S_1=15\sim20$ mm；$S_2=10\sim15$ mm；m 由结构确定；$D_3=D+e_2$

装有 O 形密封圈时，按 O 形圈外径取值。b_1 由密封件尺寸确定，如无密封件，可取 $b_2=8\sim10$ mm。

液压气动用 O 形橡胶密封圈沟槽尺寸

O 形密封圈截面直径 d_2	$b_0^{+0.25}$	H	d_3 偏差值
2.65	3.4	2.07	$_{-0.05}^{\ 0}$
3.55	4.6	2.74	$_{-0.06}^{\ 0}$
5.3	6.9	4.19	$_{-0.07}^{\ 0}$

12.4　螺塞及封油垫

螺塞和封油垫的结构及相关参数如表 12.7 所示。

表 12.7　螺塞及封油垫结构及相关参数　　单位：mm

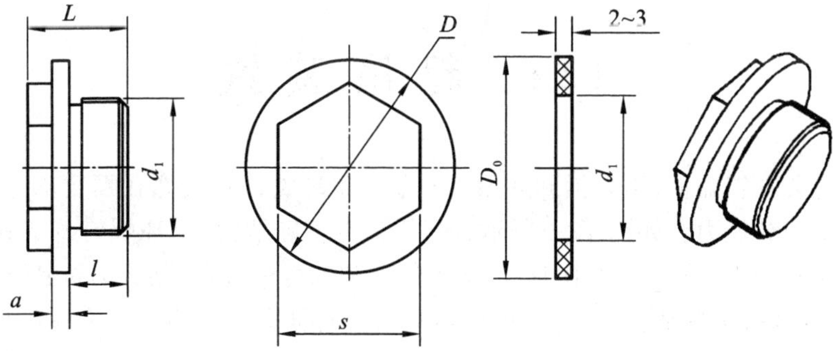

续表 12.7

螺钉规格 d	D_0	L	l	a	D	s	d_1	材料
M16×1.5	26	23	12	3	19.6	17	17	螺塞：Q235 封油垫：耐油橡胶、工业用革、石棉橡胶
M20×1.5	30	28	15	4	25.4	22	22	
M24×2	34	31	16	4	25.4	22	26	
M27×2	38	34	18	4	31.2	27	29	
M30×2	42	36	18	4	36.9	32	32	

12.5 挡 油 盘

挡油盘结构及相关参数如表 12.8 所示。

表 12.8 挡油盘

用于高速轴	用于低速轴
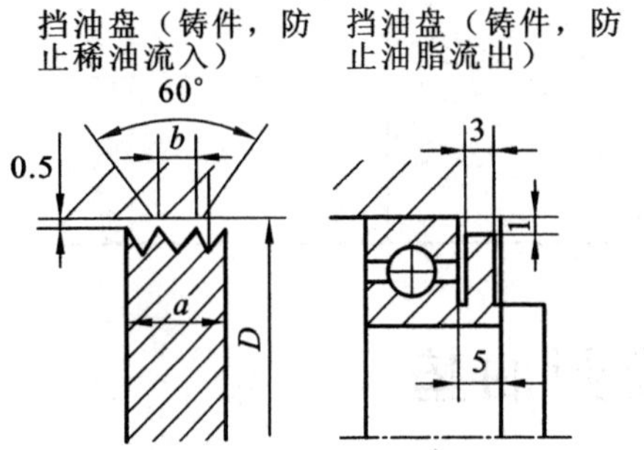	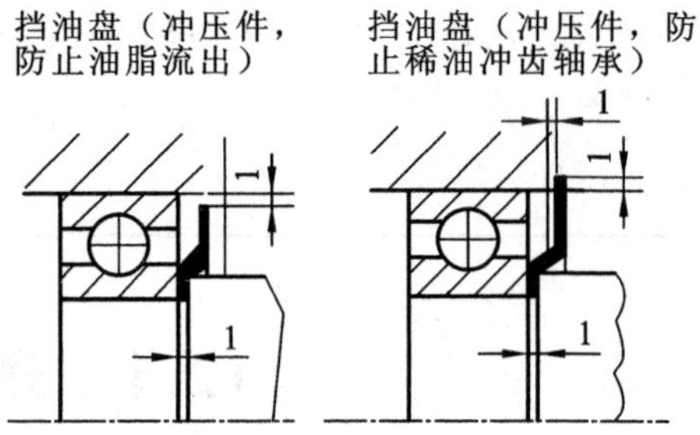
$a=6\sim9$ mm；$b=2\sim3$ mm；D 为轴承座孔直径；挡油盘的轮毂宽度由结构确定	

12.6 起 吊 装 置

吊环螺钉装在箱盖上，用以拆卸和吊运箱盖。吊环螺钉旋入螺孔螺纹部分不应太短，以保证有足够的承载能力。如图 12.1 所示，图(a)为不正确结构，吊环螺钉旋入螺孔的螺纹部分 l_1 过短，则 l_2 过长，在加工螺孔时，钻头半边切削的行程过长，钻头易折断，图(b)可用，图(c)正确。吊环螺钉为标准件，其尺寸可根据减速器质量来选择确定。为使吊环螺钉的支承面紧压在箱体凸缘面上，螺孔口部应局部扩大。为了减少螺孔和支承面等部位的机械加工量，常在箱盖上直接铸出吊耳来代替吊环螺钉。为防止箱体接合面上各连接螺栓松动，吊环螺钉和吊耳一般用来吊运箱盖，而不允许吊运整台减速器，只有对质量不大的小型减速器，才允许用吊环螺钉或吊耳整台吊运。为吊运整台减速器，在箱座两端凸缘下面铸出吊钩。

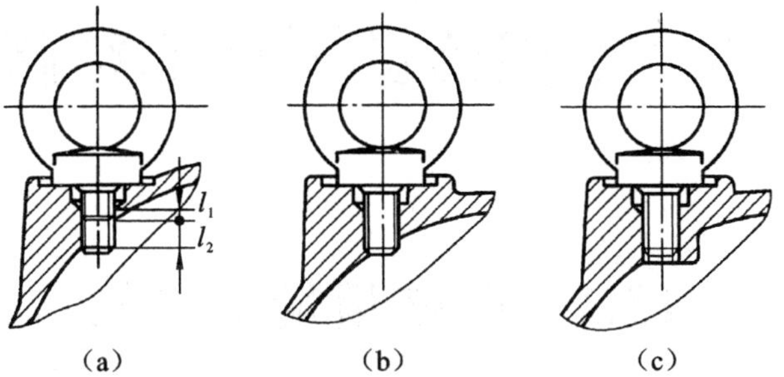

图 12.1　吊环螺钉

(a)不正确；(b)可用；(c)正确

13 常用传动零件的结构

13.1 圆柱齿轮的结构

圆柱齿轮的结构及相关参数如表 13.1 所示。

表 13.1 圆柱齿轮的结构及相关参数

序号	结构形式	结构尺寸
1	齿轮轴	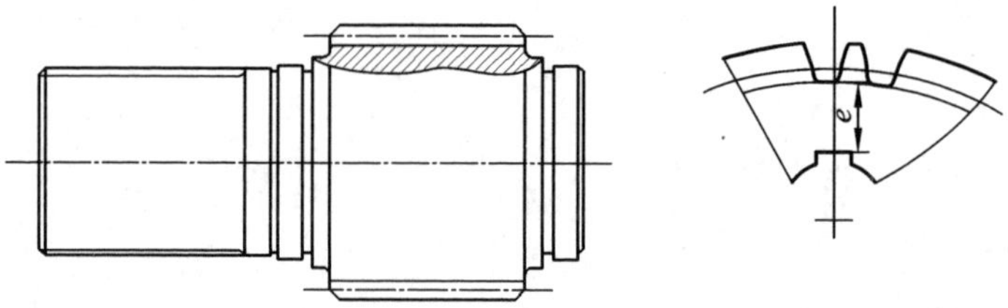 当 $d_a<2d$ 或 $e\leqslant 2.5m_n$ 时，应将齿轮作成齿轮轴
2	实心齿轮	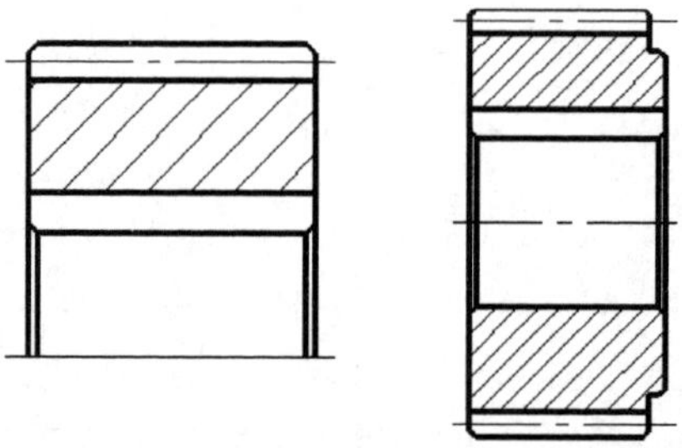 $d_a\leqslant 200$ mm 时，可采用实心齿轮结构，用轧制圆钢或锻钢制造

续表13.1

序号	结构形式	结构尺寸
3	腹板式 齿轮	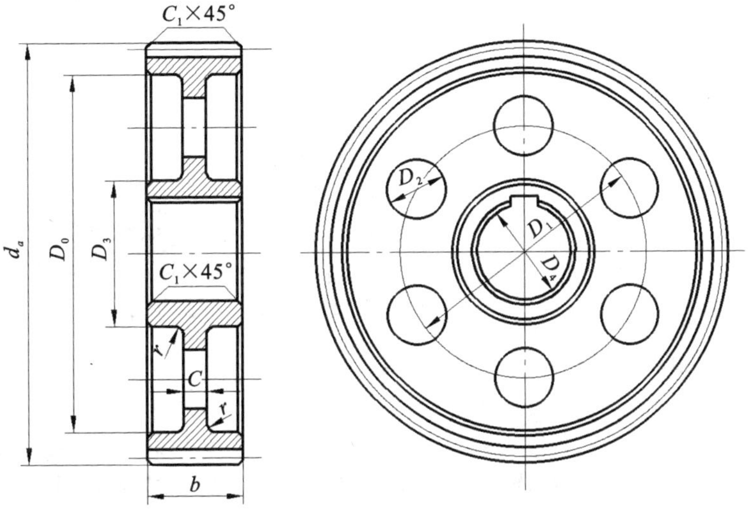 d_a<500 mm 时,常用锻钢或铸钢制成腹板式结构 $D_3=1.6d_s$(钢) $D_3=1.7d_s$(铸铁) $D_2=(0.25\sim0.35)(D_0-D_3)$(铸造) $D_2=15\sim25$ mm(锻造) $D_1=(D_0+D_3)/2$ $D_0=d_s-(10\sim14)m_n, n_1=0.5m_n$　　$r\approx0.5C, C=(0.2\sim0.3)B$
4	轮辐式 齿轮	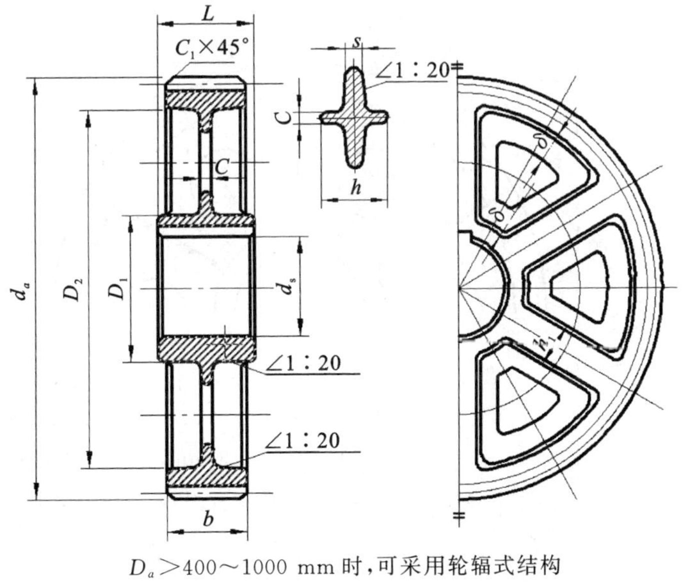 D_a>400～1000 mm 时,可采用轮辐式结构 $D_2=d_a-10m_n, D_1=1.6d_s$(铸钢)$, D_1=1.8d_s$(铸铁)$, h=0.8d_n, h_1=0.8h$; $\delta=0.2d_s, S=h/6, C=h/5, L=(1.2\sim1.5)d_s, n=0.5m_n, r=0.5C$

续表13.1

<table>
<tr><th>序号</th><th>结构形式</th><th>结构尺寸</th></tr>
<tr><td>5</td><td>组合式齿轮</td><td>
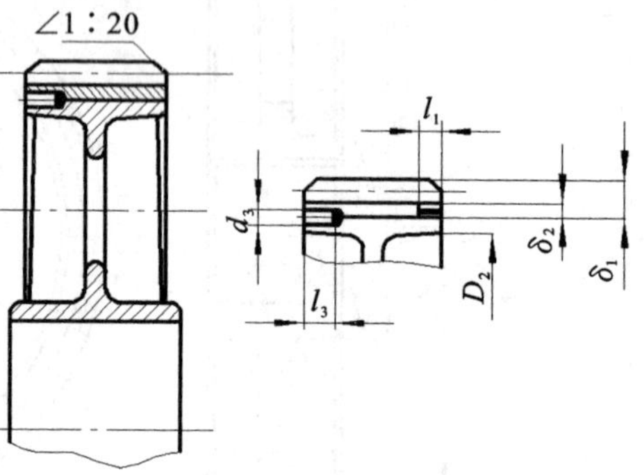

齿轮尺寸很大时，可做成组合式结构，将锻造或轧制轮缘用过盈配合装配于铸铁或锻钢轮芯上。为保证连接可靠，在结合缝上加紧螺钉。轮芯的结构尺寸参见轮辐式齿轮结构。轮缘尺寸如下：

$\delta_1=5m_n$，$D_2=d_a-18m_n$，$\delta_2=0.2\delta_1$，$l_1=0.28\delta_1$，$d_3=0.5d_s$，$l_3=0.15d_s$

D_s——轴的直径
</td></tr>
<tr><td>6</td><td>焊接齿轮</td><td>
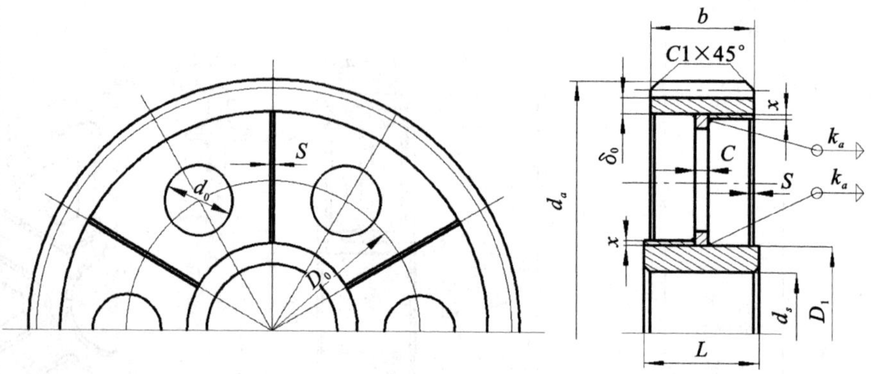

$d_a>400$ mm时，可采用焊接齿轮结构

$D_1=1.6d_s$，$l=(1.2\sim1.5)d_s$，$l>b$，$\delta_0=2.7\ m_n$，但不小于 8 mm，$x=5$ mm，$n=0.5m_n$，$C=(0.1\sim0.5)b$，不小于 8 mm，$S=0.8C$，$n=0.5m_n$，$D_0=0.5(D_1+D_2)$，$d_0=0.2(D_2-D_1)$，$K_a=0.1d_s$，$K_b=0.5d_s$，但不小于 4 mm
</td></tr>
</table>

13.2 圆锥齿轮的结构

圆锥齿轮的结构及相关参数如表 13.2 所示。

表 13.2 圆锥齿轮的结构及相关参数

序号	结构形式	结构尺寸
1	实心齿轮	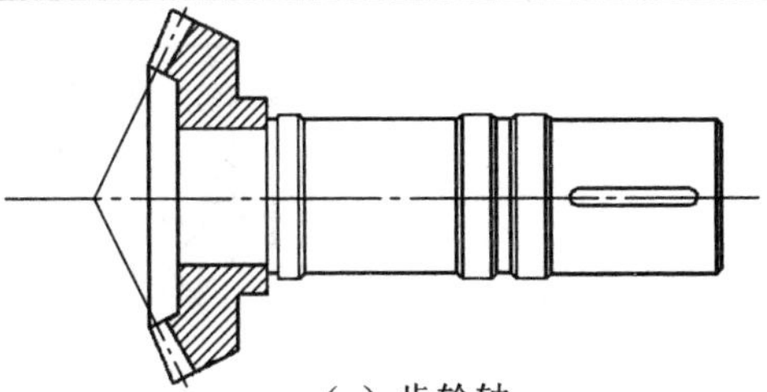 (a) 齿轮轴 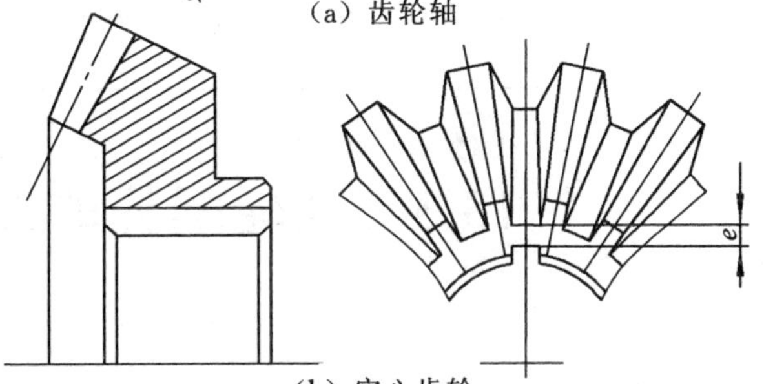 (b) 实心齿轮 当锥齿轮小端齿根圆直径到键槽顶面的距离 $e<1.6m_n$ 时，应将齿轮制成齿轮轴[图(a)]；如 $e \geqslant (1.6\sim2.0)m_n$ 时，齿轮单独制造，常采用实心结构[图(b)]
2	腹板式锻造结构锥齿轮	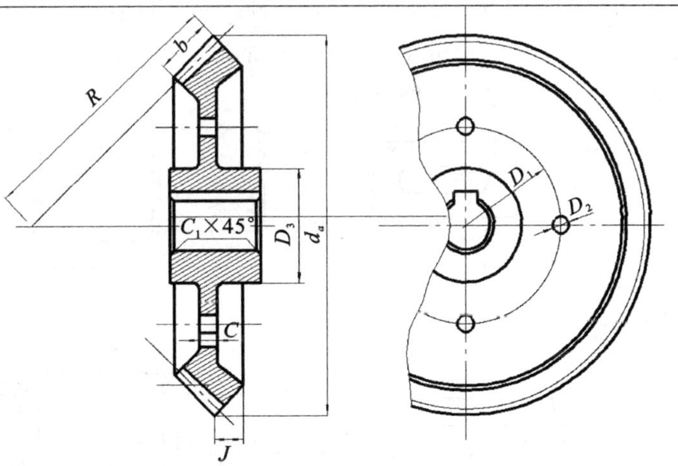 $d_a \leqslant 500$ mm 时，可采用腹板式锻造结构锥齿轮 $D_3=1.6d_s$(钢)，$D_3=1.8d_s$(铸铁) D_1——由结构设计决定，$l=(0.1\sim0.2)d_s$ $C=(3\sim4)m\geqslant10$ mm，J——由结构设计决定 $\Delta_1=(0.1\sim0.2)R$，不小于 10 mm

续表13.2

序号	结构形式	结构尺寸
3	带加强筋腹板式铸造结构锥齿轮	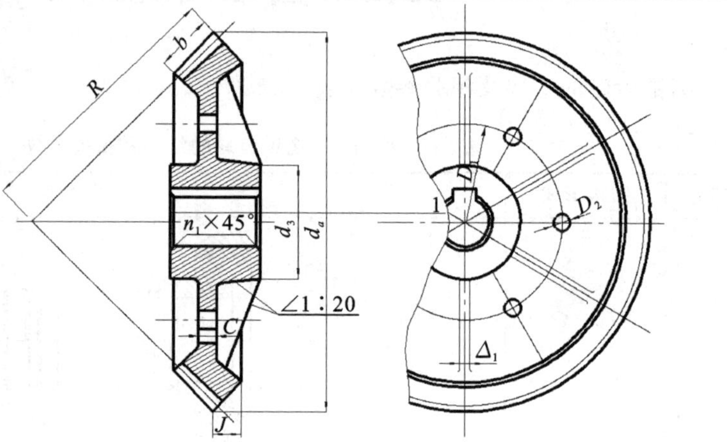 $d_a \geqslant 300$ mm时，可采用带加强筋的腹板式铸造结构齿轮。$\Delta_1=0.8C$，其余尺寸同上。

13.3 蜗轮蜗杆的结构

13.3.1 蜗杆的结构

蜗杆一般与轴制成一体，分为铣制蜗杆[图13.1(a)]和车制蜗杆[图13.1(b)]，车制蜗杆的轴径 $d=d_{f1}-(2\sim4)$ mm。铣制蜗杆的轴径 d 可大于 d_{f1}。个别情况下($d_{f1}/d \geqslant 1.7$ 时)，可采用蜗杆齿圈装配于蜗杆轴上。

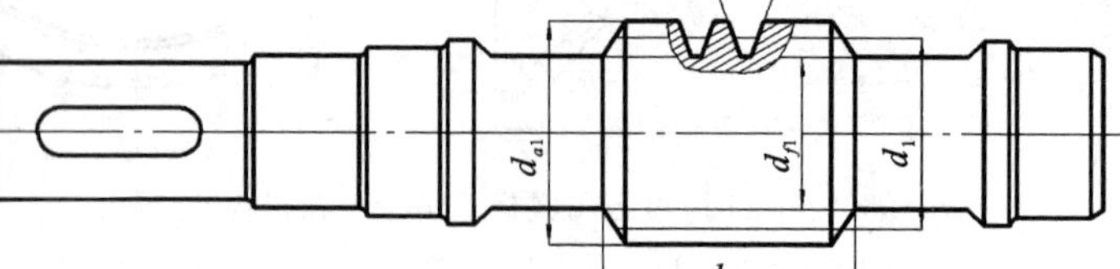

(a)

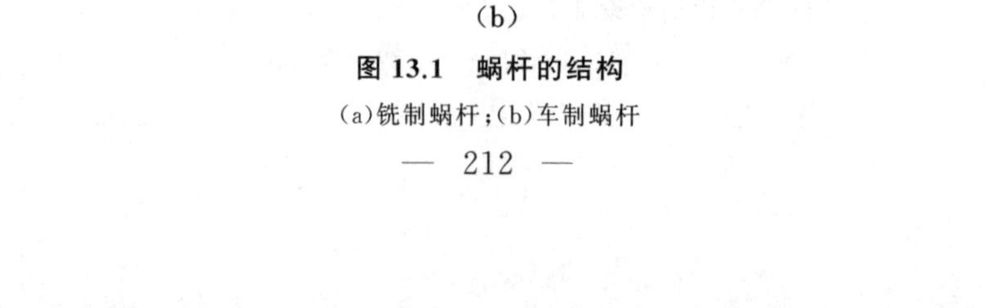

(b)

图13.1 蜗杆的结构

(a)铣制蜗杆；(b)车制蜗杆

13.3.2 蜗轮的结构

蜗轮的结构及相关参数见表 13.3。

表 13.3 蜗轮的结构及相关参数

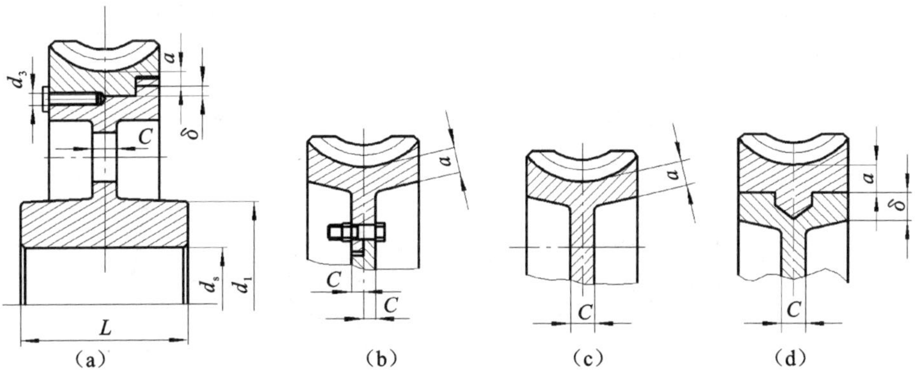

$L=(1.2\sim1.8)d_s$，$d_1=(1.6\sim1.8)d_s$，$d_3=(1.2\sim1.5)\mathrm{m}\geqslant6\ \mathrm{mm}$，$l_3=3d_s$ 或 $l_3=(0.3\sim0.4)b$，$a=\delta=2m\geqslant10\ \mathrm{mm}$，$C=1.5m\geqslant6\ \mathrm{mm}$，$m$——模数

结构形式	特点
(a)齿圈式	青铜轮缘与铸铁轮芯通常采用 H7/r6(或 H7/s6)配合，并加台肩和螺钉紧固，增强连接的可靠性，螺钉直径取$(1.2\sim1.5)m$，旋入深度为$(0.3\sim0.4)b$，螺钉轴线向较硬的轮芯侧偏移 2～3 mm。用于尺寸不大或温差变化较小处
(b)螺栓连接式	青铜轮缘与铸铁轮芯用铰制孔螺栓连接，螺栓孔需同时铰制，其配合为 H7/m6。螺栓数按剪切强度计算，并校核轮缘材料的挤压强度。许用挤压应力，$\sigma_p=0.3\sigma_s$，σ_s为轮缘材料的屈服极限
(c)整体式	直径小于 100 mm 时，可用青铜铸成整体，当齿面滑动速度 $v_s\leqslant2$ m/s 时，可用铸铁铸成整体
(d)镶铸式	青铜轮缘镶铸于铸铁轮芯上，并在轮芯外缘上预制出榫槽，以防滑动，适用于批量生产

13.4 V带轮的结构

V带轮可用铸铁(或铸钢)铸造或钢板冲压焊接结构,铸造带轮的结构如图13.2所示。带轮基准直径 $d_d \leqslant (2.5\sim3)d$($d$ 为轴径,mm)时,采用实心结构[图13.2(a)];当 $d_d <$ 300 mm时,可采用腹板式[图13.2(b)];$d_d - d_1 \geqslant 100$ mm时,可采用孔板式[图13.2(c)],$d_d >$ 300 mm时,可采用轮辐式[图13.2(d)]。

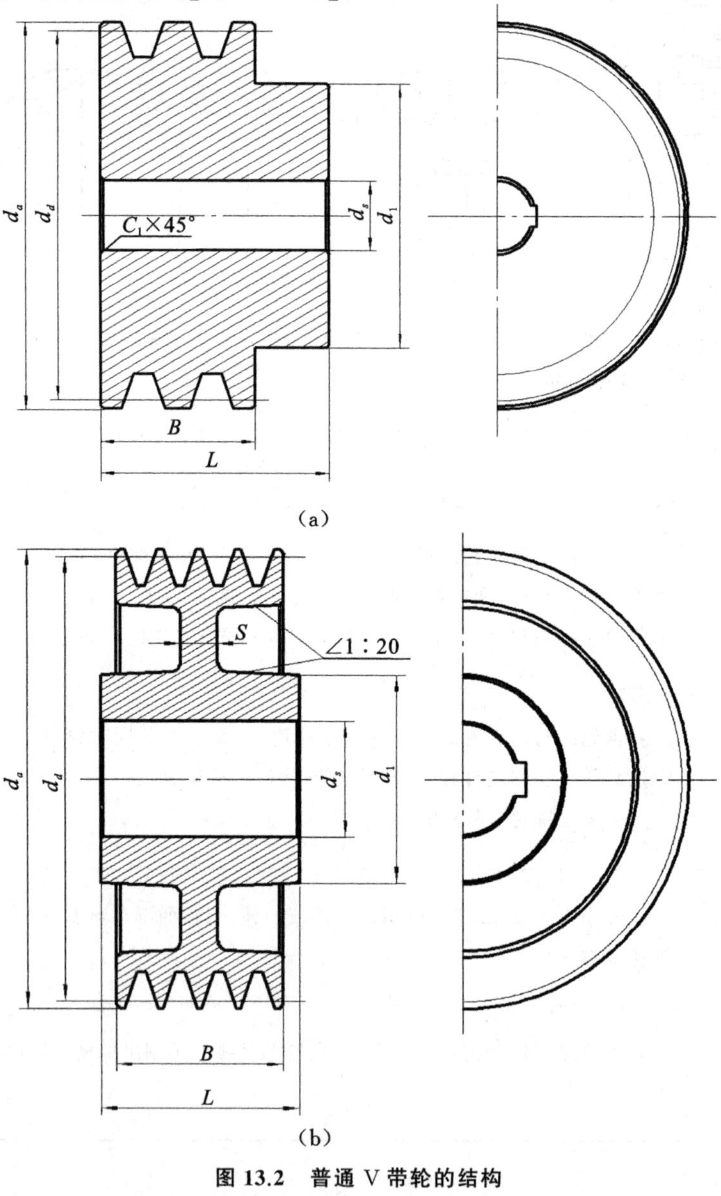

图13.2　普通V带轮的结构

(a)实心式;(b)腹板式;(c)孔板式;(d)椭圆剖面轮辐式

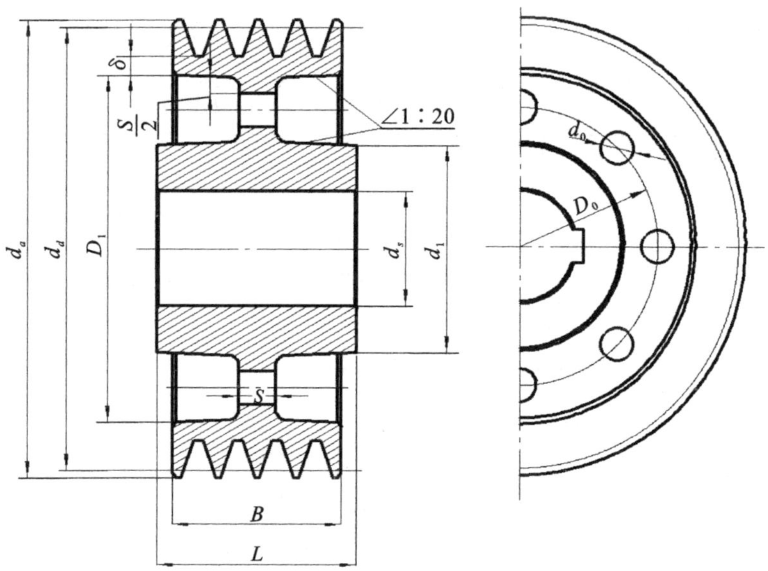

(c)

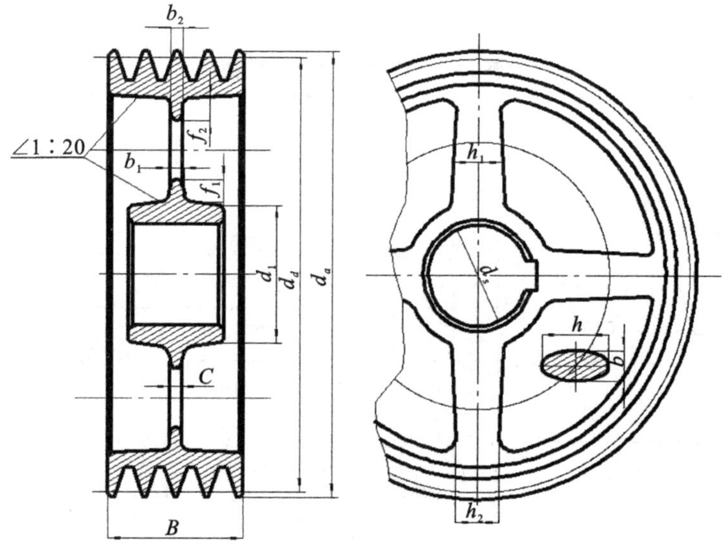

(d)

续图 13.2

带轮的尺寸及普通 V 带带轮轮槽尺寸见表 13.4、表 13.5。

表 13.4　带轮的尺寸

结构尺寸	计算用经验公式
d_1	$(1.8\sim2)d_s$，d_s——轴径
D_0	$0.5(D_1+d_1)$
d_0	$(0.2\sim0.3)(D_1-d_1)$

续表13.4

结构尺寸	计算用经验公式							
L	$(1.5\sim2)d_s$，当 $B<1.5d$ 时，$L=B$							
S	型号	Y	Z	A	B	C	D	E
	$S_{\min}$	6	8	10	14	18	22	28
h_1	$\sqrt[3]{\dfrac{F_e d_d}{0.8Z_a}}$，$F_e$——有效圆周力，$d_d$——计算直径，$Z_a$——轮辐数							
h_2	$0.8h_1$							
b_1	$0.4h_1$							
b_2	$0.8b_1$							
f_1	$0.2h_1$							
f_2	$0.2h_2$							

注：表中符号与带轮结构图对应。

表 13.5　普通 V 带带轮轮槽尺寸

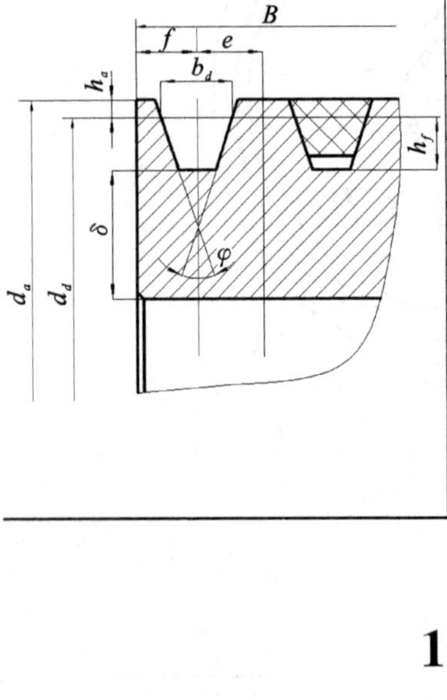

槽型	b_d	$h_{a\min}$	$h_{f\min}$	e	$f_{\min}$	$\delta_{\min}$	d_d 与 d_d 相对应的 φ			
							$\varphi=32°$	$\varphi=34°$	$\varphi=36°$	$\varphi=38°$
Y	5.3	1.60	4.7	8 ± 0.3	6	5	≤60	—	>60	—
Z	8.5	2.00	7.0	12 ± 0.3	7	5.5	—	≤60	—	>80
A	11.0	2.75	8.7	15 ± 0.3	9	6	—	≤60	—	>118
B	14.0	3.50	10.8	19 ± 0.4	11.5	7.5	—	≤60	—	>190
C	19.0	4.80	14.3	25.5 ± 0.5	16	10	—	≤60	—	>315
D	27.0	8.10	19.9	37 ± 0.6	23	12	—	—	≤475	>475
E	32.0	9.60	23.4	44.5 ± 0.7	28	15	—	—	≤600	>600

13.5　链轮的结构

链轮轮芯结构如图 13.3 所示。小直径链轮制成整体式[图 13.3(a)]；中等尺寸链轮制成孔板式[图 13.3(b)]；大直径链轮制成连接式[图 13.3(c)、图 13.3(d)]。其中：$L=(1.5\sim2)d_s$；$D_1=(1.6\sim2)d_s$；d_s——轴孔直径。

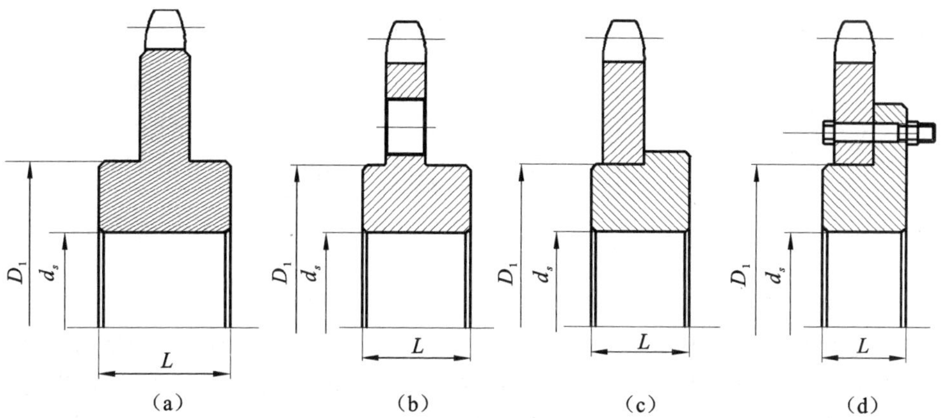

图 13.3 链轮的结构

14 电 动 机

电动机类型很多，本章仅介最常见的 Y 系列三相异步电动机。

Y 系列电动机是按照国际电工委员会(IEC)标准设计的，具有国际互换性的特点。其中 Y 系列(IP44)小型三相异步电动机为一般用途笼型全封闭自扇冷式电动机，具有防止灰尘或其他杂物侵入的特点，B 级绝缘，可采用全压或降压启动。该电动机的工作条件为：环境温度－15～＋40 节，相对湿度不超过 90%，海拔不超过 1000 m，电源额定电压 380 V，频率 50 Hz。常用于对启动性能、调速性能及转差率均无特殊要求的机器或设备，如金属切削机床、水泵、鼓风机、运输机械和农业机械等。

Y 系列三相异步电动机的代号含义如图 14.1 所示。其技术参数、安装代号、参考比价，以及不同型号电动机的安装与外形尺寸相关参数分别见表 14.1～表 14.5。

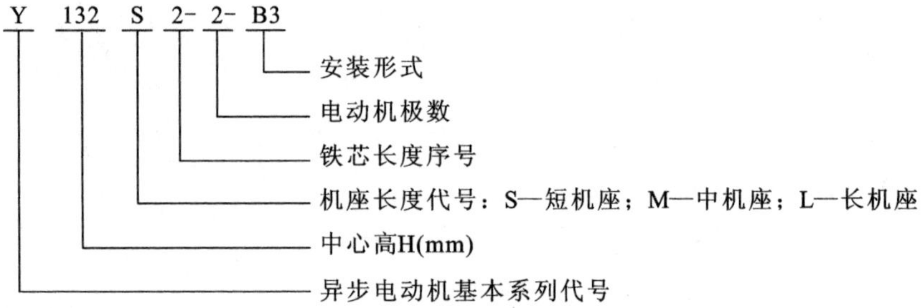

图 14.1　Y 系列三相异步电动机代号含义

表 14.1　Y 系列(IP44)三相异步电动机的技术参数

电动机型号	额定功率/kW	满载转速/(r·min⁻¹)	堵转转矩/额定转矩	最大转矩/额定转矩	电动机型号	额定功率/kW	满载转速/(r·min⁻¹)	堵转转矩/额定转矩	最大转矩/额定转矩
同步转速 3000 r/min，2 极					同步转速 1500 r/min，4 极				
Y801—2	0.75	2830	2.2	2.3	Y160M—4	11	1460	2.2	2.3
Y802—2	1.1	2830	2.2	2.3	Y160L—4	15	1460	2.2	2.3
Y90S—2	1.5	2840	2.2	2.3	Y180M—4	18.5	1470	2.0	2.2
Y90L—2	2.2	2840	2.2	2.3	Y180L—4	22	1470	2.0	2.2
Y100L—2	3	2880	2.2	2.3	Y200L—4	30	1470	2.0	2.2

续表14.1

电动机型号	额定功率/kW	满载转速/(r·min^{-1})	堵转转矩/额定转矩	最大转矩/额定转矩	电动机型号	额定功率/kW	满载转速/(r·min^{-1})	堵转转矩/额定转矩	最大转矩/额定转矩
Y112M—2	4	2890	2.2	2.3	Y225S—4	37	1480	1.9	2.2
Y132S1—2	5.5	2900	2.0	2.3	Y225M—4	45	1480	1.9	2.2
Y132S2—2	7.5	2900	2.0	2.3	Y250M—4	55	1480	2.0	2.2
Y160M1—2	11	2930	2.0	2.3	Y280S—4	75	1480	1.9	2.2
Y160M2—2	15	2930	2.0	2.3	Y280M—4	90	1480	1.9	2.2
Y160L—2	18.5	2930	2.0	2.2	同步转速 1000 r/min,6 极				
Y180M—2	22	2940	2.0	2.2	Y90S—6	0.75	910	2.0	2.2
Y200L1—2	30	2950	2.0	2.2	Y90L—6	1.1	910	2.0	2.2
Y200L2—2	37	2950	2.0	2.2	Y100L—6	1.5	940	2.0	2.2
Y225M—2	45	2970	2.0	2.2	Y112M—6	2.2	940	2.0	2.2
Y250M—2	55	2970	2.0	2.2	Y132S—6	3	960	2.0	2.2
同步转速 1500 r/min,4 极					Y132M1—6	4	960	2.0	2.2
Y801—4	0.55	1390	2.4	2.3	Y132M2—6	5.5	960	2.0	2.2
Y802—4	0.75	1390	2.3	2.3	Y160M—6	7.5	970	2.0	2.0
Y90S—4	1.1	1400	2.3	2.3	Y160L—6	11	970	2.0	2.0
Y90L—4	1.5	1400	2.3	2.3	Y180L—6	15	970	1.8	2.0
Y100L1—4	2.2	1430	2.2	2.3	Y200L1—6	18.5	970	1.8	2.0
Y100L2—4	3	1430	2.2	2.3	Y200L2—6	22	970	1.8	2.0
Y112M—4	4	1440	2.2	2.3	Y225M—6	30	980	1.7	2.0
Y132S—4	5.5	1440	2.2	2.3	Y250M—6	37	980	1.8	2.0
Y132M—4	7.5	1440	2.2	2.3	Y280S—6	45	980	1.8	2.0
同步转速 750 r/min,8 极					同步转速 750 r/min,8 极				
Y132S—8	2.2	710	2.0	2.0	Y225S—8	18.5	730	1.7	2.0
Y132M—8	3	710	2.0	2.0	Y225M—8	22	740	1.8	2.0
Y160M1—8	4	720	2.0	2.0	Y250M—8	30	740	1.8	2.0
Y160M2—8	5.5	720	2.0	2.0	Y280S—8	37	740	1.8	2.0

续表14.1

电动机型号	额定功率/kW	满载转速/(r·min^{-1})	堵转转矩/额定转矩	最大转矩/额定转矩	电动机型号	额定功率/kW	满载转速/(r·min^{-1})	堵转转矩/额定转矩	最大转矩/额定转矩
Y160L—8	7.5	720	2.0	2.0	Y280M—8	45	740	1.8	2.0
Y180L—8	11	730	1.7	2.0	Y315S—8	55	740	1.6	2.0
Y200L—8	15	730	1.8	2.0					

表 14.2　Y 系列电动机安装代号

安装形式	基本安装型	由 B3 派生安装型				
	B3	V5	V6	B6	B7	B8
示意图	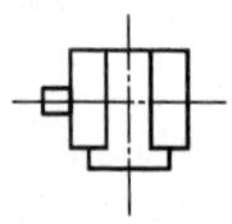	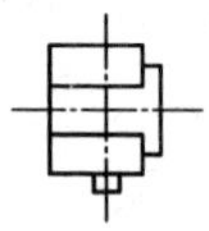	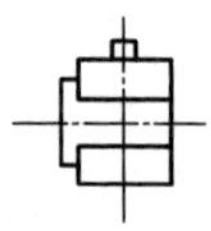	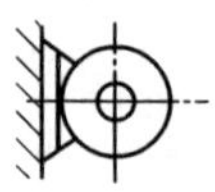		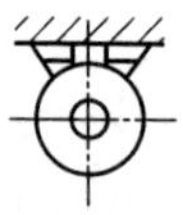
中心高/mm	80～280	80～160				
安装形式	基本安装型	由 B5 派生安装型		基本安装型	由 B35 派生安装型	
	B5	V1	V3	B35	V15	V36
示意图	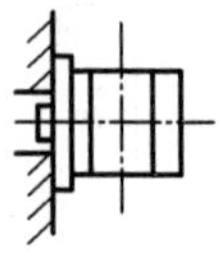	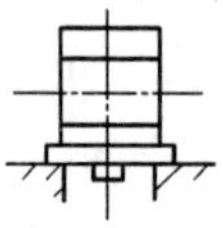	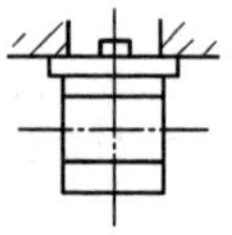	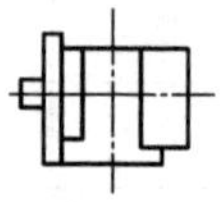	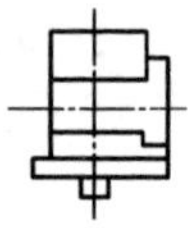	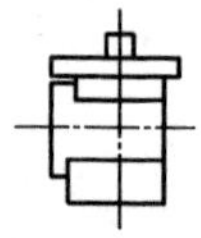
中心高/mm	80～225	80～280	80～160	80～280	80～160	

表 14.3　Y 系列(IP44)三相异步电动机的参考比价

极数	功率/kW																
	0.55	0.75	1.1	1.5	2.2	3	4	5.5	7.5	11	15	18.5	22	30	37	45	55
2	—	1.07	1.15	1.30	1.41	1.87	2.26	3.15	3.44	5.09	5.65	6.09	7.74	10.5	11.5	15.2	18.9
4	1.00	1.13	1.26	1.35	1.67	1.87	2.22	3.09	3.52	5.00	5.96	7.44	8.89	10.9	12.9	14.1	17.8
6	—	1.26	1.35	1.78	2.22	3.09	3.48	3.70	5.00	5.96	8.89	9.91	10.9	14.1	17.8	—	—
8	—	—	—	—	3.09	3.52	5.00	5.48	5.96	8.89	10.9	12.9	14.1	17.8	—	—	—

注:本表以 4 极(同步转速 1500 r/min)、功率为 0.55 kW 的电动机为 1.00 计算,表中数值为相对值,仅供参考。

表 14.4 机座带地脚、端盖无凸缘(B3,B6,B7,B8,V5,V6 型)电动机的安装与外形尺寸

单位:mm

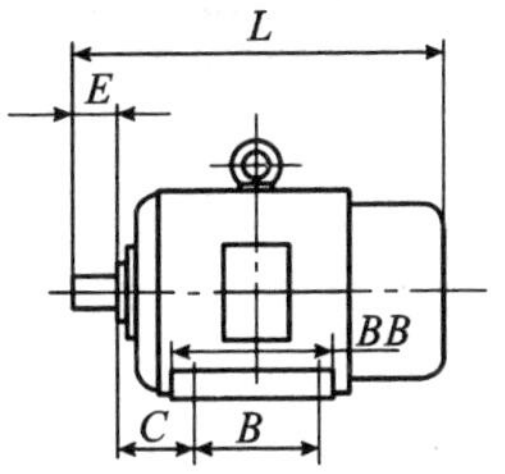

Y80~Y132

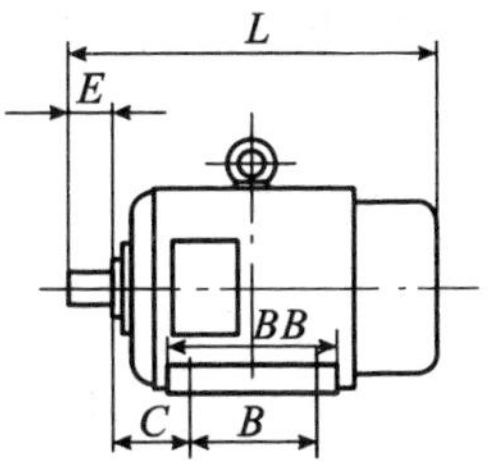

Y160~Y280

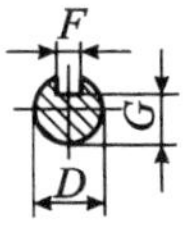

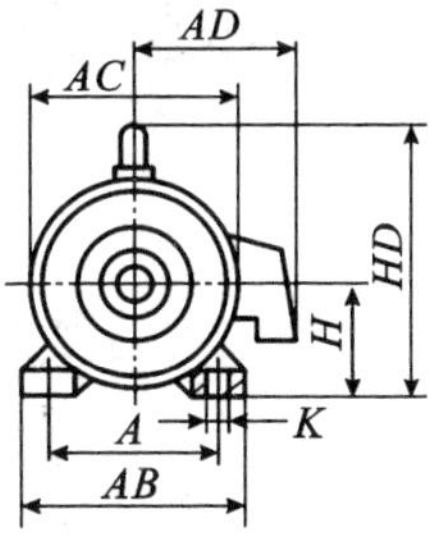

<table>
<tr><th>机座号</th><th>极数</th><th>A</th><th>B</th><th>C</th><th colspan="2">D</th><th>E</th><th>F</th><th>G</th><th>H</th><th>K</th><th>AB</th><th>AC</th><th>AD</th><th>HD</th><th>BB</th><th>L</th></tr>
<tr><td>80M</td><td>2,4</td><td>125</td><td rowspan="2">100</td><td>50</td><td>19</td><td rowspan="5">+0.009
−0.004</td><td rowspan="2">40</td><td>6</td><td>15.2</td><td>80</td><td rowspan="3">10</td><td>165</td><td>165</td><td>150</td><td>170</td><td rowspan="2">130</td><td>285</td></tr>
<tr><td>90S</td><td rowspan="4">2,4,6</td><td rowspan="2">140</td><td rowspan="2">56</td><td rowspan="2">24</td><td rowspan="4">8</td><td rowspan="2">20</td><td rowspan="2">90</td><td rowspan="2">180</td><td rowspan="2">175</td><td rowspan="2">155</td><td rowspan="2">190</td><td>310</td></tr>
<tr><td>90L</td><td>125</td><td>50</td><td>155</td><td>335</td></tr>
<tr><td>100L</td><td>160</td><td rowspan="3">140</td><td>63</td><td rowspan="2">28</td><td rowspan="2">60</td><td rowspan="2">24</td><td>100</td><td rowspan="4">12</td><td>205</td><td>205</td><td>180</td><td>245</td><td>170</td><td>380</td></tr>
<tr><td>112M</td><td>190</td><td>70</td><td>112</td><td>245</td><td>230</td><td>190</td><td>265</td><td>180</td><td>400</td></tr>
<tr><td>132S</td><td rowspan="7">2,4,6,8</td><td rowspan="2">216</td><td rowspan="2">89</td><td rowspan="2">38</td><td rowspan="6">+0.018
+0.002</td><td rowspan="2">80</td><td rowspan="2">10</td><td rowspan="2">33</td><td rowspan="2">132</td><td rowspan="2">280</td><td rowspan="2">270</td><td rowspan="2">210</td><td rowspan="2">315</td><td>200</td><td>475</td></tr>
<tr><td>132M</td><td>178</td><td>238</td><td>515</td></tr>
<tr><td>160M</td><td rowspan="2">254</td><td>210</td><td rowspan="2">108</td><td rowspan="2">2</td><td rowspan="5">110</td><td rowspan="2">12</td><td rowspan="2">37</td><td rowspan="2">160</td><td rowspan="4">15</td><td rowspan="2">330</td><td rowspan="2">325</td><td rowspan="2">225</td><td rowspan="2">385</td><td>270</td><td>600</td></tr>
<tr><td>160L</td><td>254</td><td>314</td><td>645</td></tr>
<tr><td>180M</td><td rowspan="2">279</td><td>241</td><td rowspan="2">121</td><td rowspan="2">48</td><td rowspan="2">14</td><td rowspan="2">42.5</td><td rowspan="2">180</td><td rowspan="2">335</td><td rowspan="2">360</td><td rowspan="2">285</td><td rowspan="2">430</td><td>311</td><td>670</td></tr>
<tr><td>180L</td><td>279</td><td>349</td><td>710</td></tr>
<tr><td>200L</td><td>318</td><td>305</td><td>133</td><td>55</td><td rowspan="10">+0.030
+0.011</td><td>16</td><td>49</td><td>200</td><td rowspan="4">19</td><td>395</td><td>400</td><td>310</td><td>475</td><td>379</td><td>775</td></tr>
<tr><td>225S</td><td>4,8</td><td rowspan="3">356</td><td>286</td><td rowspan="3">149</td><td>60</td><td>140</td><td>18</td><td>53</td><td rowspan="3">225</td><td rowspan="3">435</td><td rowspan="3">450</td><td rowspan="3">345</td><td rowspan="3">530</td><td>368</td><td>820</td></tr>
<tr><td rowspan="2">225M</td><td>2</td><td rowspan="2">311</td><td>55</td><td>110</td><td>16</td><td>49</td><td rowspan="2">393</td><td>815</td></tr>
<tr><td>4,6,8</td><td rowspan="2">60</td><td rowspan="7">140</td><td rowspan="4">18</td><td rowspan="2">53</td><td>845</td></tr>
<tr><td rowspan="2">250M</td><td>2</td><td rowspan="2">406</td><td rowspan="2">349</td><td rowspan="2">168</td><td rowspan="2">250</td><td rowspan="6">24</td><td rowspan="2">490</td><td rowspan="2">495</td><td rowspan="2">385</td><td rowspan="2">575</td><td rowspan="2">455</td><td rowspan="2">930</td></tr>
<tr><td>4,6,8</td><td rowspan="2">65</td><td rowspan="2">58</td></tr>
<tr><td rowspan="2">280S</td><td>2</td><td rowspan="4">457</td><td rowspan="2">368</td><td rowspan="4">190</td><td rowspan="4">280</td><td rowspan="4">550</td><td rowspan="4">555</td><td rowspan="4">410</td><td rowspan="4">640</td><td rowspan="2">530</td><td rowspan="2">1000</td></tr>
<tr><td>4,6,8</td><td>75</td><td>20</td><td>67.5</td></tr>
<tr><td rowspan="2">280M</td><td>2</td><td rowspan="2">419</td><td>65</td><td>18</td><td>58</td><td rowspan="2">581</td><td rowspan="2">1050</td></tr>
<tr><td>4,6,8</td><td>75</td><td>20</td><td>67.5</td></tr>
</table>

表 14.5　机座不带地脚、端盖有凸缘（B5，V3，V1 型）电动机的安装与外形尺寸　　单位：mm

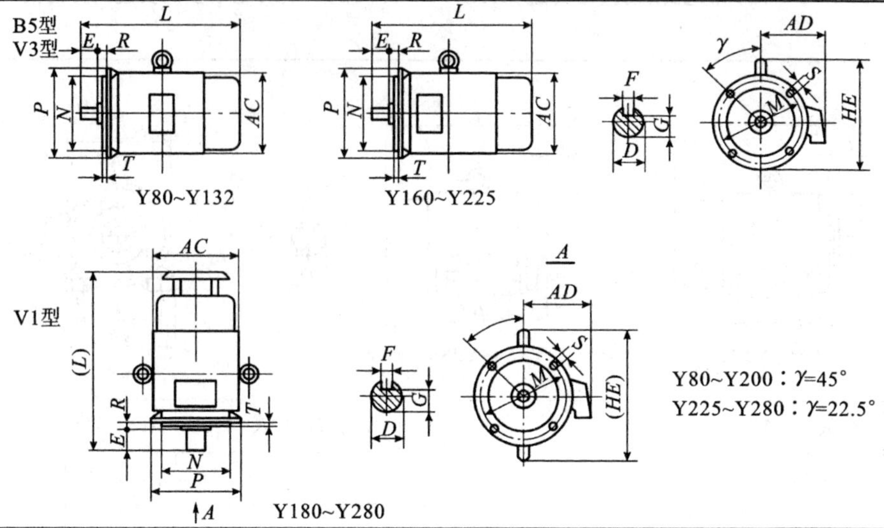

机座号	极数	D		E	F	G	M	N	P	R	S	T	凸缘孔数	AC	AD	HE（HE）	L（L）
80	2，4	19	+0.009 −0.004	40	6	15.2	165	130	200	0	12	3.5	4	165	150	185	285
90S	2，4，6	24		50	8	20								175	155	195	310
90L																	335
100L		28		60		24	215	180	250		15	4		205	180	245	380
112M														230	190	265	400
132S	2，4，6，8	38	+0.018 −0.002	80	10	33	265	230	300					270	210	315	475
132M																	515
160M		42		110	12	37	300	250	350		19	5		325	255	385	600
160L																	645
180M		48			14	42.5								360	285	430 （500）	670 （730）
180L			+0.030 +0.011														710 （770）
200L		55			16	49	350	300	400					400	310	480 （550）	775 （850）
225S	4，8	60		140	18	53	400	350	450				8	450	345	535 （610）	820 （910）
225M	2	55		110	16	49											815 （905）
	4，6，8	60		140	18	53											945 （935）
250M	2						500	450	550					495	385	（650）	（1035）
	4，6，8	65				58											
280S	2													555	410	（720）	（1120）
	4，6，8	75			20	67.5											（1170）
280M	2	65			18	58											
	4，6，8	75			20	67.5											

15　机械精度互换性标准

15.1　尺寸公差

15.1.1　基本术语

15.1.1.1　基本尺寸与零线

由设计给定的尺寸称为基本尺寸。在极限与配合的部分术语及相应关系的图中，确定偏差的一条基准线即为零偏差线，简称零线。

15.1.1.2　实际尺寸

通过测量所得的尺寸称为实际尺寸。由于存在测量误差，所以实际尺寸并非被测尺寸的真值。

15.1.1.3　极限尺寸

允许尺寸变化的两个界限值称为极限尺寸。两个界限值中较大的一个称为最大极限尺寸，较小的一个称为最小极限尺寸。

15.1.1.4　尺寸偏差

某一尺寸减其基本尺寸所得的代数差即为尺寸偏差，简称偏差。最大极限尺寸减其基本尺寸所得的代数差称为上偏差（孔用 ES 表示，轴用 es 表示）；最小极限尺寸减其基本尺寸所得的代数差称为下偏差（孔用 EI 表示，轴用 ei 表示）。上、下偏差统称为极限偏差。偏差可以为正值、负值或零。

15.1.1.5　基本偏差

用以确定零件公差带相对于零线位置的上偏差或下偏差，即基本偏差系列的各上、下偏差中靠近零线的那个偏差称为基本偏差。它基本与公差等级无关，只表示公差带的位置，即对于一定的基本尺寸，当基本偏差的代号确定后，不论公差等级是多少，其基本偏差的数值是一样的。国家标准对孔、轴各规定了 28 种基本偏差，分别用大写拉丁字母和小写拉丁字母表示，如图 15.1 所示，轴从 a 至 h，基本偏差为上偏差 es，从 j 至 zc，基本偏差为下偏差 ei；孔从 A 至 H，基本偏差为下偏差 EI，从 J 至 ZC，基本偏差为上偏差 ES。其中 H 和 h 的基本偏差为零，js 或 JS 为上偏差(+IT/2)或下偏差(−IT/2)。轴(孔)远离零线另一侧的下偏差(上偏差)或上偏差(下偏差)，根据轴(孔)的基本偏差和标准公差按下式计算。

轴：

$$ei=es-IT, es=ei+IT$$

孔：

$$ES=EI+IT, EI=ES-IT$$

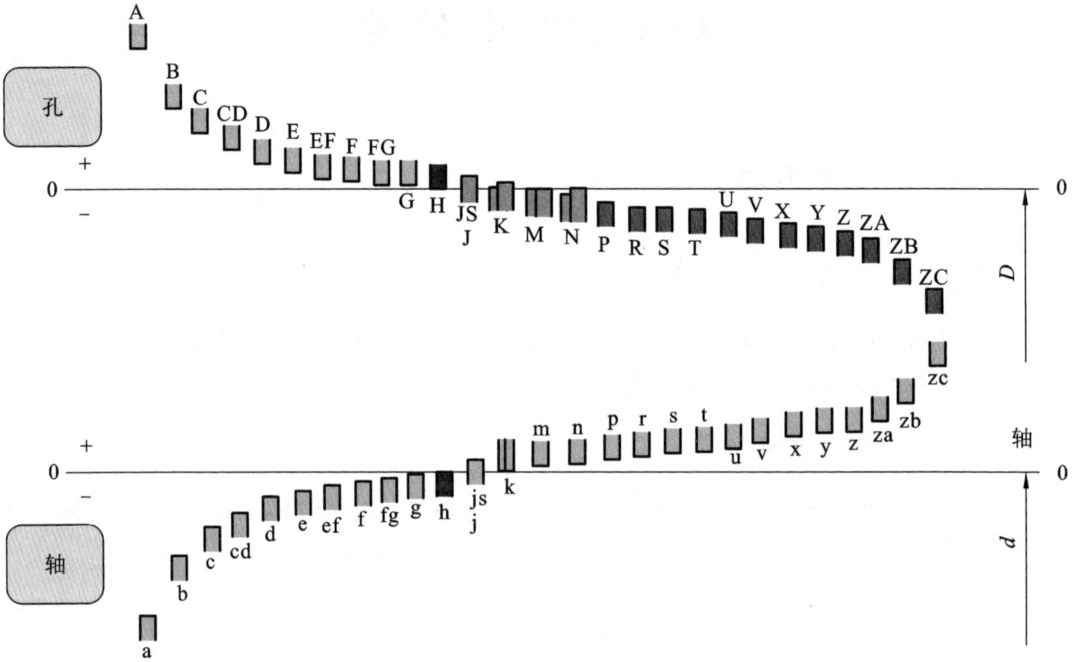

图 15.1 基本偏差代号

15.1.1.6 尺寸公差与标准公差

允许尺寸变动的量称为尺寸公差，简称公差。它等于最大极限尺寸与最小极限尺寸之代数差的绝对值；也等于上偏差与下偏差之代数差的绝对值。用以确定公差带大小的任一公差称为标准公差。标准公差数值是根据不同的尺寸分段和公差等级，按规定的标准公式计算后圆整而得。

15.1.1.7 公差等级与尺寸精度

确定尺寸精确程度的等级称为公差等级。属于同一公差等级对所有基本尺寸的一组公差，具有同等的精确程度。国标规定了 20 个标准公差等级，即 IT01，IT0，IT1，IT2，…，IT18，等级依次降低，而相应的标准公差值依次增大。零件的尺寸精度就是指零件要素的实际尺寸接近理论尺寸的精确程度。越准确者精度越高，它由公差等级确定，精度越高，公差等级越小。

15.1.1.8 尺寸公差带

在公差带图中，由代表上、下偏差的两条直线所限定的一个区域称为尺寸公差带。其大小由标准公差确定，其位置由基本偏差确定。由标准公差和基本偏差可组成各种公差带，公差带的代号由基本偏差代号与公差等级数字组成，如 H9、P7 为孔的公差带代号；h7、p6 为轴的公差带代号。

15.1.1.9 配合及配合公差

基本尺寸相同的，相互结合的孔和轴公差带之间的关系称为配合。配合有基孔制和基轴制，并分间隙配合、过渡配合和过盈配合 3 类。属于哪一类配合取决于孔、轴公差带的相互关系。允许间隙或过盈的变动量称为配合公差，它等于相互配合的孔公差和轴公差之和。

15.1.1.10 基孔制与基轴制

基本偏差为一定的孔的公差带，与不同基本偏差的轴的公差带形成各种配合的一种制度称为基孔制。基孔制配合的孔为基准孔，其代号为 H，其下偏差为零，基本偏差为一定的轴的公差带，与不同基本偏差的孔的公差带形成各种配合的一种制度称为基轴制。基轴制配合的轴为基准轴，其代号为 h，其上偏差为零。

15.1.2 配合制

15.1.2.1 配合种类

根据孔、轴公差带相对位置的不同，配合可分为三种类型：间隙配合、过盈配合和过渡配合，如图 15.2 所示。

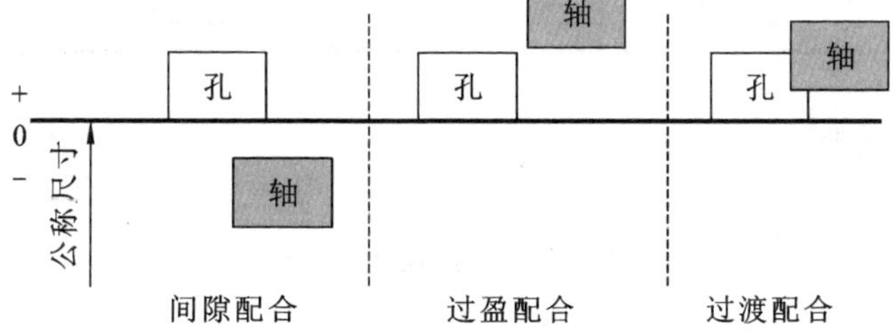

图 15.2 配合种类

(1) 间隙配合

间隙配合公差带如图 15.3 所示。

特点：孔总在轴之上。

应用场合：相对运动副(相对转动、移动)。

典型结构：滑动轴承，导轨与滑块等。

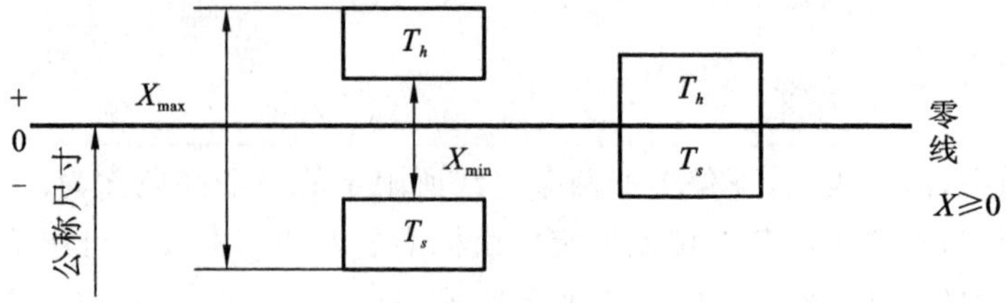

图 15.3　间隙配合公差带

工作要求:满足功能、运动准确性高、工作灵活。

(2) 过盈配合

过盈配合公差带如图 15.4 所示。

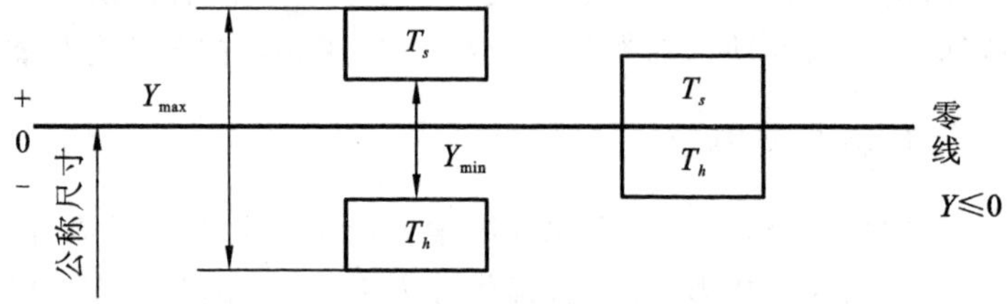

图 15.4　过盈配合公差带

特点:孔总在轴之下。

应用场合:固定连接。

典型结构:火车轮毂和车轮的结合,蜗轮轮毂与轮缘的结合。

工作要求:能够在传递足够的扭矩或轴向力时不打滑。

(3) 过渡配合

过渡配合公差带如图 15.5 所示。

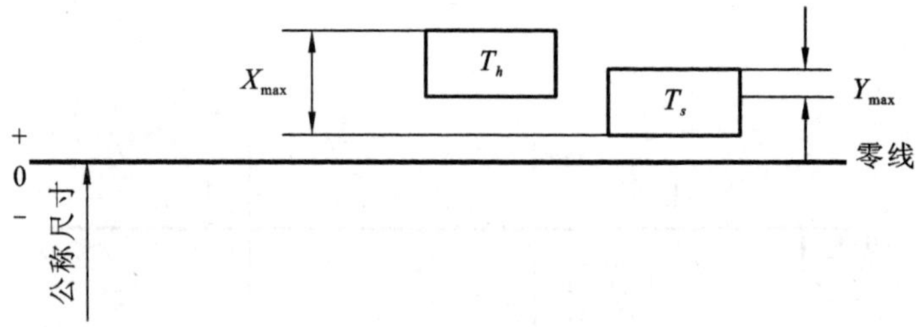

图 15.5　过渡配合公差带

特点:孔和轴交叠。

应用场合:定心可拆卸。

典型结构:齿轮与轴,定位销与定位孔等。

工作要求:要有较高的同轴度能拆卸。

三种常用配合及应用见表 15.1。

表 15.1　常用配合及应用

配合种类	基本偏差	配合特性及应用
间隙配合	a,b	可得到特别大的间隙,很少应用
	c	可得到很大的间隙,一般适用于缓慢、松弛的间隙配合;用于工作条件较差(如农业机械),受力变形,或为了便于装配而必须保证有较大的间隙时;推荐配合为 H11/c11,其较高级的配合,如 H8/c7 适用于轴在高温时工作的紧密间隙配合,例如内燃机排气阀和导管
	d	一般用于 IT7～IT11 级,适用于松的转动配合,如密封盖、滑轮、空转带轮等与轴的配合;也适用于大直径滑动轴承配合,如涡轮机、球磨机、轧辊成形、重型弯曲机及其他重型机械中的一些滑动支承
	e	多用于 IT7～IT9 级,通常适用于要求有明显间隙、易于转动的支承配合,如大跨距、多支点支承等;高等级的 e 轴适用于大型、高速、重载的支承配合,如涡轮发电机、大型电动机、内燃机、凸轮轴及摇臂支承等
	f	多用于 IT6～IT8 级的一般转动配合;当温度影响不大时,被广泛用于普通润滑油(或润滑脂)润滑的支承,如齿轮箱、小电动机、泵等的转轴与滑动支承的配合
	g	配合间隙很小,制造成本高,除很轻负荷的精密装置外,不推荐用于转动配合;多用于 IT5～IT7 级,最适合不回转的精密滑动配合,也用于插销等定位配合,如精密连杆轴承、活塞、滑阀及连杆销等
	h	多用于 IT4～IT11 级;广泛用于无相对转动的零件,作为一般的定位配合;若没有温度、变形的影响,也用于精密滑动配合
过渡配合	js	为完全对称偏差(±IT/2),平均为稍有间隙的配合,多用于 IT4～IT7 级,要求间隙比 h 轴小,并允许略有过盈的定位配合,如联轴器,可用手或木锤装配
	k	平均为没有间隙的配合,适用于 IT4～IT7 级;推荐用于稍有过盈的定位配合,例如为了消除振动用的定位配合,一般用木锤装配
	m	平均为具有小过盈的过渡配合;适用于 IT4～IT7 级,一般用木锤装配,但在最大过盈时,要求有相当的压入力
	n	平均过盈比 m 轴稍大,很少得到间隙,适用于 IT4～IT7 级,用锤子或压力机装配,通常推荐用于紧密的组件配合;H6/n5 配合时为过盈配合

续表15.1

配合种类	基本偏差	配合特性及应用
过盈配合	p	与H6或H7配合时是过盈配合，与H8孔配合时则为过渡配合；对非铁类零件，为较轻的压入配合，当需要时易于拆卸；对钢、铸铁或铜、钢组件装配，是标准的压入配合
	r	对铁类零件，为中等打入配合，对非铁类零件，为轻打入的配合，当需要时可以拆卸；与H8孔配合，直径在100 mm以上时为过盈配合，直径小时为过渡配合
	s	用于钢和铁制零件的永久性和半永久装配；可产生相当大的结合力；当用弹性材料，如轻合金时，配合性质与铁类零件的p轴相当，例如套环压装在轴上、阀座等配合。尺寸较大时，为了避免损伤配合表面，需用热胀法或冷缩法装配
	t,u,v,x,y,z	过盈量依次增大，一般不推荐采用

15.1.2.2 基本偏差

基本偏差是指用来确定公差带与零线相对位置的偏差，一般指离零线最近的那个上偏差或下偏差。

公差带在零线上面，其基本偏差为下偏差；公差带在零线下面，其基本偏差为上偏差。上、下极限偏差如图15.6所示。

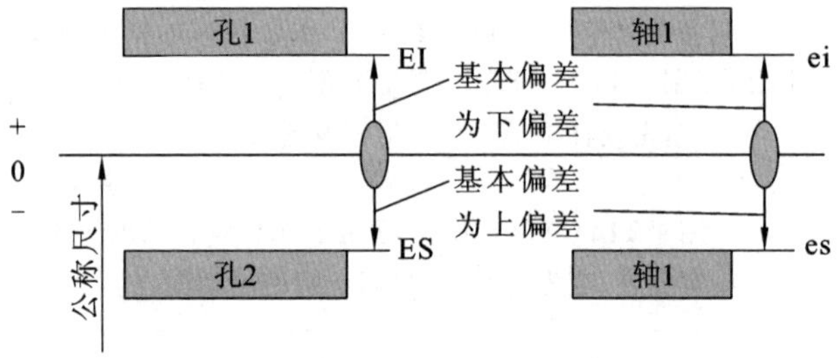

图15.6 上、下极限偏差

(1)轴的基本偏差数值

轴的基本偏差数值是以基孔制为基础，根据各种配合的要求，在生产实践和大量试验的基础上，由依据统计分析的结果整理出的一系列公式计算出来的。轴的极限偏差值见表15.2。

表15.2 优先配合中轴的极限偏差值

基本尺寸/mm		公差带												
		c	d	f	g	h				k	n	p	s	u
大于	至	11	9	7	6	6	7	9	11	6	6	6	6	6
—	3	−60	−20	−6	−2	0	0	0	0	+6	+10	+12	+20	+24
		−120	−45	−16	−8	−6	−10	−25	−60	0	+4	+6	+14	+18

续表15.2

基本尺寸/mm		公差带												
		c	d	f	g	h				k	n	p	s	u
3	6	−70	−30	−10	−4	0	0	0	0	+9	+16	+20	+27	+31
		−145	−60	−22	−12	−8	−12	−30	−75	+1	+8	+12	+19	+23
6	10	−80	−40	−13	−5	0	0	0	0	+10	+19	+24	+32	+37
		−170	−76	−28	−14	−9	−15	−36	−90	+1	+10	+15	+23	+28
10	14	−95	−50	−16	−6	0	0	0	0	+12	+23	+29	+39	+44
14	18	−205	−93	−34	−17	−11	−18	−43	−110	+1	+12	+18	+28	+33
18	24	−110	−65	−20	−7	0	0	0	0	+15	+28	+35	+48	+54
														+41
24	30	−240	−117	−41	−20	−13	−21	−52	−130	+2	+15	+22	+35	+61
														+48
30	40	−120	−80	−25	−9	0	0	0	0	+18	+33	+42	+59	+76
		−280												+60
40	50	−130	−142	−50	−25	−16	−25	−62	−160	+2	+17	+26	+43	+86
		−290												+70
50	65	−140	−100	−30	−10	0	0	0	0	+21	+39	+51	+72	+106
		−330											+53	+87
65	80	−150	−174	−60	−29	−19	−30	−74	−190	+2	+20	+32	+78	+121
		−390											+59	+102
80	100	−170	−120	−36	−12	0	0	0	0	+25	+45	+51	+93	+146
		−390											+71	+124
100	120	−180	−207	−71	−34	−22	−35	−87	−220	+3	+23	+37	+101	+166
		−400											+79	+144
120	140	−200											+117	+195
		−450	−145	−43	−14	0	0	0	0	+28	+52	+68	+92	+170
140	160	−210											+125	+215
		−460											+100	+190
160	180	−230	−245	−83	−39	−25	−40	−100	−250	+3	+27	+43	+133	+235
		−480											+108	+210

续表15.2

基本尺寸/mm		公差带												
		c	d	f	g	h				k	n	p	s	u
180	200	−240											+151	+265
200	225	−530	−170	−50	−15	0	0	0	0	+33	+60	+79	+122	+236
225	250	−260											+159	+287
250	280	−550											+130	+258
280	315	−280	−285	−96	−44	−29	−46	−115	−290	+4	+31	+50	+168	+313
315	355	−570											+140	+284
250	280	−300	−190	−56	−17	0	0	0	0	+36	+66	+88	+190	+347
		−620											+158	+315
280	315	−330	−320	−108	−49	−32	−52	−130	−320	+4	+34	+56	+202	+382
		−650											+170	+350
315	355	−360	−210	−62	−18	0	0	0	0	+40	+73	+98	+226	+426
		−720											+190	+390
355	400	−440	−350	−119	−54	−36	−57	−140	−360	+4	+37	+62	+244	+471
		−760											+208	+435
400	450	−440	−230	−68	−20	0	0	0	0	+45	+80	+108	+272	+530
		−840											+232	+490
450	500	−480	−385	−131	−60	−40	−63	−155	−400	+5	+40	+68	+292	+580
		−980											+252	+540

(2) 孔的基本偏差数值

公称尺寸≤500 mm时，孔的基本偏差是从轴的基本偏差换算得来的。

孔与轴基本偏差换算的原则是：在孔、轴同级配合或孔比轴低一级的配合中，用同一字母表示孔和轴的基本偏差所组成的公差带，按照基孔制形成的配合和按照基轴制形成的配合(称为同名配合)，两者的配合性质应相同。

$$\frac{H9}{f9}=\frac{F9}{h9} \qquad \frac{H7}{f6}=\frac{F7}{h6} \qquad \frac{H7}{p6}=\frac{p7}{h6}$$

孔的极限偏差值见表15.3。

表 15.3　优先配合中孔的极限偏差值

基本尺寸/mm		公差带												
		C	D	F	G	H				K	N	P	S	U
大于	至	11	9	8	7	7	8	9	11	7	7	7	7	7
—	3	+120	+45	+20	+12	+10	+14	+25	+60	0	−4	−6	−14	−18
		+60	+20	+6	+2	0	0	0	0	−10	−14	−16	−24	−28
3	6	+145	+60	+28	+16	+12	+18	+30	+75	+3	−4	−8	−15	−19
		+70	+30	+10	+4	0	0	0	0	−9	−16	−20	−27	−31
6	10	+170	+76	+35	+20	+15	+22	+36	+90	+5	−4	−9	−17	−22
		+80	+40	+13	+5	0	0	0	0	−10	−19	−24	−32	−37
10	14	+205	+93	+43	+24	+18	+27	+43	+110	+6	−5	−11	−21	−26
14	18	+95	+50	+16	+6	0	0	0	0	−12	−23	−29	−39	−44
18	24	+240	+117	+53	+28	+21	+33	+52	+130	+6	−7	−8	−27	−33
24	30	+110	+65	+20	+7	0	0	0	0	−15	−18	−33	−48	−54
30	40	+280	+142	+64	+34	+25	+39	+62	+160	+7	−8	−17	−34	−40
		+120												−61
40	50	+290	+80	+25	+9	0	0	0	0	−18	−33	−42	−59	−51
		+130												−76
50	65	+330	+174	+76	+40	+30	+46	+74	+190	+9	−9	−21	−42	−61
		+140											−72	−86
65	80	+340	+100	+30	+10	0	0	0	0	−21	−39	−51	−48	−76
		+150											−78	−108
80	100	+390	+207	+90	+47	+35	+54	+87	+220	+10	−10	−24	−58	−111
		+170											−93	−146
100	120	+400	+120	+36	+12	0	0	0	0	−25	−45	−59	−66	−131
		+180											−101	−166

续表15.3

基本尺寸/mm		公差带												
		C	D	F	G	H				K	N	P	S	U
120	140	+450											-77	-155
		+200	+245	+106	+54	+40	+63	+100	+250	+12	-12	-28	-117	-195
140	160	+460											-85	-175
		+210											-125	-215
160	180	+480	+145	+43	+14	0	0	0	0	-28	-52	-68	-93	-195
		+230											-133	-235
180	200	+530											-105	-219
		+240	+285	+122	+61	+46	+72	+115	+290	+13	-14	-33	-151	-265
200	225	+550											-113	-241
		+260											-159	-287
225	250	+570	+170	+50	+15	0	0	0	0	-33	-60	-79	-123	-267
		+280											-169	-313
250	280	+620	+320	+137	+69	+52	+81	+130	+320	+16	-14	-36	-138	-295
		+300											-190	-347
280	315	+650	+190	+56	+17	0	0	0	0	-36	-66	-88	-150	-330
		+330											-202	-382
315	355	+720	+350	+151	+75	+57	+89	+140	+360	+17	-16	-41	-169	-369
		+360											-226	-426
355	400	+760	+210	+62	+18	0	0	0	0	-40	-73	-98	-187	-414
		+400											-244	-471
400	450	+840	+385	+165	+83	+63	+97	+155	+400	+18	-17	-45	-209	-467
		+440											-272	-530
450	500	+880	+230	+68	+20	0	0	0	0	-45	-80	-108	-229	-517
		+480											-292	-580

15.1.2.3 基准制

为了设计和制造上的方便，把其中孔或轴的公差带位置固定下来，改变另一配合件的公差带位置，形成所需要的配合叫基准制。

(1) 基孔制

基孔制即孔的基本偏差保持一定(H),改变轴的基本偏差,形成不同的配合。

基孔制公差带图如图 15.7 所示。

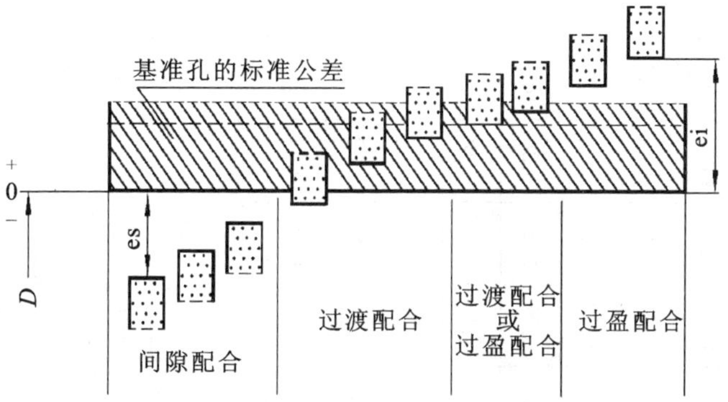

图 15.7 基孔制公差带图

(2) 基轴制

基轴制即轴的基本偏差保持一定(h),改变孔的基本偏差,形成不同的配合。

基轴制公差带图如图 15.8 所示。

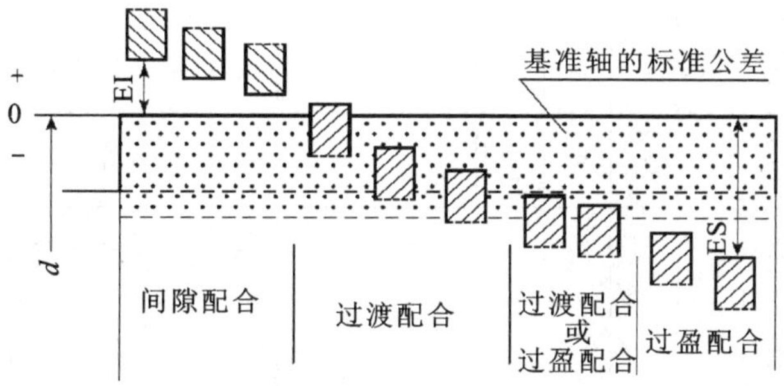

图 15.8 基轴制公差带图

(3) 标准公差

标准公差系列是国家标准制定的一系列标准公差数值,它包含两项内容:标准公差等级及标准公差数值。

标准公差等级分为 20 个等级,分别为:IT01、IT0、IT1、IT2、…、IT18。

从 IT01 至 IT18,公差精度等级依次降低,相应的标准公差数值依次增大。

标准公差数值见表 15.4。

常用加工方法可以达到的标准公差等级范围见表 15.5。

表 15.4 标准公差数值

公称尺寸	公差等级																		
(mm)	(μm)													(mm)						
	IT01	IT0	IT1	IT2	IT3	IT4	IT5	IT6	IT7	IT8	IT9	IT10	IT11	IT12	IT13	IT14	IT15	IT16	IT17	IT18
≤3	0.3	0.5	0.8	1.2	2	3	4	6	10	14	25	40	60	0.1	0.14	0.25	0.4	0.6	1	1.4
3～6	0.4	0.6	1	1.5	2.5	4	5	8	12	18	30	48	75	0.12	0.18	0.3	0.48	0.75	1.2	1.8
6～10	0.4	0.6	1	1.5	2.5	4	6	9	15	22	30	58	90	0.15	0.22	0.36	0.58	0.9	1.5	2.2
10～18	0.5	0.8	1.2	2	3	5	8	11	18	27	43	70	110	0.18	0.27	0.43	0.7	1.1	1.8	2.7
18～30	0.6	1	1.5	2.5	4	6	9	13	21	33	52	84	130	0.21	0.33	0.52	0.84	1.3	2.1	3.3
30～50	0.6	1	1.5	2.5	4	7	11	16	25	39	62	100	160	0.25	0.39	0.62	1	1.6	2.5	3.9
50～80	0.8	1.2	2	3	5	8	13	19	30	46	74	120	190	0.3	0.46	0.74	1.2	1.9	3	4.6
80～120	1	1.5	2.5	4	6	10	15	22	35	54	87	140	220	0.35	0.54	0.87	1.4	2.2	3.5	5.4
120～180	1.2	2	3.5	5	8	12	18	25	40	63	100	160	250	0.4	0.63	1	1.6	2.5	4	6.3
180～250	2	3	4.5	7	10	14	20	29	46	72	115	185	290	0.46	0.72	1.15	1.85	2.9	4.6	7.2
250～315	2.5	4	6	8	12	16	23	32	52	81	130	210	320	0.52	0.81	1.3	2.1	3.2	5.2	8.1
315～400	3	5	7	9	13	18	25	36	57	89	140	230	360	0.57	0.89	1.4	2.3	3.6	5.7	8.9
400～500	4	6	8	10	15	20	27	40	63	97	155	250	400	0.63	0.97	1.55	2.5	4	6.3	9.7

注:公称尺寸小于 1 mm 时,无 IT14～IT18。

表 15.5　常用加工方法可以达到的标准公差等级范围

加工方法	公差等级范围	加工方法	公差等级范围
研磨	IT01～IT5	刨、插	IT10～IT11
珩磨	IT4～IT7	滚压、挤压	IT10～IT11
金刚石车	IT5～IT7	粗车	IT10～IT12
金刚石镗	IT5～IT7	粗镗	IT10～IT12
圆磨	IT5～IT8	钻削	IT10～IT13
平磨	IT5～IT8	冲压	IT10～IT14
拉削	IT5～IT8	砂型铸造	IT14～IT15
精车精镗	IT7～IT9	金属型铸造	IT14～IT15
铰孔	IT6～IT10	锻造	IT15～IT16
铣	IT8～IT11	气割	IT15～IT18

标准公差等级的应用范围见表 15.6。

表 15.6　标准公差等级的应用范围

公差等级范围	应用
IT01～IT1	块规
IT1～IT7	量规
IT2～IT5	特别精密零件
IT5～IT12	配合尺寸
IT8～IT14	原材料
IT12～IT18	非配合尺寸

15.1.2.4　公差带在图中的标注

(1) 标注公称尺寸及上、下偏差值

该标注数值直观，适用于单件或小批量生产。零件尺寸使用通用的量具进行测量。公称尺寸及上、下偏差值标注如图 15.9 所示。

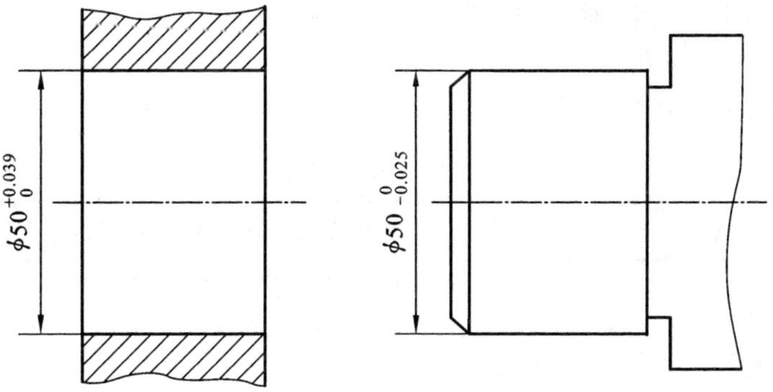

图 15.9　公称尺寸及上、下偏差值标注

(2) 既标注公差带代号又标注上、下偏差

该标注适用于中小批量的生产方式，既明确配合精度又有公差数值，如图 15.10 所示。

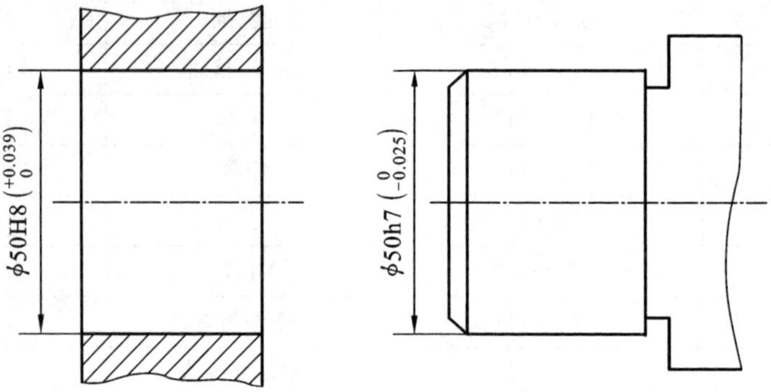

图 15.10　公称尺寸及公差带代号标注

(3) 标注公差带代号

该标注适用于大批量生产，采用专用量具检验零件。零件图上不必标注尺寸偏差数值，如图 15.11 所示。

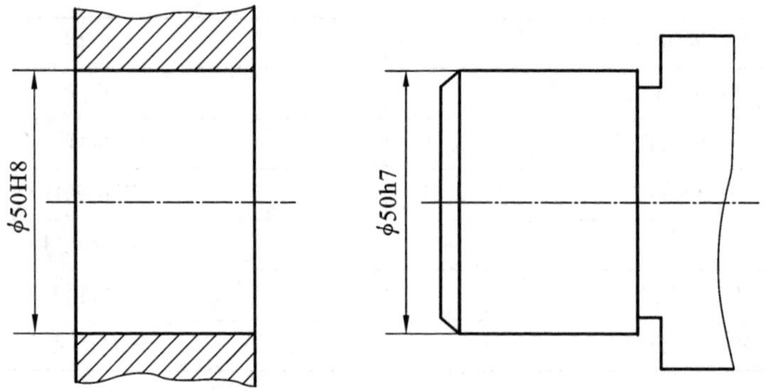

图 15.11　公差带代号标注

15.1.2.5　一般、常用和优先公差带

国家标准规定：公称尺寸≤500 mm 时，有 20 个公差等级和孔、轴的 28 个基本偏差，因此可得到孔的公差带 543 个，轴的公差带 544 个。

(1) 机械设计中优先配合

机械设计中优先配合见表 15.7。

表 15.7　优先配合

基孔制	基轴制	优先配合特性及应用举例
$\frac{H11}{c11}$	$\frac{C11}{h11}$	间隙非常大，用于很松的、转动很慢的间隙配合；要求大公差与大间隙的外露组件；要求装配方便的、很松的配合
$\frac{H9}{d9}$	$\frac{D9}{h9}$	间隙很大的自由转动配合，用于精度为非主要要求时，或大的温度变动，高转速或大的轴颈压力时

续表15.7

基孔制	基轴制	优先配合特性及应用举例
$\frac{H8}{f7}$	$\frac{F8}{f8}$	间隙不大的转动配合,用于中等转速与中等轴颈压力的精确转动;也用于装配较易的中等定位配合
$\frac{H6}{g6}$	$\frac{G7}{h7}$	间隙很小的间隙配合,用于不希望自由转动,但可自由移动和滑动并精密定位时,也可用于要求明确的定位配合
$\frac{H7}{h6}$	$\frac{H7}{h6}$	均为间隙定位配合,零件可自由装拆,而工作时一般相对静止不动。在最大实体条件下的间隙为零,在最小实体条件下的间隙由公差等级决定
$\frac{H8}{h7}$	$\frac{H8}{h7}$	
$\frac{H9}{h9}$	$\frac{H9}{h9}$	
$\frac{H11}{h11}$	$\frac{H11}{h11}$	
$\frac{H7}{k6}$	$\frac{H7}{h6}$	过渡配合,用于精密定位
$\frac{H7}{n6}$	$\frac{H7}{h6}$	过渡配合,允许有较大过盈的更精密定位
$\frac{H7}{p6}$	$\frac{H7}{h6}$	过盈定位配合,即小过盈配合,用于定位精度特别重要时,能以最好的定位精度达到部件的刚性及对中性要求,而对内孔承受压力无特殊要求,不依靠配合的紧固性传递摩擦负荷
$\frac{H7}{s6}$	$\frac{H7}{h6}$	中等压入配合,适用于一般钢件;或用于薄壁的冷缩配合,用于铸铁件可得到最紧的配合
$\frac{H7}{u6}$	$\frac{H7}{h6}$	压入配合,适用于可以承受压入力或不宜承受大压入力的冷缩配合

(2) 一般、常用和优先的轴公差带

基轴制一般、常用和优先配合如图15.12所示。

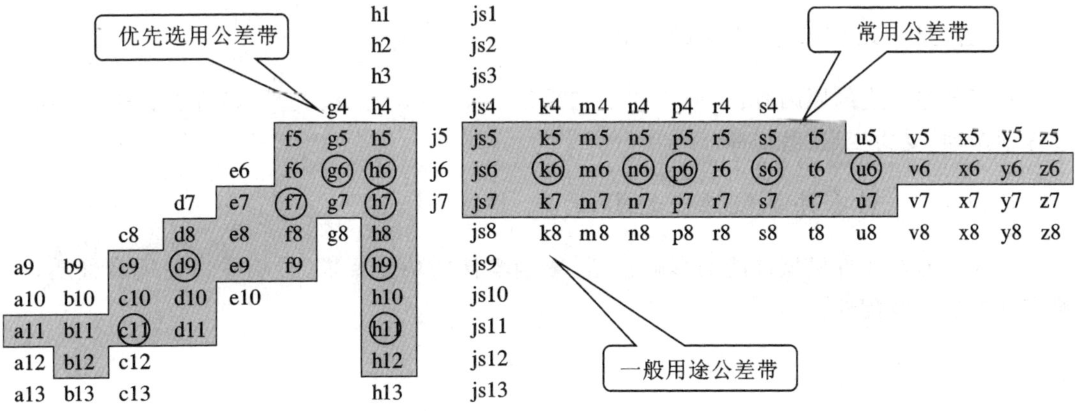

图15.12 一般、基轴制常用和优先配合

选用原则：选用公差带时，应按照优先、常用、一般公差带的顺序选用。

（3）一般、常用和优先的孔公差带

基孔制一般、常用和优先配合如图 15.13 所示。

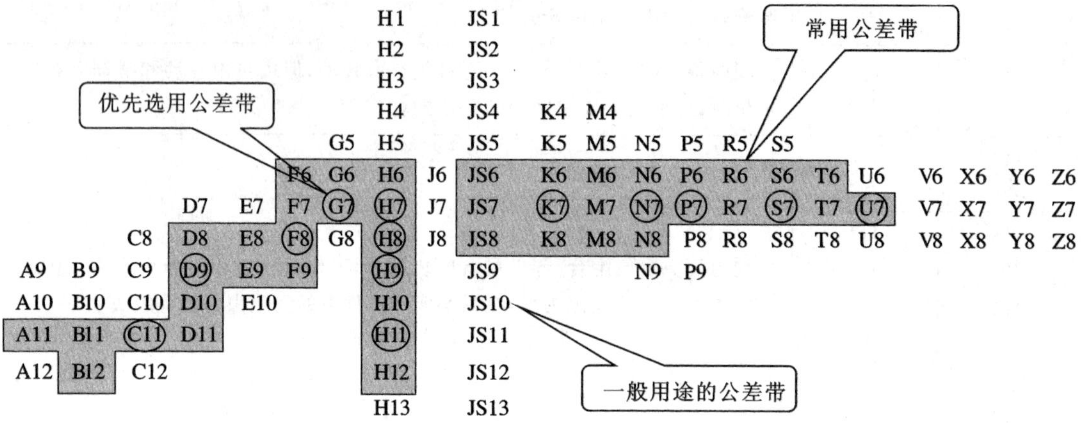

图 15.13 基孔制一般、常用和优先配合

选用原则：选用公差带时，应按照优先、常用、一般公差带的顺序选用。

15.2 几何公差

15.2.1 几何公差的含义

15.2.1.1 定义

经过加工的零件表面，不但会有尺寸误差，而且还会有形状和位置误差。对于精度要求较高的零件，要规定其表面形状和相互位置的公差，简称几何公差。

15.2.1.2 几何公差产生的原因

几何公差产生的原因有：①加工的工艺系统（如机床、刀具、夹具等）存在误差；②加工过程中振动、受力变形、磨损等。

15.2.1.3 对零件机械性能的影响

几何公差对零件机械性能的影响包括：影响零件的功能要求，影响零件的配合性质，影响零件的自由装配性。

15.2.2　几何公差种类

15.2.2.1　几何公差的项目和符号

常用形状和位置公差的符号见表 15.8。

表 15.8　常用形状和位置公差的符号　　单位：mm

分类		项目	符号	有或无基准要求	标注和解释	
形状	形状	直线度	—	无	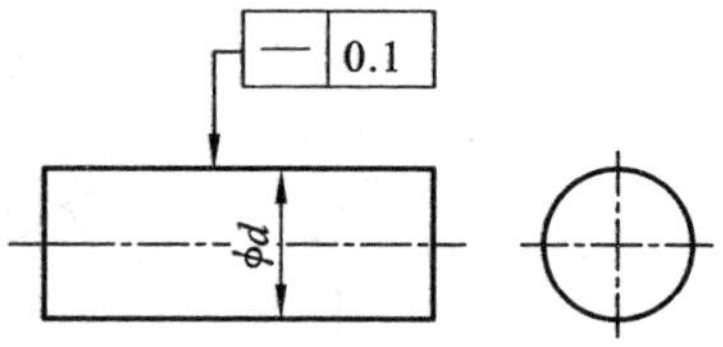	被测圆柱面与任一轴向截面的交线(平面线)必须位于该平面内距离为 0.1 mm 的两平行直线内
		平面度	▱	无	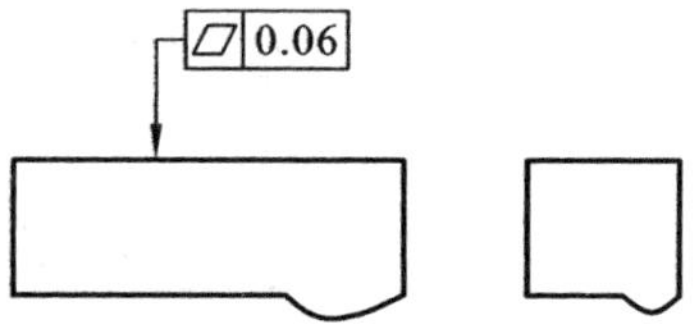	被测圆柱体的轴线必须位于直径为 0.06 mm 的圆柱面内
		圆度	○	无	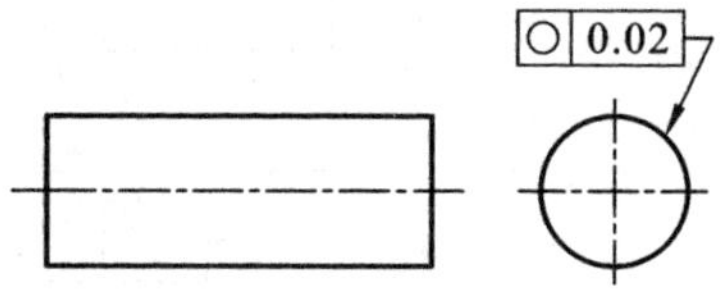	被测圆柱面任一正截面的圆周必须位于半径差为公差值 0.02 mm 的两同心圆之间
		圆柱度	⌭	无	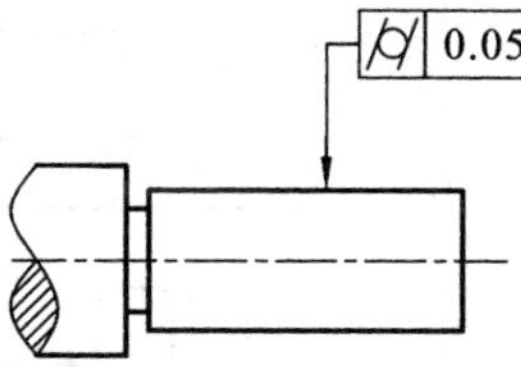	被测圆柱面必须位于半径差为公差值 0.05 mm 的两同轴圆柱面之间

续表15.8

分类		项目	符号	有或无基准要求	标注和解释	
形状	轮廓	线轮廓度	⌒	有或无	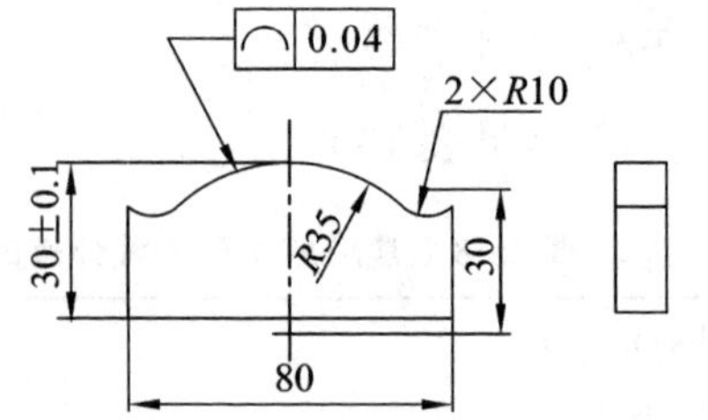 （a）无基准要求 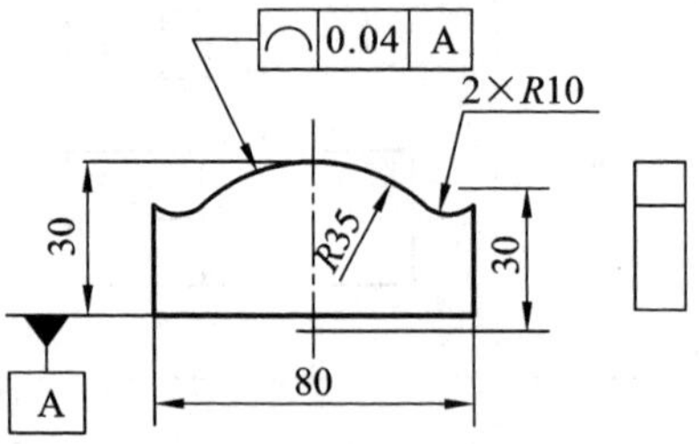 （b）有基准要求	在平行于图样所示投影面的任一截面上，被测轮廓线必须位于包络一系列直径为公差值0.04 mm，且圆心位于具有理论正确几何形状的线上的两包络线之间
		面轮廓度	⌓	有或无	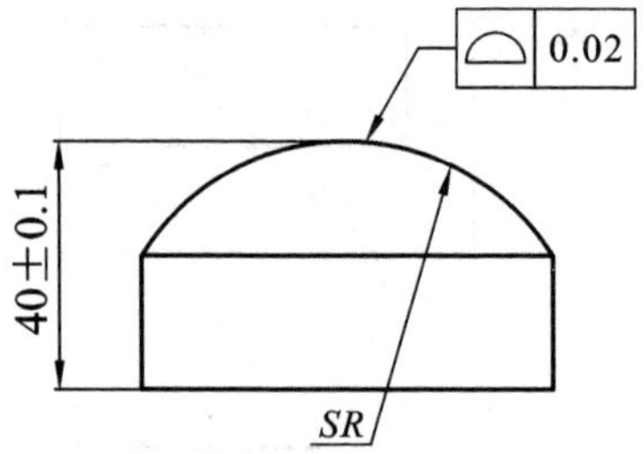	被测轮廓面必须位于包络一系列球的两包络面之间，球的直径为公差值0.02 mm，且诸球的球心位于具有理论正确几何形状的面上
位置	定向	平行度	//	有	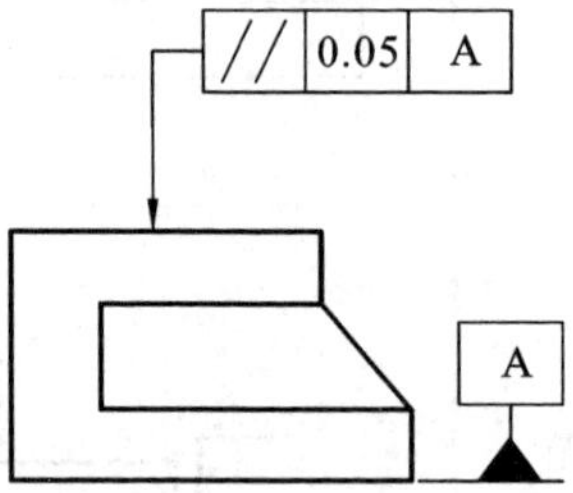	被测表面必须位于距离为公差值0.05 mm，且平行于基准表面A（基准平面）的两平行平面之间
		垂直度	⊥	有	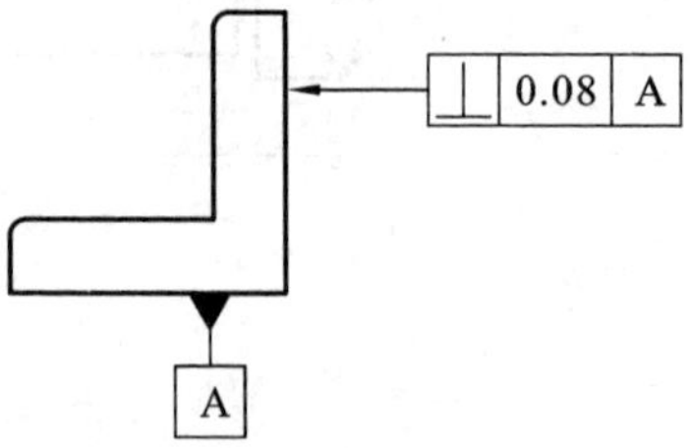	被测面必须位于距离为公差值0.08 mm，且垂直于基准平面A的两平行平面之间

续表15.8

分类		项目	符号	有或无基准要求	标注和解释	
位置	定向	倾斜度	∠	有	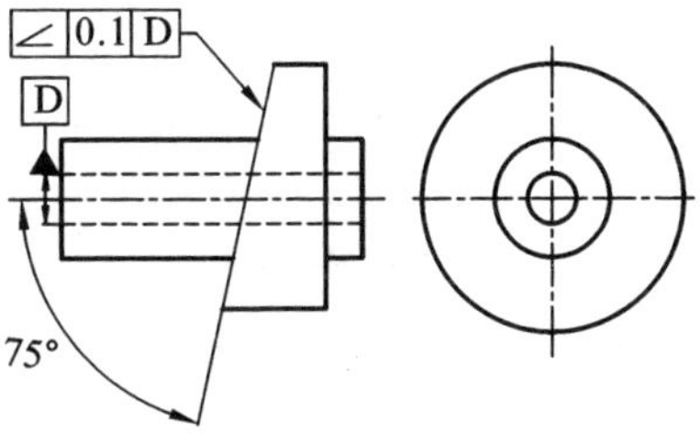	被测表面必须位于距离为公差值 0.1 mm，且与基准线 D（基准轴线）成理论正确角度 75°的两平行平面之间
	定位	位置度	⊕	有或无	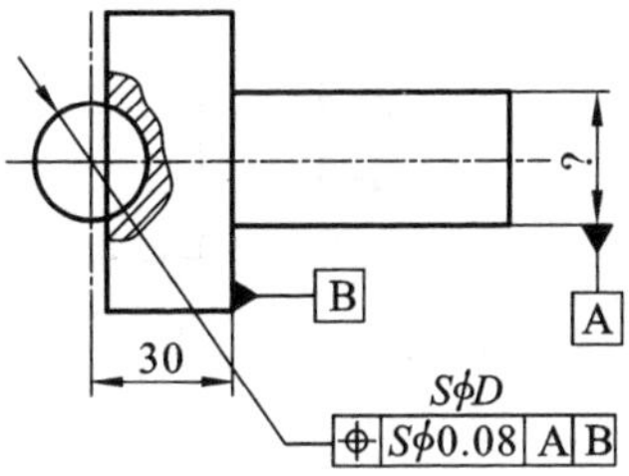	被测球的球心必须位于直径为公差值 0.08 mm 的球内，该球的球心位于相对基准 A 和 B 所确定的理想位置上
		同轴（同心）度	◎	有	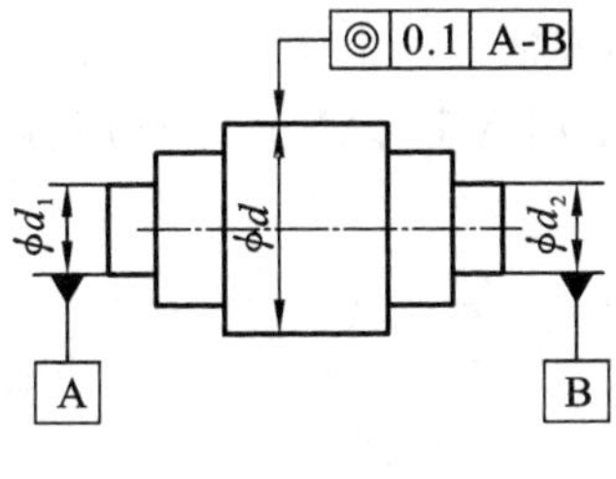	ϕd 的轴线必须位于直径为公差值 ϕ0.1 mm，且与公共基准线 A-B（公共基准轴线）同轴的圆柱面内
		对称度	⌯	有	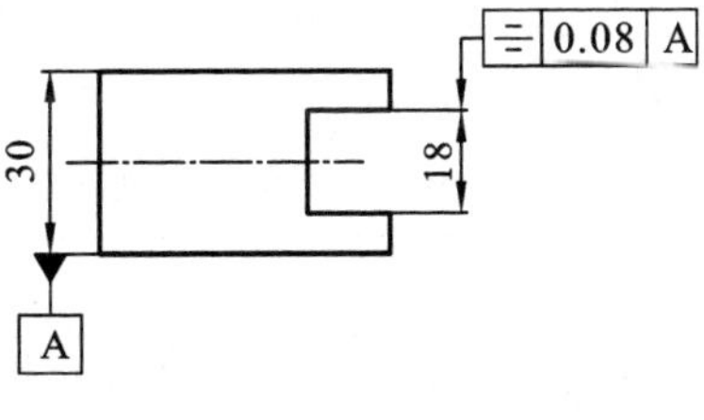	被测中心平面必须位于距离为公差值 0.08 mm，且相对基准中心平面 A 对称配置的两平行平面之间

续表15.8

分类		项目	符号	有或无基准要求	标注和解释	
位置	跳动	圆跳度	↗	有	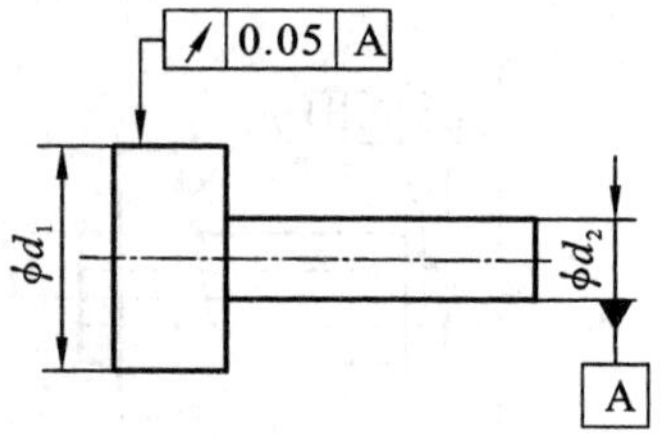	当被测要素围绕基准线A(基准轴线)无轴向移动地旋转一周时,在任一测量平面内的径向圆跳动均不大于0.05 mm
		全跳度	⌰	有	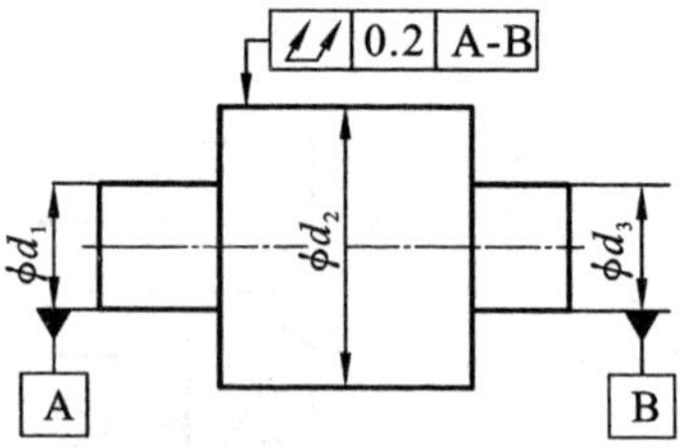	被测要素围绕基准线A-B做若干次旋转,并在测量仪器与工件间同时做轴向移动,此时在被测要素上各点间的示值差均不得大于0.2 mm,测量仪器或工件必须沿着基准轴线方向并相对于公共基准轴线A-B移动

15.2.2.2 基准符号

基准符号用细实线将小方框与一个涂黑(或空白)的三角形相连而组成。小方框中的字母必须水平书写,为与其他常用量字母区分,不许用:E,F,I,J,L,M,O,P,R。基准符号如图15.14所示。

(a)　(b)　(c)　(d)

图15.14　基准符号

常用基准标注见表15.9。

表15.9　常用基准标注

基准要素类别	图例
基准要素为组成要素	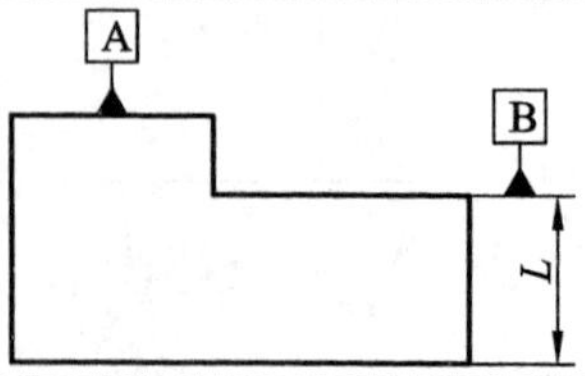

续表15.9

基准要素类别	图例
基准要素为导出要素	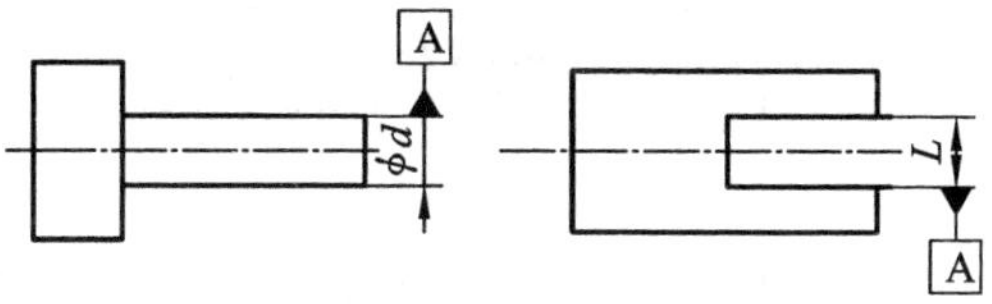
基准要素为中心孔或圆锥体的轴线	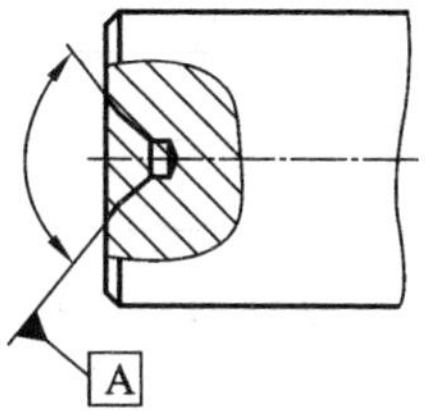
任选基准的标注	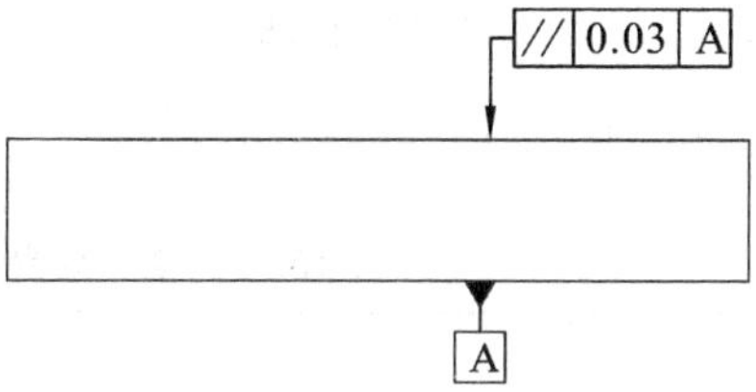

15.2.2.3 几何公差标注中的部分附加符号

部分附加符号见表 15.10。

表 15.10 附加符号

符号	含义	符号	含义
(+)	被测要素只许中间向材料外凸起	Ⓔ	包容要求
(−)	被测要素只许中间向材料内凹下	Ⓜ	最大实体要求
(▷)	被测要素只许按符号的方向从左至右减小	Ⓛ	最小实体要求
		Ⓡ	可逆要求
(◁)	被测要素只许按符号的方向从右至左减小	Ⓟ	延伸公差带
		Ⓕ	自由状态条件(非刚性)

15.2.3 几何公差的标注方法

15.2.3.1 几何公差框格填写内容

在图 15.15 中，通常用公差框格标注几何公差，几何公差框格用细实线绘制，由两格或多格组成，公差框格应水平放置。框格中的主要内容从左到右按以下次序填写：公差特征项目符号；公差值及有关附加符号；基准符号及有关附加符号。

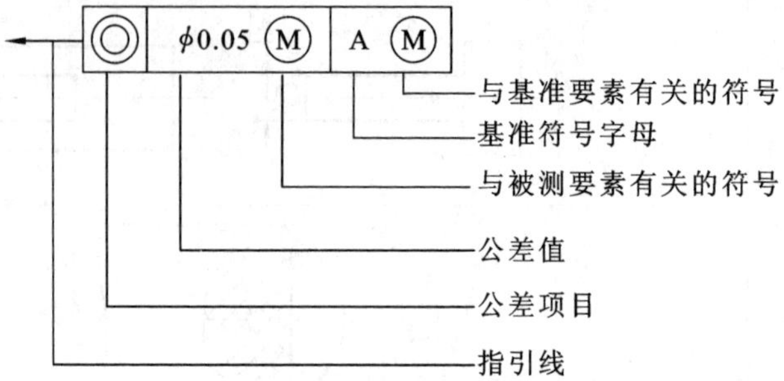

图 15.15　公差框格中的内容填写示例

15.2.3.2　被测要素的标注方法

被测要素的标注见表 15.11。

表 15.11　被测要素的标注

被测要素类别	图例
被测要素为组成要素	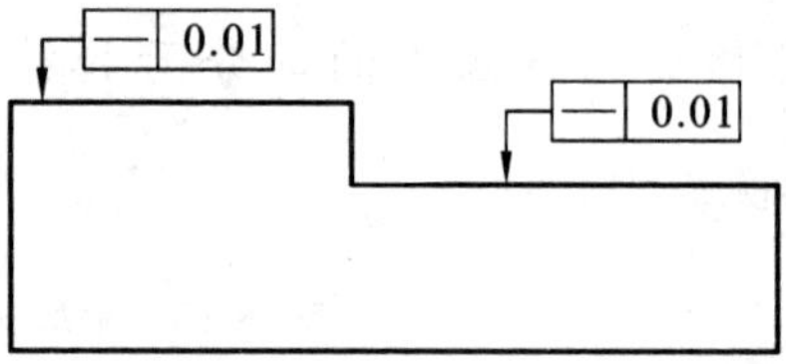
被测要素为导出要素	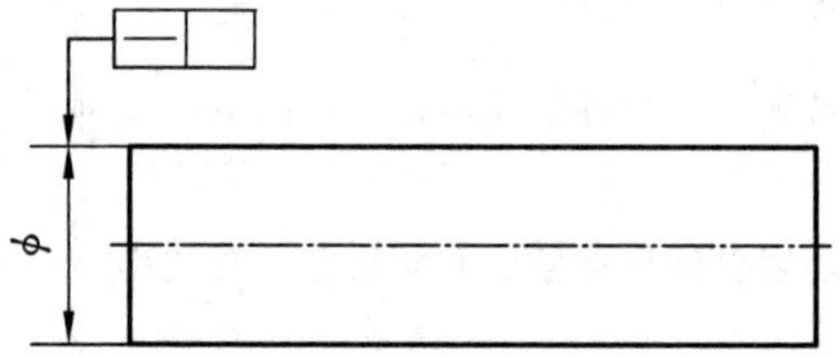
被测要素为圆锥体轴线	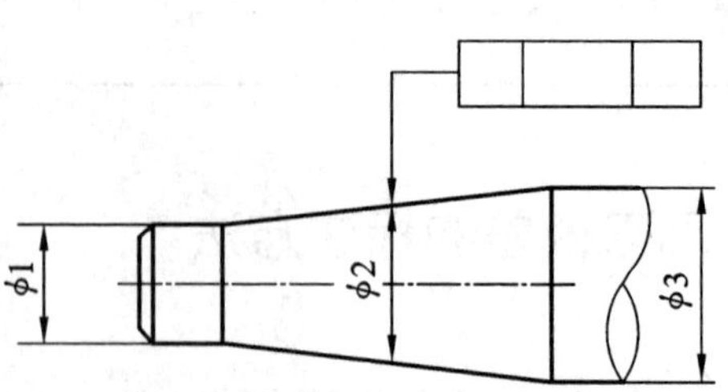

续表15.11

被测要素类别	图例
多个被测要素有相同的几何公差要求	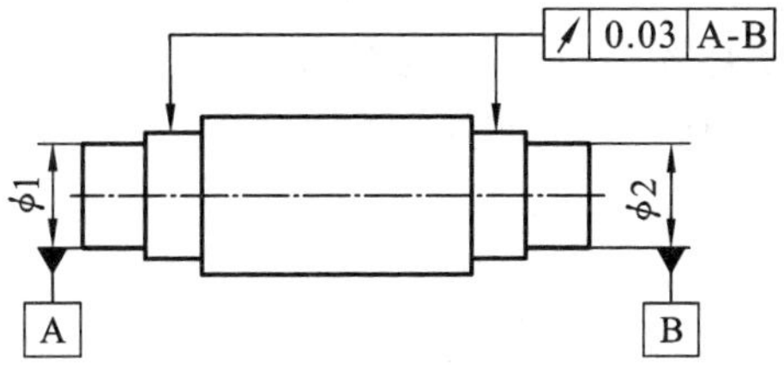 多要素同要求的简化标注
	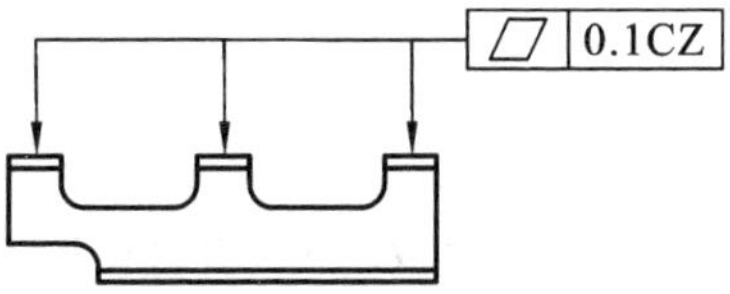 多处要素用同一公差带时的标注
多个被测要素有相同的几何公差要求	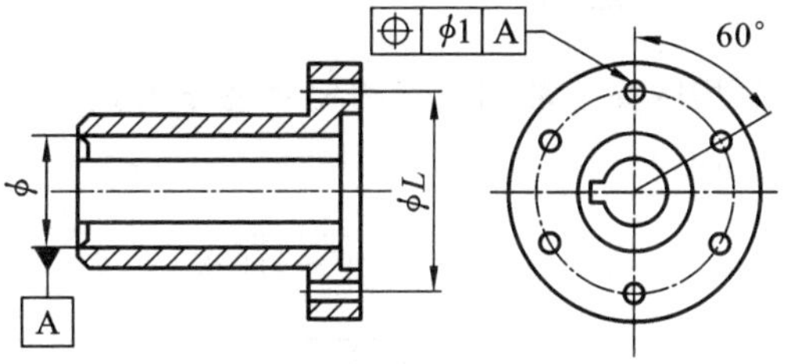
同一个被测要素有多项几何公差要求	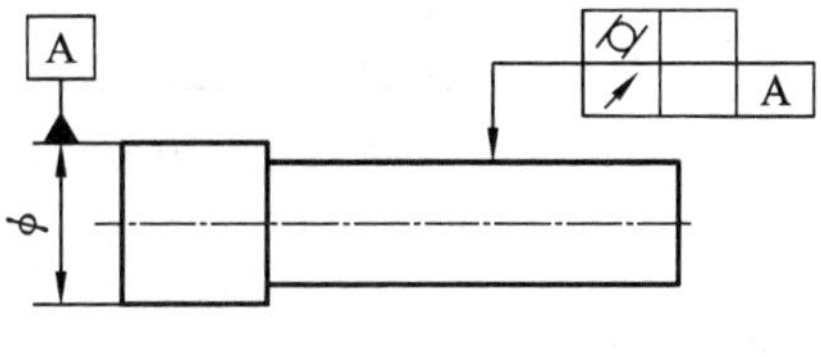

15.2.4 公差原则与相关要求

15.2.4.1 公差原则

公差原则是指处理尺寸公差与几何公差之间关系应遵循的原则。

尺寸公差用于控制零件的尺寸误差，保证零件的尺寸精度要求；几何公差用于控制零件的几何误差，保证零件的几何精度要求。尺寸精度和几何精度是影响零件质量的两个关键要素。一般在一个零件的图样上都同时存在着这两种精度要求。

根据零件的使用要求，尺寸公差和几何公差可能相互独立，也可能相互影响、相互补偿。

为了保证设计要求，正确地判断零件是否合格，需要明确尺寸公差和几何公差的内在联系，公差原则是处理几何公差与尺寸公差的关系的基本原则。

公差原则有独立原则和相关原则，相关原则又可分成包容要求、最大实体要求（及其可逆要求）和最小实体要求（及其可逆要求）。

尺寸公差与几何公差之间的关系如图 15.16 所示。

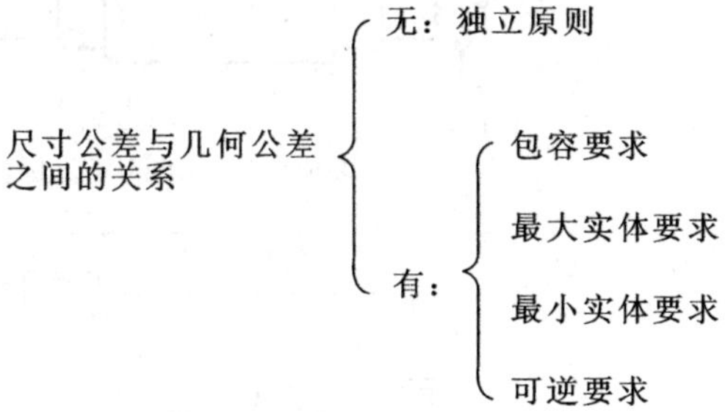

图 15.16　尺寸公差与几何公差之间的关系

15.2.4.2　独立原则

独立原则是指图样上被测要素的尺寸公差与几何公差满足各自公差要求。独立原则标注如图 15.17 所示。

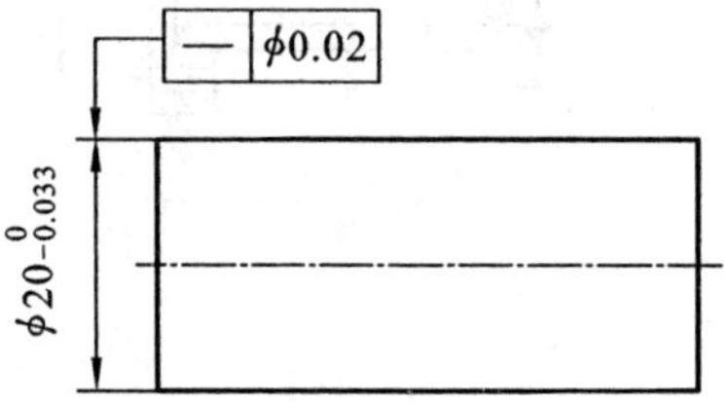

图 15.17　独立原则标注

15.2.4.3　包容要求

当实际尺寸偏离最大实体尺寸时，其偏离量可补偿给几何公差，即尺寸误差补偿几何误差。包容要求标注如图 15.18 所示。

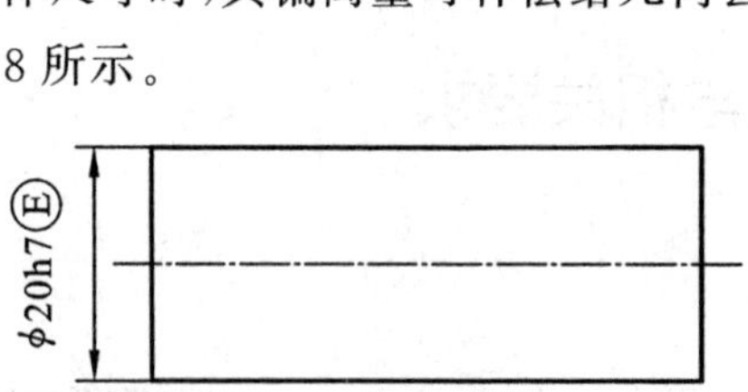

图 15.18　包容要求标注

15.2.4.4　最大实体要求

最大实体要求是指要求被测要素的实际轮廓遵守其最大实体实效边界。当实际尺寸偏离最大实体尺寸时，其偏离量可补偿给几何公差，即尺寸误差补偿几何误差，允许的几何误差为图样上给定的几何公差值与偏离量之和。最大实体要求标注如图 15.19 所示。

15.2.4.5 最小实体要求

最小实体要求是要求被测要素的实际轮廓应遵守其最小实体实效边界。当实际尺寸偏离最小实体尺寸时，其偏离量可补偿给几何公差，允许其导出要素的几何误差值超出给出的公差值，即尺寸误差补偿几何误差。最小实体要求标注如图 15.20 所示。

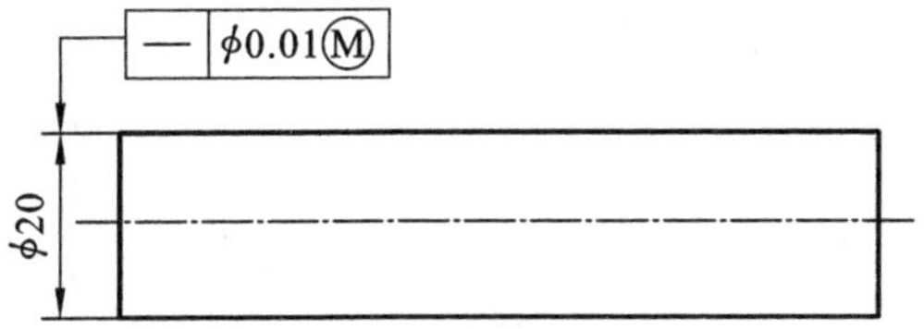

图 15.19 最大实体要求标注

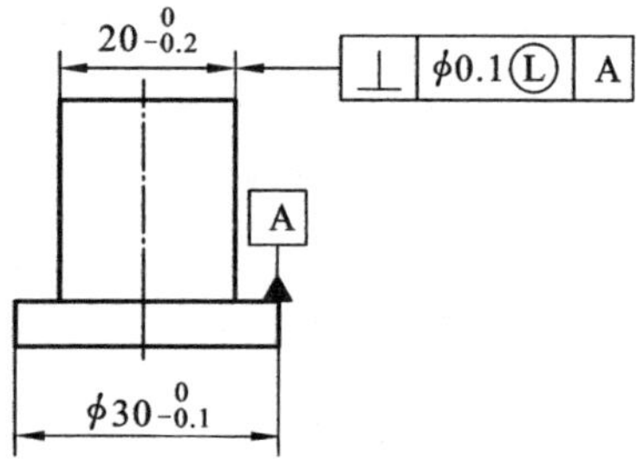

图 15.20 最小实体要求标注

15.2.4.6 可逆要求用于最大实体要求

可逆要求应用于最大实体要求时，当导出要素几何误差小于给出的几何公差，允许在满足零件功能要求的前提下，扩大尺寸公差。

可逆要求用于最大实体要求标注如图 15.21 所示。

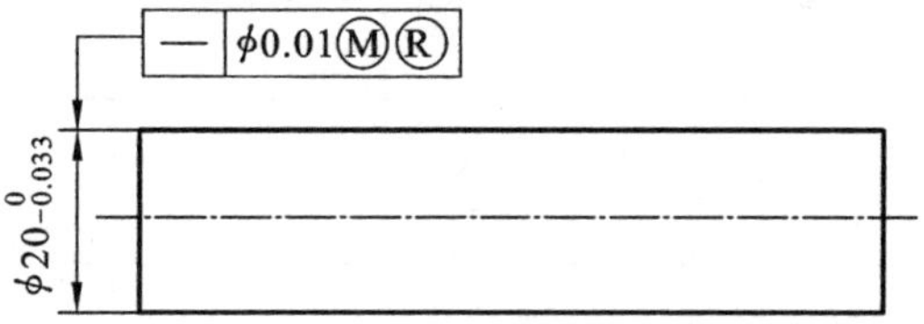

图 15.21 可逆要求用于最大实体要求标注

15.2.4.7 未注几何公差的公差等级

未注几何公差的公差等级分为 H(高精度)、K(一般精度)、L(低精度)三个等级。

15.2.5 常用公差参数

直线度和平面度公差见表 15.12。

表 15.12 直线度和平面度公差(摘自 GB/T 1184—1996)

单位:μm

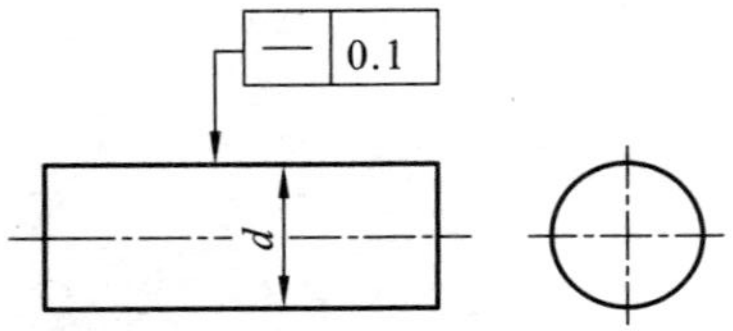

直线度

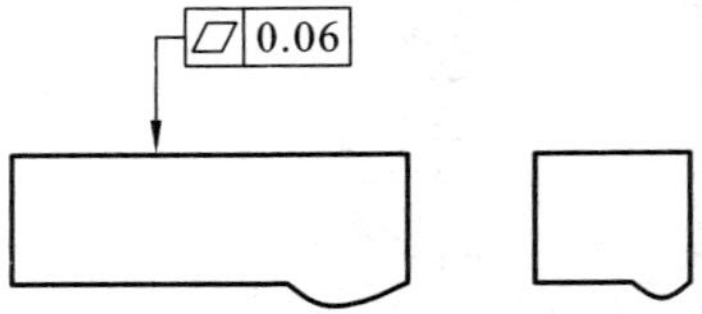

平面度

精度等级	主参数 L/mm													应用举例
	≤10	>10～16	>16～25	>25～40	>40～63	>63～100	>100～160	>160～250	>250～400	>400～630	>630～1000	>1000～1600	>1600～2500	
5	2	2.5	3	4	5	6	8	10	12	15	20	25	30	普通精度机床导轨，柴油机进、排气门导杆
6	3	4	5	6	8	10	12	15	20	25	30	40	50	
7	5	6	8	10	12	15	20	25	30	40	50	60	80	轴承体的支承面，压力机导轨及滑块，减速器箱体、油泵、轴系支承轴承的接合面
8	8	10	12	15	20	25	30	40	50	60	80	100	120	
9	12	15	20	25	30	40	50	60	80	100	120	150	200	辅助机构及手动机械的支承面，液压管件和法兰的连接面
10	20	25	30	40	50	60	80	100	120	150	200	250	300	
11	30	40	50	60	80	100	120	150	200	250	300	400	500	离合器的摩擦片，汽车发动机缸盖接合面
12	60	80	100	120	150	200	250	300	400	500	600	800	1000	

圆度和圆柱度公差见表 15.13。

表 15.13 圆度和圆柱度公差（摘自 GB/T 1184—1996） 单位：μm

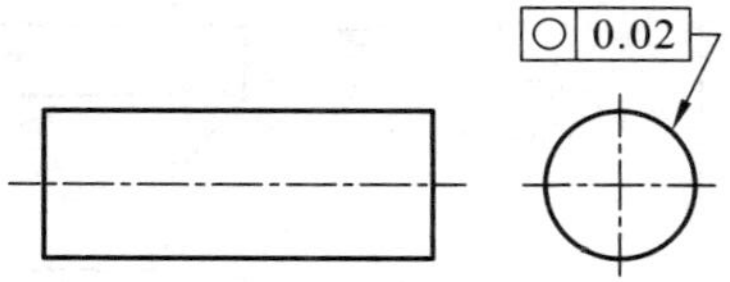

圆度

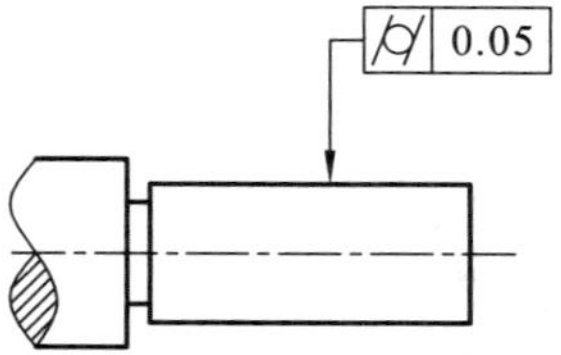

圆柱度

精度等级	主参数 $d(D)$/mm												应用举例
	>3～6	>6～10	>10～18	>18～30	>30～50	>50～80	>80～120	>120～180	>180～250	>250～315	>315～400	>400～500	
5	1.5	1.5	2	2.5	2.5	3	4	5	7	8	9	10	安装 P6、P0 级滚动轴承的配合面，中等压力下的液压装置工作面（包括泵、压缩机的活塞和汽缸），风动绞车曲轴，通用减速器轴颈，一般机床主轴
6	2.5	2.5	3	4	4	5	6	8	10	12	13	15	
7	4	4	5	6	7	8	10	12	14	16	18	20	发动机的胀圈、活塞销及连杆中装衬套的孔等，千斤顶或压力油缸活塞，水泵及减速器轴颈，液压传动系统的分配机构，拖拉机汽缸体与汽缸套配合面，炼胶机冷铸轧辊
8	5	6	8	9	11	13	15	18	20	23	25	27	

续表 15.13

精度等级	主参数 $d(D)$/mm												应用举例
	>3~6	>6~10	>10~18	>18~30	>30~50	>50~80	>80~120	>120~180	>180~250	>250~315	>315~400	>400~500	
9	8	9	11	13	16	19	22	25	29	32	36	40	起重机、卷扬机用的滑动轴承，带软密封的低压泵的活塞和汽缸通用机械杠杆与拉杆、拖拉机的活塞环与套筒孔
10	12	15	18	21	25	30	35	40	46	52	57	63	
11	18	22	27	33	39	46	54	63	72	81	89	97	
12	30	36	43	52	62	74	87	100	115	130	140	155	

平行度、垂直度和倾斜度公差见表 15.14。

表 15.14　平行度、垂直度和倾斜度公差(摘自 GB/T 1184—1996)　　单位：μm

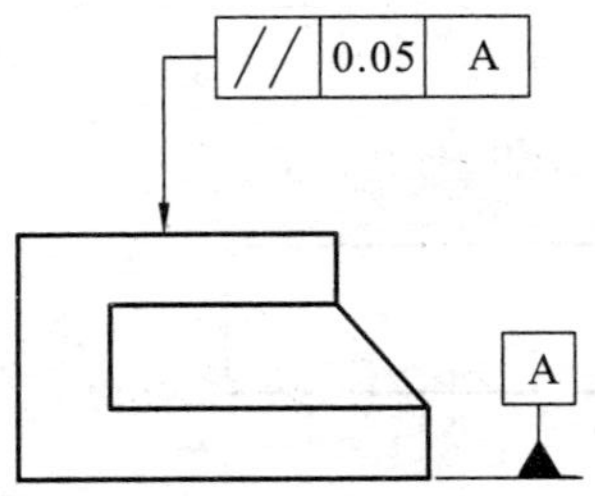	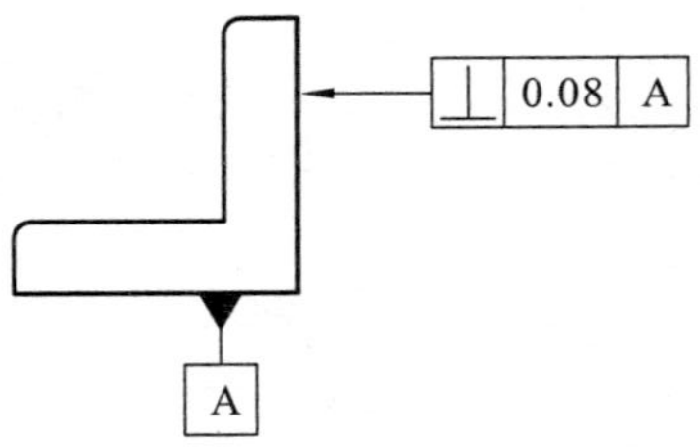	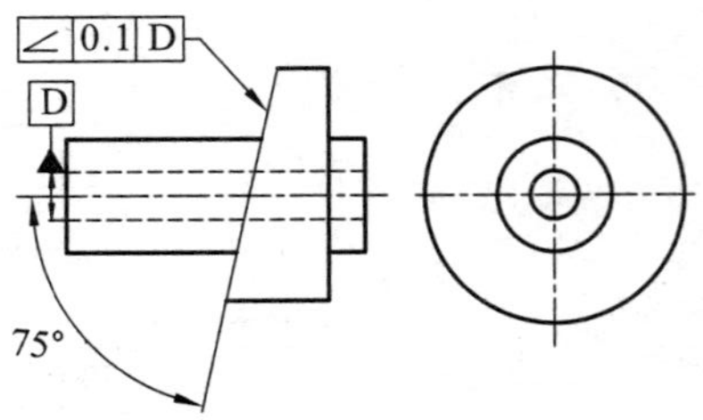
平行度	垂直度	倾斜度

续表 15.14

精度等级	主参数 $L,d(D)$/mm													应用案例
	≤10	>10~16	>16~25	>25~40	>40~63	>63~100	>100~160	>160~250	>250~400	>400~630	>630~1000	>1000~1600	>1600~2500	
5	5	6	8	10	12	15	20	25	30	40	50	60	80	机床重要支承面，发动机轴和离合器的凸缘，汽缸的支承端面，装 P4、P5 级轴承的箱体的凸肩
6	8	10	12	15	20	25	30	40	50	60	80	100	120	低精度机床主要基准面和工作面、回转工作台端面跳动，一般导轨，主轴箱体孔，刀架、砂轮架及工作台回转中心，机床轴肩、汽缸配合面对其轴线，活塞销孔对活塞中心线以及装 P6、P0 级轴承壳体孔的轴线等
7	12	15	20	25	30	40	50	60	80	100	120	150	200	
8	20	25	30	40	50	60	80	100	120	150	200	250	300	
9	30	40	50	60	80	100	120	150	200	250	300	400	500	花键轴轴肩端面、带式输送机法兰盘等端面对轴心线，手动卷扬机及传动装置中轴承端面、减速器壳体平面等
10	50	60	80	100	120	150	200	250	300	400	500	600	800	
11	80	100	120	150	200	250	300	400	500	600	800	1000	1200	农业机械齿轮端面等
12	120	150	200	250	300	400	500	600	800	1000	1200	1500	2000	

同轴度、对称度、圆跳动和全跳动公差见表 15.15。

表 15.15　同轴度、对称度、圆跳动和全跳动公差(摘自 GB/T 1184—1996)　　单位:μm

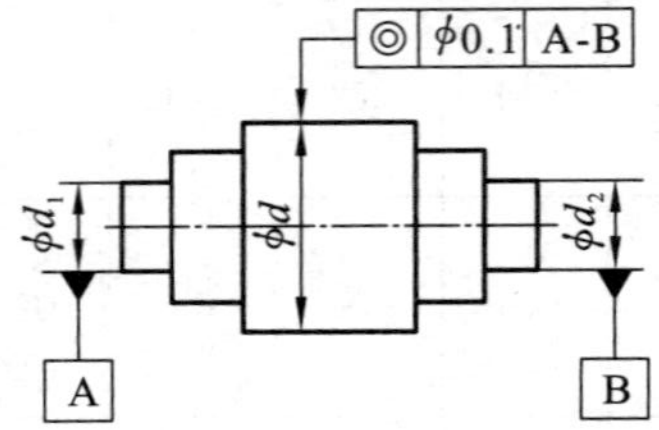	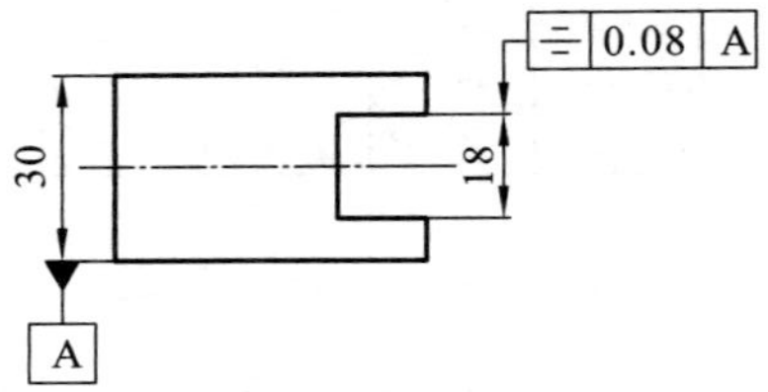	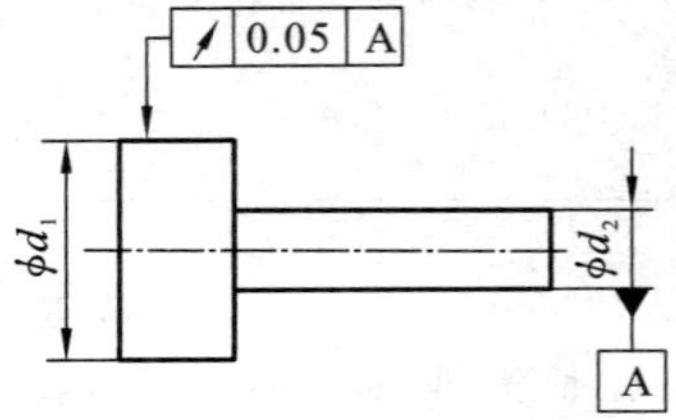
同轴度	对称度	圆跳动和全跳动

精度等级	主参数 $d(D),L,B$/mm											应用举例
	>3～6	>6～10	>10～18	>18～30	>30～50	>50～120	>120～250	>250～500	>500～800	>800～1250	>1250～2000	
5 6	3 5	4 6	5 8	6 10	8 12	10 15	12 20	15 25	20 30	25 40	30 50	6 级和 7 级精度齿轮轴的配合面,较高精度的高速轴,汽车发动机曲轴和分配轴的支承轴颈,较高精度机床的轴套
7 8	8 12	10 15	12 20	15 25	20 30	25 40	30 50	40 60	50 80	60 100	80 120	8 级和 9 级精度齿轮轴的配合面,拖拉机发动机分配轴轴颈,普通精度高速轴(1000 r/min 以下),长度在 1 m 以下的主传动轴,起重运输机的毂轮配合孔和导轮的滚动面
9 10	25 50	30 60	40 80	50 100	60 120	80 150	100 200	120 250	150 300	200 400	250 500	10 级和 11 级精度齿轮轴的配合面,发动机汽缸配合面,水泵叶轮,离心泵泵件,摩托车活塞,自行车中轴
11 12	80 150	100 200	120 250	150 300	200 400	250 500	300 600	400 800	500 1000	600 1200	800 1500	用于无特殊要求,一般按尺寸公差等级 IT12 制造的零件

15.3 表面粗糙度

15.3.1 表面粗糙度的含义及评定参数

15.3.1.1 表面粗糙度含义

(1) 定义

微小峰谷的高低程度和间距状况称为表面粗糙度，它是一种微观几何形状误差，也称微观不平度。波距 $\lambda \leqslant 1$ mm 的表面粗糙度轮廓如图 15.22 所示。

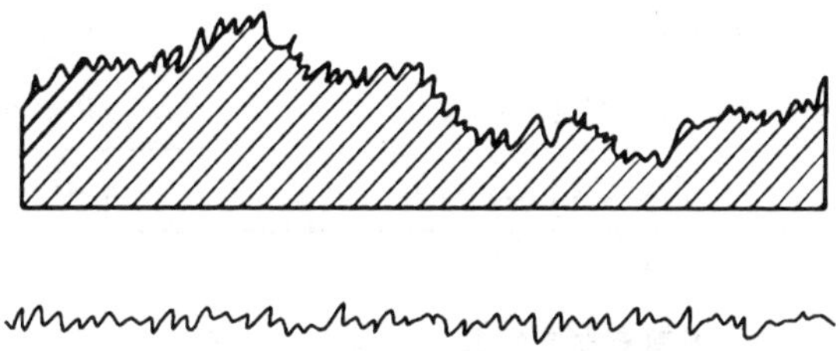

图 15.22 表面粗糙度轮廓

(2) 产生表面粗糙度原因

产生表面粗糙度的原因有：切削后遗留的刀痕；切削过程中切屑分离时的塑性变形；机床等工装系统的振动等。

(3) 表面粗糙度对零件工作性能的影响

表面粗糙度对零件工作性能的影响有：影响零件的耐磨性；影响配合性质的稳定性；影响抗疲劳强度；影响抗腐蚀性。

15.3.1.2 表面粗糙度评定参数

评定表面粗糙度的参数由幅(高)度参数、间距特征参数以及形状特征参数组成，见表 15.16。表面粗糙度的参数数值见表 15.17。

(1) 轮廓的算术平均偏差 Ra

轮廓的算术平均偏差是指在取样长度 lr 内，纵坐标值 $Z(x)$的绝对值的算术平均值。

Ra 参数反映表面轮廓信息较全面，概念直观，用于测量的电子仪器的电路设计比较简单，用触针式电动轮廓仪测量，可以直接读出 Ra 的数值。

(2) 轮廓的最大高度 Rz

Rz 参数测量比较简单，对不允许有较深加工痕迹的表面(如控制应力集中)和小零件表面有实用意义。

(3) 轮廓单元的平均宽度 Rsm

轮廓单元的平均宽度是指在取样长度 lr 内，轮廓单元宽度 Xsi 的平均值。

Rsm 大小反映了轮廓表面峰谷的疏密程度，值越大，峰谷越稀，密封性越差，出现裂缝和生锈腐蚀可能性越大；Rsm 用于对密封性能、涂漆性能、抗裂纹和抗腐蚀等有要求时。

(4) 轮廓的支承长度率 $Rmr(c)$

轮廓的支承长度率是指在给定的水平位置上，轮廓的实体材料长度 $Ml(c)$ 与评定长度 ln 的比率。

轮廓的支承长度率 $Rmr(c)$ 值越大，表示该轮廓的凸起实体部分较多，即起支承载荷作用的长度长，接触刚度高，承载能力及耐磨性强。

表 15.16 表面粗糙度评定参数

幅度参数	轮廓的算术平均偏差(Ra)	值越小，越好
	轮廓的最大高度(Rz)	值越小，越好
间距特征参数	轮廓单元的平均宽度(Rsm)	值越小，越好
形状特征参数	轮廓的支承长度率[$Rmr(c)$]	值越大，越好

表 15.17 表面粗糙度的参数数值——标准值

Ra 的数值/μm						
0.012	0.05	0.2	0.8	3.2	12.5	50
0.025	0.1	0.4	1.6	6.3	25	100

Rz 的数值/μm						
0.025	0.1	0.4	1.6	6.3	25	100
0.05	0.2	0.8	3.2	12.5	50	200

Rsm 的数值/μm											
0.006	0.0125	0.025	0.05	0.1	0.2	0.4	0.8	1.6	3.2	6.3	12.5

$Rmr(c)$ 的数值/μm										
10	15	20	25	30	40	50	60	70	80	90

15.3.2 表面粗糙度评定参数的选用

15.3.2.1 参数选择

(1) Ra：优先推荐选用，Ra = 0.025～6.3 μm。

(2) Rz：在 $Rz=6.3\sim100\ \mu m$、$Rz=0.008\sim0.020\ \mu m$ 时选用；Rz 通常反映轮廓的表面信息有限，不如 Ra。

(3) Rsm：反映间距特性，用于对密封性、涂漆性能、抗裂纹和抗腐蚀等有要求时。常用于导轨、法兰。

(4) $Rmr(c)$：反映形状特性，用于对耐磨性和接触刚度等有要求时，但同时要给出 C 值。常用于轴承、轴瓦。

15.3.2.2 选用方法

表面粗糙度参数值的选择采用类比法确定，见表 15.18。

表 15.18 表面粗糙度参数值的选择

表面粗糙度参数值的选择（类比法）	工作面比非工作面值小（同一个零件）
	摩擦面比非摩擦面值小
	配合稳定的小间隙和重载过盈配合、密封性好等值小
	相同公差等级：轴比孔小，小尺寸比大尺寸小
	与尺寸公差、形状公差相协调
	特殊应按标准规定确定粗糙度值

轴和孔的表面粗糙度参数推荐值可参照表 15.19。

表 15.19 轴和孔的表面粗糙度参数推荐值

表面特征			$Ra/\mu m$ 不大于	
	公差等级	表面	基本尺寸/mm	
			到 50	大于 50 到 500
轻度装卸零件的配合表面（如挂轮、滚刀等）	5	轴	0.2	0.4
		孔	0.4	0.8
	6	轴	0.4	0.8
		孔	0.4～0.8	0.8～1.6
	7	轴	0.4～0.8	0.8～1.6
		孔	0.8	1.6
	8	轴	0.8	1.6
		孔	0.8～1.6	1.6～3.2

续表15.19

<table>
<tr><td colspan="3">表面特征</td><td colspan="6">Ra/μm 不大于</td></tr>
<tr><td rowspan="10">过盈配合的配合表面
①装配按机械压入法
②装配按热处理法</td><td rowspan="2">公差等级</td><td rowspan="2">表面</td><td colspan="6">基本尺寸/mm</td></tr>
<tr><td colspan="2">到 50</td><td colspan="2">大于 50 到 120</td><td colspan="2">大于 120 到 500</td></tr>
<tr><td rowspan="2">5</td><td>轴</td><td colspan="2">0.1～0.2</td><td colspan="2">0.4</td><td colspan="2">0.4</td></tr>
<tr><td>孔</td><td colspan="2">0.2～0.4</td><td colspan="2">0.8</td><td colspan="2">0.8</td></tr>
<tr><td rowspan="2">6～7</td><td>轴</td><td colspan="2">0.4</td><td colspan="2">0.8</td><td colspan="2">1.6</td></tr>
<tr><td>孔</td><td colspan="2">0.8</td><td colspan="2">1.6</td><td colspan="2">1.6</td></tr>
<tr><td rowspan="2">8</td><td>轴</td><td colspan="2">0.8</td><td colspan="2">0.8～1.6</td><td colspan="2">1.6～3.2</td></tr>
<tr><td>孔</td><td colspan="2">1.6</td><td colspan="2">1.6～3.2</td><td colspan="2">1.6～3.2</td></tr>
<tr><td rowspan="2">—</td><td>轴</td><td colspan="6">1.6</td></tr>
<tr><td>孔</td><td colspan="6">1.6～3.2</td></tr>
<tr><td rowspan="5">精密定心用配合的零件表面</td><td colspan="2" rowspan="3">表面</td><td colspan="6">径向跳动公差/μm</td></tr>
<tr><td>2.5</td><td>4</td><td>6</td><td>10</td><td>16</td><td>25</td></tr>
<tr><td colspan="6">Ra(μm)不大于</td></tr>
<tr><td colspan="2">轴</td><td>0.05</td><td>0.1</td><td>0.1</td><td>0.2</td><td>0.4</td><td>0.8</td></tr>
<tr><td colspan="2">孔</td><td>0.1</td><td>0.2</td><td>0.2</td><td>0.4</td><td>0.8</td><td>1.6</td></tr>
<tr><td rowspan="5">滑动轴承的配合表面</td><td colspan="2" rowspan="3">表面</td><td colspan="4">公差等级</td><td colspan="2" rowspan="2">液体湿摩擦条件</td></tr>
<tr><td colspan="2">6～9</td><td colspan="2">10～12</td></tr>
<tr><td colspan="6">Ra/μm 不大于</td></tr>
<tr><td colspan="2">轴</td><td colspan="2">0.4～0.8</td><td colspan="2">0.8～3.2</td><td colspan="2">0.1～0.4</td></tr>
<tr><td colspan="2">孔</td><td colspan="2">0.8～1.6</td><td colspan="2">1.6～3.2</td><td colspan="2">0.2～0.8</td></tr>
</table>

表面粗糙度的表面特征、经济加工方法及应用举例可参照表 15.20。

表 15.20　表面粗糙度的表面特征、经济加工方法及应用举例

<table>
<tr><td colspan="2">表面微观特性</td><td>Ra/μm</td><td>加工方法</td><td>应用举例</td></tr>
<tr><td>粗糙表面</td><td>微见刀痕</td><td>≤20</td><td>粗车、粗刨、粗铣、钻、毛锉、锯断</td><td>半成品粗加工过的表面，非配合的加工表面，如轴端面、倒角、钻孔、齿轮和皮带轮侧面、键槽底面、垫圈接触面</td></tr>
</table>

续表15.20

表面微观特性		$Ra/\mu m$	加工方法	应用举例
半光表面	微见加工痕迹	≤10	车、刨、铣、镗、钻、粗铰	轴上不安装轴承、齿轮处的非配合表面，紧固件的自由装配表面，轴和孔的退刀槽
	微见加工痕迹	≤5	车、刨、铣、镗、磨、拉、粗刮、滚压	半精加工表面，箱体、支架、盖面、套筒等和其他零件结合而无配合要求的表面，需要发蓝的表面等
	看不清加工痕迹	≤2.5	车、刨、铣、镗、磨、拉、刮、压、铣齿	接近于精加工表面，箱体上安装轴承的镗孔表面，齿轮的工作面
光表面	可辨加工痕迹方向	≤1.25	车、镗、磨、拉、刮、精铰、磨齿、滚压	圆柱销、圆锥销，与滚动轴承配合的表面，普通车床导轨面，内、外花键定心表面
	微辨加工痕迹方向	≤0.63	精铰、精镗、磨、刮、滚压	要求配合性质稳定的配合表面，工作时受交变应力的重要零件，较高精度车床的导轨面
	不可辨加工痕迹方向	≤0.32	精磨、珩磨、研磨、超精加工	精密机床主轴锥孔、顶尖圆锥面、发动机曲轴、凸轮轴工作表面，高精度齿轮齿面
极光表面	暗光泽面	≤0.16	精磨、研磨、普通抛光	精密机床主轴轴颈表面，一般量规工作表面，汽缸套内表面，活塞销表面
	亮光泽面	≤0.08	超精磨、精抛光、镜面磨削	精密机床主轴轴颈表面，滚动轴承的滚珠，高压油泵中柱塞和柱塞套配合表面
	镜状光泽面	≤0.04		
	镜面	≤0.01	镜面磨削、超精研	高精度量仪、量块的工作表面，光学仪器中的金属镜面

15.3.3 表面粗糙度标注

15.3.3.1 表面粗糙度的符号

表面粗糙度符号见表15.21。

表 15.21 表面粗糙度符号

符号	意义及说明
	基本图形符号。表示未指定工艺方法的表面，仅适用于简化代号标注，没有补充说明时不能单独使用
	扩展图形符号。表示指定表面是用去除材料的方法获得，如车、铣、钻、磨、电火花加工等
	扩展图形符号。表示用不去除材料的方法获得的表面，也可用于表示保持上道工序形成的表面
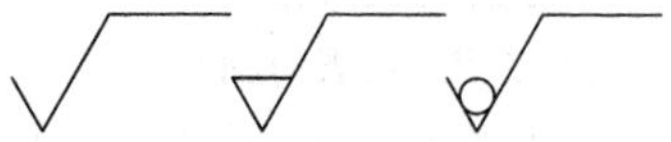	完整图形符号。横线上用于标注有关参数和说明

15.3.3.2 表面粗糙度要求标注的内容

(1) 整体标注

表面粗糙度标注如图 15.23、图 15.24 所示。

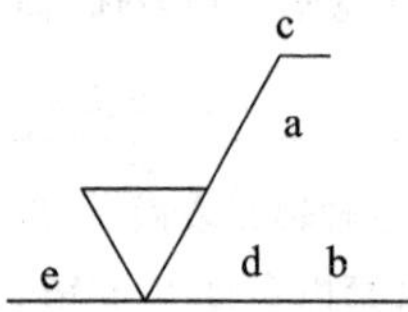

a—第一个表面粗糙度（单一）要求（单位：μm），不能省略；
b—第二个表面粗糙度要求（单位：μm）；
c—加工方法（车，铣，磨，镀等）；
d—表面纹理和纹理方向；
e—加工余量（单位：mm）。

图 15.23 表面粗糙度标注 1

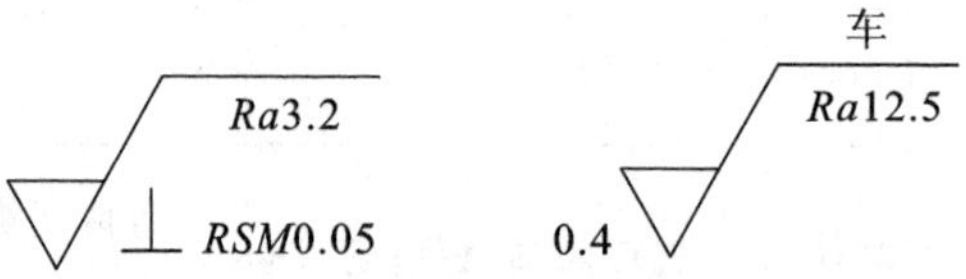

图 15.24 表面粗糙度标注 2

(2) 第一个表面粗糙度(单一)要求(a)

第一个表面粗糙度单一要求由上下极限符号、传输带或取样长度、参数代号、评定长度、极限值判断准则和参数值限值 6 部分组成，如图 15.25 所示。

a. 上限或下限的标注：表示双向极限时应标注上限符号"U"和下限符号"L"。如果同一参数具有双向极限要求，在不引起歧义时，可省略"U"和"L"的标注。若为单向下限值，则必须加注"L"。

b. 传输带或取样长度的标注：传输带是指两个滤波器的截止波长值之间的波长范围。

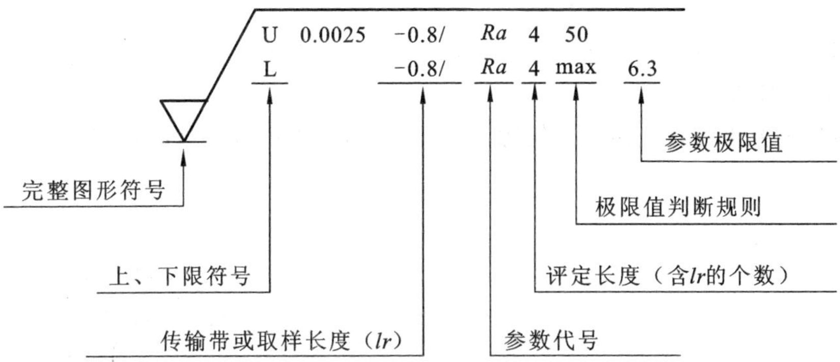

图 15.25 第一个表面粗糙度(单一)要求组成要素

长波滤波器的截止波长值就是取样长度 lr。若传输常数值采用默认的标准化值时可省略不标。

c. 参数代号的标注：与传输带数值用"/"隔开，选取 Ra 或者 Rz。

d. 评定长度的标注：如果采用默认的评定长度时，可省略标注。如果不等于 $5lr$ 时，则应注出取样长度的个数。

e. 极限值判断规则：上限为"16%规则"，下限为"最大规则"。如果是采用的16%规则，也可以省略不标。

f. 极限值标注：在参数极限值之前插入一个空格，填写选取数值。

15.3.3.3 表面粗糙度要求的标注方法

(1) 表面粗糙度的标注位置和方向

总体来说表面粗糙度的标注和读取方向应和尺寸的标注和读取方向一致，符号的尖端必须从材料外指向被加工表面，如图 15.26 所示。

(2) 标注在轮廓线或指引线上

表面粗糙度要求可标注在轮廓线上。必要时，也可以用带箭头或黑点的指引线引出标注，如图 15.27 所示。

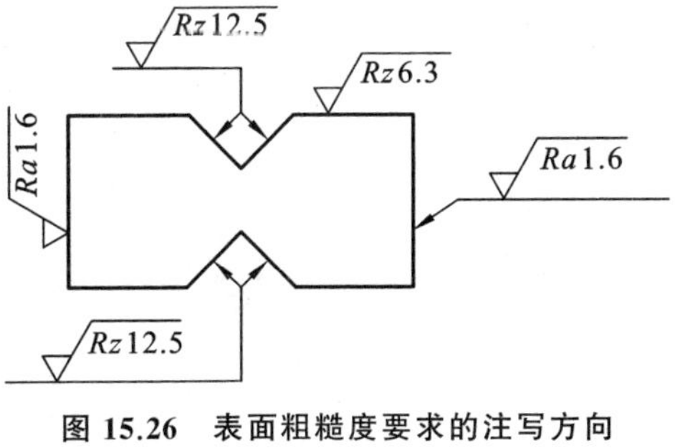

图 15.26 表面粗糙度要求的注写方向

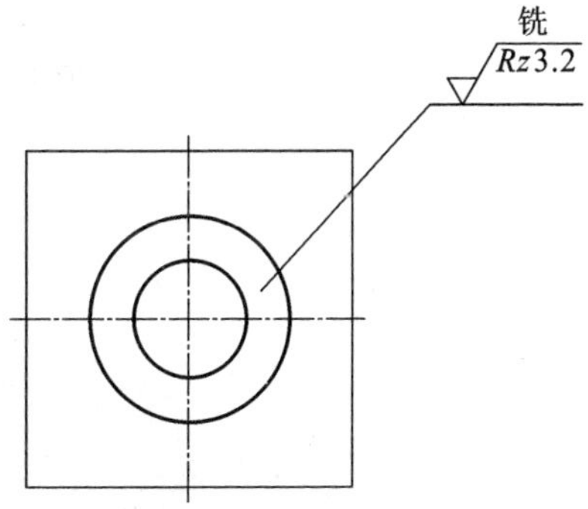

图 15.27 表面粗糙度代号在图样上的标注

（3）标注在几何公差框格的上方

表面粗糙度要求也可标注在几何公差框格的上方，如图 15.28 所示。

（4）标注在轮廓的延长线上

表面粗糙度要求可直接标注在轮廓的延长线上，或者用带箭头的指引线引出标注，如图 15.29 所示。

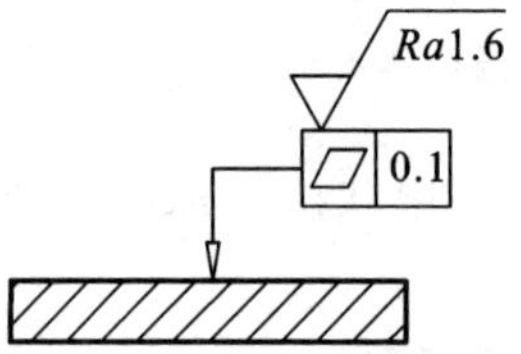

图 15.28　表面粗糙度要求标注在几何公差框格的上方

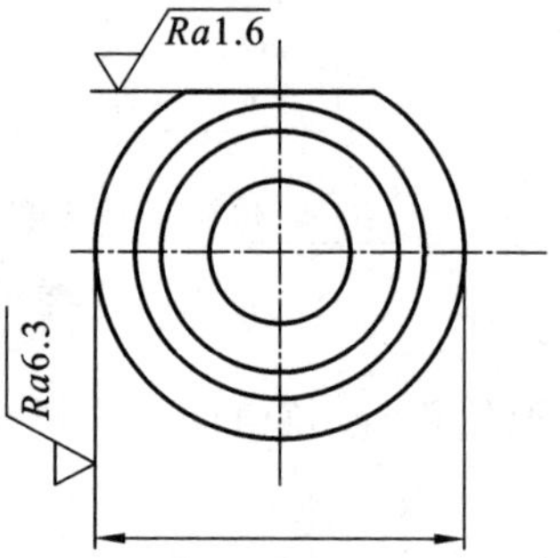

图 15.29　表面粗糙度要求标注在圆柱表面上

（5）表面粗糙度的简化标注

当零件的某些表面（或多数表面）具有相同的技术要求时，对这些表面的技术要求可以用特定符号统一标注在零件图的附近，省略对这些表面分别标注，如图 15.30 所示。

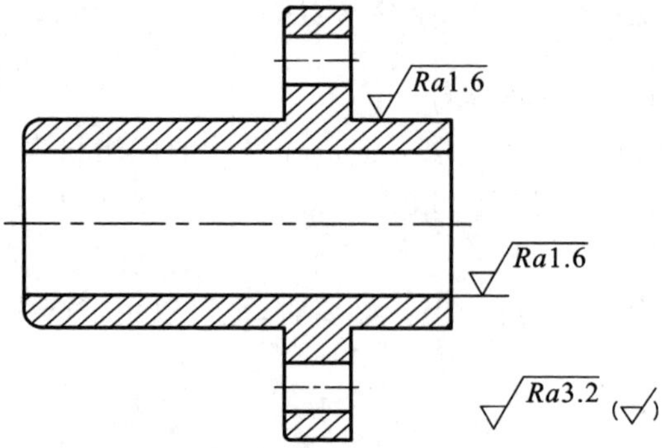

图 15.30　表面粗糙度简化标注

第三部分

16 参考图例

16.1 圆柱齿轮减速器部分附件图

垫(图号 JSQ140-3)如图 16.1 所示。

视孔盖(图号 JSQ140-4)如图 16.2 所示。

闷盖(图号 JSQ140-6)如图 16.3 所示。

调整环(图号 JSQ140-7)如图 16.4 所示。

定距环(图号 JSQ140-8)如图 16.5 所示。

透盖(图号 JSQ140-11)如图 16.6 所示。

轴套(图号 JSQ140-12)如图 16.7 所示。

16.2 圆柱齿轮减速器主要零件图

齿轮 1(图号 JSQ140-9)如图 16.8 所示。

输出轴 1(图号 JSQ140-10)如图 16.9 所示。

齿轮 2(图号 JSQ140-13)如图 16.10 所示。

齿轮轴 1(图号 JSQ140-18)如图 16.11 所示。

齿轮轴 2(图号 JSQ140-21)如图 16.12 所示。

16.3 圆锥圆柱齿轮减速器主要零件图

齿轮 3(图号 JSQ180-9)如图 16.13 所示。

输出轴 2(图号 JSQ180-10)如图 16.14 所示。

齿轮 4(图号 JSQ180-13)如图 16.15 所示。

锥齿轮轴(图号 JSQ180-19)如图 16.16 所示。

锥齿轮(图号 JSQ180-25)如图 16.17 所示。

齿轮轴 3(图号 JSQ180-27)如图 16.18 所示。

齿轮轴 4(图号 JSQ180-29)如图 16.19 所示。

16.4　圆柱齿轮减速器装配图及箱体图

圆柱齿轮减速器(图号 JSQ140)如图 16.20 所示。

下箱体(图号 JSQ140-1)如图 16.21 所示。

上箱体(图号 JSQ140-2)如图 16.22 所示。

16.5　圆锥圆柱齿轮减速器装配图及箱体图

圆锥圆柱齿轮减速器(图号 JSQ180)如图 16.23 所示。

机体(图号 JSQ180-1)如图 16.24 所示。

机盖(图号 JSQ180-2)如图 16.25 所示。

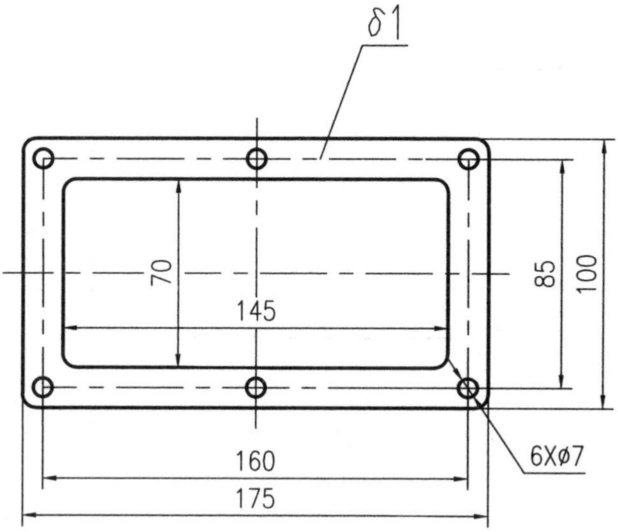

技术要求

1.未注圆角R5。
2.锐角倒钝。

						耐油石棉橡胶板1			单位名称
标记	处数	分区	更改文件号	签名	年月日				垫
设计			标准化			阶段标记	质量	比例	
制图							0.1	1:2	JSQ140-3
审核									
工艺			批准			共 张	第 张		

图 16.1 垫

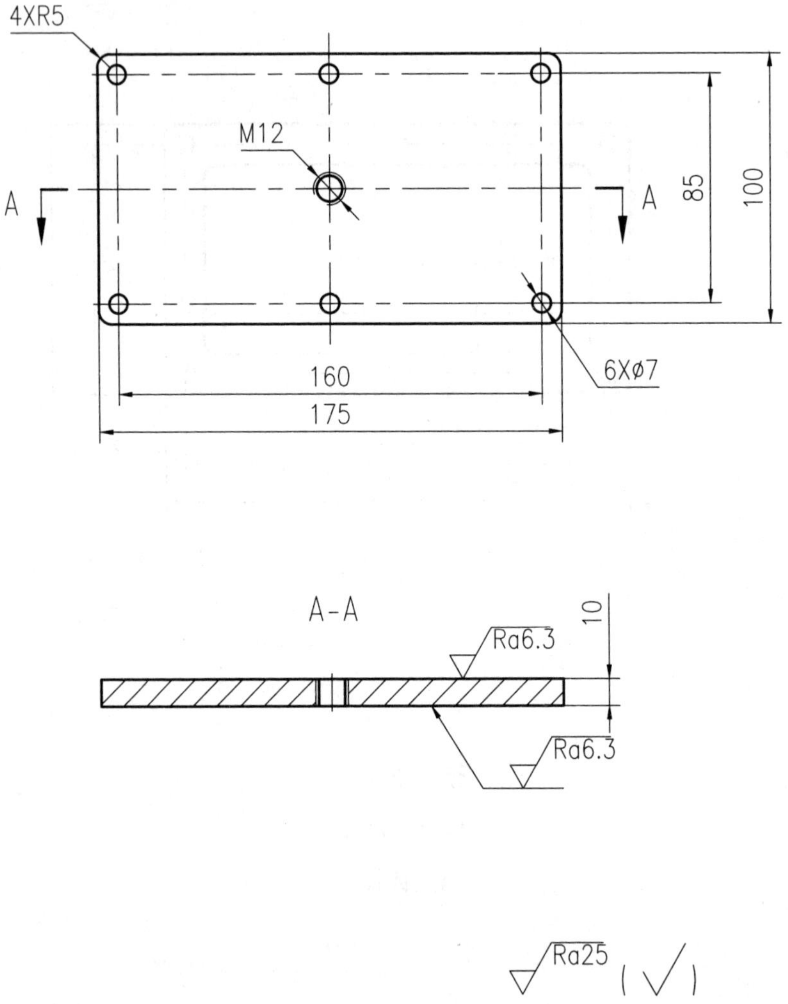

标记	处数	分区	更改文件号	签名	年月日	Q235A	单位名称
设计			标准化				视孔盖
制图						阶段标记 / 质量 0.5 / 比例 1:2	JSQ140-4
审核							
工艺			批准			共 张 第 张	

图 16.2 视孔盖

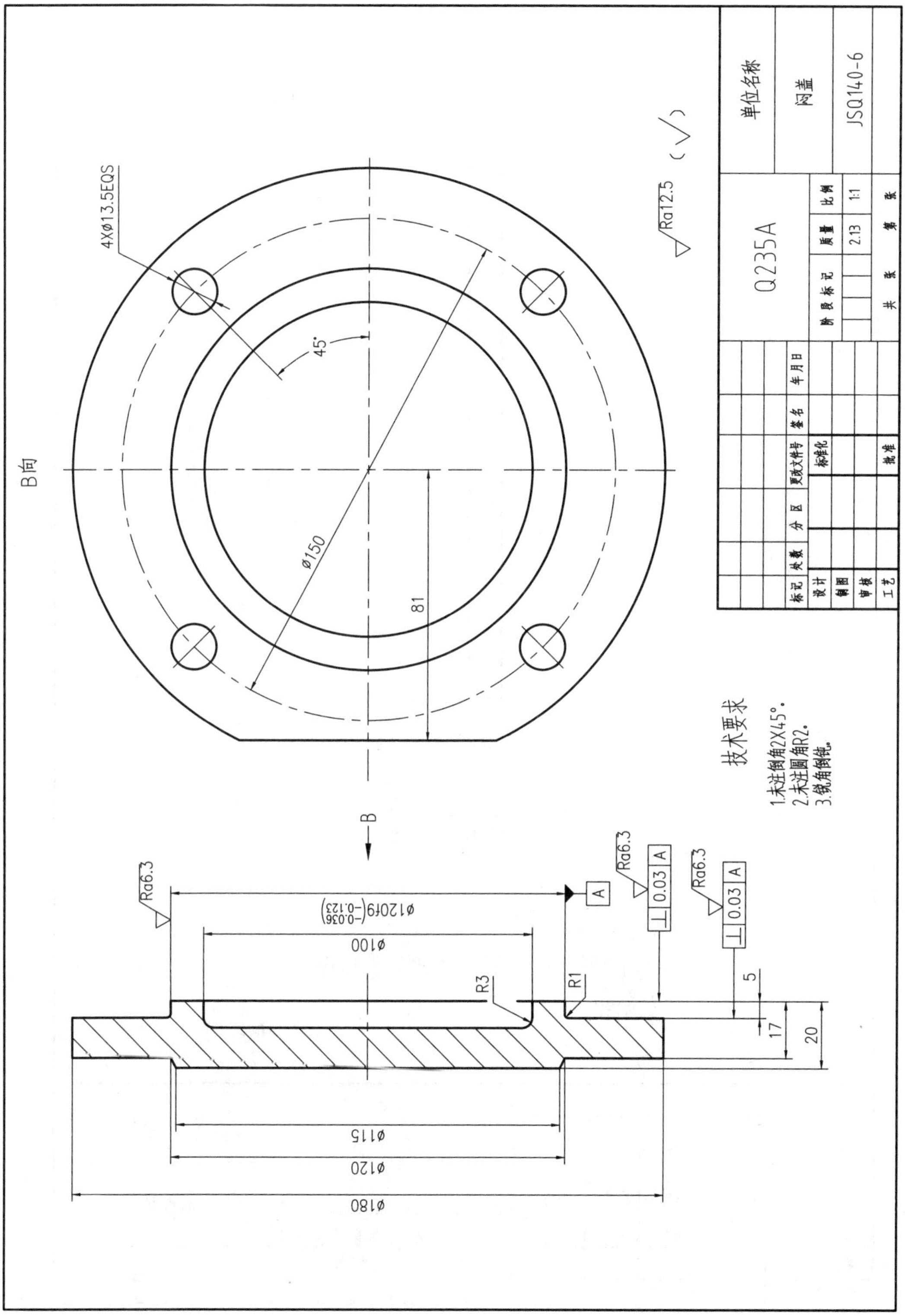
B向
4XØ13.5EQS
45°
Ø150
81
Ra12.5
Ra6.3
Ø120f9(−0.036/−0.123)
Ø100
A
⊥ 0.03 A
R3
R1
5
17
20
Ø115
Ø120
Ø180
B
技术要求
1.未注倒角2X45°。
2.未注圆角R2。
3.锐角倒钝。
单位名称
闷盖
JSQ140-6
Q235A
2.13
1:1

图16.3 闷盖

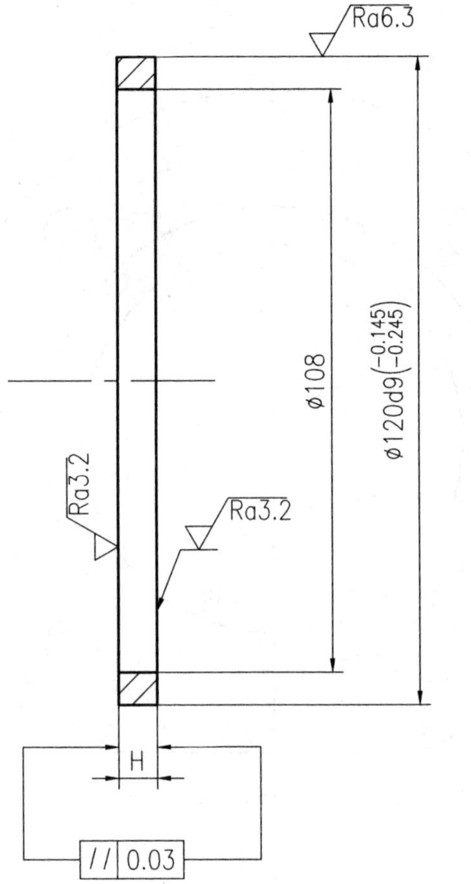

技术要求

1.尺寸H的理论值为7.25，先加工到9，装配时现场修磨。

2.锐角倒钝。

Ra12.5 (√)

标记	处数	分 区	更改文件号	签名	年月日	Q235A		单位名称
设计			标准化			阶段标记	质量	比例	调整环
制图							0.06	1:1	JSQ140-7
审核									
工艺			批准			共 张	第 张		

图 16.4 调整环

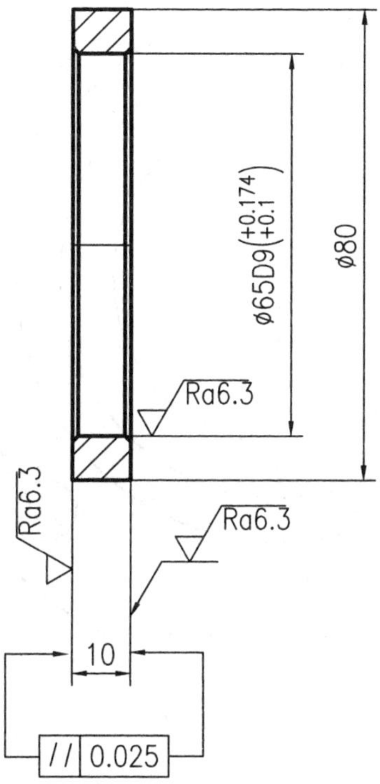

技术要求

1.未注倒角1X45°。
2.锐角倒钝。

Ra12.5 (√)

						Q235A	单位名称
标记	处数	分 区	更改文件号	签名	年月日		定距环
设计			标准化			阶段标记 / 质量 0.13 / 比例 1:1	
制图							JSQ140-8
审核							
工艺			批准			共 张 第 张	

图 16.5 定距环

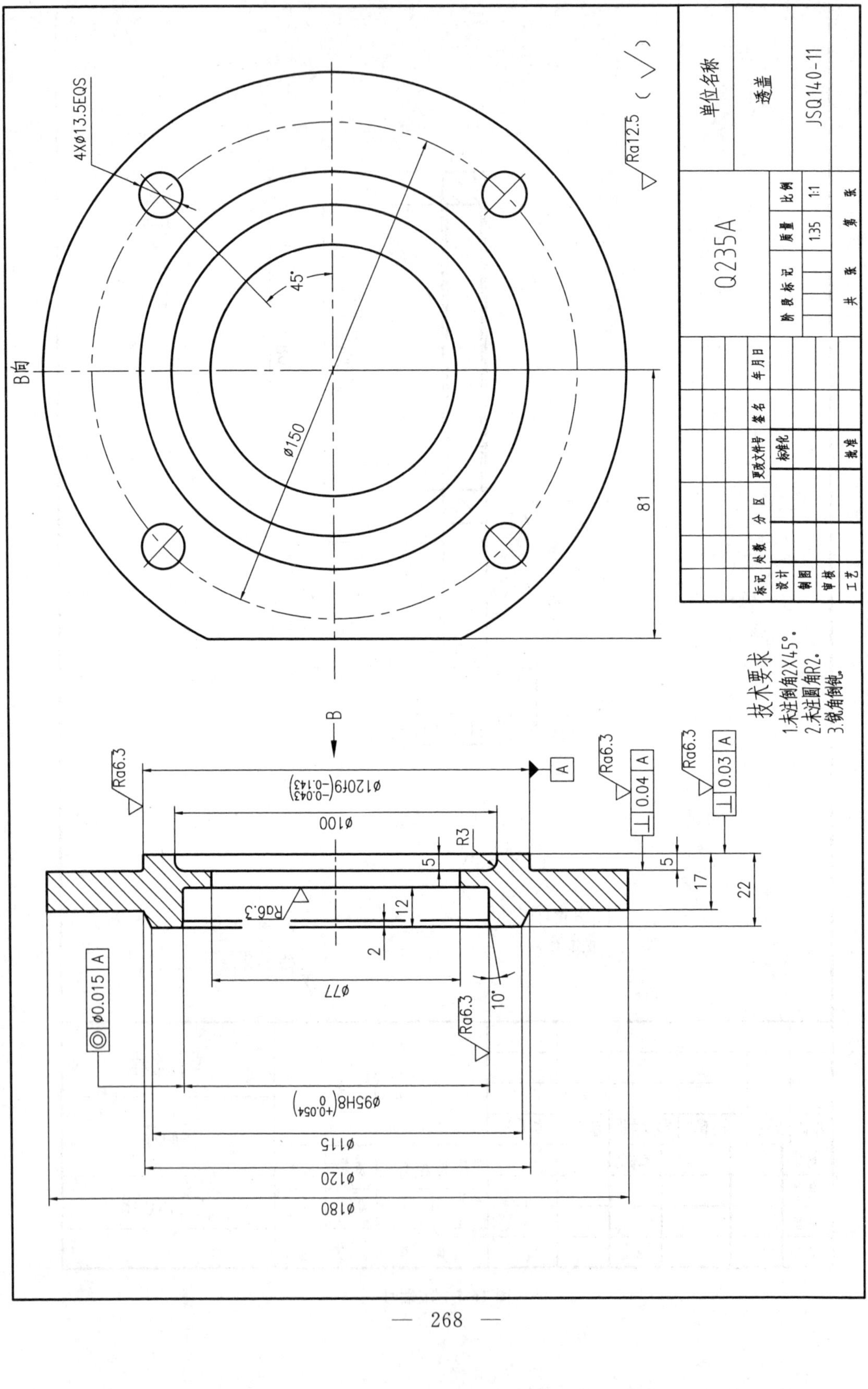
4XØ13.5EQS
45°
Ø150
81
B向
Ra12.5 （√）
单位名称
透盖
JSQ140-11
Q235A
阶段标记
质量
比例
1.35
1:1
共 张
第 张
标记
处数
分区
更改文件号
签名
年月日
设计
标准化
制图
审核
工艺
批准
技术要求
1.未注倒角2X45°。
2.未注圆角R2。
3.锐角倒钝。
B
A
Ra6.3
Ø120f9(−0.043/−0.143)
Ø100
R3
5
17
22
12
2
10°
Ø77
⊥ 0.04 A
⊥ 0.03 A
◎ Ø0.015 A
Ø95H8(+0.054/0)
Ø115
Ø120
Ø180

图16.6 透盖

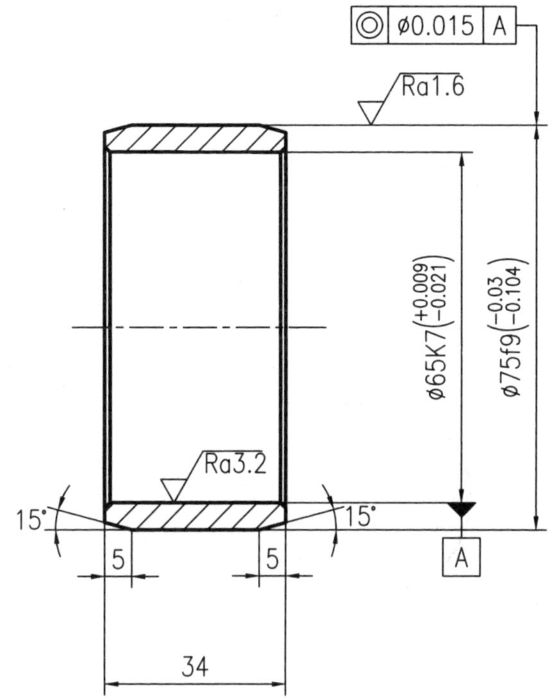

技术要求

1.热处理硬度286~321HBW。
2.未注倒角1X45°。
3.锐角倒钝。

Ra6.3 (√)

						45		单位名称
标记	处数	分区	更改文件号	签名	年月日			轴套
设计			标准化			阶段标记	质量	比例
制图							0.29	1:1
审核								JSQ140-12
工艺			批准			共 张	第 张	

图 16.7 轴套

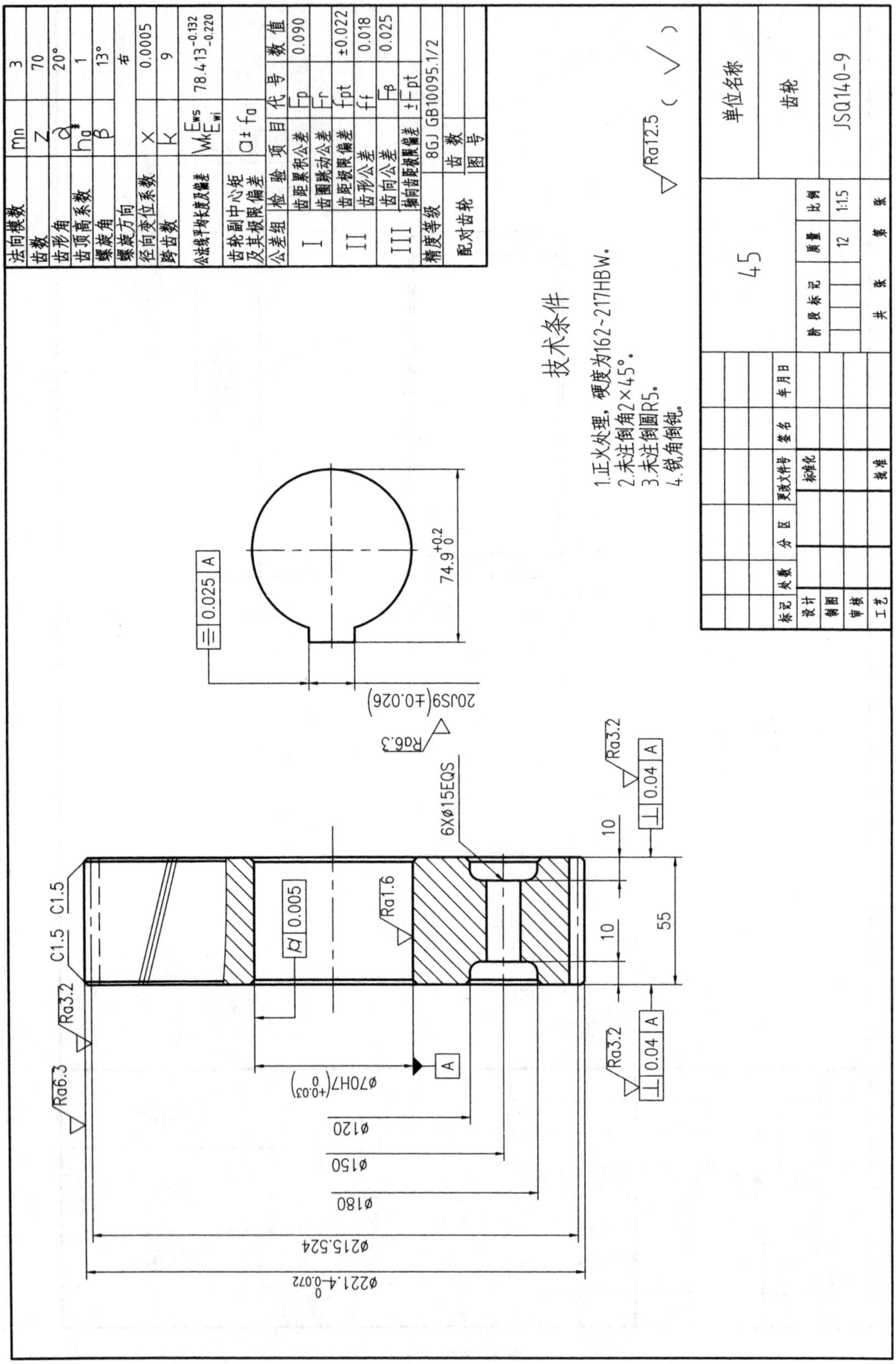
法向模数 mn 3
齿数 Z 70
齿形角 α 20°
齿顶高系数 ha* 1
螺旋角 β 13°
螺旋方向 右
径向变位系数 X 0.0005
跨齿数 K 9
公法线平均长度及偏差 Wk Ews Ewi 78.413-0.132 -0.220
齿轮副中心距及其极限偏差 a± fa
公差组 检验项目 代号 数值
I 齿距累积公差 Fp 0.090
齿圈跳动公差 Fr
II 齿距极限偏差 fpt ±0.022
齿形公差 ff 0.018
III 齿向公差 Fβ 0.025
轴向齿距极限偏差 ±Fpt
精度等级 8GJ GB10095.1/2
配对齿轮 齿数 图号
Ra12.5 (√)
技术条件
1.正火处理，硬度为162~217HBW.
2.未注倒角2×45°.
3.未注倒圆R5.
4.锐角倒钝。
单位名称
齿轮
JSQ140-9
45
阶段标记 质量 比例
12 1:1.5
共 张 第 张
标记 处数 分区 更改文件号 签名 年月日
设计 标准化
制图
审核
工艺 批准
0.025 A
74.9 +0.2 0
20JS9(±0.026)
Ra6.3
Ra3.2
0.04 A
6XØ15EQS
10
10
55
C1.5 C1.5
0.005
Ra1.6
A
Ø70H7(+0.03 0)
Ø120
Ø150
Ø180
Ø215.524
Ø221.4 0 -0.072

图16.8 齿轮1

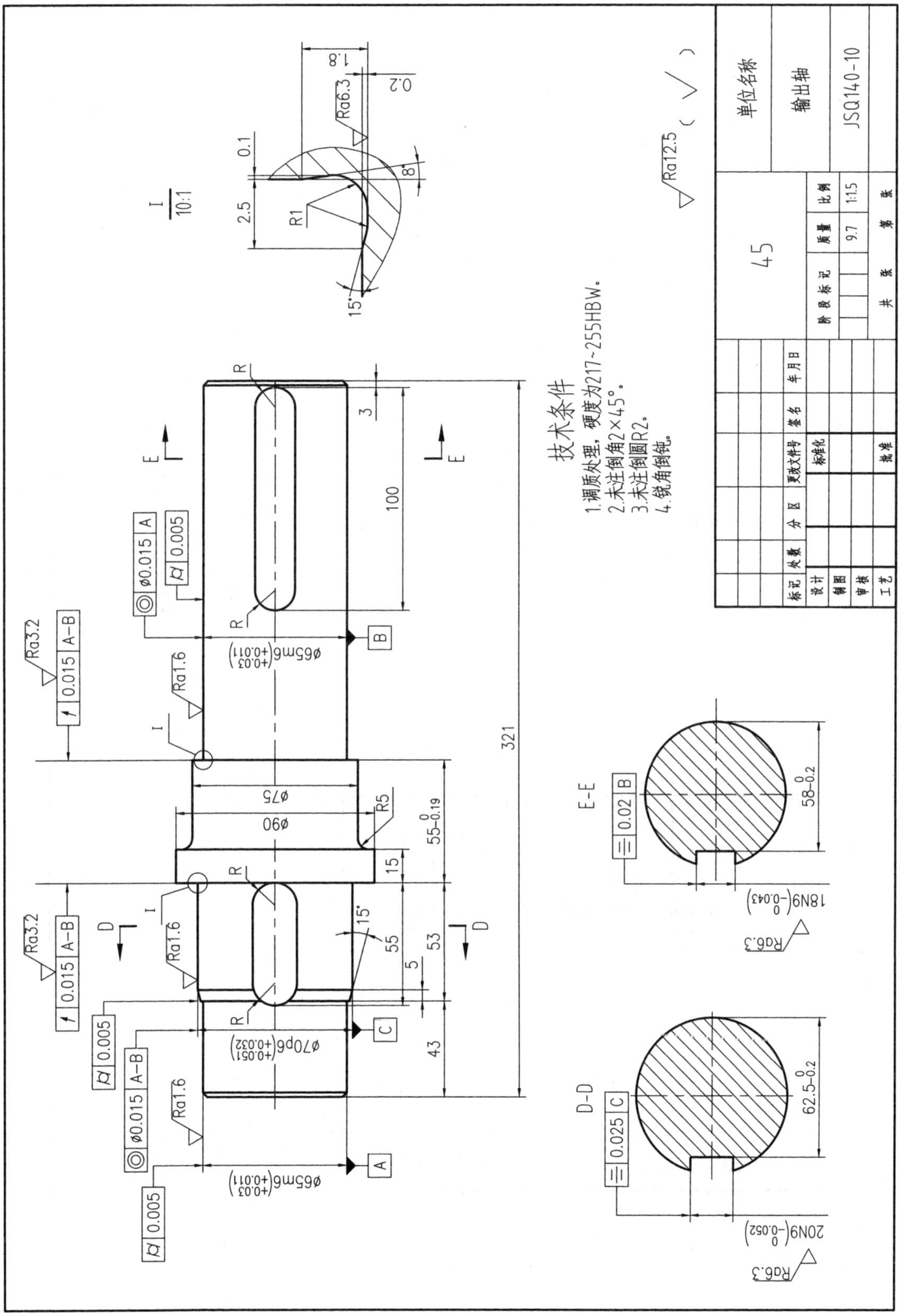

技术条件
1.调质处理，硬度为217~255HBW。
2.未注倒角2×45°。
3.未注倒圆R2。
4.锐角倒钝。
单位名称
输出轴
JSQ140-10
45
质量 9.7
比例 1:1.5

图 16.9 输出轴1

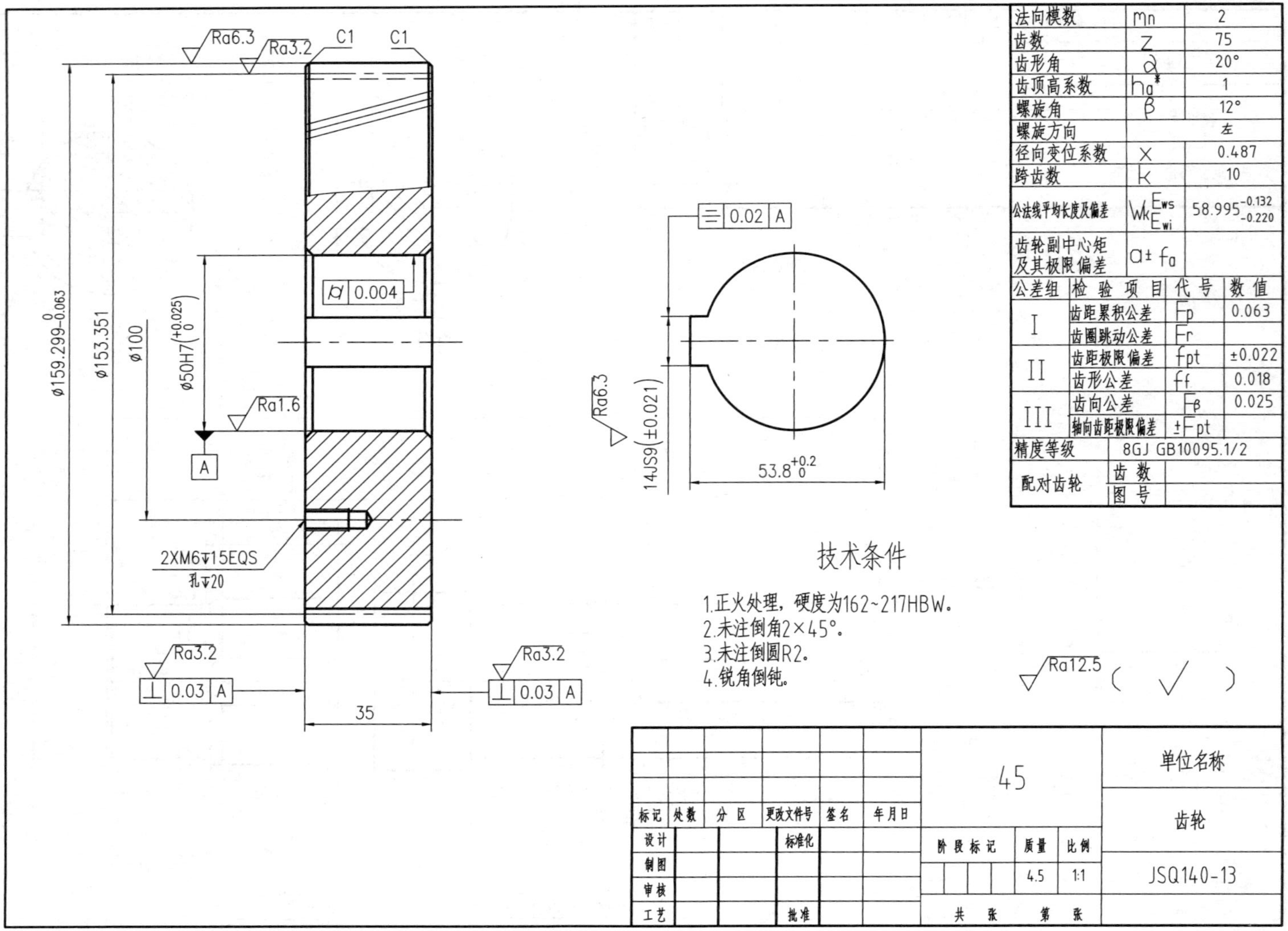
Ra6.3
Ra3.2
C1
C1
ø159.299-0.063 0
ø153.351
ø100
ø50H7(+0.025 0)
0.004
Ra1.6
A
2XM6↧15EQS
孔↧20
Ra3.2
⊥ 0.03 A
35
Ra3.2
⊥ 0.03 A
≡ 0.02 A
Ra6.3
14JS9(±0.021)
53.8+0.2 0
法向模数 mn 2
齿数 z 75
齿形角 α 20°
齿顶高系数 ha* 1
螺旋角 β 12°
螺旋方向 左
径向变位系数 x 0.487
跨齿数 k 10
公法线平均长度及偏差 Wk Ews Ewi 58.995-0.132 -0.220
齿轮副中心矩及其极限偏差 a± fa
公差组 检验项目 代号 数值
I 齿距累积公差 Fp 0.063
齿圈跳动公差 Fr
II 齿距极限偏差 fpt ±0.022
齿形公差 ff 0.018
III 齿向公差 Fβ 0.025
轴向齿距极限偏差 ±Fpt
精度等级 8GJ GB10095.1/2
配对齿轮 齿数
图号
技术条件
1.正火处理，硬度为162~217HBW。
2.未注倒角2×45°。
3.未注倒圆R2。
4.锐角倒钝。
Ra12.5 (√)
45
单位名称
齿轮
JSQ140-13
标记 处数 分区 更改文件号 签名 年月日
设计 标准化
制图
审核
工艺 批准
阶段标记 质量 比例
4.5 1:1
共 张 第 张

图16.10　齿轮2

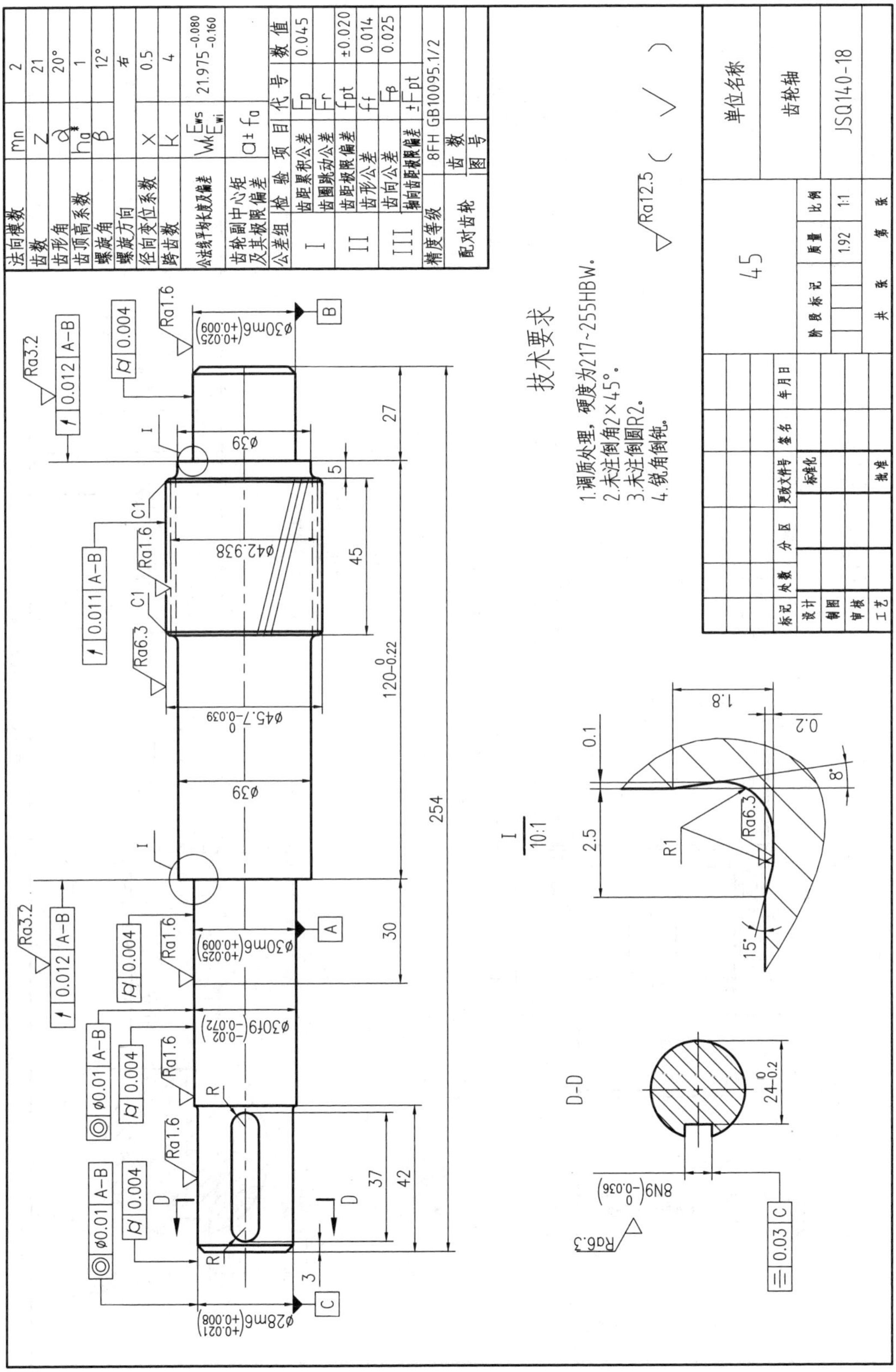
法向模数 mn 2
齿数 Z 21
齿形角 α 20°
齿顶高系数 ha* 1
螺旋角 β 12°
螺旋方向 右
径向变位系数 X 0.5
跨齿数 K 4
公法线平均长度及偏差 Wk Ews Ewi 21.975 -0.080 -0.160
齿轮副中心距及其极限偏差 a± fa
公差组 检验项目 代号 数值
I 齿距累积公差 Fp 0.045
齿圈跳动公差 Fr
II 齿距极限偏差 fpt ±0.020
齿形公差 ff 0.014
III 齿向公差 Fβ 0.025
轴向齿距极限偏差 ±Fpt
精度等级 8FH GB10095.1/2
配对齿轮 齿数 图号
技术要求
1.调质处理，硬度为217~255HBW。
2.未注倒角2×45°。
3.未注倒圆R2。
4.锐角倒钝。
Ra12.5
单位名称
齿轮轴
JSQ140-18
45
标记 处数 分区 更改文件号 签名 年月日
设计 标准化 阶段标记 质量 比例
制图 1.92 1:1
审核
工艺 批准 共 张 第 张
254
120-0.22
27
45
30
37
42
5
3
I
10:1
D-D
Ø30m6(+0.025/+0.009)
Ø42.938
Ø45.7-0.039
Ø39
Ø30f9(-0.02/-0.072)
Ø28m6(+0.021/+0.008)
8N9(-0.036)
24-0.2
0.03 C
A-B
0.012
0.011
0.004
Ø0.01
Ra1.6
Ra3.2
Ra6.3
C1
R1
1.8
0.2
0.1
2.5
8°
15°

图16.11 齿轮轴1

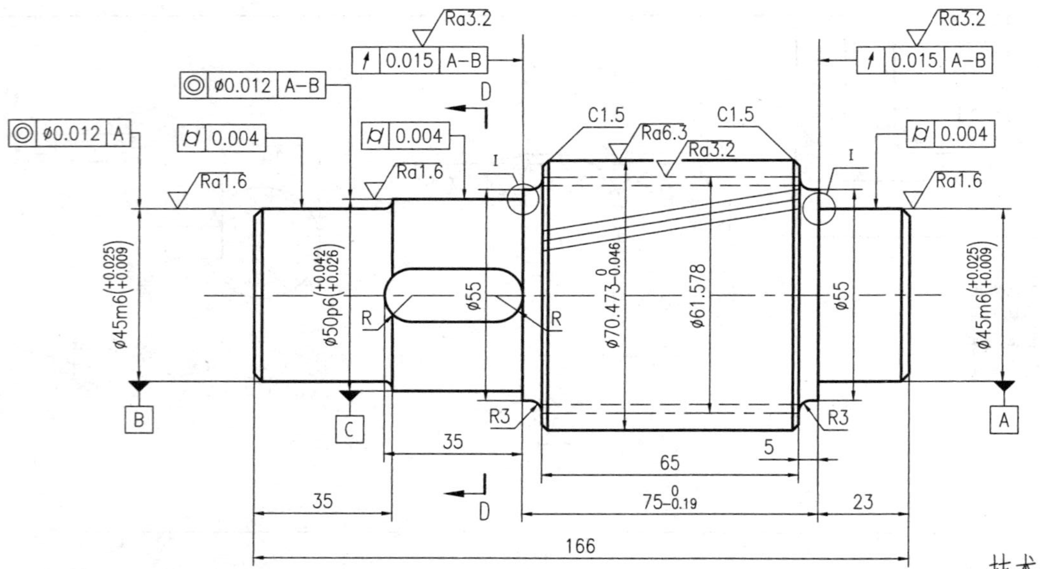

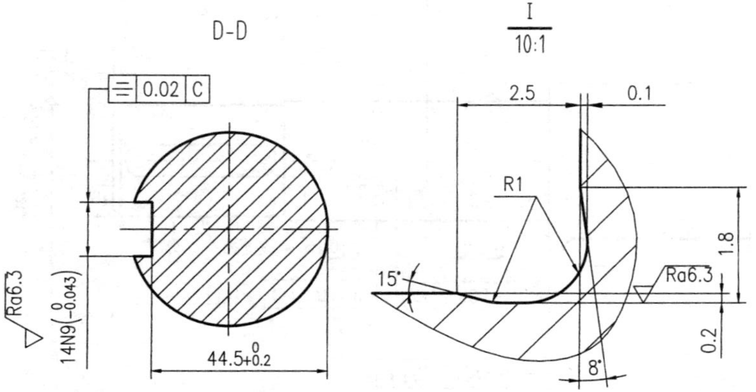

法向模数	m_n	3
齿数	z	20
齿形角	α	20°
齿顶高系数	h_a^*	1
螺旋角	β	13°
螺旋方向		左
径向变位系数	x	0.5
跨齿数	k	4
公法线平均长度及偏差	$W_{k\,E_{wi}}^{\,E_{ws}}$	$32.928_{-0.160}^{-0.080}$
齿轮副中心矩及其极限偏差	$a \pm f_a$	

公差组	检验项目	代号	数值
I	齿距累积公差	F_p	0.045
	齿圈跳动公差	F_r	
II	齿距极限偏差	f_{pt}	±0.020
	齿形公差	f_f	0.014
III	齿向公差	F_β	0.025
	轴向齿距极限偏差	$\pm F_{pt}$	
精度等级	8FH GB10095.1/2		
配对齿轮	齿数		
	图号		

技术条件

1. 调质处理，硬度为217~255HBW。
2. 未注倒角2×45°。
3. 未注倒圆R2。
4. 锐角倒钝。

Ra12.5（ √ ）

						45		单位名称
标记	处数	分区	更改文件号	签名	年月日			齿轮轴
设计			标准化			阶段标记	质量 2.56	比例 1:1
制图								JSQ140-21
审核								
工艺			批准			共 张	第 张	

图16.12 齿轮轴2

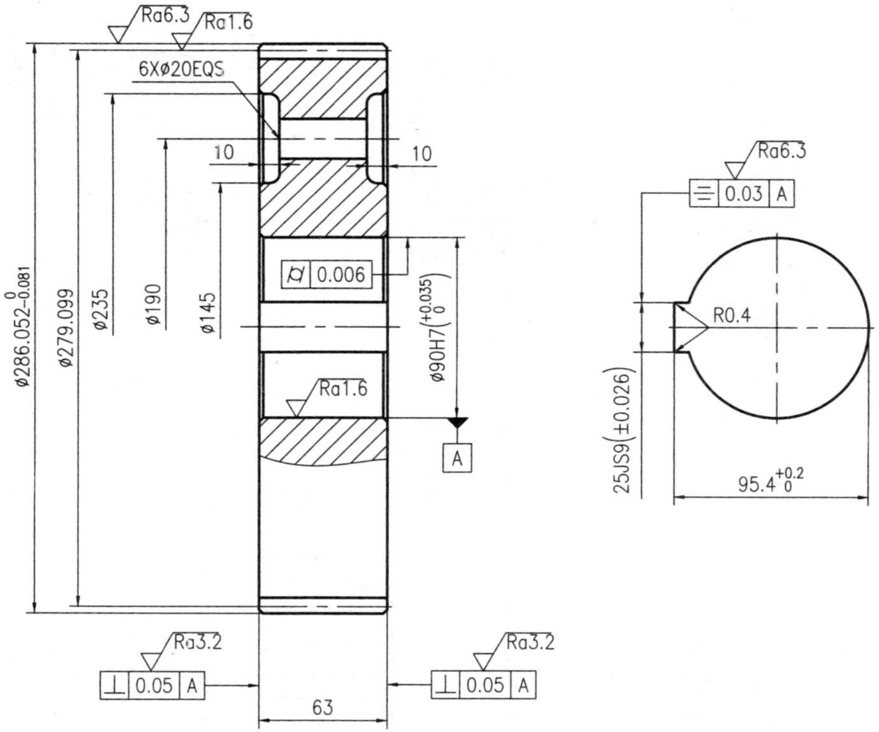

法向模数	M_n	3.5
齿数	Z	78
齿形角	α	20°
齿顶高系数	h_a^*	1
螺旋角	β	12°
螺旋方向		右
径向变位系数	x	0
跨齿数	k	10
公法线平均长度及偏差	$W_k{}^{E_{ws}}_{E_{wi}}$	$102.231^{-0.133}_{-0.198}$
齿轮副中心矩及其极限偏差	$a \pm f_a$	

公差组	检验项目	代号	数值
I	齿距累积公差	F_p	0.063
	齿圈跳动公差	F_r	
II	齿距极限偏差	$\pm f_{pt}$	±0.011
	齿形公差	f_f	0.009
III	齿向公差	F_β	0.012
	轴向齿距极限偏差	$\pm F_{pt}$	
精度等级	6 GB/T 10095.1/2		
配对齿轮	齿数		
	图号		

技术要求

1. 齿部渗碳淬火，有效硬化层深度0.6~0.9mm，齿面硬度54~58HRC，芯部硬度30~45HRC。
2. 齿两侧磨削量均匀，磨齿后不允许有裂纹。
3. 未注倒角 2X45°，未注圆角R1。
4. 齿顶沿齿长方向倒圆R0.5。
5. 沿齿廓两边倒角 1X45°。

Ra12.5 (√)

标记	处数	分区	更改文件号	签名	年月日	20CrMnTi			单位名称
设计			标准化			阶段标记	质量	比例	齿轮
制图							23.2	1:2	JSQ180-9
审核									
工艺			批准			共 张	第 张		

图16.13 齿轮3

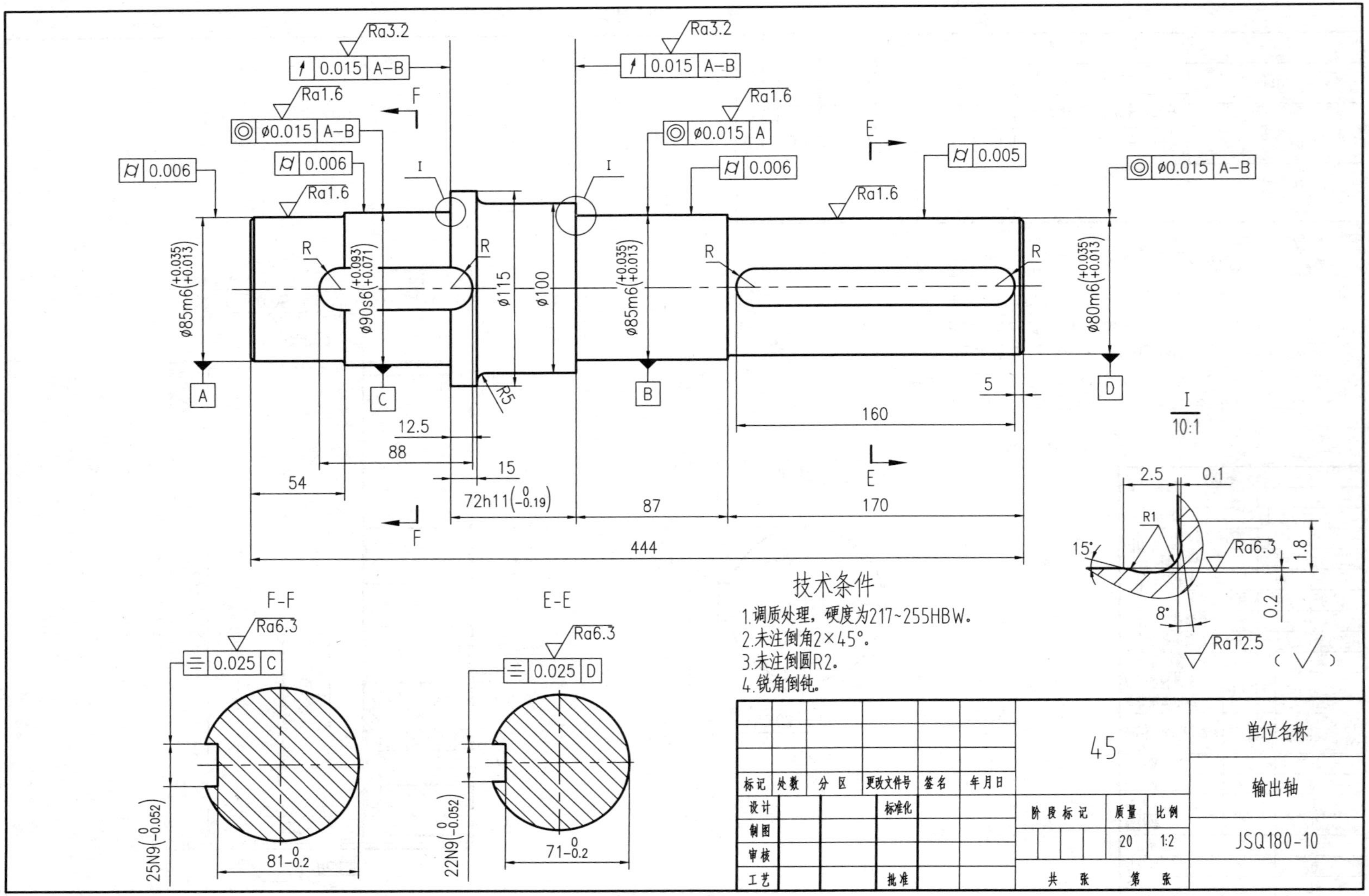
Ra3.2
0.015 A−B
Ra3.2
0.015 A−B
Ra1.6
ø0.015 A−B
Ra1.6
ø0.015 A
0.006
0.006
0.006
0.005
ø0.015 A−B
Ra1.6
Ra1.6
F
E
I
I
R
R
R
R
ø85m6(+0.035 +0.013)
ø90s6(+0.093 +0.071)
ø115
ø100
ø85m6(+0.035 +0.013)
ø80m6(+0.035 +0.013)
A
C
B
D
R5
5
160
12.5
88
15
54
72h11(0 −0.19)
87
170
444
I
10:1
2.5
0.1
R1
15°
Ra6.3
1.8
0.2
8°
Ra12.5
(√)
F-F
Ra6.3
0.025 C
25N9(0 −0.052)
81−0.2
E-E
Ra6.3
0.025 D
22N9(0 −0.052)
71−0.2
技术条件
1.调质处理，硬度为217~255HBW。
2.未注倒角2×45°。
3.未注倒圆R2。
4.锐角倒钝。
标记 处数 分区 更改文件号 签名 年月日
设计 标准化
制图
审核
工艺 批准
45
阶段标记 质量 比例
20 1:2
共 张 第 张
单位名称
输出轴
JSQ180-10

图16.14 输出轴2

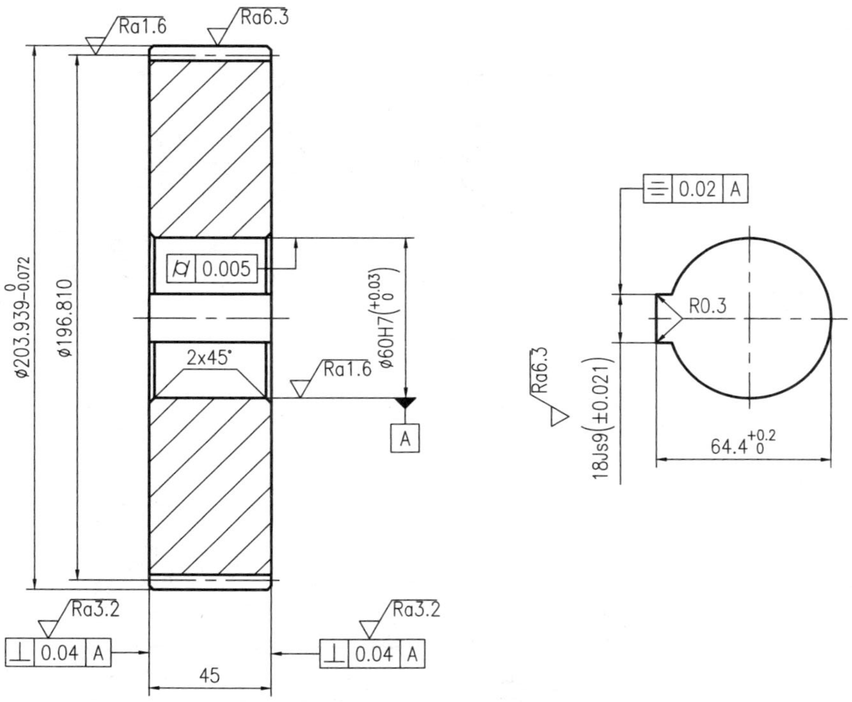

法向模数	M_n	2.5
齿数	Z	77
齿形角	α	20°
齿顶高系数	h_a^x	1
螺旋角	β	12°
螺旋方向		左
径向变位系数	x	0.487
跨齿数	k	10
公法线平均长度及偏差	$W_k{}^{E_{ws}}_{E_{wi}}$	$73.818^{-0.133}_{-0.198}$
齿轮副中心矩及其极限偏差	$a \pm f_a$	

公差组	检验项目	代号	数值
Ⅰ	齿距累积公差	F_p	0.045
	齿圈跳动公差	F_r	
Ⅱ	齿距极限偏差	$\pm f_{pt}$	±0.011
	齿形公差	f_f	0.009
Ⅲ	齿向公差	F_β	0.012
	轴向齿距极限偏差	$\pm F_{pt}$	
精度等级	6 GB/T 10095.1/2		
配对齿轮	齿数		
	图号		

技术要求

1. 齿部渗碳淬火，有效硬化层深度0.4~0.7mm，齿面硬度54~58HRC，芯部硬度30~45HRC。
2. 齿两侧磨削量均匀，磨齿后不允许有裂纹。
3. 未注倒角 1X45°，未注圆角R1。
4. 齿顶沿齿长方向倒圆R0.5。
5. 沿齿廓两边倒角 1X45°。

Ra12.5 (√)

标记	处数	分区	更改文件号	签名	年月日	20CrMnTi		单位名称
设计			标准化			阶段标记	质量 9.77	比例 1:1.5
制图								齿轮
审核								JSQ180-13
工艺			批准			共 张	第 张	

图16.15 齿轮4

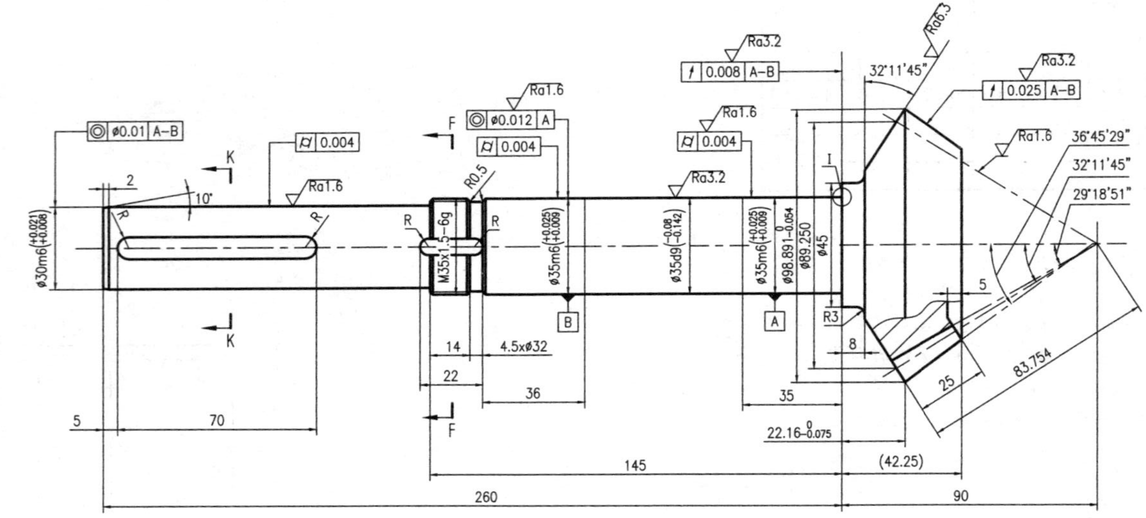

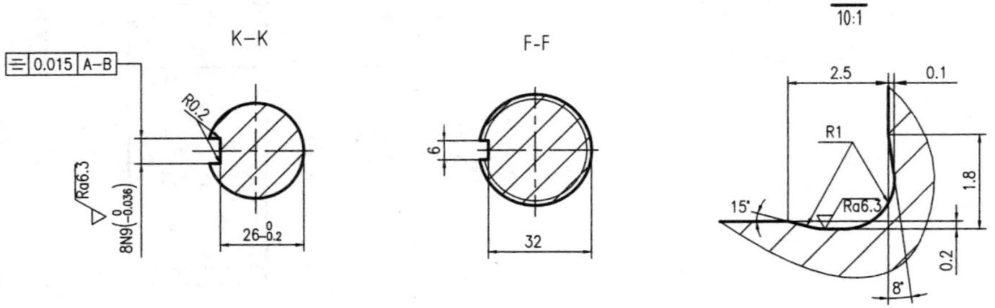

齿形制	格里森	
齿数	Z	17
大端端面模数	M	5.25
齿形角	α_n	20°
齿顶高系数	ha	0.85
顶隙系数	C	0.188
中点螺旋角	β	35°
螺旋方向		左
高变位系数	X	0.235
切向变位系数	X_t	0.012
精度等级		6b GB/T11365
配对齿轮 代号		
配对齿轮 齿数		
齿距累计公差	F_p	0.032
K个齿距累计公差	F_{pk}	
齿距极限偏差	$\pm f_{pt}$	±0.013
齿形相对误差的公差	fc	0.006
接触斑点 齿高方向		55%~75%
接触斑点 齿长方向		50%~70%
齿高	h	9.912
弧齿厚	S	9.478
刀盘名义直径	Do	152.4
齿圈轴向位移极限偏差	$\pm f_{AM}$	±0.022

技术要求

1.齿部渗碳淬火，有效硬化层深度0.6~0.9mm，齿面硬度58~62HRC，芯部硬度30~45HRC.
2.未注倒角 1X45°，未注圆角R1.
3.齿顶沿齿长方向倒圆R0.5.
4.沿齿廓两边倒角 1X45°.
5.双向工作.

Ra12.5 (√)

标记	处数	分区	更改文件号	签名	年月日	20CrMnTi	单位名称
设计			标准化			阶段标记 / 质量 2.9 / 比例 1:1	锥齿轮轴
制图							JSQ180-19
审核						共 张 第 张	
工艺			批准				

图16.16 锥齿轮轴

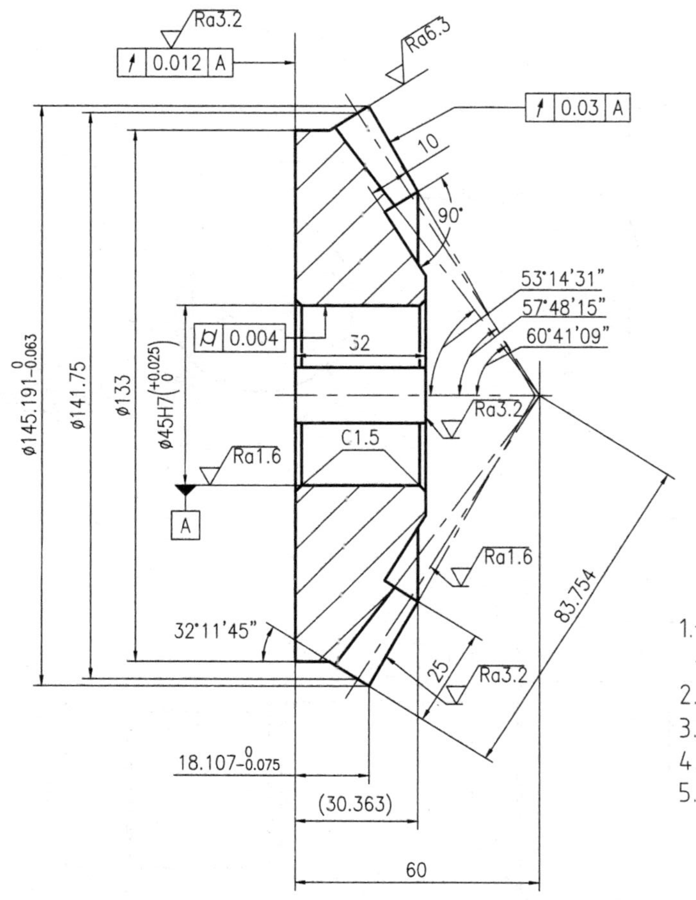

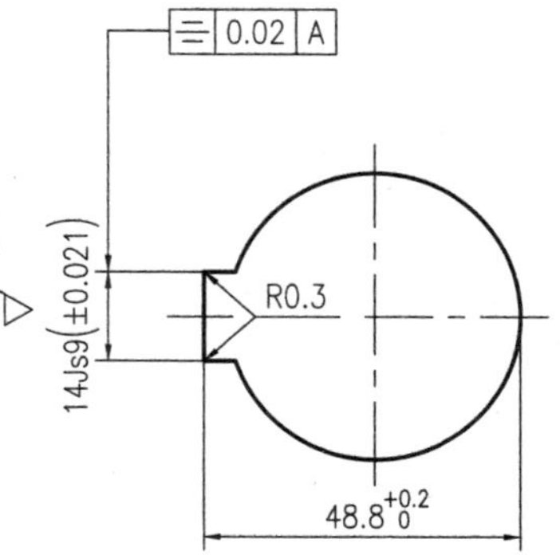

齿形制		格里森
齿数	Z	27
大端端面模数	M	5.25
齿形角	α_n	20°
齿顶高系数	h_a	0.85
顶隙系数	C	0.188
中点螺旋角	β	35°
螺旋方向		右
高变位系数	X	-0.235
切向变位系数	X_t	-0.012
精度等级		6b GB/T11365
配偶齿轮 代号		
配偶齿轮 齿数		
齿距累计公差	F_p	0.045
K个齿距累计公差	F_{pk}	
齿距极限偏差	$\pm f_{pt}$	±0.013
齿形相对误差的公差	f_c	0.006
接触斑点 齿高方向		55%~75%
接触斑点 齿长方向		50%~70%
齿高	h	9.912
弧齿厚	S	7.015
刀盘名义直径	Do	152.4
齿圈轴向位移极限偏差	$\pm f_{AM}$	±0.010

技术要求

1.齿部渗碳淬火，有效硬化层深度0.6~0.9mm，齿面硬度54~58HRC，芯部硬度30~45HRC。
2.未注倒角 1X45°，未注圆角R1。
3.齿顶沿齿长方向倒圆R0.5。
4.沿齿廓两边倒角 1X45°。
5.双向工作。

Ra12.5 (√)

						20CrMnTi			单位名称
标记	处数	分区	更改文件号	签名	年月日				锥齿轮
设计			标准化			阶段标记	质量	比例	JSQ180-25
制图							3.01	1:1	
审核						共 张	第 张		
工艺			批准						

图16.17 锥齿轮

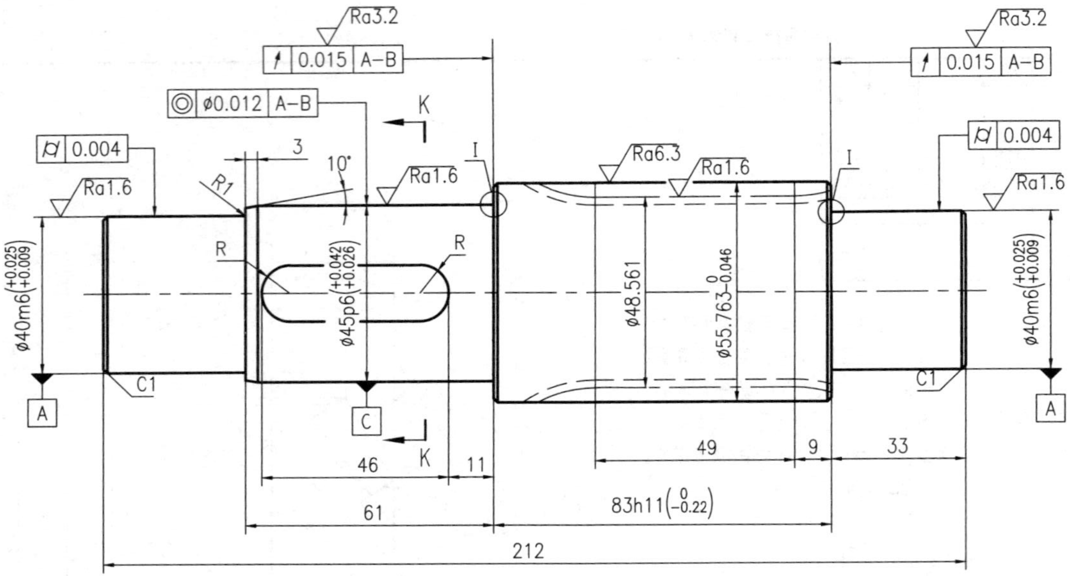

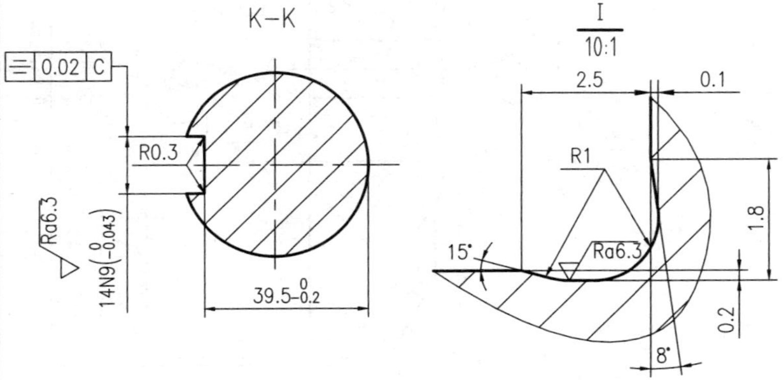

法向模数	M_n	2.5
齿数	Z	19
齿形角	α	20°
齿顶高系数	h_a^*	1
螺旋角	β	12°
螺旋方向		右
径向变位系数	x	0.5
跨齿数	k	3
公法线平均长度及偏差	$W_k{}^{E_{ws}}_{E_{wi}}$	$20.014^{-0.100}_{-0.144}$
齿轮副中心矩及其极限偏差	$a \pm f_a$	

公差组	检验项目	代号	数值
I	齿距累积公差	F_p	0.032
	齿圈跳动公差	F_r	
II	齿距极限偏差	$\pm f_{pt}$	±0.010
	齿形公差	f_f	0.008
III	齿向公差	F_β	0.012
	轴向齿距极限偏差	$\pm F_{pt}$	
精度等级	6 GB/T 10095.1/2		
配对齿轮	齿数		
	图号		

技 术 要 求

1.齿部渗碳淬火，有效硬化层深度0.4~0.7mm，齿面硬度58~62HRC，芯部硬度30~45HRC。
2.齿两侧磨削量均匀，磨齿后不允许有裂纹。
3.未注倒角 1X45°，未注圆角R1。
4.齿顶沿齿长方向倒圆R0.5。
5.沿齿廓两边倒角 1X45°。

Ra12.5 (√)

						20CrMnTi		单位名称
标记	处数	分区	更改文件号	签名	年月日			齿轮轴
设计			标准化			阶段标记	质量	比例
制图							3.01	1:1
审核								JSQ180-27
工艺			批准			共 张	第 张	

图16.18 齿轮轴3

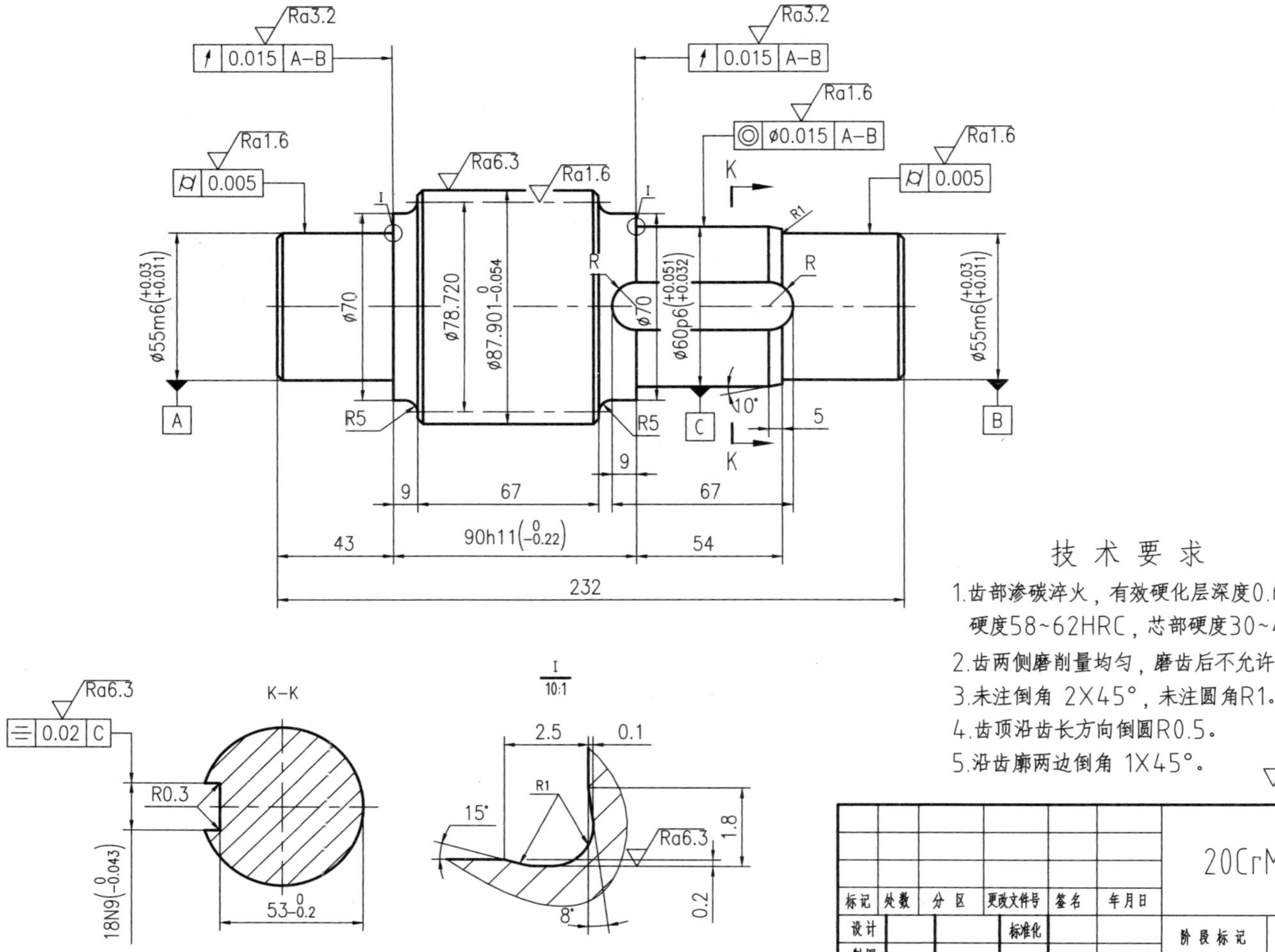

法向模数	M_n	3.5
齿数	Z	22
齿形角	α	20°
齿顶高系数	h_a^*	1
螺旋角	β	12°
螺旋方向		左
径向变位系数	x	0.318
跨齿数	k	4
公法线平均长度及偏差	$W_k{}^{E_{ws}}_{E_{wi}}$	$38.074^{-0.100}_{-0.144}$
齿轮副中心矩及其极限偏差	$a \pm f_a$	

公差组	检验项目	代号	数值
Ⅰ	齿距累积公差	F_p	0.032
	齿圈跳动公差	F_r	
Ⅱ	齿距极限偏差	$\pm f_{pt}$	±0.010
	齿形公差	f_f	0.008
Ⅲ	齿向公差	F_β	0.012
	轴向齿距极限偏差	$\pm F_{pt}$	
精度等级	6 GB/T 10095.1/2		
配对齿轮	齿数		
	图号		

技 术 要 求

1.齿部渗碳淬火，有效硬化层深度0.6~0.9，齿面硬度58~62HRC，芯部硬度30~45HRC。

2.齿两侧磨削量均匀，磨齿后不允许有裂纹。

3.未注倒角 2X45°，未注圆角R1。

4.齿顶沿齿长方向倒圆R0.5。

5.沿齿廓两边倒角 1X45°。

Ra12.5 (√)

标记	处数	分区	更改文件号	签名	年月日	20CrMnTi	单位名称
设计			标准化			阶段标记 | 质量 5.9 | 比例 1:1.5	齿轮轴
制图							JSQ180-29
审核							
工艺			批准			共 张 第 张	

图16.19 齿轮轴4

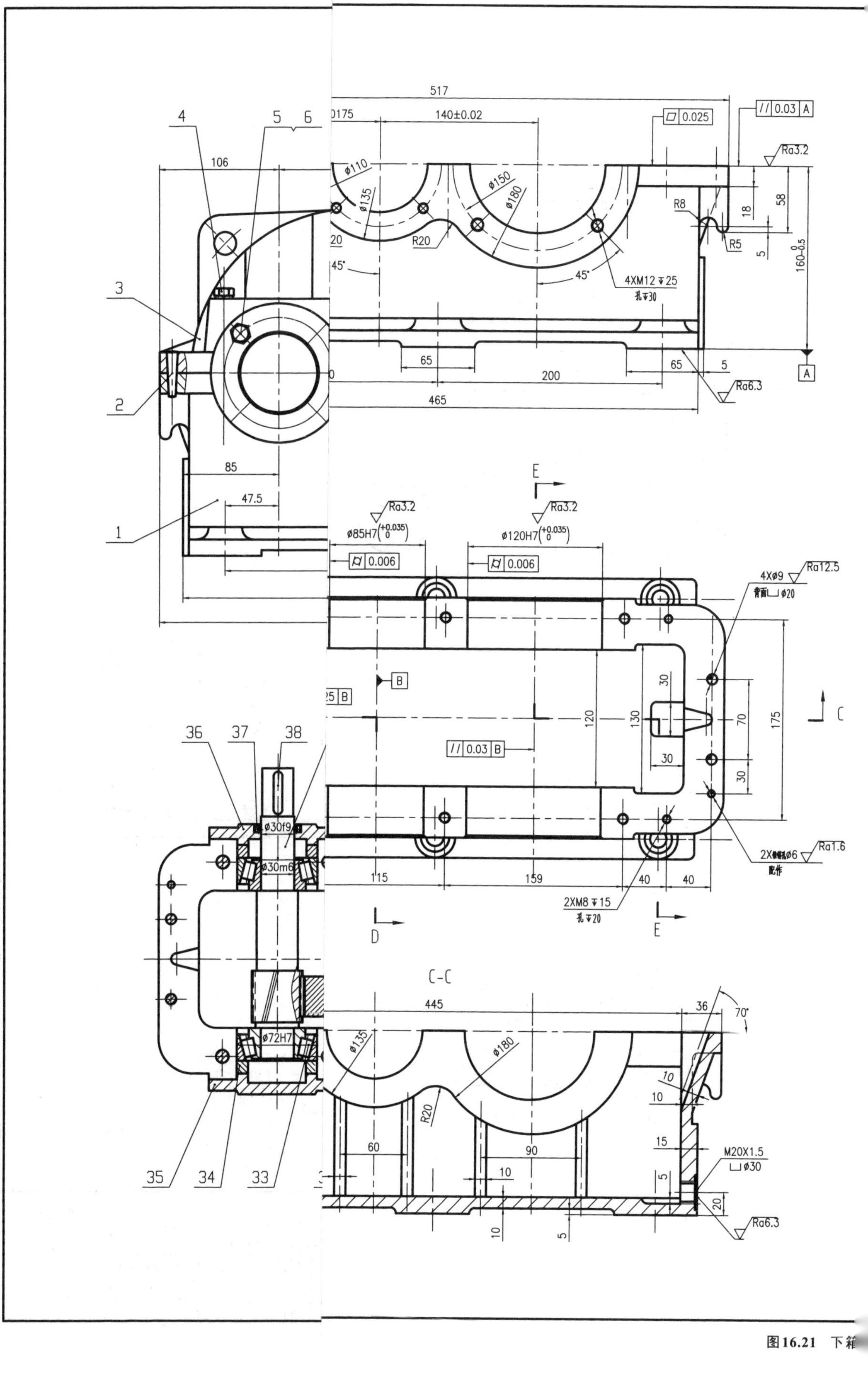

517
140±0.02
106
0.025
0.03 A
Ra3.2
ø110
ø135
ø150
ø180
R20
R8
R5
18
58
5
45°
4XM12 ⊽25
孔⊽30
65
200
465
5
A
Ra6.3
85
47.5
E
Ra3.2
ø85H7(+0.035 0)
ø120H7(+0.035 0)
0.006
4Xø9
背面⌴ø20
Ra12.5
B
120
130
30
70
175
30
0.03 B
ø30f9
ø30m6
ø72H7
115
159
40
40
2XM8 ⊽15
孔⊽20
D
E
C
C-C
445
36
70°
10
15
60
90
M20X1.5
⌴ø30
Ra6.3
1
2
3
4
5
6
33
34
35
36
37
38

图16.21 下箱

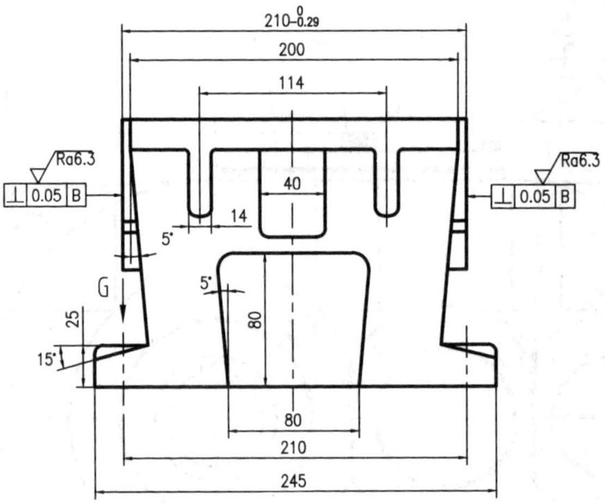

D-D

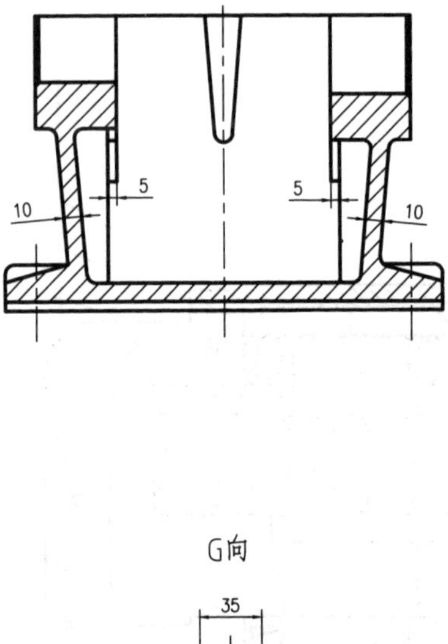

E-E

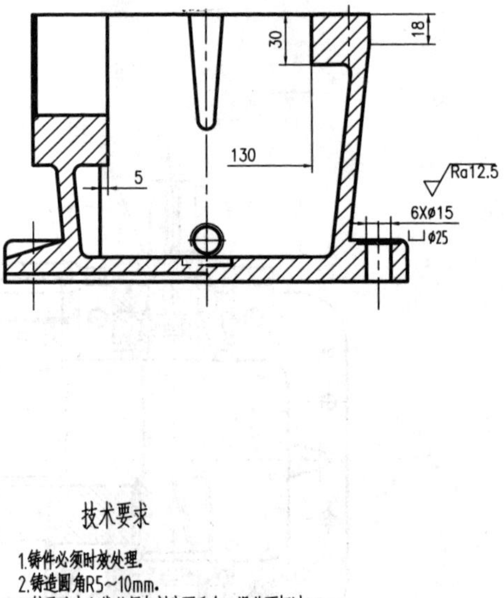

G向

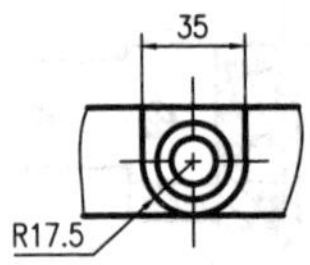

技术要求

1.铸件必须时效处理。
2.铸造圆角R5~10mm。
3.轴承孔中心线必须与剖分面重合，误差不超过0.3mm。
4.机体机盖自由结合时，分合面应密合，用0.05mm塞尺检查，塞尺塞入深度不得超过分合面宽度得1/3。
5.内表面涂耐油油漆。
6.箱体不得漏油。

√（√）

标记	处数	分区	更改文件号	签名	年月日	HT200		单位名称
设计			标准化			阶段标记	质量	比例	下箱体
制图							34.2	1:2	JSQ140-1
审核									
工艺			批准			共 张	第 张		

体

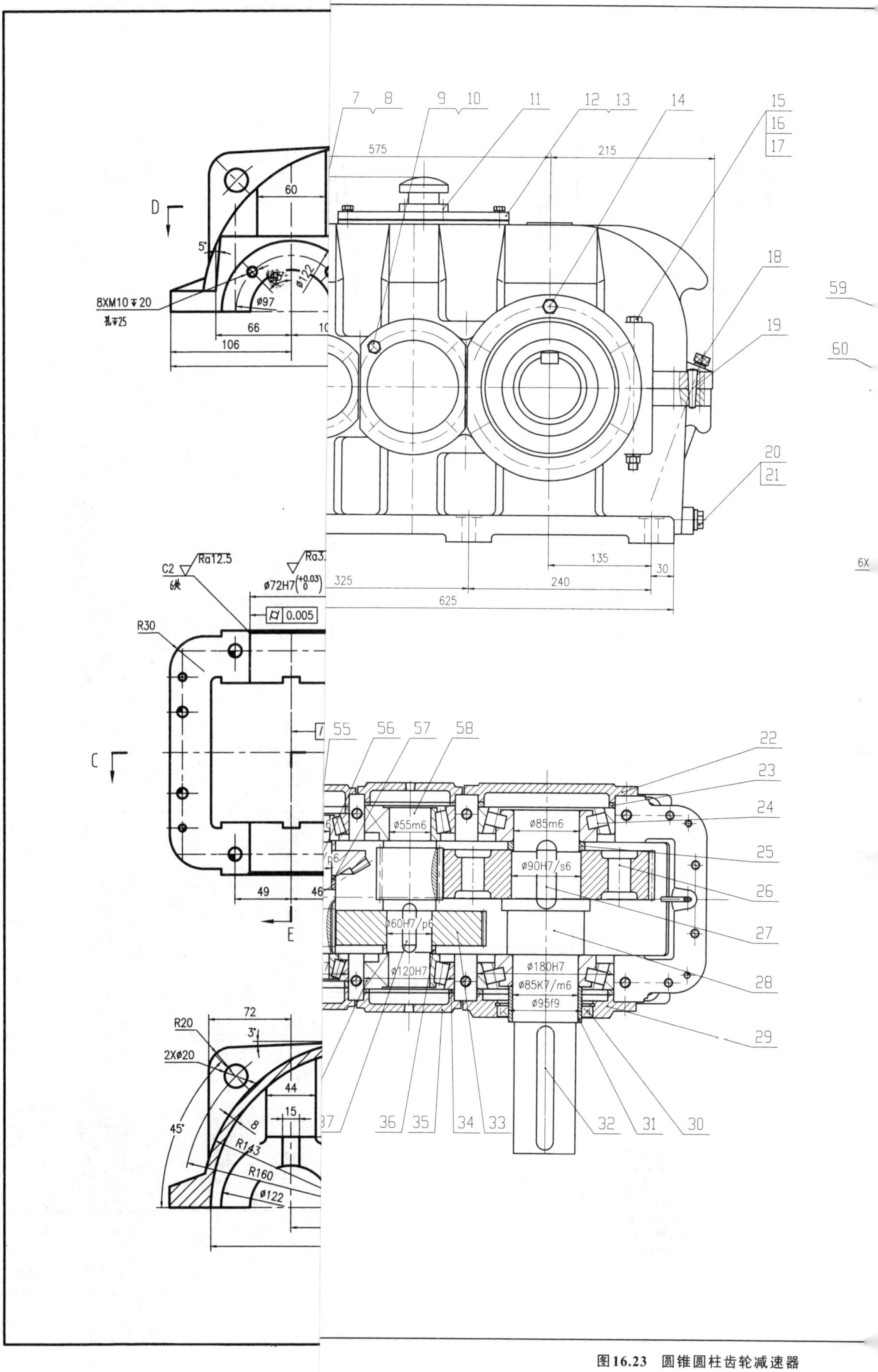

图16.23 圆锥圆柱齿轮减速器

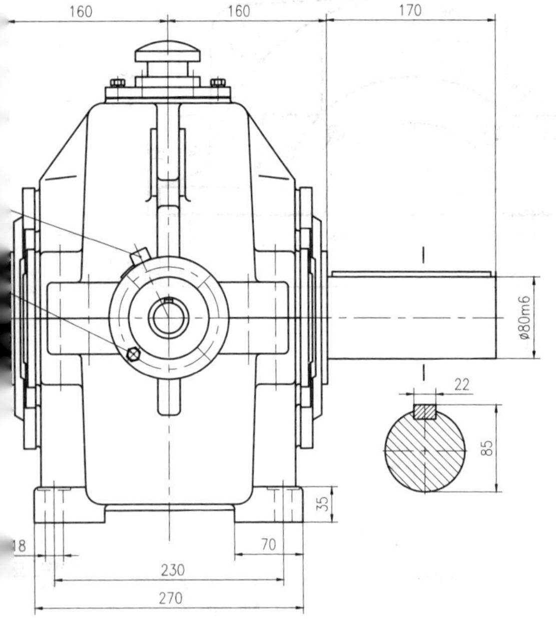

技术性能参数表

输入功率	输入转数	公称传动比
25kW	1500r/min	i=22.4

技 术 要 求

1.滚动轴承内圈必须紧贴轴肩或定距环，用0.05塞尺检查不得通过。

2.各级滚动轴承的轴向间隙应符合下列规定：输入轴 0.05～0.10mm
中间轴(一) 0.05～0.10mm，中间轴(二) 0.08～0.15mm，输出轴 0.2～0.3mm.

3.齿轮啮合的最小法向侧隙Jnmin应符合下列规定：
第一级0.100 mm 第二级0.140 mm 第三级0.160mm.

4.齿轮齿面接触斑点：
弧齿圆锥齿轮齿高方向为55～75%，齿长方向为50～70%；
圆柱齿轮按高度不小于50%，按长度不小于70%.

5.减速器装配好后进行空运转试验，高速轴转速为1500r/min，正反向均不小于2小时.
试验运转应平稳，各联接件、紧固件不松动，各联接处、密封处不渗油. 轴承和油池温升不超过25°C，减速器噪声不大于85dB(A).

6.紧固螺栓涂防松胶，各结合面涂密封胶，内表面涂防锈油漆，外表面喷漆.

序号	代 号	名 称	数量	材 料	单件 重量	总计 重量	备 注
60	GB/T 5783-2016	螺栓 M8x30	4	8.8	0.01	0.04	
59	GB/T 70.1-2008	螺钉 M12x16	1		0.03	0.03	
58	JSQ180-29	齿轮轴	1	20CrMnTi	5.9	5.9	
57	JSQ180-28	定距环	1	Q235A	0.5	0.5	
56	GB/T1096-2003	键 B14X7X32	1		0.03	0.03	
55	JSQ180-27	齿轮轴	1	20CrMnTi	3.01	3.01	
54	JSQ180-26	定距环	1	Q235A	0.08	0.08	
53	GB/T297-2015	滚动轴承 32308	2		1.04	2.08	40X90X35.25
52	JSQ180-25	锥齿轮	1	20CrMnTi	3.3	3.3	
51	GB/T1096-2003	键 8X7X70	1		0.03	0.03	
50	JSQ180-24	轴套	1	Q235A	0.15	0.15	
49	GB/T9877.1-1988	唇形密封圈FB40X60X8	1		0.01	0.01	
48	JSQ180-23	透盖	1	HT150	0.93	0.93	
47	JSQ180-22	垫片	1	08F	0.01	0.01	成组
46	GB/T858-1988	垫圈 35	1		0.01	0.01	
45	GB/T812-1988	螺母 M35X1.5	1		0.09	0.09	
44	JSQ180-21	定距环	1	Q235A	0.03	0.03	
43	JSQ180-20	轴承套	1	ZG270-500	4.51	4.51	
42	JSQ180-19	锥齿轮轴	1	20CrMnTi	2.9	2.9	
41	GB/T297-2015	滚动轴承 32307	2		0.766	1.532	35X80X32.75
40	JSQ180-18	闷盖	2	HT150	1.04	2.08	
39	JSQ180-17	调整环	2	Q235A	0.09	0.18	
38	GB/T297-2015	滚动轴承 32311	2		2.37	4.74	55X120X45.5
37	GB/T1096-2003	键 B18X11X45	1		0.07	0.07	
36	JSQ180-16	定距环	1	Q235A	0.06	0.06	
35	JSQ180-15	闷盖	2	HT150	1.8	3.6	
34	JSQ180-14	调整环	1	Q235A	0.09	0.09	
33	JSQ180-13	齿轮	1	20CrMnTi	9.77	9.77	
32	GB/T1096-2003	键 22X14X160	1		0.35	0.35	
31	JSQ180-12	轴套	1	45	0.5	0.5	
30	GB/T9877.1-1988	唇形密封圈FB95X120X12	1		0.01	0.01	
29	JSQ180-11	透盖	1	HT150	4.3	4.3	
28	JSQ180-10	输出轴	1	45	20	20	
27	GB/T1096-2003	键 B25X14X63	1		0.15	0.15	
26	JSQ180-9	齿轮	1	20CrMnTi	23.2	23.2	
25	JSQ180-8	定距环	1	Q235A	0.3	0.3	
24	GB/T297-2015	滚动轴承30317	2		5.305	10.61	85X180X44.5
23	JSQ180-7	调整环	1	Q235A	0.35	0.35	
22	JSQ180-6	闷盖	1	HT150	5.2	5.2	
21	JB/ZQ4454-2006	垫21X26	1		0.001	0.001	
20	JB/ZQ4450-2006	螺塞 M20x1.5	1		0.07	0.07	
19	GB/T 117-2000	销 8x50	2	45	0.02	0.04	
18	JSQ180-5	油尺	1		0.07	0.07	
17	GB/T 93-1987	垫圈 12	22				
16	GB/T 6170-2015	螺母 M12	10		0.012	0.12	
15	GB/ T5782-2016	螺栓 M12x190	4		0.17	0.68	
14	GB/T 5783-2016	螺栓 M12x30	12	8.8	0.04	0.48	
13	JSQ180-4	垫	1	橡胶板1/GB/T539-2008	0.02	0.02	
12	JSQ180-3	视孔盖	1	Q235-A	2.1	2.1	
11	JB/ZQ4521-2006	过滤器A-G1A	1		0.6	0.6	
10	GB/T 93-1987	垫圈 10	16	65Mn	0.001	0.016	
9	GB/T 5783-2016	螺栓 M10x25	16		0.01	0.16	
8	GB/T 93-1987	垫圈 8	16	65Mn	0.001	0.016	
7	GB/T 5783-2016	螺栓 M8x20	8	8.8	0.01	0.08	
6	GB/T 5782-2016	螺栓 M12x150	4	8.8	0.16	0.64	
5	GB/T 6170-2015	螺母 M10	8		0.01	0.08	
4	GB/T 5782-2016	螺栓 M10x60	8	8.8	0.15	1.2	
3	JSQ180-2	机盖	1	HT200	60	60	
2	JSQ180-1	机体	1	HT200	78	78	
1	GB/T 5782-2016	螺栓 M12x90	2	8.8	0.09	0.18	

标记	处数	分 区	更改文件号	签名	年月日	单位名称
设计		标准化		阶段标记	质量 255	比例 1:3
制图						圆锥圆柱齿轮减速器
审核						JSQ180
工艺		批准		共 张	第 张	

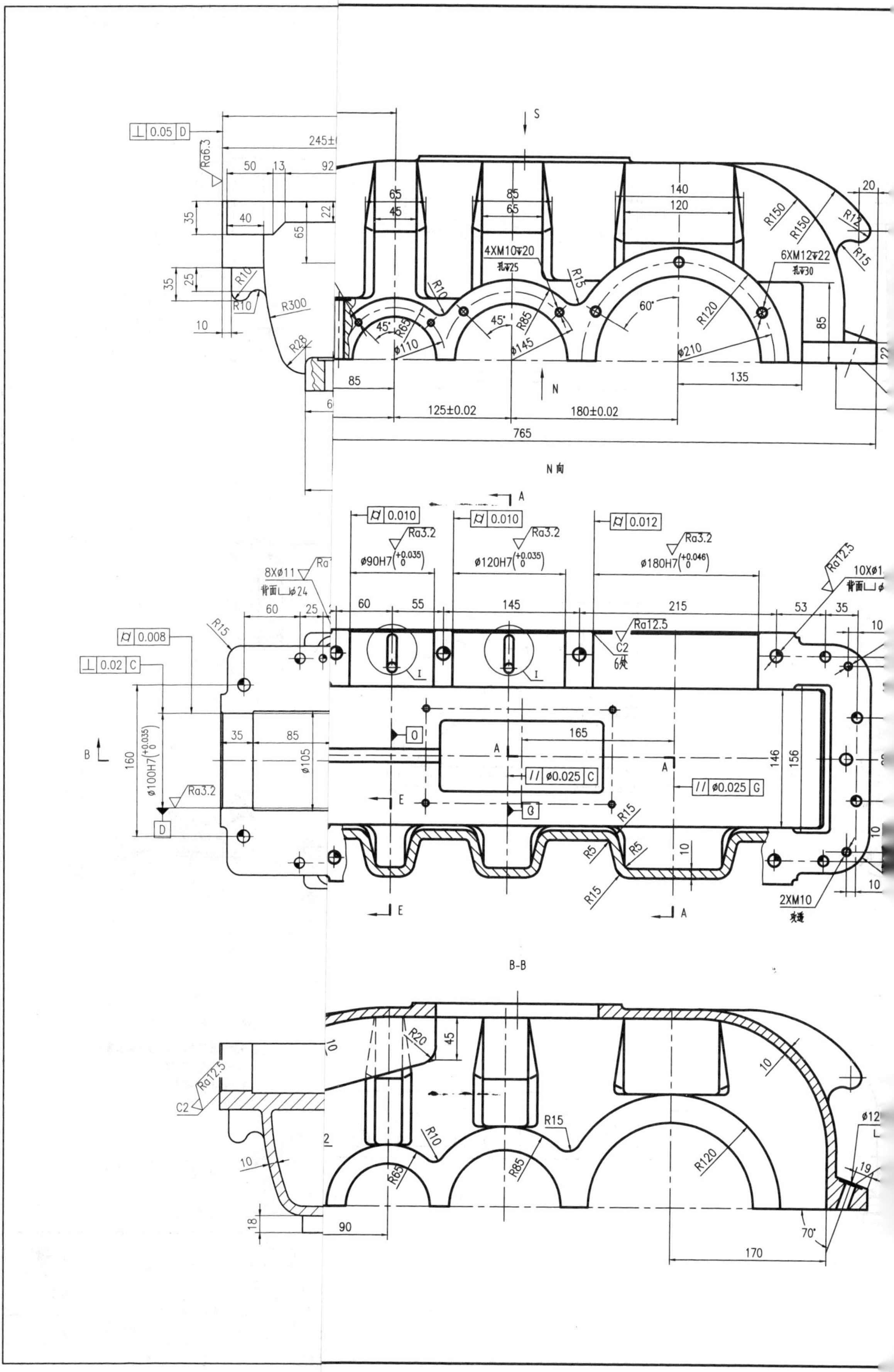

图16.25 机盖

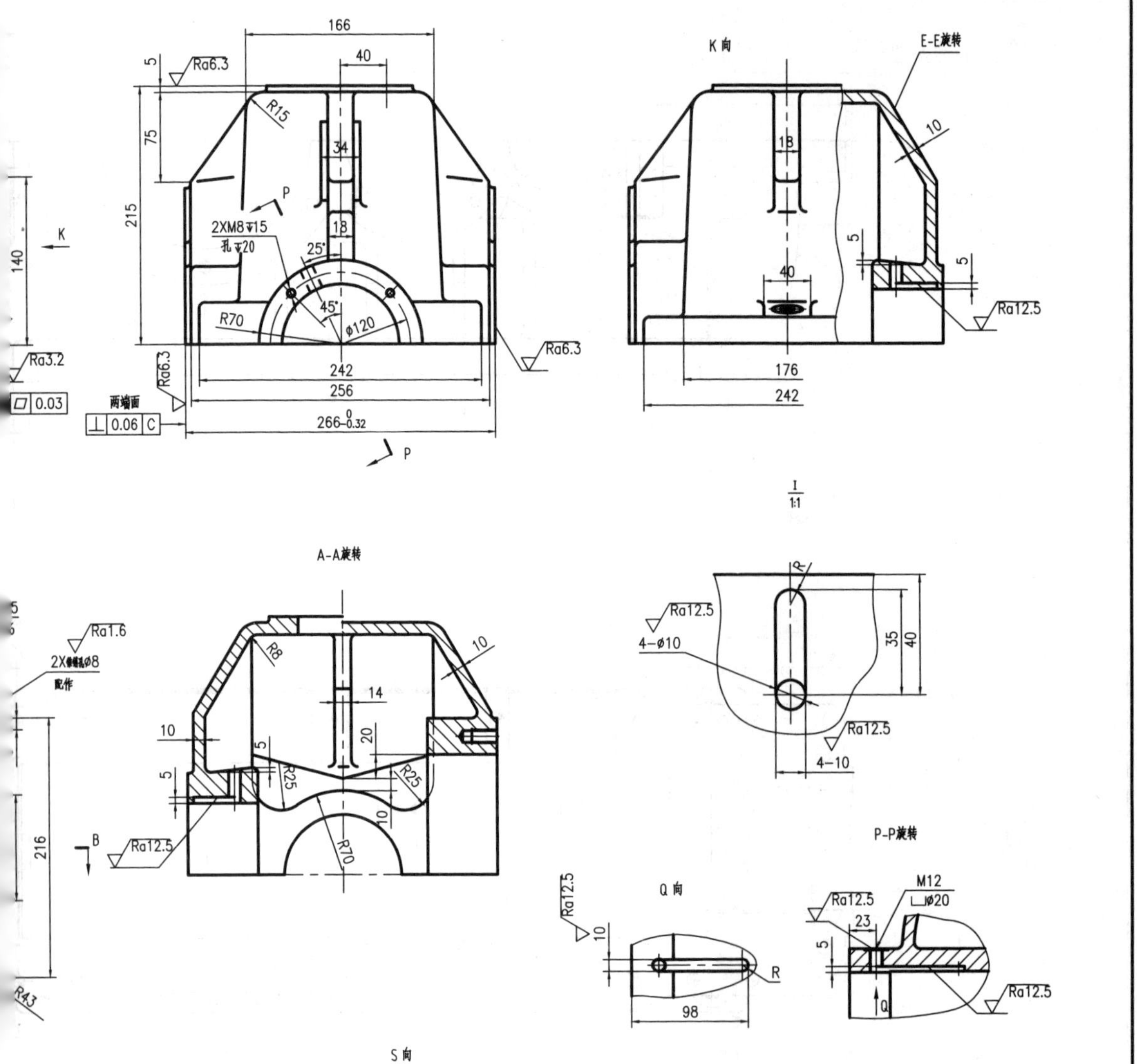

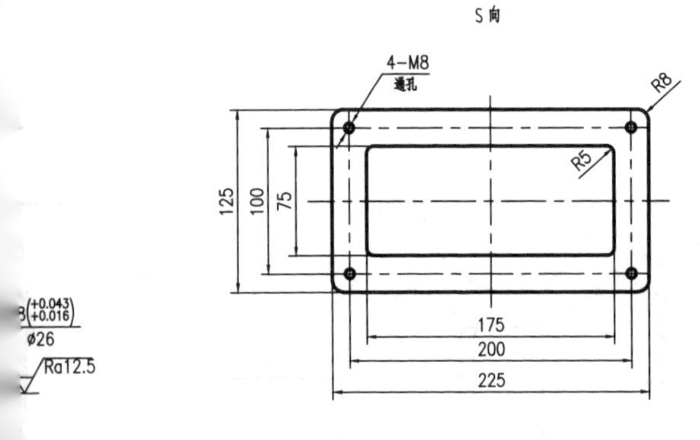

技术要求

1.铸件必须进行时效处理。

2.各轴承孔中心线与其分合面应重合，其误差不大于0.3mm。

3.未注铸造圆角R5~8。

$\sqrt{}$（$\checkmark$）

标记	处数	分区	更改文件号	签名	年月日	HT200			单位名称
设计			标准化			阶段标记	质量	比例	机盖
制图							60	1:2.5	JSQ180-2
审核									
工艺			批准			共 张	第 张		

参考文献

[1] 濮良贵,陈国定,吴立言.机械设计[M].10 版.北京:高等教育出版社,2019.

[2] 张春宜,郝广平,刘敏.减速器设计实例精解[M].北京:机械工业出版社,2010.

[3] 成大先.机械设计手册:机械制图·精度设计[M].6 版.北京:化学工业出版社,2017.

[4] 成大先.机械设计手册:减(变)速器·电机与电器[M].6 版.北京:化学工业出版社,2017.

[5] 吴宗泽,高志.机械设计实用手册[M].4 版.北京:化学工业出版社,2021.

[6] 巩云鹏,田万禄,张祖立,等.机械设计课程设计[M].沈阳:东北大学出版社,2000.